普通高等教育"十一五"国家级规划教材

高等学校土木工程专业教材

DESIGN PRINCIPLES OF FOUNDATION ENGINEERING

# 基础工程设计原理

## （第2版）

李镜培　梁发云　赵　程　编著
贾敏才　王　琛

高大钊　主审

U0293578

人民交通出版社

北　京

## 内 容 提 要

本书系统介绍了基础工程的设计原理和方法,内容包括地基模型、浅基础地基计算、浅基础结构设计、桩基础、沉井基础、基坑支护结构、地基处理、动力机器基础与地基基础抗震等,共计八章,每章均安排了大量的例题、习题和思考题。

本书可作为高等学校土木工程等专业的教学用书,也可供其他专业师生以及从事基础工程设计、施工和管理的技术人员参考。

**图书在版编目(CIP)数据**

基础工程设计原理 / 李镜培等编著. — 2 版.

北京:人民交通出版社股份有限公司,2025.1.

ISBN 978-7-114-19626-3

Ⅰ. TU47

中国国家版本馆 CIP 数据核字第 2024BX8516 号

普通高等教育"十一五"国家级规划教材

高等学校土木工程专业教材

Jichu Gongcheng Sheji Yuanli

| | |
|---|---|
| 书 名: | **基础工程设计原理**(第2版) |
| 著 作 者: | 李镜培 梁发云 赵 程 贾敏才 王 琛 |
| 责任编辑: | 王景景 |
| 责任校对: | 龙 雪 |
| 责任印制: | 张 凯 |
| 出版发行: | 人民交通出版社 |
| 地 址: | (100011)北京市朝阳区安定门外外馆斜街 3 号 |
| 网 址: | http://www.ccpcl.com.cn |
| 销售电话: | (010)85285911 |
| 总 经 销: | 人民交通出版社发行部 |
| 经 销: | 各地新华书店 |
| 印 刷: | 北京印匠彩色印刷有限公司 |
| 开 本: | 787×1092 1/16 |
| 印 张: | 21.5 |
| 字 数: | 531 千 |
| 版 次: | 2011 年 5 月 第 1 版 |
| | 2025 年 1 月 第 2 版 |
| 印 次: | 2025 年 1 月 第 2 版 第 1 次印刷 总第 11 次印刷 |
| 书 号: | ISBN 978-7-114-19626-3 |
| 定 价: | 59.00 元 |

(有印刷、装订质量问题的图书,由本社负责调换)

# 前言

本书参照全国高等学校土木工程专业教学指导委员会对该课程的教学设置及教学大纲要求,由从事"基础工程设计原理"课程教学多年的教师编写而成。在编写过程中,编写团队调研了基础工程学科的科研进展和相关工程技术的发展水平,充分采纳了具有丰富教学经验教师的意见,采用了国家及有关行业的最新规范,并融入了当前建设工程的新技术和新要求,使本书在教学内容、知识架构和教学设计等方面均得到充实与优化,以满足现阶段课程体系改革与新的人才培养目标,特别是新工科培养目标的需要。

本书保持了基础工程设计原理的系统性和原导性,克服了部分同类教材过于依附规范的弊端。同时注意介绍不同行业的特点及相关设计方法的适应性,有利于扩大学生的知识面,增强学生适应土木工程不同行业的能力,也符合我国教学改革的方向。同时,充分强调理论联系实际,基于实际工程问题设计了许多典型的例题、习题和分析思考题,以引导学生在巩固理论知识的同时,进行深入系统的思考和讨论,培养学生在学习中发现问题和应用所学知识解决实际问题的能力。与此同时,注重拓展学生的学术视野,反映了近年来基础工程学科研究取得的新成果和工程实践中对智能建造等新技术的应用发展,有利于提高学生跟踪当前科研发展水平的能力和创新性素养。

本书绪论由李镜培编写,第一章由赵程编写,第二章、第三章由李镜培编写,第四章由梁发云编写,第五章由赵程编写,第六章、第七章由贾敏才编写,第八章由李镜培、王琛编写。全书由李镜培和梁发云统稿、修改和定稿。

全书由同济大学高大钊教授主审。

本书在编写过程中得到了高大钊、袁聚云、黄茂松、钱建固等教授的指导和帮助,同时还引用了许多专家、学者在教学、科研、设计和施工中积累的资料,在此一并表示衷心感谢。

限于编者的水平,书中纰漏、错误在所难免,恳求读者批评指正。


编　者
2024 年 5 月于同济大学

2

# 目录

# 绪论

## 一、基础工程的概念

基础工程是指采用合适的工程措施,改变或改善基础的天然条件,使之符合设计要求的工程。基础工程的研究对象通常包含地基与基础两部分。

建筑物的种类有很多,不仅包括住宅楼、办公楼、厂房等,而且还包括桥梁、码头、水电站、高速公路等结构物。建筑物通常建造在一定的地层(土体或岩体)上,这个支承建筑物荷载的地层称为地基,而建筑物向地基传递荷载的下部结构则称为基础。

在建筑物荷载作用下,地基将产生附加应力和变形,其范围随荷载大小、土层分布和建筑物下部结构的形式而改变。从物理意义来看,地层是半无限空间体,但从工程意义上来说,地基是指在一定深度范围内产生大部分变形的地层。一般情况下,地基由多层土组成,直接承担建筑物荷载的土层称为持力层,其下的土层称为下卧层。持力层和下卧层都应满足一定的强度要求和变形要求。

基础的结构形式很多,设计时应选择既能适应建筑物上部结构要求,同时也能适合场地工程地质条件,并在技术和经济上合理可行的基础结构方案。根据埋置深度和施工方法的差异,基础可分为浅基础和深基础。通常把埋置深度较浅(一般不超过 3~5m),只需经过挖槽、排水等普通施工措施就可建造的基础称为浅基础,如独立基础、条形基础等;反之,若浅层土质不良,需要借助特殊的施工方法,将基础埋置在较深的好土层上,实现浅部荷载向深部土层的传递,这类基础则称为深基础,如桩基础、沉井基础及地下连续墙等。当选定合适的基础形式后,若地基不加处理就可以满足设计要求的,称为天然地基;反之,当地基强度不足或压缩性很大而不能满足设计要求时,则需要对地基进行处理,经过人工处理后的地基则称为人工地基。

地基基础设计包括地基设计和基础设计。地基设计包括地基承载力计算、地基沉降验算和地基整体稳定性验算,通过承载力计算来确定基础的埋深和基础底面尺寸,通过沉降验算来控制建筑物的沉降不超过规范规定的允许值,而整体稳定性验算则保证了建在坡上的建筑物不至于发生滑移或倾覆而丧失其整体稳定性。基础设计包括基础的选型、构造设计、内力计算和钢筋混凝土的配筋。地基和基础具有相互作用效应,基础与上部结构又形成整体作用,因此地基和基础设计时不仅要考虑工程地质和水文地质条件,还要考虑上部结构的特点、建筑物的使用要求以及施工条件等。

基础工程是隐蔽工程,影响因素很多,稍有不慎就有可能给工程留下隐患。大量工程实践表明,整个建筑物工程的质量,在很大程度上取决于基础工程的质量和水平,建筑物事故的发生,很多与基础工程问题有关。由此可见,基础工程设计与施工质量的优劣,直接关系到建筑物的安危。此外,基础工程的造价、工期通常在整个工程中占有相当大的比例,尤其是在地质条件复杂的地区更是如此,其节省建设资金、工期的潜力很大。因此,基础工程在整个建筑物工程中的重要性是显而易见的。

建筑物通常由上部结构、基础和地基三部分组成。这三部分虽然各自功能不同,但彼此相互影响、共同作用,三者之间互为条件,相互依存;同时,基础工程施工、受力变形会对周围土层产生影响,邻近工程之间会产生相互影响。因此,在进行基础工程设计和施工时,应该从上部结构与地基基础共同作用和环境岩土工程的整体概念出发,全面加以考虑,如此才能收到理想的工程效果。

## 二、基础工程的发展概况

基础工程是土木工程学科的一个重要分支,是人类在长期的生产实践中发展起来的一门应用学科。我们的祖先早在史前的建筑活动中就创造了许多基础工程的成就,如宏伟的宫殿寺院和巍巍耸立的高塔,正是基础牢固,方能历经无数次大风、强震考验而安然无恙,并经千百年而留存至今。但是,古代劳动人民的大量基础工程实践活动,主要体现在能工巧匠的高超技艺上,由于当时生产力水平的限制,还未能提炼成系统的科学理论。

18 世纪 60 年代的欧洲工业革命和 19 世纪中叶的第二次工业革命,推动了社会生产力的发展,出现了水库、铁路和码头等现代工程,提出了许多有待解决的岩土与基础工程问题,如地基承载力、边坡稳定、支挡结构物的稳定性等。随着资本主义工业化的发展,城建、水利、道路等建筑规模也在不断扩大,从而促使人们对基础工程加以重视并开展研究。当时在作为本学科理论基础的土力学方面,摩尔-库仑( Mohr-Coulomb)强度理论、朗肯( Rankin)土压力理论等相继提出,基础工程也随之得到了发展。20 世纪 20 年代,太沙基( Terzaghi)归纳了以往在土力学方面的研究,分别发表了《土力学》和《工程土质学》等专著,从而带动了各国学者对基础工程各方面的研究和探索,并不断取得进展。

近几十年来,由于土木工程建设的需要,特别是计算机和计算技术的引入,基础工程无论在设计理论上,还是在施工技术上,都得到了迅速的发展,出现了如超大、超深基础,大型桩-筏基础和桩-箱基础,巨型钢筋混凝土浮运沉井等基础形式。与此同时,在地基处理技术方面,如强夯法、真空预压法、振冲法、旋喷法、深层搅拌法、树根桩、压力注浆法等都是近几十年来创造并完善的方法。另外,由于深基坑开挖支护工程的需要,还出现了地下连续墙、深层搅拌水泥土围护墙、锚杆支护及加筋土等支护结构形式。

当前,土木工程进入"智能建造"时代,在建设工程的选址、勘察、设计、施工和运维各个阶段,通过借助物联网、大数据、BIM等先进的信息技术,实现全产业链数据集成,为建设工程全生命周期管理控制提供支持。基础工程智能建造已形成许多工程应用场景,如大型沉井的机器人施工建造,桥梁桩基础沉降变形的智能调控,基坑围护结构的全过程信息化施工及智能调控等。智能建造已成为今后基础工程新的发展方向,其将与传统建造技术一起共同推动新型建筑工业化和新型基础设施建设不断走向新的高度。

现代基础工程已经取得了十分辉煌的成就,但由于岩土条件的特殊性、复杂性和工程类型的极其多样性,基础工程的发展是极不平衡的。人们对于岩土特性的认识还远不能满足工程实践的需要,基础工程设计仍然是在很大的不确定性条件下进行的,随着工程规模和难度的增大,各种新的技术问题不断出现,工程事故仍时有发生。随着新时期社会、经济和科学技术的飞速发展,基础工程也将在充满矛盾和挑战中进入崭新的发展历史时期。

## 三、课程内容及学习要求

为满足新时期土木工程专业人才的需要,学生必须在具有专业知识深度的基础上具有更宽的知识面,毕业后才能适应土木工程中各个行业技术工作,因此,本教材在编写时也相应地扩大了相关教学内容。

本教材着力向读者系统介绍基础工程的设计原理和方法,主要包含以下章节内容。

第一章地基模型。介绍地基模型的概念,重点讲述文克勒地基模型、弹性半空间地基模型、分层地基模型等线性弹性地基模型及其参数的确定方法;简要介绍非线性弹性地基模型及其参数,并探讨地基模型的选择原则。

第二章浅基础地基计算。介绍地基基础设计的基本原则、内容和方法,以及浅基础的设计要求和设计步骤。介绍各种类型浅基础的传力特点、构造特点和适用条件,讨论浅基础方案比较和选用的方法。重点讲述基础埋置深度的确定方法,地基承载力确定的方法,地基承载力的深宽修正与验算的方法,以及基础底面尺寸的确定方法。介绍建筑物的变形特征,讲述地基变形和稳定性的验算方法,讨论防止和控制不均匀沉降对建筑物损害的措施。

第三章浅基础结构设计。讲述各种类型浅基础的结构设计计算内容,重点介绍无筋扩展基础(刚性浅基础)、墙下条形基础、柱下独立基础、柱下条形基础的结构内力计算与截面设计方法,简要介绍十字交叉条形基础、筏板基础和箱形基础的结构设计原理与计算方法。

第四章桩基础。介绍桩的类型及各类桩的特点和适用条件,讨论桩的设计原则和设计基本要求。探讨单桩在竖向荷载作用下的荷载传递和破坏机理,重点讲授单桩竖向承载力的确定方法,竖向荷载作用下的群桩效应与复合基桩竖向承载力的计算方法,以及桩顶作用效应的验算方法。讲解桩的负摩阻力发生条件、负摩阻力的确定方法,以及单桩及群桩的抗拔承载力计算方法。讲述桩基沉降计算的原理和沉降计算方法。讲授桩基水平承载力的确定方法和桩基在水平荷载作用下的位移计算方法。综合介绍桩基础设计的基本内容、步骤,讲解桩基结构强度验算,以及桩基承台结构的受弯、受冲切和受剪承载力的计算方法。

第五章沉井基础。介绍沉井的构造及应用条件,沉井下沉施工方法和主要工序,沉井施工中的常见问题与处理方法。重点讲述沉井作为整体深基础的设计与计算,简要介绍施工阶段的沉井结构设计计算方法。

第六章基坑支护结构。阐述基坑工程中常用的支护结构类型、特点及支护方案的选用原则。讲述基坑支护结构的设计原则,支护结构的土压力、水压力等支护结构作用的计算方法。重点讲述重力式水泥土围护墙的设计计算方法,以及排桩或地下连续墙式支护结构的设计计算方法。简要介绍井点降水及土方开挖等基坑工程施工工艺。

第七章地基处理。介绍常用地基处理方法的分类、适用范围及选用原则。重点讲授复合地基承载力与沉降基本计算方法,换填法、排水固结法的加固机理及其设计计算方法。讲述密实法、深层搅拌法的加固机理与设计计算方法。

第八章动力机器基础与地基基础抗震。介绍动力机器基础的荷载类型、结构形式、设计基本要求和基本步骤。讲述大块式基础的振动计算理论,以及地基土动力参数确定方法。讲解锻锤基础、曲柄连杆机器基础、旋转式机器基础的动力计算和设计构造要求。介绍动力机器基础的减振与隔振方法。介绍地基基础抗震设计基本原则,讲述天然地基基础的抗震验算,地震力作用下的结构抗倾覆验算,液化土中地下结构的抗浮验算和抗侧向土压力验算,以及地基基础的抗震措施。

基础工程是土木工程专业的一门重要的专业基础课,要求有较广泛的先修课知识,如材料力学、土力学、土质学、结构力学、结构设计原理等。特别是土力学,它是本课程的重要理论基础,必须对此先行学习并予以很好掌握。

基础工程也是一门实践性很强的学科,在学习本课程时,还必须紧密联系和结合工程实践。与此同时,由于各地自然地质条件的巨大差异,基础工程技术的地区性比较强,因此,在使用本教材时,可根据实际情况,有重点地选择适合教学需要的内容。

# 第一章

# 地基模型

## 第一节 概　　述

当土体受到外力作用时,土体内部就会产生应力和应变。地基模型(亦称土的本构定律)就是描述地基土在受力状态下应力和应变之间关系的数学表达式。从广义上说,地基模型是土体在受力状态下的应力、应变、应力水平、应力历史、加载率、加载途径以及时间、温度等之间的函数关系。

合理选择地基模型是基础工程分析与设计中一个非常重要的问题,它不仅直接影响基底反力(接触应力)的分布,而且还影响着基础和上部结构内力的分布。因此,在选择地基模型时,首先必须了解每种地基模型的适用条件,要根据建筑物荷载的大小、地基性质以及地基承载力的大小合理选择地基模型,并考察所选择模型是否符合或比较接近所建场地的具体地基特性。所选用的地基模型应尽可能准确地反映土体在受到外力作用时的主要力学性状,同时还要便于利用已有的数学方法和计算手段进行分析。随着人们认识的发展,各国学者曾先后提出过不少地基模型,然而,由于土体性状的复杂性,想要用一个普遍都能适用的数学模型来描述地基土工作状态的全貌是很困难的,各种地基模型实际上都具有一定的局限性。

在基础工程分析与设计中,通常采用线性弹性地基模型、非线性弹性地基模型和弹塑性地基模型等,本章主要介绍前两类地基模型;此外,还简要介绍地基的柔度矩阵和刚度矩阵,以及地基模型选择时需要考虑的因素。

# 第二节　线性弹性地基模型

线性弹性地基模型认为,地基土在荷载作用下,其应力、应变的关系为直线关系(图1-1),可用广义胡克定律表示。

$$\{\sigma\} = [D_e]\{\varepsilon\} \tag{1-1}$$

式中:$\{\sigma\} = \{\sigma_x \quad \sigma_y \quad \sigma_z \quad \tau_{xy} \quad \tau_{yz} \quad \tau_{zx}\}^T$;

$\{\varepsilon\} = \{\varepsilon_x \quad \varepsilon_y \quad \varepsilon_z \quad \gamma_{xy} \quad \gamma_{yz} \quad \gamma_{zx}\}^T$;

$[D_e]$——弹性矩阵。

$$[D_e] = \frac{E}{(1+\nu)(1-2\nu)}
\begin{bmatrix}
1-\nu & & & & & \\
\nu & 1-\nu & & & \text{对称} & \\
\nu & \nu & 1-\nu & & & \\
0 & 0 & 0 & \dfrac{1-2\nu}{2} & & \\
0 & 0 & 0 & 0 & \dfrac{1-2\nu}{2} & \\
0 & 0 & 0 & 0 & 0 & \dfrac{1-2\nu}{2}
\end{bmatrix} \tag{1-2}$$

式中:$E$——材料的弹性模量;

$\nu$——材料的泊松比。

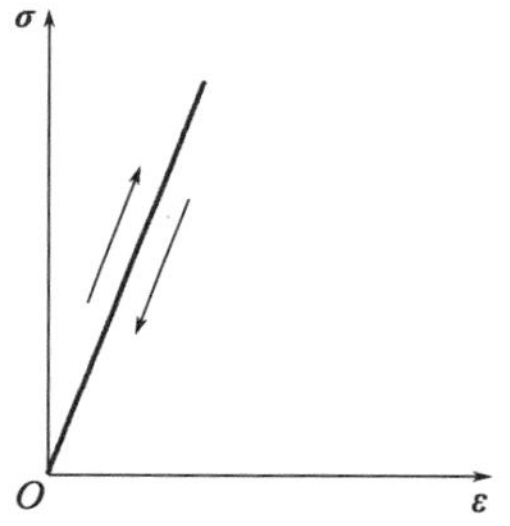

最简单和常用的三种线性弹性地基模型分别为:

(1)文克勒(Winkler)地基模型;

(2)弹性半空间地基模型;

(3)分层地基模型。

文克勒地基模型和弹性半空间地基模型正好分别代表线性弹性地基模型的两个极端情况,而常用的分层地基模型也属于线性弹性地基模型。

图1-1　线性弹性地基模型

## 一、文克勒地基模型

文克勒地基模型假定地基是由许多独立的且互不影响的弹簧所组成,即假定地基任一点所受的压力强度 $p$ 只与该点的地基变形 $s$ 成正比,而 $p$ 不影响该点以外的变形(图1-2)。其表达式为:

$$p = ks \tag{1-3}$$

式中:$k$——地基基床系数($kN/m^3$),表示产生单位变形所需的压力强度;

$p$——地基上任一点所受的压力强度(kPa);

$s$——$p$ 作用点位置上的地基变形(m)。

这个假定是文克勒于1867年提出的,故称

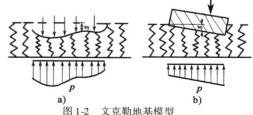

图1-2　文克勒地基模型

a)弹簧模型;b)绝对刚性基础

文克勒地基模型。该模型计算简便,只要 $k$ 值选择得当,即可获得较为满意的结果,故在地基梁和板以及桩的分析中,文克勒地基模型仍被广泛地采用。台北 101 大楼设计采用的就是发展的文克勒地基模型。但是,文克勒地基模型在理论上不够严格,忽略了地基中的剪应力。按这一模型,地基变形只发生在基底范围内,而在基底范围外没有地基变形,这与实际情况是不符的,使用不当会造成不良后果。

表 1-1 所示的是不同地基土的基床系数 $k$ 参考值。基床系数 $k$ 可采用现场载荷板试验方法获得,由宽度为 $B_1$ 的正方形载荷板试验结果可得到荷载-沉降($p$-$s$)曲线,从而可得到载荷板下的基床系数 $k_p$ 为:

$$k_p = \frac{p_2 - p_1}{s_2 - s_1} \qquad (1-4)$$

式中:$p_2$、$p_1$——基础底面计算压力和土的自重压力;

$s_2$、$s_1$——与 $p_2$、$p_1$ 相应的沉降量。

上式计算的 $k_p$ 一般不能直接用于实际计算,应作修正(若 $B_1 \geqslant 707$mm,也可不做修正直接用于计算),可按太沙基建议的方法,根据基础大小、形状和埋深进行修正。需要指出的是,由于试验使用的载荷板的宽度(或直径)尺寸通常要小于基础的宽度尺寸,试验结果只能反映浅层地基土的受荷变形特性。因此,当基础宽度较大时,地基基床系数不宜采用载荷试验方法确定,此时须寻求其他适用方法。

基床系数 $k$ 参考值 表 1-1

| 地基土种类与特征 | | $k(\times 10^4 \text{kN/m}^3)$ | 地基土种类与特征 | $k(\times 10^4 \text{kN/m}^3)$ |
|---|---|---|---|---|
| 淤泥质土、有机质土或新填土 | | 0.1 ~ 0.5 | 黄土及黄土类粉质黏土 | 4.0 ~ 5.0 |
| 软弱黏性土 | | 0.5 ~ 1.0 | 紧密砾石 | 4.0 ~ 10 |
| 黏土及粉质黏土 | 软塑 | 1.0 ~ 2.0 | 硬黏土或人工夯实粉质黏土 | 10 ~ 20 |
| | 可塑 | 2.0 ~ 4.0 | 软质岩石和中、强风化的坚硬岩石 | 20 ~ 100 |
| | 硬塑 | 4.0 ~ 10 | 完好的坚硬岩石 | 100 ~ 150 |
| 松砂 | | 1.0 ~ 1.5 | 砖 | 400 ~ 500 |
| 中密砂或松散砾石 | | 1.5 ~ 2.5 | 块石砌体 | 500 ~ 600 |
| 密砂或中密砾石 | | 2.5 ~ 4.0 | 混凝土与钢筋混凝土 | 800 ~ 1 500 |

## 二、弹性半空间地基模型

弹性半空间地基模型是将地基视作均匀的、各向同性的弹性半空间体。当集中荷载 $P$ 作用在弹性半空间体表面上时(图 1-3),根据布西奈斯克(Boussinesq)公式可求得与荷载作用点 $P$ 相距 $r$ 的点 $i$ 的竖向变形为:

$$s = \frac{P(1 - \nu^2)}{\pi E_0 r} \qquad (1-5)$$

式中:$E_0$、$\nu$——地基土的变形模量和泊松比。

从上式可知,当 $r$ 趋于零时,会得到竖向位移 $s$ 为无穷大的结果。这显然与实际是不符的。对于在均布荷载作用下矩形面积的中点竖向位移(图1-4),可对式(1-5)进行积分求得。

$$s = 2\int_0^{\frac{a}{2}} 2\int_0^{\frac{b}{2}} \frac{\frac{P}{ab}(1-\nu^2)}{\pi E_0 \cdot \sqrt{\zeta^2 + \eta^2}} d\zeta d\eta = \frac{P(1-\nu^2)}{\pi E_0 a} \cdot F_{ii} \qquad (1-6)$$

式中: $P$ ——在矩形面积 $a \times b$ 上均布荷载 $p$ 的合力(kN);

$E_0$、$\nu$ ——地基土的变形模量和泊松比。

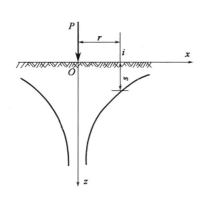

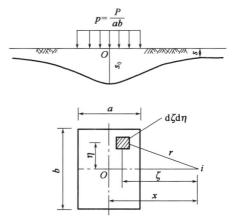

图1-3 集中荷载 $P$ 作用在弹性半空间体表面时 $i$ 点的竖向位移

图1-4 矩形均布荷载 $p$ 作用下矩形面积中点 $O$ 的竖向位移

$$F_{ii} = 2\frac{a}{b}\left\{\ln\left(\frac{b}{a}\right) + \frac{b}{a}\ln\left[\frac{a}{b} + \sqrt{\left(\frac{a}{b}\right)^2 + 1}\right] + \ln\left[1 + \sqrt{\left(\frac{a}{b}\right)^2 + 1}\right]\right\} \qquad (1-7)$$

对于荷载面积以外任意点的变形,同样可以利用布西奈斯克公式通过积分求得,但计算繁琐,此时可按式(1-5)以集中荷载计算。

弹性半空间地基模型虽然具有扩散应力和变形的优点,比文克勒地基模型合理些,但是其扩散能力往往超过地基的实际情况,造成计算的沉降量和地表沉降范围都比实测结果大,同时也未能反映地基土的分层特性。一般认为,造成这些差异的主要原因是地基的压缩层厚度是有限的,而且即使是同一种土层组成的地基,其模量也随深度而增加,因而是非均匀的。

### 三、分层地基模型

分层地基模型即是我国地基基础规范中用以计算地基最终沉降量的分层总和法(图1-5)。按照分层总和法,地基最终沉降 $s$ 等于压缩层范围内各计算分层在完全侧限条件下的压缩量之和。分层总和法的计算式如下。

$$s = \sum_{i=1}^{n} \frac{\overline{\sigma_{zi}}}{E_{si}} H_i \qquad (1-8)$$

式中: $H_i$ ——基底下第 $i$ 分层土的厚度;

$E_{si}$ ——基底下第 $i$ 分层土对应于 $p_{1i} \sim p_{2i}$ 段的压缩模量;

$\overline{\sigma_{zi}}$ ——基底下第 $i$ 分层土的平均附加应力;

$n$ ——压缩层范围内的分层数。

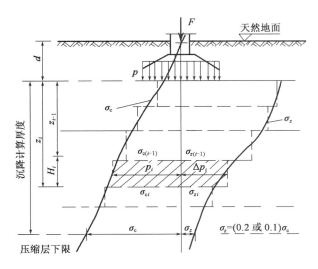

图 1-5 分层总和法计算地基最终沉降量

分层地基模型能较好地反映地基土扩散应力和变形的能力,能较容易地考虑土层非均质性沿深度的变化。通过计算表明,分层地基模型的计算结果比较符合实际情况。但是,这个模型仍为弹性模型,未能考虑土的非线性和过大的地基反力引起的地基土的塑性变形。

# 第三节　非线性弹性地基模型

线性弹性模型假设土的应力和应变为线性关系,这显然与实测结果是不吻合的。室内三轴试验测得的正常固结黏土和中密砂的应力-应变关系曲线通常如图 1-6 所示。

从图 1-6 中可以看到,若从初始状态 $O$ 点加载,得到加载曲线 $OAC$。其中 $OA$ 为直线阶段,在此阶段可认为土的变形是线弹性的;而在 $A$ 点以上,土体将产生部分不可恢复的塑性变形。若加载至 $C$ 点,然后完全卸载至 $D$ 点,则得到的卸载曲线为 $CBD$;再从 $D$ 点加载,得到再加载曲线 $DBE$;再加载曲线最终将与初始加载曲线 $OAC$ 的延长线重合。因此,从 $O$ 点加载至 $C$ 点,引起的轴向应变可分为可恢复的弹性应变 $C'C$ 和不可恢复的塑性应变 $C''C'$。

图 1-6 表明,土体的应力-应变关系通常总是表现为非线性、非弹性的。此外,从图中还可以看出,土体的变形还与加载的应力路径密切相关,加荷时与卸荷时变形的特性有很大差异。一般说来,土体的这些复杂变形特性用弹塑性地基模型模拟较好,但是弹塑性模型运用到工程实际较为复杂。较为常用的是采用非线性弹性地基模型,它能够模拟发生屈服后的非线性变形的形状,但是非线性弹性地基模型忽略了应力路径等重要因素的影响。尽管如此,非线性弹性地基模型还是被广泛用于基础工程分析与设计中,并可得到较为满意的结果。非线性弹性模型与线弹性

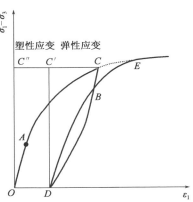

图 1-6 土体非线性变形特性

模型的主要区别在于:前者的弹性模量与泊松比是随着应力变化的,而后者则不变。

非线性地基模型一般是通过拟合三轴压缩试验所得到的应力应变曲线而得到的。应用较为普遍的是邓肯(Duncan)和张(Chang)等人于1970年提出的方法,通常称为邓肯-张模型。

1963年,康德尔(Konder)提出土的应力-应变关系为双曲线形。邓肯和张根据这个关系并利用摩尔-库仑强度理论导出了非线性弹性地基模型的切线模量公式。该模型认为在常规三轴试验条件下土的加载和卸载应力-应变曲线均为双曲线,可用下式表达。

$$\sigma_1 - \sigma_3 = \frac{\varepsilon_1}{a + b\varepsilon_1} \tag{1-9}$$

式中:$\sigma_1 - \sigma_3$——偏应力($\sigma_1$和$\sigma_3$分别为土中某点的最大和最小主应力);

$\quad\quad \varepsilon_1$——轴向应变;

$\quad\quad \sigma_3$——周围应力;

$\quad\quad a$、$b$——试验参数,对于确定的周围应力$\sigma_3$,其值为常数。

$$a = \frac{1}{E_i} \tag{1-10a}$$

$$b = \frac{1}{(\sigma_1 - \sigma_3)_{ult}} \tag{1-10b}$$

式中:$\quad E_i$——初始切线模量;

$(\sigma_1 - \sigma_3)_{ult}$——偏应力的极限值,即当$\varepsilon_1 \to \infty$时的偏应力值。

邓肯和张通过分析推导,得到用来计算地基中任一点切线模量$E_t$的公式为:

$$E_t = \frac{\partial(\sigma_1 - \sigma_3)}{\partial\varepsilon_1} = E_i[1 - b(\sigma_1 - \sigma_3)]^2 = E_i\left[1 - \frac{\sigma_1 - \sigma_3}{(\sigma_1 - \sigma_3)_{ult}}\right]^2 \tag{1-11}$$

定义破坏比$R_f$为:

$$R_f = \frac{(\sigma_1 - \sigma_3)_f}{(\sigma_1 - \sigma_3)_{ult}} = b(\sigma_1 - \sigma_3)_f \tag{1-12}$$

式中:$(\sigma_1 - \sigma_3)_f$——破坏时的偏应力,砂性土为$(\sigma_1 - \sigma_3)$-$\varepsilon_1$曲线的峰值;黏性土取$\varepsilon_1 = 15\% \sim 20\%$对应的$(\sigma_1 - \sigma_3)$值,见图1-7。

对于破坏时的偏应力$(\sigma_1 - \sigma_3)_f$,根据摩尔-库仑破坏准则可表示为黏聚力$c$和内摩擦角$\varphi$的函数,即:

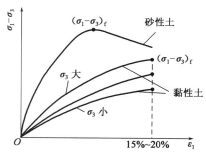

图1-7 破坏时的偏应力值

$$(\sigma_1 - \sigma_3)_f = \frac{2c\cos\varphi + 2\sigma_3\sin\varphi}{1 - \sin\varphi} \tag{1-13}$$

同时,根据不同的周围应力$\sigma_3$可以得到一系列的$a$和$b$值。分析$\sigma_3$和$E_i = \frac{1}{a}$的关系可得到:

$$E_i = Kp_a\left(\frac{\sigma_3}{p_a}\right)^n \tag{1-14}$$

把式(1-12)、式(1-13)和式(1-14)代入式(1-11),得:

$$E_t = Kp_a\left(\frac{\sigma_3}{p_a}\right)^n\left[1 - \frac{R_f(1 - \sin\varphi)(\sigma_1 - \sigma_3)}{2c\cos\varphi + 2\sigma_3\sin\varphi}\right]^2 \tag{1-15}$$

式中：$K$、$n$、$c$、$\varphi$、$R_f$——确定切线模量 $E_t$ 的试验参数；

$\qquad p_a$——单位与 $\sigma_3$ 相同的大气压强。

同理，邓肯和张还建立了在室内常规试验条件下轴向应变 $\varepsilon_1$ 与侧向应变 $\varepsilon_3$ 的关系（图 1-8），即

$$\varepsilon_1 = \frac{\varepsilon_3}{f + d\varepsilon_3} \tag{1-16}$$

式中：$f$、$d$——试验参数。

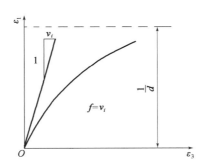

图 1-8 轴向应变 $\varepsilon_1$ 与侧向应变 $\varepsilon_3$ 的
关系（邓肯-张模型）

于是得到切线泊松比为：

$$\nu_t = \frac{\partial \varepsilon_3}{\partial \varepsilon_1} = \frac{f}{(1 - \varepsilon_1 \cdot d)^2} = \frac{\nu_i}{(1 - \varepsilon_1 \cdot d)^2} \tag{1-17}$$

式中：$\nu_i$——初始切线泊松比，$\nu_i = f$。

初始切线泊松比可用下式表示：

$$\nu_i = G - F \lg\left(\frac{\sigma_3}{p_a}\right) \tag{1-18}$$

通过式（1-15），可消去式（1-17）中的 $\varepsilon_1$，并将式（1-18）代入式（1-17），从而得到切线泊松比 $\nu_t$ 为：

$$\nu_t = \frac{G - F \lg\left(\dfrac{\sigma_3}{p_a}\right)}{(1 - A)^2} \tag{1-19}$$

式（1-19）中的 $A$ 为：

$$A = \frac{(\sigma_1 - \sigma_3) \cdot d}{K p_a \left(\dfrac{\sigma_3}{p_a}\right)^n \left[1 - \dfrac{R_f(1 - \sin\varphi)(\sigma_1 - \sigma_3)}{2c\cos\varphi + 2\sigma_3\sin\varphi}\right]} \tag{1-20}$$

因此，确定切线泊松比 $\nu_t$ 还需要增加 $G$、$F$、$d$ 这三个试验参数。

非线性弹性地基模型归纳起来集中反映为式（1-15）和式（1-19）。在计算时，切线模量 $E_t$ 所需的 5 个试验常数 $K$、$n$、$c$、$\varphi$ 和 $R_f$ 可用常规三轴试验获得。

实践表明，该模型在荷载不太大的条件下（即不太接近破坏的条件下）可以有效地模拟土的非线性应力应变。这是因为当土中应力水平不高，即周围应力 $\sigma_3 \leqslant 0.8\text{MPa}$ 时，$c$ 和 $\varphi$ 近似为定值；而当周围应力 $\sigma_3 > 0.8\text{MPa}$ 时，$\varphi$ 值随着周围应力的增加而降低，此时如果仍然采用

低应力水平下测得的 $c$ 和 $\varphi$ 来确定切线模量 $E_t$ 就不太合适了。

最后必须指出,非线性弹性地基模型虽然使用较为方便,但是该模型忽略了土体的应力途径和剪胀性的影响,它把总变形中的塑性变形也当作弹性变形处理,通过调整弹性参数来近似地考虑塑性变形。当加载条件较为复杂时,非线性弹性地基模型的计算结果往往与实际情况不符。为此,国外从 20 世纪 60 年代起开始重视具有普遍意义的弹塑性模型的研究,并提出了许多种弹塑性模型,其中最重要的有适合黏性土的剑桥(Cam-Clay)模型和适合砂性土的拉德-邓肯(Lade-Duncan)模型等。

# 第四节　地基的柔度矩阵和刚度矩阵

在对地基基础进行分析时,需要建立地基的柔度矩阵或刚度矩阵,下面叙述地基柔度矩阵和刚度矩阵的概念。

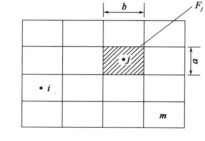

图 1-9　地基网格的划分

把整个地基上的荷载面积划分为 $m$ 个矩形网格(图 1-9),任意网格 $j$ 的面积为 $F_j$,分割时注意不要使网格面积 $F_j$ 相差太大。在任意网格 $j$ 的中点作用着集中荷载 $R_j$,整个荷载面积反力列向量记作 $\{R\}$:

$$\{R\} = \{R_1 \quad R_2 \quad \cdots \quad R_i \quad \cdots \quad R_j \quad \cdots \quad R_m\}^T$$

各网格中点的竖向位移记作位移列向量 $\{s\}$:

$$\{s\} = \{s_1 \quad s_2 \quad \cdots \quad s_i \quad \cdots \quad s_j \quad \cdots \quad s_m\}^T$$

反力列向量 $\{R\}$ 和位移列向量 $\{s\}$ 的关系如下:

$$\{s\} = [f]\{R\} \tag{1-21}$$

或

$$[K_s] \cdot \{s\} = \{R\} \tag{1-22}$$

式中:$[f]$——地基柔度矩阵;

$[K_s]$——地基刚度矩阵,$[K_s] = [f]^{-1}$。

式(1-21)和式(1-22)可写成:

$$
\begin{Bmatrix} s_1 \\ s_2 \\ \vdots \\ s_i \\ \vdots \\ s_j \\ \vdots \\ s_m \end{Bmatrix} =
\begin{bmatrix}
f_{11} & f_{12} & \cdots & f_{1i} & \cdots & f_{1j} & \cdots & f_{1m} \\
f_{21} & f_{22} & \cdots & f_{2i} & \cdots & f_{2j} & \cdots & f_{2m} \\
& & & \cdots\cdots & & & & \\
f_{i1} & f_{i2} & \cdots & f_{ii} & \cdots & f_{ij} & \cdots & f_{im} \\
& & & \cdots\cdots & & & & \\
f_{j1} & f_{j2} & \cdots & f_{ji} & \cdots & f_{jj} & \cdots & f_{jm} \\
& & & \cdots\cdots & & & & \\
f_{m1} & f_{m2} & \cdots & f_{mi} & \cdots & f_{mj} & \cdots & f_{mm}
\end{bmatrix}
\begin{Bmatrix} R_1 \\ R_2 \\ \vdots \\ R_i \\ \vdots \\ R_j \\ \vdots \\ R_m \end{Bmatrix}
\tag{1-23}
$$

$$\begin{bmatrix} k_{11} & k_{12} & \cdots & k_{1i} & \cdots & k_{1j} & \cdots & k_{1m} \\ k_{21} & k_{22} & \cdots & k_{2i} & \cdots & k_{2j} & \cdots & k_{2m} \\ & & & \cdots\cdots & & & & \\ k_{i1} & k_{i2} & \cdots & k_{ii} & \cdots & k_{ij} & \cdots & k_{im} \\ & & & \cdots\cdots & & & & \\ k_{j1} & k_{j2} & \cdots & k_{ji} & \cdots & k_{jj} & \cdots & k_{jm} \\ & & & \cdots\cdots & & & & \\ k_{m1} & k_{m2} & \cdots & k_{mi} & \cdots & k_{mj} & \cdots & k_{mm} \end{bmatrix} \begin{Bmatrix} s_1 \\ s_2 \\ \vdots \\ s_i \\ \vdots \\ s_j \\ \vdots \\ s_m \end{Bmatrix} = \begin{Bmatrix} R_1 \\ R_2 \\ \vdots \\ R_i \\ \vdots \\ R_j \\ \vdots \\ R_m \end{Bmatrix} \tag{1-24}$$

其中,柔度系数 $f_{ij}$ 是指在网格 $j$ 处作用单位集中力,而在网格 $i$ 的中点引起的变形;当 $i=j$ 时,其为单位集中力在本网格中点产生的变形。

地基模型不同,结点分布位置不同,则柔度系数 $f_{ij}$ 的计算方法和结果也不同。因此,地基柔度矩阵 $[f]$ 和地基刚度矩阵 $[K_s]$ 反映了不同的地基模型在外力作用下界面的位移特征。

## 一、文克勒地基模型的柔度矩阵

文克勒地基模型系弹簧模型,其表达式为:

$$p = ks \tag{1-25}$$

如图 1-9 所示的地基上相应于地基反力作用着分布荷载 $p$,把荷载面积划分成 $m$ 个矩形网格,则 $i$ 网格内分布荷载的合力即网格中点作用的集中力 $R_j$,其作用仅在 $i$ 网格产生沉降 $s_{ij}$。则在 $j$ 网格,即当 $i=j$ 时,$s_{ij} \neq 0$;而当 $i \neq j$ 时,则 $s_{ij} = 0$。

因此式(1-25)可写成:

$$p_{ii} = k_{ii} s_{ii} \tag{1-26}$$

由于 $R_i = ab p_{ii}$,则

$$s_{ii} = \frac{1}{k_{ii}} p_{ii} = \frac{1}{k_{ii}} \cdot \frac{R_i}{ab} \tag{1-27}$$

即

$$s_i = \frac{1}{k_i ab} R_i \tag{1-28}$$

写成矩阵形式:

$$\begin{Bmatrix} s_1 \\ s_2 \\ \vdots \\ s_m \end{Bmatrix} = \begin{bmatrix} \dfrac{1}{k_1 ab} & & & 0 \\ & \dfrac{1}{k_2 ab} & & \\ & & \ddots & \\ 0 & & & \dfrac{1}{k_m ab} \end{bmatrix} \begin{Bmatrix} R_1 \\ R_2 \\ \vdots \\ R_m \end{Bmatrix} \tag{1-29}$$

式中,柔度系数$f_{ii} = \dfrac{1}{k_i ab}$(当$i = j$);$f_{ij} = 0$(当$i \neq j$)。可见文克勒地基模型的柔度矩阵在主对角线上有值,在其他位置均为零,所以文克勒地基模型是非常简单的。

## 二、弹性半空间地基模型的柔度矩阵

把整个地基上的荷载面积划分为$m$个矩形网格(图1-9),在任意网格$j$中点上作用着集中荷载$R_j$,各个网格面积为$F_j$,可求出整个地基上各荷载面积中点的荷载$R_j$与变形的表达式。柔度系数$f_{ij}$可用下式表示:

$$f_{ij} = \begin{cases} \dfrac{1 - \nu^2}{\pi E_0 a} \cdot F_{ij} \\[3mm] \dfrac{1 - \nu^2}{\pi E_0 r} \end{cases} \tag{1-30}$$

式中各符号含义分别见式(1-5)~式(1-7)。

由上式可见,对于计算自身矩形网格的柔度系数,可采用在均布矩形荷载作用下求本矩形面积的中点竖向变形的布西奈斯克公式;对于计算其他矩形网格的柔度系数,可采用在均布矩形荷载作用下求矩形面积以外任意点变形的公式,但是这样计算很烦琐,一般采用在集中荷载作用下的布西奈斯克公式[式(1-5)]来计算,这样既简便,又可达到精度要求。

## 三、分层地基模型的柔度矩阵

对于分层地基模型(图1-10),根据式(1-21),整个地基反力与变形的关系可写成:

$$\{s\} = [f]\{R_0\} \tag{1-31}$$

式中:$\{R_0\}$——基底集中附加压力列向量;

$[f]$——地基柔度矩阵。

分层地基模型的柔度系数按下式计算:

$$f_{ij} = \sum_{i=1}^{n} \frac{\sigma_{ijt}}{E_{sit}} H_{it} \tag{1-32}$$

式中:$n$——基底压缩层内土层的分层数;

$H_{it}$——$i$网格中点下第$t$土层的厚度;

$E_{sit}$——$i$网格中点下第$t$土层的压缩模量;

$\sigma_{ijt}$——$j$网格中点处的单位集中附加压力作用下对$i$网格中点下第$t$土层所产生的平均附加应力。

若地基分层均匀,则$f_{ij} = f_{ji}$;若地基分层有起伏,则$f_{ij} \neq f_{ji}$,对于深埋基础,在应用上述公式计算时,宜考虑基坑开挖引起回弹和再压缩的影响。

【例1-1】 如图1-10所示,某地基表面作用$p = 100$kPa的矩形均布荷载,基础的宽$b = 2$m,长$l = 4$m,试写出弹性半空间地基模型的柔度矩阵。矩形荷载面积等

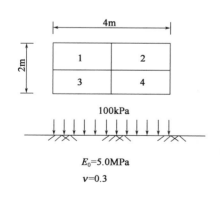

图1-10 例1-1图

分为 4 个网格单元,变形模量$E_0 = 5.0\text{MPa}$,泊松比 $\nu = 0.3$。

【解】 弹性半空间地基模型的柔度系数可表示为:

$$f_{ij} = \begin{cases} \dfrac{1-\nu^2}{\pi E_0 a} \cdot F_{ii} & (i=j) \\[2mm] \dfrac{1-\nu^2}{\pi E_0 r} & (i \neq j) \end{cases}$$

$$F_{ii} = 2\frac{a}{b}\left\{ \ln\left(\frac{b}{a}\right) + \frac{b}{a}\ln\left[\frac{a}{b} + \sqrt{\left(\frac{a}{b}\right)^2 + 1}\right] + \ln\left[1 + \sqrt{\left(\frac{a}{b}\right)^2 + 1}\right] \right\}$$

由题知,$a = 1\text{m}, b = 2\text{m}$,则

当 $i = j$ 时,

$$F_{ii} = 2 \times \frac{1}{2}\left\{ \ln\frac{2}{1} + \frac{2}{1}\ln\left[\frac{1}{2} + \sqrt{\left(\frac{1}{2}\right)^2 + 1}\right] + \ln\left[1 + \sqrt{\left(\frac{1}{2}\right)^2 + 1}\right] \right\} = 2.406$$

$$f_{11} = \frac{1-\nu^2}{\pi E_0 a} \cdot F_{ii} = \frac{1 - 0.3^2}{\pi \times 5.0 \times 10^3 \times 1} \times 2.406 = 1.394 \times 10^{-4}\text{m/kN}$$

$$f_{22} = f_{33} = f_{44} = f_{11} = 1.394 \times 10^{-4}\text{m/kN}$$

当 $i \neq j$ 时,

$$r_{12} = r_{21} = r_{34} = r_{43} = 2\text{m}$$

$$f_{12} = f_{21} = f_{34} = f_{43} = \frac{1-\nu^2}{\pi E_0 r} = \frac{1 - 0.3^2}{\pi \times 5.0 \times 10^3 \times 2} = 2.897 \times 10^{-5}\text{m/kN}$$

$$r_{13} = r_{31} = r_{24} = r_{42} = 1\text{m}$$

$$f_{13} = f_{31} = f_{24} = f_{42} = \frac{1-\nu^2}{\pi E_0 r} = \frac{1 - 0.3^2}{\pi \times 5.0 \times 10^3 \times 1} = 5.793 \times 10^{-5}\text{m/kN}$$

$$r_{14} = r_{41} = r_{23} = r_{32} = 2 \times \sqrt{1^2 + 0.5^2} = 2.236\text{m}$$

$$f_{14} = f_{41} = f_{23} = f_{32} = \frac{1-\nu^2}{\pi E_0 r} = \frac{1 - 0.3^2}{\pi \times 5.0 \times 10^3 \times 2.236} = 2.591 \times 10^{-5}\text{m/kN}$$

弹性半空间地基模型的柔度矩阵为

$$[f] = \begin{bmatrix} 1.394 \times 10^{-4} & 2.897 \times 10^{-5} & 5.793 \times 10^{-5} & 2.591 \times 10^{-5} \\ 2.897 \times 10^{-5} & 1.394 \times 10^{-4} & 2.591 \times 10^{-5} & 5.793 \times 10^{-5} \\ 5.793 \times 10^{-5} & 2.591 \times 10^{-5} & 1.394 \times 10^{-4} & 2.897 \times 10^{-5} \\ 2.591 \times 10^{-5} & 5.793 \times 10^{-5} & 2.897 \times 10^{-5} & 1.394 \times 10^{-4} \end{bmatrix}$$

# 第五节 地基模型的选择

在地基基础设计计算中,如何选择相适应的地基模型是一个比较困难的问题。这涉及材料性质、荷载施加、整体几何关系和环境影响等诸多方面,甚至对于同一个工程,从不同角度分

析时,也可能要采用不同的地基模型。从工程应用出发,在选择地基模型时,需考虑的因素主要有:

(1)土的变形特征和外荷载在地基中引起的应力水平;

(2)土层的分布情况;

(3)基础和上部结构的刚度及其形成过程;

(4)基础的埋置深度;

(5)荷载的种类和施加方式;

(6)时效;

(7)施工过程(开挖、回填、降水、施工速度等)。

当基础位于无黏性土上时,采用文克勒地基模型还是比较适当的,特别是当基础比较柔软,又受有局部(集中)荷载时。应指出的是,一般认为文克勒地基模型与实际情况不符,但文克勒地基模型比较简单,计算方便,并得到一系列可直接使用的解析解。例如,对于位于软弱黏性土上的建筑物,当上部结构和基础的刚度不是很大(框架结构等),仍可采用文克勒地基模型;但对于剪力墙结构等上部结构,其基础刚度大大增加,文克勒地基模型就未必适用了;即使是框架结构,若后砌填充墙刚度很大,也可能影响到地基模型的选择。

当基础位于黏性土上时,一般应采用弹性半空间地基模型或分层地基模型,特别是对有一定刚度的基础,基底平均反力适中、地基土中应力水平不高、塑性区开展不大时。当地基土呈明显层状分布、各层之间性质差异较大时,则必须采用分层地基模型。但当塑性区开展较大,或是薄压缩层地基时,文克勒地基模型又可适用。总的说来,若能采用考虑非线性影响的地基模型可以认为是较好的选择。

当高层建筑位于压缩性较高的深厚黏土层上时,还应考虑到土的固结与蠕变的影响,此时应选择能反映时效的地基模型,特别是重要建筑物,应引起注意。

岩土的应力-应变关系是非常复杂的,想要用一个普遍都能适用的数学模型来全面描述岩土工作性状的全貌是很困难的。在选择地基模型时,可参考下列几条原则进行:

(1)任何一个地基模型,只有通过实践的验证,也就是通过计算值与实测值的比较,才能确定它的可靠性。例如,地基模型是通过某种试验的结果提出来的,可以进行其他种类的试验来验证它的可靠性,也可以通过对具体工程的计算值与实测值的比较来进行验证。

(2)所选用的地基模型应尽量简单,最有用的地基模型其实是能解决实际问题的最简单的模型。例如,如果采用布西奈斯克求解和压缩模量估算出来的地基沉降的精度,已能满足某项工程的需要,就无需采用复杂的弹塑性模型来求得更精确的解答。

(3)所选择的地基模型应该有针对性。不同的土和不同的工程问题,应该选择不同的、最合适的模型;同时还应注意地基模型的地区经验性,对于某地区、某种有代表性的地基土,如果在长期实践中,就某种模型及其参数的取值得到规律性的认识,并且计算结果与实测结果对比有较好的相关性,则可认为这种模型对该地区、该类土是适宜的。

(4)对于复杂的工程问题,应该采用不同的地基模型进行反复比较。任何模型都有它的局限性,不同模型的相互补充和比较是十分重要的。由于参数不同,比较的出发点应建立在建筑物平均沉降的基础上,这是因为建筑物的平均沉降是一个客观的数值,所以不论何种模型,其计算所得的平均沉降应彼此相当。

# 习　　题

【1-1】　某住宅总压力为 70kPa，埋深 1m，淤泥质粉质黏土的天然重度为 $18kN/m^3$，在基础埋深 1m 处用直径 1.13m 的载荷板进行室外载荷板试验，得到表 1-2 数据，试确定该地基的基床系数。

习题 1-1 表

表 1-2

| 压力 $p$(kPa) | 0 | 60 | 79 | 110 | 135 | 154 | 184 | 207 | 235 |
|---|---|---|---|---|---|---|---|---|---|
| 沉降 $s$(mm) | 0 | 5.21 | 7.39 | 10.87 | 17.60 | 24.56 | 38.25 | 49.33 | 61.93 |

【1-2】　如图 1-11 所示，某地基表面作用 $p = 120kPa$ 的矩形均布荷载，基础的宽 $b = 2m$，长 $l = 4m$，试写出分层地基模型的柔度矩阵。矩形荷载面积等分为 2 个网格单元，压缩模量 $E_s = 2.5MPa$。矩形均布荷载角点下土中的竖向附加应力 $\sigma_z = \dfrac{p}{2\pi}\left[ \dfrac{mn(1 + n^2 + 2m^2)}{\sqrt{1 + m^2 + n^2}(m^2 + n^2)(1 + m^2)} + \arctan \dfrac{n}{m\sqrt{1 + m^2 + n^2}} \right]$，$m = \dfrac{z}{b}$，$n = \dfrac{l}{b}$。

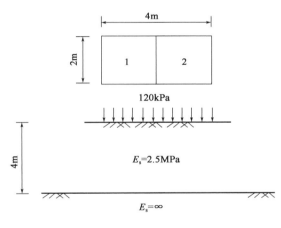

图 1-11　习题 1-2 图

# 思　考　题

【1-1】　何谓地基模型？

【1-2】　最常用、最简单的线弹性地基模型有哪几种？

【1-3】　试述非线性弹性地基模型的参数及其确定方法。

【1-4】　试写出文克勒地基模型的柔度矩阵。

【1-5】　地基模型选择的主要原则是什么？

# 第二章

# 浅基础地基计算

## 第一节 概 述

    建筑物通常是设置在地层上的。在地表以上的建筑结构称为上部结构,在地表以下的建筑结构则称为基础。上部结构的荷载是通过基础传递给下面地层的,通常把承受上部结构和基础的荷载并受到这些荷载影响的那部分地层称为地基。

    地基有天然地基和人工地基两大类型。当基础直接建造在未经处理的天然土层上时,这种地基称为天然地基。若天然地基不能满足上部结构荷载的要求,则地基在修建基础前需经过人工处理,经过处理后的地基则称为人工地基。

    基础有浅基础和深基础两大类型。浅基础和深基础并没有一个明确的界限,主要是从施工角度来考虑的。当基础埋置深度不大时,可以采用比较简便的施工方法建造,即只需经过挖坑、排水、浇筑基础等施工工序就可以建造的基础统称为浅基础(浅基础在公路桥涵、铁路桥涵等规范中常称为明挖基础),如直接在浅部土层上开挖修建的柱基、墙基以及筏基、箱基等都属于浅基础;反之,若浅层土质不良,而需把基础置于深层良好的地层时,就要借助于特殊的施工方法来建造深基础了,如桩基础、沉井基础、地下连续墙基础等。通常浅基础的设计计算不考虑基础侧壁摩阻力的影响,而深基础的设计计算应考虑基础侧壁摩阻力的作用。

    地基基础方案可选择天然地基上的浅基础、人工地基上的浅基础或天然地基上的深基础。

天然地基上的浅基础施工方便、技术简单、造价经济,一般情况下应尽量优先考虑。如果天然地基上的浅基础不能满足工程要求,或有特殊情况而致使造价不经济时,可选用人工地基或深基础。地基础类型见图2-1。本章及下一章主要学习天然地基上的浅基础设计,后几章将学习深基础设计及地基处理。

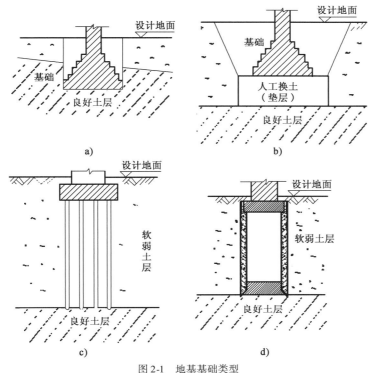

图 2-1  地基基础类型
a)天然地基上的浅基础;b)人工地基上的浅基础;c)桩基础;d)沉井基础

基础具有承上启下的作用,一方面,基础处于上部结构荷载及地基反力的共同作用之下,承受由此而产生的内力(弯矩、剪力、轴力和扭矩等);另一方面,基础底面的反力则作为作用在地基上的荷载,使地基产生应力和变形。因此,在基础设计时,除了必须保证基础结构本身具有足够的强度和刚度外,同时还需使地基的受力和变形控制在允许的范围之内,以保证上部结构的稳定和正常使用。因而基础工程设计又常称为地基基础设计,包括地基计算和基础结构设计两大部分。本章主要学习浅基础的地基计算,下一章将主要学习浅基础的结构设计。

我国不同行业及地区制订了许多有关地基基础的规范及规程,本章的浅基础地基计算及下一章的浅基础结构设计主要参考国家标准《建筑地基基础设计规范》(GB 50007—2011)。

# 第二节  基础工程设计基本原理

## 一、地基基础设计基本要求

《工程结构可靠性设计统一标准》(GB 50153—2008)对结构设计应满足的功能要求规定如下:①在正常施工和正常使用时,能承受可能出现的各种作用;②在正常使用时保持良好的使用性能;③在正常维护下具有足够的耐久性能;④当发生火灾时,在规定的时间内可保持足够的承载力;⑤当发生爆炸、撞击、人为错误等偶然事件时,结构能保持必需的整体稳固性,不出现与起因不相称的破坏后果,防止出现结构的连续倒塌。

对于地基基础而言,其应满足的功能要求则归结为:①基础应具备将上部结构荷载传递给地基的承载力和刚度;②在上部结构的各种作用和作用组合下,地基不得出现失稳;③地基基础沉降变形不得影响上部结构功能和正常使用;④具有足够的耐久性能。

为满足上述功能要求,在地基设计时应根据地基工作状态考虑两方面问题:①在长期荷载作用下,地基变形不致造成承重结构的损坏;②在最不利荷载作用下,地基不出现失稳现象。

因此,地基基础设计必须满足的三个基本要求是:

(1)地基强度要求,即要求作用于地基上的荷载不超过地基的承载能力,以保证地基土在抵抗剪切破坏和防止丧失稳定方面具有足够的安全度;

(2)地基变形要求,即控制地基的变形量,使之不超过建筑物的地基允许变形值;

(3)基础结构的强度、刚度及耐久性要求。

在以上三个基本设计要求中,(1)、(2)称为地基计算要求,(3)称为结构设计要求。地基基础设计一方面要满足基础结构的要求,另一方面必须满足地基土的变形和强度的要求。

但是,地基的变形不同于钢、混凝土、砖石等材料,其属于大变形材料。从已有的大量地基基础事故分析,绝大多数事故是由地基变形过大或不均匀造成的,常常是地基强度还有潜力可挖,而变形已超过正常使用的限值。因此,按变形控制设计的原则是地基基础设计的总原则。

在设计时,还要充分认识上部结构和地基基础是一个整体的事实,正确认识上部结构与地基基础共同作用的特点,才能安全、可靠、合理地进行地基基础设计。

## 二、地基基础设计安全等级与作用效应

### 1. 地基基础设计等级

根据地基复杂程度、建筑物规模和功能特征以及由于地基问题可能造成建筑物破坏或影响正常使用的程度,地基基础设计分为三个等级,如表2-1所示。

地基基础设计等级 表2-1

| 设计等级 | 建筑和地基类型 |
|---|---|
| 甲级 | 重要的工业与民用建筑物;30层以上的高层建筑;体型复杂,层数相差超过10层的高低层连成一体的建筑物;大面积的多层地下建筑物(如地下车库、商场等);对地基变形有特殊要求的建筑物;复杂地质条件下的坡上建筑物(包括高边坡);对原有工程影响较大的新建建筑物;场地和地基条件复杂的一般建筑物;位于复杂地质条件及软土地区的2层及2层以上地下室的基坑工程 |
| 乙级 | 除甲级、丙级以外的工业与民用建筑物 |
| 丙级 | 场地和地基条件简单,荷载分布均匀的7层及7层以下民用建筑物及一般工业建筑物;次要的轻型建筑物 |

根据建筑物地基基础设计等级及长期荷载作用下地基变形对上部结构的影响程度,地基基础设计应符合下列规定:

(1)所有建筑物的地基计算均应满足承载力计算的有关规定。

(2)设计等级为甲级、乙级的建筑物,均应按地基变形设计。

（3）部分设计等级为丙级的建筑物，可不做变形验算，如有下列情况之一时，仍应进行变形验算：

①地基承载力特征值小于 130kPa，且体型复杂的建筑物；

②在基础上及其附近有地面堆载或相邻基础荷载差异较大，可能引起地基产生过大的不均匀沉降时；

③软弱地基上的建筑物存在偏心荷载时；

④相邻建筑距离过近，可能发生倾斜时；

⑤地基内有厚度较大或厚薄不均的填土，其自重固结未完成时。

（4）对经常受水平荷载作用的高层建筑、高耸结构和挡土墙等，以及建造在斜坡上或边坡附近的建筑物和构筑物，尚应验算其稳定性。

（5）基坑工程应进行稳定性验算。

（6）当地下水埋藏较浅，建筑地下室或地下构筑物存在上浮问题时，尚应进行抗浮性验算。

2. 地基基础设计所采用的作用效应与相应的抗力限值规定

地基基础设计应根据使用过程中可能同时出现的作用，符合设计要求和使用要求，所采用的作用效应与相应的抗力限值应符合下列规定：

（1）按地基承载力确定基础底面积及埋深或按单桩承载力确定桩数时，传至基础或承台底面上的作用效应应按正常使用极限状态下作用效应的标准组合；相应的抗力应采用地基承载力特征值或单桩承载力特征值。

（2）计算地基变形时，传至基础底面上的作用效应应按正常使用极限状态下作用效应的准永久组合，不应计入风荷载和地震作用；相应的限值应为地基变形允许值。

（3）计算挡土墙土压力、地基或斜坡稳定及滑坡推力时，作用效应应按承载能力极限状态下作用的基本组合，但其分项系数均为 1.0。

（4）在确定基础或桩基承台高度、支挡结构截面、计算基础或支挡结构内力、确定配筋和验算材料强度时，上部结构传来的作用效应和相应的基底反力，应按承载能力极限状态下作用的基本组合，采用相应的分项系数；当需要验算基础裂缝宽度时，应按正常使用极限状态作用的标准组合。

（5）基础设计安全等级、结构设计使用年限、结构重要性系数应按有关规范的规定采用，但结构重要性系数 $\gamma_0$ 不应小于 1.0。

## 三、地基基础作用的相关概念

1. 作用的有关定义

（1）永久作用：在设计使用年限内始终存在，且其量值变化与平均值相比可以忽略不计，或其变化是单调的并能趋于某个限值的作用，以 $G$ 表示，例如结构自重、土压力、正常稳定水位的水压力等。

（2）可变作用：在设计使用年限内，其量值随时间变化，且其变化与平均值相比不可忽略不计的作用，以 $Q$ 表示，例如建筑物楼面活荷载、屋面活荷载、风荷载、雪荷载等，以及桥梁桥面的汽车荷载、风荷载、雪荷载等。

（3）偶然作用：在设计使用年限内不一定出现，而一旦出现其量值很大，且持续期很短的作用。

（4）地震作用：地震对结构所产生的作用。

（5）土工作用：由岩土、填方或地下水传递到结构上的作用。

（6）作用效应：由作用引起的结构或结构构件的反应，例如内力、变形和裂缝。永久作用效应和可变作用效应分别以 $S_G$、$S_Q$ 表示。

（7）设计基准期：为确定可变荷载代表值而选用的时间参数。

2. 作用的代表值

如前所述，作用依其性质不同，可分为永久作用 $G$ 和可变作用 $Q$ 两大类。这些作用均应看成随机变量，但其概率分布规律各不一样，应分别选用合适的概率模型进行统计分析，在概率分布形式确定以后，就可以选择作用的代表值。作用的代表值有多种，在地基基础计算中常用的有以下三种。

（1）作用的标准值：这是作用的基本代表值，为设计基准期内最大作用（荷载）统计分布的特征值，以下标 k 表示。作用标准值可以取均值或某个分位值，例如对于结构自重，可按结构构件的设计尺寸乘以材料单位体积的自重；对于雪荷载可按 50 年一遇的雪压乘以屋面积雪分布系数等；其他类型的荷载均有相应的规定，可直接由现行《建筑结构荷载规范》（GB 50009）查用。

（2）作用的准永久值：对于可变作用，在设计基准期内，其超越总时间约为设计基准期一半的作用值。具体而言，对于某一随时间而变化的作用，如果设计基准期是 $T$，则在 $T$ 时间内大于和等于准永久值的时间约为 $0.5T$。作用的准永久值实际上是考虑了可变作用的时间间歇性和分布的不均匀性的一种折减。例如对于地基沉降计算，短时间的作用不一定引起充分的沉降，这种情况下，可变作用就应该采用作用的准永久值。作用的准永久值等于作用标准值乘以准永久值系数 $\psi_q$。各种作用的 $\psi_q$ 是一个小于 1.0 的系数，可以从有关荷载规范中查用。

（3）作用的组合值：对于可变作用，使组合后的作用效应在设计基准期内的超越概率（类似失效概率），与该作用单独出现时其标准值作用效应的超越概率趋于一致的作用值；或组合后使结构具有统一规定的可靠指标的作用值。具体而言，因为两种或两种以上的可变作用同时出现标准值的概率很小，因此当结构承受两种或两种以上的可变作用时，应采用作用的组合值。作用的组合值等于作用标准值乘以组合值系数 $\psi_c$。组合值系数 $\psi_c$ 是一个小于 1.0 的系数，可以从有关荷载规范中查用。

3. 作用的设计值

作用代表值与作用分项系数 $\gamma$ 的乘积称为作用的设计值。

4. 作用的组合

设计时，为了保证结构的可靠性，需要确定同时作用在结构上有几种作用、每种作用采用何种代表值，这一工作称为作用组合或作用效应组合。在地基基础设计中，一般有如下几种作用组合。标准组合：按正常使用极限状态计算时，采用标准值或组合值为作用代表值的组合。准永久组合：按正常使用极限状态计算时，对可变作用采用准永久值为作用代表值的组合。基本组合：按承载能力极限状态计算时，永久作用与可变作用的组合设计值为作用代表值的组合。其中，标准组合中的各项乘以相应的分项系数 $\gamma$ 就得到基本组合。

（1）正常使用极限状态下,作用效应的标准组合值 $S_k$ 表达为:

$$S_k = S_{Gk} + S_{Q1k} + \sum_{i=2}^{n} \psi_{ci} S_{Qik} \tag{2-1}$$

（2）正常使用极限状态下,作用效应的准永久组合值 $S'_k$ 表达为:

$$S'_k = S_{Gk} + \sum_{i=1}^{n} \psi_{qi} S_{Qik} \tag{2-2}$$

（3）承载能力极限状态下,可变作用控制的基本组合设计值 $S_d$ 表达为:

$$S_d = \gamma_G S_{Gk} + \gamma_{Q1} S_{Q1k} + \sum_{i=2}^{n} \gamma_{Qi} \psi_{ci} S_{Qik} \tag{2-3}$$

（4）承载能力极限状态下,永久作用控制的基本组合,采用简化规则,作用效应基本组合设计值 $S_d$ 可按下式确定:

$$S_d = 1.35 S_k \tag{2-4}$$

以上式中: $S_k$——作用效应的标准组合值;

$\quad S'_k$——作用效应的准永久组合值;

$\quad S_d$——作用效应的基本组合设计值;

$\quad S_{Gk}$——按永久作用标准值 $G_k$ 计算的作用效应值;

$\quad S_{Qik}$——按第 $i$ 个可变荷载标准值 $Q_{ik}$ 计算的作用效应值;

$\quad \psi_{ci}$——第 $i$ 个可变作用 $Q_i$ 的组合值系数,按现行国家标准《建筑结构荷载规范》（GB 50009）的规定取值;

$\quad \psi_{qi}$——第 $i$ 个可变作用的准永久值系数,按现行国家标准《建筑结构荷载规范》（GB 50009）的规定取值;

$\quad \gamma_G$——永久荷载的分项系数,按现行国家标准《建筑结构荷载规范》（GB 50009）的规定取值;

$\quad \gamma_{Qi}$——第 $i$ 个可变作用的分项系数,按现行国家标准《建筑结构荷载规范》（GB 50009）的规定取值。

## 四、地基基础设计表达式

1. 地基的极限状态设计

为保证建筑物的安全使用,地基设计必须同时满足以下两种极限状态的要求。

（1）正常使用极限状态或变形极限状态

正常使用极限状态的验算包括以下两部分。

①验算地基变形量,其验算通式为:

$$\Delta \leqslant [\Delta] \tag{2-5}$$

式中: $\Delta$——建筑物地基的变形量;

$\quad [\Delta]$——建筑物地基的变形允许值。

②验算地基变形状态,以不使地基中出现过大塑性变形为原则,一般采用容许承载力法进行验算,即:

$$p \leqslant f_a \tag{2-6}$$

式中: $p$——作用于地基土上的平均总压力（kPa）;

$f_a$——地基容许承载力(kPa)。

地基容许承载力是从控制地基变形方面确定的,可以由载荷试验、理论公式或地基承载力表求得。用载荷试验资料确定地基容许承载力,可取 $p$-$s$ 曲线上的第一拐点对应的压力或相对沉降($s/b$)值对应的压力;用理论公式确定地基容许承载力时,可以采用临塑荷载公式或塑性区开展深度为基础宽度的 1/4 的界限荷载 $p_{1/4}$ 公式。

按照正常使用极限状态的原则,我国《建筑地基基础设计规范》(GB 50007—2011)采用了地基承载力特征值的概念。地基承载力特征值是指地基土压力-变形曲线($p$-$s$ 曲线)在线性变形范围内规定的变形所对应的压力值,其最大值为比例界限值。地基承载力特征值可由载荷试验或其他原位测试、理论公式计算,并结合工程实践经验等方法综合确定。

(2)承载能力极限状态或稳定极限状态

此时地基将最大限度地发挥承载能力,荷载若超过此种限度,地基土即发生强度破坏而丧失稳定。承载能力极限状态一般采用安全系数法进行验算,即:

$$p \leqslant \frac{f_u}{K} \tag{2-7}$$

式中:$p$——作用于地基上的平均总压力(kPa);

$\quad\quad f_u$——地基极限承载力(kPa);

$\quad\quad K$——安全系数。

地基极限承载力可以由载荷试验或理论公式求得。当用载荷试验资料确定地基极限承载力时,可取 $p$-$s$ 曲线上第二拐点对应的压力。当用理论公式确定地基极限承载力时,可用极限荷载公式计算。确定极限承载力方法不同,安全系数取值是随之不同的。

由于一般建筑物的地基设计受变形所控制,故可以不再进行式(2-7)的极限承载力验算。实际上已进行式(2-6)的容许承载力验算,通常也可以满足式(2-7)的极限承载力要求。但是对于承受较大水平荷载的建筑物或挡土结构以及建造在斜坡上的建筑物,地基稳定可能是控制因素,此时则必须用式(2-7)或类似方法进行地基的稳定性验算。

2. 结构的可靠度设计

这种设计方法是以概率理论为基础的极限状态设计方法,简称概率极限设计方法,也称可靠度设计方法。国际标准《结构可靠性总原则》(ISO 2394)对土木工程领域的设计采用了以概率理论为基础的极限状态设计方法。我国为了与国际接轨,从 20 世纪 80 年代开始在建筑工程领域内使用概率极限状态设计方法。现行的《建筑结构设计规范》(GB 50009)都是按这一方法的要求制订的。

结构的工作状态可以用荷载效应 $S$(指荷载在结构或构件内引起的内力或位移等)和结构抗力 $R$(指抵抗破坏或变形的能力)的关系描述,令 $Z = R - S$,$Z$ 为功能函数。可见:

$Z > 0$ 时,抗力大于作用效应,结构处于可靠状态;$Z < 0$ 时,抗力小于作用效应,结构处于失效状态;$Z = 0$ 时,抗力等于作用效应,结构处于极限状态。

影响作用效应和结构抗力的因素很多。$R$ 和 $S$ 都是随机变量,假定 $R$ 和 $S$ 的概率分布为正态分布,则按概率理论,功能函数 $Z$ 也是正态分布的随机变量。图 2-2 中 $f(Z)$ 为 $Z$ 的概率密度函数,曲线下的阴影面积表示 $Z < 0$ 的概率,也就是结构处于失效状态的概率,故称为失效概率,用 $P_f$ 表示;$\mu_Z$ 为 $Z$ 的平均值,$\sigma_Z$ 为 $Z$ 的标准差,令 $\beta = \mu_Z/\sigma_Z$。$\beta$ 也是一个反映失效概率的指标,因其应用比 $P_f$ 方便,故常用作表示结构可靠性的指标,称为可靠指标。

可靠指标 $\beta$ 的作用类似于极限状态设计中的安全系数 $K$,但两者的概念有明显的不同。图 2-3 表示两组作用效应和抗力的概率密度分布曲线 $S_1$、$R_1$ 和 $S_2$、$R_2$。

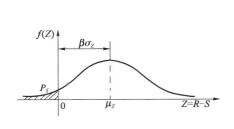

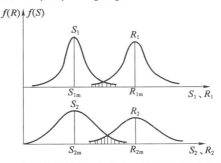

图 2-2  功能函数的概率分布          图 2-3  两组作用效应 $S$ 和抗力 $R$ 的概率密度分布曲线

令 $S_{1m}$ 和 $R_{1m}$ 为第一组荷载效应和抗力的均值,$S_{2m}$ 和 $R_{2m}$ 为第二组荷载效应和抗力的均值,则每组的安全系数 $K$ 可表示为:

$$K = \frac{\text{平均抗力}}{\text{平均作用效应}} = \frac{R_m}{S_m} \tag{2-8}$$

而可靠指标 $\beta$ 则可表示为:

$$\beta = \frac{Z_m}{\sigma_Z} = \frac{R_m - S_m}{\sqrt{\sigma_R^2 + \sigma_S^2}} = \frac{\dfrac{R_m}{S_m} - 1}{\sqrt{\delta_S^2 + \dfrac{R_m^2}{S_m^2}\delta_R^2}} = \frac{K-1}{\sqrt{K^2\delta_R^2 + \delta_S^2}} \tag{2-9}$$

上式中,$\sigma_S$ 和 $\sigma_R$ 分别为作用效应和抗力的标准差,$\delta_S$ 和 $\delta_R$ 分别为它们的变异系数。由此可见,安全系数只决定于作用效应和抗力的均值;而可靠指标则不但决定于 $R$ 和 $S$ 的均值,而且还与它们的概率分布状况即离散程度有关。

可见,用 $\beta$ 来评价结构的可靠性比单一安全系数更为合理。但由于影响 $R$ 和 $S$ 的因素很多,且缺乏统计资料,目前直接用概率分析方法计算结构的可靠度还较困难,一般采用较为实用的方法,即将极限状态表达式 $R = S$ 写成分项系数的形式。

$$\gamma_R R_k = \gamma_S S_k \tag{2-10}$$

式中:$R$——抗力的设计值;

  $S$——作用的设计值;

  $R_k$——抗力标准值;

  $S_k$——作用效应标准值;

  $\gamma_R$——抗力分项系数;

  $\gamma_S$——作用效应分项系数。

分项系数与安全系数的性质不同,安全系数是一个规定的工程经验值,不随抗力和作用效应的离散程度而变化;分项系数则根据变量的概率分析计算而得到,其值与变异系数和可靠指标有关。

综上所述,地基基础设计中承载力验算有三种表达方法,即容许承载力法、安全系数法和分项系数法。按上述不同方法设计时,作用的取值不同,承载力的确定方法不同,安全度控制的方法也不相同。容许承载力法和安全系数法所用的作用效应都取标准值,作用组合采用标准组合;

而分项系数法是取作用的设计值,作用组合采用基本组合。安全系数法和分项系数法所用的承载力都是极限承载力;而容许承载力法所用的承载力是容许承载力。容许承载力法的安全度由容许承载力的取值来控制;而安全系数法和分项系数法则用安全系数或分项系数取值来控制。

对于建筑结构设计,现行设计规范采用的都是可靠度设计的分项系数法。对于地基计算,由于岩土性质的变异性很大,其抗力指标的统计指标尚少,短期内完全应用可靠度设计有一定困难。结合前面所述的地基基础验算方法,可以看出:目前地基计算中的承载力验算以容许承载力法为主,例如《建筑地基基础设计规范》（GB 50007—2011）及《公路桥涵地基与基础设计规范》（JTG 3363—2019）等标准对地基承载力验算均采用的是容许承载力法;部分标准如《港口工程地基规范》（JTS 147—1—2010）,上海市《地基基础设计规范》（DGJ08-11—2018）采用了分项系数法。对于地基计算中的稳定性验算,从作用取值看,分项系数为1.0的基本组合值相当于标准组合值,从安全系数取值看,是单一安全系数,所以地基稳定性验算实质上属于安全系数法;在基础结构设计中的强度验算方面,目前的地基基础设计标准均采用分项系数法。

### 五、岩土工程勘察的要求

地基基础设计前应进行岩土工程勘察,并应符合下列规定:

（1）岩土工程勘察报告应提供下列资料:

①有无影响建筑场地稳定性的不良地质条件及其危害程度。

②建筑物范围内的地层结构及其均匀性,以及各岩土层的物理力学性质。

③地下水埋藏情况、类型和水位变化幅度及规律,以及对建筑材料的腐蚀性。

④在抗震设防区应划分场地土类型和场地类别,并对饱和砂土及粉土进行液化判别。

⑤对可供采用的地基基础设计方案进行论证分析,提出经济合理的设计方案建议;提供与设计要求相对应的地基承载力及变形计算参数,并对设计与施工应注意的问题提出建议。

⑥当工程需要时,尚应提供深基坑开挖的边坡稳定计算和支护设计所需的岩土技术参数,论证其对周围已有建筑物和地下设施的影响;提供基坑施工降水的有关技术参数及施工降水方法的建议;提供用于计算地下水浮力的设计水位。

（2）地基评价宜采用钻探取样、室内土工试验和触探测试,并结合其他原位测试方法进行。设计等级为甲级的建筑物应提供载荷试验指标、抗剪强度指标、变形参数指标和触探资料;设计等级为乙级的建筑物应提供抗剪强度指标、变形参数指标和触探资料;设计等级为丙级的建筑物应提供触探及必要的钻探和土工试验资料。

（3）建筑物地基均应进行施工验槽。如地基条件与原勘察报告不符时,应进行施工勘察。

### 六、浅基础设计内容与基本步骤

天然地基上的浅基础设计通常包含下列内容:

（1）基础所用的材料及基础的结构形式。

（2）基础的埋置深度。

（3）地基土的承载力。

（4）基础的形状、尺寸和布置形式,以及与相邻基础、地下构筑物和地下管道的关系。

（5）上部结构类型、使用要求及其不均匀沉降敏感性的影响。

（6）施工期限、施工方法及所需的施工设备等。

针对上述设计内容,浅基础设计可按如下步骤进行:

(1)阅读和分析建筑场地的地质勘察资料和建筑物的设计资料,进行相应的现场勘察和调查。

(2)选择基础的结构类型和建筑材料。

(3)选择持力层,决定合适的基础埋置深度。

(4)确定地基的承载力。

(5)根据地基的承载力和基础上的作用组合,初步确定基础的尺寸。

(6)根据地基基础设计等级进行必要的地基验算,包括地基承载力验算、地基变形验算、地基稳定性验算;必要时还应进行抗浮性验算。依据验算结果,必要时需修改基础尺寸甚至埋置深度。

(7)进行基础结构设计及验算。

(8)编制基础的设计和施工图纸。

其中步骤(3)~(6)为地基计算,主要在本章学习;步骤(7)为结构设计,主要在下一章学习。

# 第三节 浅基础的类型

浅基础根据所用基础材料的不同主要可分为无筋扩展基础和钢筋混凝土扩展基础等,而根据基础结构类型的不同可分为独立基础(单独基础)、条形基础(包括柱下条形基础、十字交叉条形基础)、筏形基础、箱形基础及壳体基础等。不同类型基础具有各自的受力特点和应用范围,在基础设计方案制定中需要根据不同类型基础的特点,选择适宜的基础类型。

## 一、无筋扩展基础(刚性基础)

无筋扩展基础通常是由砖、毛石、混凝土或毛石混凝土、灰土和三合土等材料建造的基础。这些材料虽有较好的抗压性能,但抗拉、抗剪强度不高,所以设计时要求基础的外伸宽度和高度的比值在一定限度内,以避免基础内的拉应力和剪应力超过其材料强度设计值。在这样的限制下,基础的相对高度一般都比较大,几乎不会发生弯曲变形,所以此类基础习惯上也称为刚性基础。它是房屋、桥梁和涵洞等建筑物常用的基础类型。

无筋扩展基础适用于6层和6层以下(三合土基础不宜超过4层)的民用建筑和轻型厂房。无筋扩展基础可分为墙下条形基础[图2-4a)]和柱下独立基础[图2-4b)]。

在桥梁基础中,通常采用如图2-5所示的刚性扩大基础。

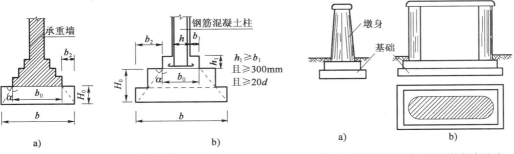

图 2-4 无筋扩展基础
a)墙下条形基础;b)柱下独立基础
d-柱中纵向钢筋直径

图 2-5 桥梁工程中常用的刚性扩大基础

## 二、扩展基础

当无筋扩展基础的尺寸不能同时满足地基承载力和基础埋深的要求时,则需采用钢筋混凝土扩展基础,简称扩展基础。钢筋混凝土扩展基础具有较好的抗剪能力和抗弯能力,通常也称之为柔性基础或有限刚度基础。

当外荷载较大且存在弯矩和水平荷载,同时地基承载力又较低时,无筋扩展基础已经不再适用了,应该采用钢筋混凝土扩展基础。钢筋混凝土扩展基础是用扩大基础底面积的方法来满足地基承载力的要求,而不必增加基础的埋深,所以能得到合适的基础埋深。扩展基础主要是指柱下钢筋混凝土独立基础、墙下钢筋混凝土条形基础。

1. 柱下钢筋混凝土独立基础

钢筋混凝土独立基础主要是柱下基础,其构造形式及类型见图 2-6,通常有现浇台阶形基础、现浇锥形基础和预制柱的杯口形基础。杯口形基础又可分为单肢和双肢杯口形基础、低杯口形和高杯口形基础。轴心受压柱下的基础底面形状一般为正方形,而偏心受压柱下的基础底面形状一般为矩形。

对于烟囱、水塔、高炉等构筑物,则通常采用钢筋混凝土圆板或圆环基础,或者混凝土实体基础。这类基础是位于整个结构物下的配筋单独基础(采用实体基础时也可不配筋),与上部结构连成一体,具有较大的整体刚度。

2. 墙下钢筋混凝土条形基础

墙下钢筋混凝土条形基础根据受力条件可分为不带肋和带肋两种(图 2-7),可看作是钢筋混凝土独立基础的特例。它的计算属于平面应变问题,只考虑在基础横向受力发生破坏。

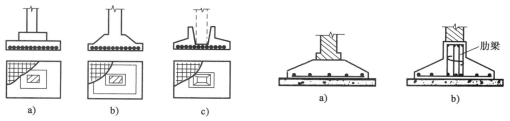

图 2-6　钢筋混凝土独立基础
a)台阶形基础;b)锥形基础;c)杯口形基础

图 2-7　墙下钢筋混凝土条形基础
a)不带肋;b)带肋

## 三、柱下钢筋混凝土条形基础

柱下钢筋混凝土条形基础可分为柱下钢筋混凝土条形基础(图 2-8)和十字交叉钢筋混凝土条形基础(图 2-9)。

当地基承载力较低且柱下钢筋混凝土独立基础的底面积不能承受上部结构荷载的作用时,常把若干柱子的基础连成一条,从而构成柱下条形基础(图 2-8)。柱下钢筋混凝土条形基础设置的目的是将承受的集中荷载较均匀地分布到条形基础底面积上,以减小地基反力,并通过所形成的基础整体刚度来调整可能产生的不均匀沉降。把一个方向的单列柱基连在一起便成为单向条形基础。

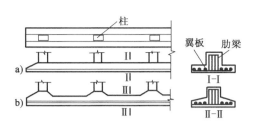

图 2-8 柱下钢筋混凝土条形基础

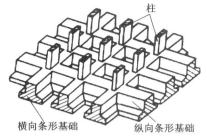

图 2-9 十字交叉钢筋混凝土条形基础

当单向条形基础的底面积仍不能承受上部结构荷载的作用时,可把纵横柱的基础均连在一起,从而成为十字交叉条形基础(图 2-9)。十字交叉条形基础可用于 10 层以下的民用住宅。

### 四、筏形基础

当地基承载力低,而上部结构的荷载又较大,以致十字交叉条形基础仍不能提供足够的底面积来满足地基承载力的要求时,可采用钢筋混凝土满堂基础。这种满堂基础称为筏形基础或筏板基础。它类似一块倒置的楼盖,比十字交叉条形基础具有更大的整体刚度,有利于调整地基的不均匀沉降,能够较好地适应上部结构荷载分布的变化。特别对于有地下室的房屋或大型储液结构,如水池、油库等,筏形基础是一种比较理想的基础结构。

筏形基础可分为平板式和梁板式两种类型。平板式筏形基础是一块等厚度的钢筋混凝土平板[图 2-10a]。厚度的确定比较困难,目前在设计中一般是根据经验确定,可按每层 50mm 确定筏板基础的厚度(筏板厚度不得小于 200mm);但对于高层建筑,当考虑上部结构刚度后,所确定的筏板基础厚度通常小于根据楼层数按每层 50mm 所确定的筏板基础厚度。当柱荷载较大时,可按图 2-10b)所示局部加大柱下板厚或设墩基,以防止筏板被冲剪破坏。若柱距较大,柱荷载相差也较大时,板内也会产生较大的弯矩,此时宜在板上沿柱轴纵横向设置基础梁[图 2-10c)、图 2-10d)],即形成梁板式筏形基础。这时板的厚度虽比平板式小得多,但其刚度较大,能承受更大的弯矩。

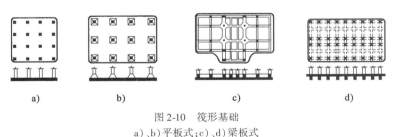

图 2-10 筏形基础
a)、b)平板式;c)、d)梁板式

筏形基础可在 6 层住宅中使用,也可在 50 层以上的高层建筑中使用。如美国休斯敦市的 52 层壳体广场大楼就是采用天然地基上的筏形基础,它的厚度为 2.52m。

### 五、箱形基础

箱形基础由钢筋混凝土底板、顶板和纵横内外隔墙组成一个刚度极大的箱子,故称为箱形基础。与筏形基础比较,箱形基础的地下空间较小,而筏形基础的地下空间则较大。

当地基承载力较低,上部结构荷载较大,采用十字交叉条形基础无法满足承载力要求,又不允许采用桩基时,可考虑采用箱形基础。

箱形基础通常如图 2-11a)所示。为了加大箱形基础的底板刚度,也可采用"套箱式"的箱形基础[图 2-11b)]。

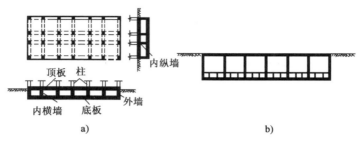

图 2-11　箱形基础
a)常规式;b)套箱式

箱形基础比筏形基础具有更大的抗弯刚度,可视作绝对刚性基础,其相对弯曲通常小于 0.33‰,所产生的沉降通常较为均匀。为了避免箱形基础出现过度的整体横向倾斜,应尽量减小荷载的偏心,采用箱基悬挑或箱基底板悬挑可有效减小荷载的偏心。箱形基础埋深较小,基础空腹,从而卸除了基底处原有的地基自重压力,因此可大大减小作用于基础底面的附加应力,并减少建筑物的沉降。必须指出,箱形基础的材料消耗量较大,施工技术要求高,且还会遇到深基坑开挖带来的问题和困难,是否采用应与其他可能的地基基础方案进行技术经济比较后再确定。

除以上介绍的主要类型基础外,还有不少其他类型的基础,如壳体基础、不埋式薄板基础、无筋倒圆台基础、折板基础等。

# 第四节　基础的埋置深度

基础的埋置深度(简称埋深)是指基础底面到天然地面的垂直距离。选择合适的基础埋置深度关系到地基的可靠性、施工的难易程度、工期的长短以及造价的高低等。因此,选择合适的基础埋深是地基基础设计工作中的重要环节。确定浅基础埋深的原则是,凡能浅埋的应尽量浅埋。但考虑到基础的稳定性、动植物的影响等因素,除岩石地基外,基础最小埋深不宜小于 0.5m,且基础顶面宜低于室外设计地面以下 0.1m,并要求满足地基稳定性和变形条件。影响基础埋深的条件很多,应综合考虑以下因素后加以确定。

## 一、建筑物的用途及基础类型

基础的埋深首先取决于建筑物的用途,如有无地下室、设备基础和地下设施,以及基础的形式和构造。

如果有地下室、设备基础和地下设施等,基础的埋深应结合建筑设计高程的要求确定,基础埋深将局部或整体加深。有地下管道时,一般要求基础埋深低于地下管道的深度,避免管道在基础下穿过,以防止基础沉降压坏管道,影响管道的使用和维修。

因地基持力层倾斜或建筑物使用上的要求(如地下室和非地下室连接段纵墙的基础),基础需有不同的埋深时,基础可做成台阶形,由浅向深逐步过渡,台阶的高宽比一般为1:2,如图2-12所示。

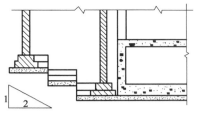

对不均匀沉降较敏感的建筑物,如层数不多而平面形状较复杂的框架结构,应将基础埋置在较坚实和厚度比较均匀的土层上。

图2-12 墙基埋深变化的台阶形布置

基础类型也是影响埋深的一个主要因素。例如用砖石等脆性材料砌筑的无筋扩展基础,为了防止基础本身材料的破坏,基础的构造高度往往很大,因此无筋扩展基础的埋深一般要大于钢筋混凝土扩展基础。

## 二、荷载的大小和性质

荷载的大小和性质不同,对持力层的要求也不同。某一深度的土层,对荷载小的基础可能是很好的持力层,而对荷载大的基础就可能不宜作为持力层。荷载的性质对基础埋深的影响也很明显。

对于作用有较大水平荷载的基础,应满足稳定性要求。如高层建筑,不仅竖向荷载大,还要承受风力和地震力等水平荷载,其埋置深度应不仅要满足地基承载力和变形要求,还应满足稳定性的要求。为减少建筑物的整体倾斜以及防止倾覆和滑移,天然地基上,基础埋深不宜小于建筑物高度的1/15。烟囱、水塔等高耸构筑物的埋深应满足抗倾覆稳定性的要求。位于岩石地基上的建筑物,若作用有较大水平荷载时,常依靠基础侧面土体承担水平荷载,其基础埋深应满足抗滑稳定性的要求。

对于承受动力荷载的基础,不宜选择饱和疏松的粉细砂作为持力层,以避免这些土层振动液化而丧失承载力,导致基础失稳。

## 三、工程地质和水文地质条件

根据工程地质条件选择合适的土层作为基础的持力层,是确定基础埋深的重要因素。直接支撑基础的土层称为持力层,其下的各土层称为下卧层。必须选择强度足够、稳定可靠的土层作为持力层,才能保证地基的稳定性,减少建筑物的沉降。

我国沿海软土地区土质多为沉积土。沉积土是分层的,由于土层在沉积过程中条件的变化,各土层的工程性质差异很大,其物理和力学强度指标也有较大的差异。特别在上海、福州、宁波、天津、连云港、温州等地区,软土土层松软,孔隙比大,压缩性高,强度低,且其厚度深厚,是不良的持力层。但在其地表大多有一层厚度为2~3m的"硬壳层",对于一般中小型建筑物或6层以下的居民住宅,宜充分利用这一硬壳层,基础应尽量浅埋在这一硬壳层上。

当上层土的承载力低,而下层土的承载力高时,应将基础埋置在下层较好的土层之中。但如果上层松软土层很厚,基础需要深埋时,必须考虑施工是否方便,是否经济,并应与其他方法如加固上层土或用短桩基础等方案综合比较分析后才能确定。

当基础埋置在易风化的软质岩层上时,施工时应在基坑挖好后立即铺筑垫层,以避免岩层表面暴露后风化软化。

当有地下水存在时,基础底面应尽量埋在地下水位以上,以免地下水对基坑开挖施工质量产生影响。如必须埋在地下水位以下时，应考虑施工时的基坑排水、坑壁支撑等措施，以及地下水是否有侵蚀性等因素，并采取地基土在施工时不受扰动的措施。

如果在持力层下埋藏有承压含水层时，选择基础埋深必须考虑承压水的作用，以免在开挖基坑时，坑底土被承压水冲破，从而引起突涌或流沙现象。因此必须控制基坑开挖的深度，使承压含水层顶部的静水压力 $u$ 与坑底土的总覆盖压力 $\sigma$ 的比值 $u/\sigma < 1$，对于宽基坑宜取 $u/\sigma < 0.7$。这里 $u = \gamma_w h$，$\gamma_w$ 为水的重度，$h$ 可按预估的最高承压水位确定。而承压水位和潜水位可分别由埋置于承压含水层的压力计 $A$ 和潜水层的压力计 $B$ 测得，如图 2-13 所示；$\sigma = \gamma_1 z_1 + \gamma_2 z_2$，$\gamma_1$ 及 $\gamma_2$ 分别为各层土的重度，对于水位以下的土取饱和重度。

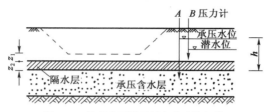

图 2-13　坑底土不被承压水冲破的条件

对于桥墩基础或受到流水冲刷影响的建筑物基础，为防止桥梁墩、台基础四周和基底以下土层被水流淘空冲走导致坍塌，其埋置深度还应考虑河床的冲刷深度。基础必须埋置在设计洪水的最大冲刷线以下一定的深度，以保证基础的稳定性。一般情况下，小型桥涵的基础底面应设置在设计洪水冲刷线以下不少于 1m。

基础在设计洪水冲刷总深度以下的最小埋置深度并不是一个定值，它与河床地层的抗冲刷能力、计算设计流量的可靠性、选用计算冲刷深度的方法、桥梁的重要性以及破坏以后修复的难易程度等因素有关。因此，对于大中型桥梁基础的基底在设计洪水冲刷总深度以下的最小埋深，根据桥梁的大小、技术的复杂性和重要性，建议参照表 2-2 采用。

考虑冲刷时大中型桥梁基础的基底最小埋深（m）　　　　　　　　　表 2-2

| 重要性 | 冲刷深度（m） | | | | | |
|---|---|---|---|---|---|---|
| | 0 | <3 | ≥3 | ≥8 | ≥15 | ≥30 |
| 一般桥梁 | 1.0 | 1.5 | 2.0 | 2.5 | 3.0 | 3.5 |
| 技术复杂、修复困难的特大桥及其他重要桥梁 | 1.5 | 2.0 | 2.5 | 3.0 | 3.5 | 4.0 |

### 四、相邻建筑物基础埋深的影响

在城市房屋密集的地方，往往新旧建筑物紧靠在一起，为了保证在新建建筑物施工期间，相邻的原有建筑物的安全和正常使用，新建建筑物的基础埋深不宜大于相邻原有建筑物的基础埋深。有的新建建筑物荷载很大，楼层又高，新建建筑物的基础埋深一定要超过原有建筑物的基础埋深，此时，为了避免新建建筑物对原有建筑物的影响，设计时应考虑与原有基础保持有一定的净距。具体数值应根据荷载大小、基础形式和土质条件而定，一般取相邻两基础底面高差的 $1 \sim 2$ 倍，如图 2-14 所示。若上述要求不能满足，应采用其他措施，如分段施工，设临时加固支撑，如板桩、水泥搅拌桩挡墙或地下连续墙等施工措施，或加固原有建筑物地基。

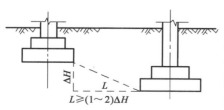

$L \geqslant (1 \sim 2)\Delta H$

图 2-14　埋深不同的相邻基础

### 五、地基土冻胀和融陷的影响

地表下一定深度的地层温度,随大气温度而变化。当地层温度降至 0℃ 以下时,土层中孔隙水将冻结。冻结时,土中水的体积膨胀,因而土层体积也随之膨胀。但这种膨胀还较有限,更重要的是处于冻结中的土会产生吸力,吸引附近水分渗向冻结区并一起冻结。因此,土冻结后,水分转移使其含水率增加,体积膨胀,这种现象称为土的冻胀。当气温回升,地层解冻时,冻土层不但体积缩小,而且因含水率显著增加,土质变得十分松软,强度大幅下降,会导致建筑物产生很大的附加沉降。这种现象称为土的融陷。这种随季节而变化,冬季冻胀,春夏天解冻融陷的土类称为季节性冻土。季节性冻土在我国主要分布于东北、西北、华北地区,一般厚度均超过 0.5m,最厚可达 3m。

冻胀和融陷都是不均匀的,如果基底下面有较厚的冻胀土层,就将产生难以估计的冻胀和融陷变形,影响建筑物的正常使用,甚至导致破坏。如图 2-15 所示,基础埋于冻胀土内,由于土体膨胀,在基础周围和基础底部,产生冻胀力使基础上抬,之后又会融陷产生不均匀沉降,这将造成门窗不能开启,严重的甚至会引起墙体开裂。因此,在季节性冻土地区,确定基础埋深时应考虑地基的冻胀性。

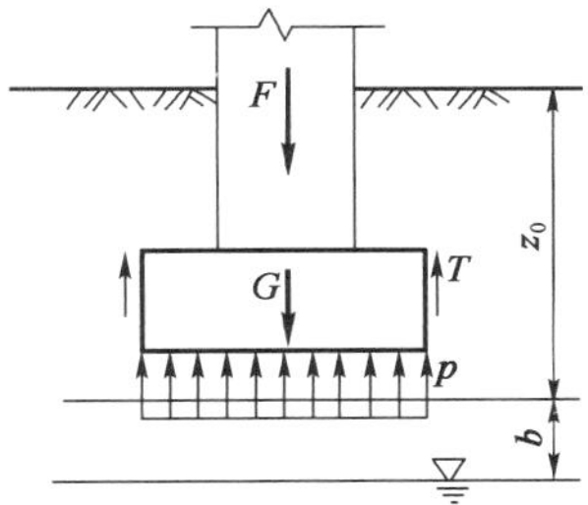

图 2-15 作用在基础上的冻胀力

土的冻胀性决定于土的性质和四周环境向冻土区补充水分的条件。粗粒土的冻结基本上是孔隙中原有自由水的冻结,冻结区的水分不会增加,甚至会因透水性较强而被体积增加的冰晶挤离冻结边界,故粗粒土的冻胀很小;细粒土的冻结则不仅只是孔隙中原有水的冻结,还主要是冻结过程中将发生未冻结区的水分向冻结区迁移的现象。对冻结时细粒土中的水分迁移现象的解释有多种,一般认为主要是黏粒表面的静电引力及小孔隙中的毛细引力引起的。如果冻结区下面有充足的水源(如地下水)和能向上及时输送水分的毛细通道,则水分迁移将是连续的,因而冻结区冻胀将很大。

由此可见,影响冻胀的因素主要有土的粒径大小、土中含水率的多少以及地下水补给的可能性等。对于结合水含量极少的粗颗粒土,因不会发生水分迁移,故不存在冻胀问题。而在相同条件下,黏性土的冻胀性就比粉砂严重得多。细粒土的冻胀与含水率有关,如果冻胀前,土处于含水率很少的坚硬状态,冻胀就很微弱。冻胀程度还与地下水位高低有关,若地下水位高或通过毛细水能使水分向冻结区补充,则冻胀较严重。

土的冻胀指标一般采用冻土层平均冻胀率 $\eta$ 来表示

$$\eta = \frac{V' - V}{V} = \frac{\Delta V}{V} \tag{2-11}$$

式中:$V$——冻结前土的体积;

$V'$——冻结后土的体积;

$\Delta V$——冻结引起的土的体积增量。

《建筑地基基础设计规范》(GB 50007—2011)按土的类别、含水率大小、地下水位高低及平均冻胀率 $\eta$ 的大小,将地基土的冻胀性分为不冻胀、弱冻胀、冻胀、强冻胀和特强冻胀五类,见表 2-3。

对于不冻胀地基,基础的埋深可不考虑冻胀深度的影响;对于弱冻胀、冻胀、强冻胀和特强

冻胀的基础最小埋深,可按下式计算:

$$d_{min} = z_d - h_{max} \qquad (2-12)$$

$$z_d = z_0 \cdot \psi_{zs} \cdot \psi_{zw} \cdot \psi_{ze} \qquad (2-13)$$

式中:$d_{min}$——基础最小埋深(m);

$\quad z_d$——设计冻深(m);

$\quad z_0$——标准冻深(m),采用在地表平坦、裸露、城市之外的空旷场地中不少于10年实测最大冻深的平均值;

$\quad \psi_{zs}$——土的类别对冻深的影响系数,按表2-4取用;

$\quad \psi_{zw}$——土的冻胀性对冻深的影响系数,按表2-5取用;

$\quad \psi_{ze}$——环境对冻深的影响系数,按表2-6取用;

$\quad h_{max}$——基础底面下允许残留冻土层的最大厚度(m),按表2-7取用;当有充分依据时,基底下允许残留冻土层厚度也可根据当地经验确定。

**地基土冻胀性分类** 表2-3

| 土的名称 | 冻前天然含水率 $w(\%)$ | 冻结期间地下水位距冻结面的最小距离 $h_w(m)$ | 平均冻胀率 $\eta$ (%) | 冻胀等级 | 冻胀类别 |
|---|---|---|---|---|---|
| 碎(卵)石,砾、粗、中砂(粒径小于0.075mm颗粒含量大于15%),细砂(粒径小于0.075mm颗粒含量大于10%) | $w \leqslant 12$ | >1.0 | $\eta \leqslant 1$ | I | 不冻胀 |
| | | ≤1.0 | $1 < \eta \leqslant 3.5$ | II | 弱冻胀 |
| | $12 < w \leqslant 18$ | >1.0 | | | |
| | | ≤1.0 | $3.5 < \eta \leqslant 6$ | III | 冻胀 |
| | $w > 18$ | >0.5 | | | |
| | | ≤0.5 | $6 < \eta \leqslant 12$ | VI | 强冻胀 |
| 粉砂 | $w \leqslant 14$ | >1.0 | $\eta \leqslant 1$ | I | 不冻胀 |
| | | ≤1.0 | $1 < \eta \leqslant 3.5$ | II | 弱冻胀 |
| | $14 < w \leqslant 19$ | >1.0 | | | |
| | | ≤1.0 | $3.5 < \eta \leqslant 6$ | III | 冻胀 |
| | $19 < w \leqslant 23$ | >1.0 | | | |
| | | ≤1.0 | $6 < \eta \leqslant 12$ | VI | 强冻胀 |
| | $w > 23$ | 不考虑 | $\eta > 12$ | V | 特强冻胀 |
| 粉土 | $w \leqslant 19$ | >1.5 | $\eta \leqslant 1$ | I | 不冻胀 |
| | | ≤1.5 | $1 < \eta \leqslant 3.5$ | II | 弱冻胀 |
| | $19 < w \leqslant 22$ | >1.5 | $1 < \eta \leqslant 3.5$ | II | 弱冻胀 |
| | | ≤1.5 | $3.5 < \eta \leqslant 6$ | III | 冻胀 |
| | $22 < w \leqslant 26$ | >1.5 | | | |
| | | ≤1.5 | $6 < \eta \leqslant 12$ | VI | 强冻胀 |
| | $26 < w \leqslant 30$ | >1.5 | | | |
| | | ≤1.5 | $\eta \leqslant 12$ | V | 特强冻胀 |
| | $w > 30$ | 不考虑 | | | |

续上表

| 土的名称 | 冻前天然含水率 $w$（%） | 冻结期间地下水位距冻结面的最小距离 $h_w$（m） | 平均冻胀率 $\eta$（%） | 冻胀等级 | 冻胀类别 |
|---|---|---|---|---|---|
| 黏性土 | $w \leqslant w_p + 2$ | >2.0 | $\eta \leqslant 1$ | Ⅰ | 不冻胀 |
| | | ≤2.0 | $1 < \eta \leqslant 3.5$ | Ⅱ | 弱冻胀 |
| | $w_p + 2 < w \leqslant w_p + 5$ | >2.0 | | | |
| | | ≤2.0 | $3.5 < \eta \leqslant 6$ | Ⅲ | 冻胀 |
| | $w_p + 5 < w \leqslant w_p + 9$ | >2.0 | | | |
| | | ≤2.0 | $6 < \eta \leqslant 12$ | Ⅵ | 强冻胀 |
| | $w_p + 9 < w \leqslant w_p + 15$ | >2.0 | | | |
| | | ≤2.0 | $\eta > 12$ | Ⅴ | 特强冻胀 |
| | $w > w_p + 15$ | 不考虑 | | | |

注:1. $w_p$-塑限含水率(%);$w$-在冻土层内冻前天然含水率的平均值。

2. 盐渍化冻土不在表列。

3. 塑性指数大于 22 时,冻胀性降低一级。

4. 粒径小于 0.005mm 的颗粒含量大于 60% 时,为不冻胀土。

5. 碎石类土当充填物大于全部质量的 40% 时,其冻胀性按充填物土的类别判断。

6. 碎石土、砾砂、粗砂、中砂(粒径小于 0.075mm 颗粒含量不大于 15%)、细砂(粒径小于 0.075mm 颗粒含量不大于 10%)均按不冻胀考虑。

**土的类别对冻深的影响系数 $\psi_{zs}$** 表 2-4

| 土的类别 | 影响系数 $\psi_{zs}$ | 土的类别 | 影响系数 $\psi_{zs}$ |
|---|---|---|---|
| 黏性土 | 1.00 | 中、粗、砾砂 | 1.30 |
| 细砂、粉砂、粉土 | 1.20 | 碎石土 | 1.40 |

**土的冻胀性对冻深的影响系数 $\psi_{zw}$** 表 2-5

| 冻胀性 | 影响系数 $\psi_{zw}$ | 冻胀性 | 影响系数 $\psi_{zw}$ |
|---|---|---|---|
| 不冻胀 | 1.0 | 强冻胀 | 0.85 |
| 弱冻胀 | 0.95 | 特强冻胀 | 0.80 |
| 冻胀 | 0.90 | | |

**环境对冻深的影响系数 $\psi_{ze}$** 表 2-6

| 周围环境 | 影响系数 $\psi_{ze}$ | 周围环境 | 影响系数 $\psi_{ze}$ |
|---|---|---|---|
| 村、镇、旷野 | 1.00 | 城市市区 | 0.90 |
| 城市近郊 | 0.95 | | |

注:环境影响系数,当城市市区人口为 20 万 ~ 50 万时,按城市近郊取值;当城市市区人口大于 50 万且小于或等于 100 万时,按城市市区取值;当城市市区人口超过 100 万时,按城市市区取值,5km 以内的郊区应按城市近郊取值。

建筑基底下允许残留冻土层厚度 $h_{max}$ (m)　　　　表 2-7

| 基底平均压力(kPa) | | | 90 | 110 | 130 | 150 | 170 | 190 | 210 |
|---|---|---|---|---|---|---|---|---|---|
| 冻胀性 | 基础形式 | 采暖情况 | | | | | | | |
| 弱冻胀土 | 方形基础 | 采暖 | — | 0.94 | 0.99 | 1.04 | 1.11 | 1.15 | 1.20 |
| | | 不采暖 | — | 0.78 | 0.84 | 0.91 | 0.97 | 1.04 | 1.10 |
| | 条形基础 | 采暖 | — | >2.50 | >2.50 | >2.50 | >2.50 | >2.50 | >2.50 |
| | | 不采暖 | — | 2.20 | 2.50 | >2.50 | >2.50 | >2.50 | >2.50 |
| 冻胀土 | 方形基础 | 采暖 | — | 0.64 | 0.70 | 0.75 | 0.81 | 0.81 | — |
| | | 不采暖 | — | 0.55 | 0.60 | 0.65 | 0.69 | 0.74 | — |
| | 条形基础 | 采暖 | — | 1.55 | 1.79 | 2.03 | 2.26 | 2.50 | |
| | | 不采暖 | — | 1.15 | 1.35 | 1.55 | 1.75 | 1.95 | |
| 强冻胀土 | 方形基础 | 采暖 | — | 0.42 | 0.47 | 0.51 | 0.56 | — | — |
| | | 不采暖 | — | 0.36 | 0.40 | 0.43 | 0.47 | — | — |
| | 条形基础 | 采暖 | — | 0.74 | 0.88 | 1.00 | 1.13 | | |
| | | 不采暖 | — | 0.56 | 0.66 | 0.75 | 0.84 | | |
| 特强冻胀土 | 方形基础 | 采暖 | 0.30 | 0.34 | 0.38 | 0.41 | — | | |
| | | 不采暖 | 0.24 | 0.27 | 0.31 | 0.34 | — | | |
| | 条形基础 | 采暖 | 0.43 | 0.52 | 0.61 | 0.70 | | | |
| | | 不采暖 | 0.33 | 0.40 | 0.47 | 0.53 | — | | |

注：1. 本表只计算法向冻胀力，如果基侧存在切向冻胀力，应采取防切向力措施。

2. 本表不适用于宽度小 0.6m 的基础，矩形基础可取短边尺寸按方形基础计算。

3. 表中数据不适用于淤泥、淤泥质土和欠固结土。

4. 表中基底平均压力数值为永久荷载标准值乘 0.9，可以内插。

满足基础最小埋深是防止冻害的一个基本要求；在冻胀、强冻胀、特强冻胀地基上，还应根据情况采取相应的防冻措施。

(1)对于在地下水位以上的基础，基础侧面应回填非冻胀性的中砂或粗砂，其厚度不应小于 10cm。对于在地下水位以下的基础，可采用桩基础、自锚式基础(冻土层下有扩大板或扩底短桩)或采取其他有效措施。

(2)宜选择地势高、地下水位低、地表排水良好的建筑场地。对于低洼场地，宜在建筑四周向外一倍冻深距离范围内，使室外地坪至少高出自然地面 300～500mm。

(3)防止雨水、地表水、生产废水、生活污水浸入建筑地基，应设置排水设施。在山区还应设截水沟或在建筑物下设置暗沟，以排走地表水和潜流水。

(4)在强冻胀性和特强冻胀性地基上，其基础结构应设置钢筋混凝土圈梁和基础梁，并控制上部建筑的长高比，增强房屋的整体刚度。

(5)当独立基础联系梁下或桩基础承台下有冻土时，应在梁或承台下留有相当于该土层冻胀量的空隙，以防止因土的冻胀将梁或承台拱裂。

(6)外门斗、室外台阶和散水坡等部位宜与主体结构断开。散水坡分段不宜超过 1.5m，坡度不宜小于 3%，其下宜填入非冻胀性材料。

(7)对于跨年度施工的建筑，入冬前应对地基采取相应的防护措施；按采暖设计的建筑物,当冬季不能正常采暖时,也应对地基采取保温措施。

### 六、补偿基础

为了减小拟建建筑物的沉降量,除了采取以后几章将要叙述的地基处理或桩基础等措施外,还可选用补偿基础这种基础形式。

建筑物的沉降是与建筑物基底附加压力成正比的,因此,理论上当建筑物基底附加压力为零时,建筑物的沉降也为零。基底附加压力 $p_0$ 为:

$$p_0 = p - \sigma_c = \frac{N}{A} - \gamma_0 \cdot d \tag{2-14}$$

式中:$N$——作用在基底的荷载(kN);

$A$——基础底面积(m²);

$d$——基础的埋深(m);

$\gamma_0$——埋置深度内土重度的加权平均值(kN/m³)。

建筑物的设计一旦确定后,基底总压力 $p$ 也相应确定了,因此,只能通过增加基础埋深来减小基底附加压力 $p_0$。若基础的埋深达到:

$$d = \frac{N}{A\gamma_0} \tag{2-15}$$

此时作用在基础底面的附加压力 $p_0$ 等于零,即建筑物的重力等于基坑挖去的总土重,这样的基础称为全补偿基础;若 $N/A$ 大于 $\gamma_0 d$,则称为部分补偿基础。以上二者可统称为补偿基础。

理论上,全补偿基础的沉降等于零。实际上由于基底土的扰动以及开挖回弹,全补偿基础仍会有少量沉降。

补偿基础通常为具有地下室的箱形基础和筏板基础。由于地下室的存在,基础具有大量空间,免去大量的回填土,就可以用来补偿上部结构的全部或部分压力。补偿基础的埋深一般很深,若在强度很低的软土中开挖深基坑,需注意深基坑开挖过程中可能发生的问题,如坑壁的稳定、坑底回弹等均要进行验算。

# 第五节　地基承载力的确定

### 一、概述

地基承载力是指单位面积地基所能承受荷载的能力。在进行基底尺寸设计时,需要先确定地基承载力,并使其符合地基承载力验算的要求。按照不同的设计计算方法,地基承载力的取值也不相同。安全系数法和分项系数法所取用的地基承载力都是极限承载力,而容许承载力法所取用的地基承载力是容许承载力。

地基极限承载力主要是根据地基的强度要求来确定的,可以由理论公式计算或由载荷试验获得。国外普遍采用极限承载力公式,我国有些规范如上海市《地基基础设计规范》(DGJ 08-11—2018)、《港口工程地基规范》(JTS 147-1—2010),也采用极限承载力公式,其相应的承载力验算采用的是分项系数法。

地基容许承载力是根据地基的强度和变形两个基本要求来确定的。由于土是大变形材料,当荷载增加时,随着地基变形的相应增长,地基极限承载力也在逐渐增大,因此很难界定出一个真正的"极限值";而且建筑物的正常使用对地基变形有一定要求,常常是地基极限承载力还大有潜力可挖,但变形已达到或超过正常使用的极限。因此,按照地基设计的正常使用极限状态设计原则,所选的地基容许承载力一般是在地基土压力变形曲线线性变形段内,相应于不超过比例界限点的地基压力。

容许承载力设计方法是我国最常用的方法,在实践中也积累了丰富的工程经验。如《公路桥涵地基与基础设计规范》(JTG 3363—2019)采用的就是容许承载力法;而《建筑地基基础设计规范》(GB 50007—2011)则是在遵循可靠度设计原则的同时,保留了容许承载力法的特点。具体而言,《建筑地基基础设计规范》(GB 50007—2011)主要是根据变形控制设计的原则取用地基承载力特征值。地基承载力特征值定义为在发挥正常使用功能时所允许采用的抗力设计值,但由于参数统计困难和统计资料不足,实际上还需凭经验确定。规范所选定的承载力特征值为在地基土的压力变形曲线线性变形段内相应于不超过比例界限点的地基压力值。可见,地基承载力特征值相当于地基容许承载力。下面主要介绍地基容许承载力的确定方法。

## 二、地基容许承载力的确定方法

地基容许承载力的确定通常采用理论公式、载荷试验或规范承载力表这三类方法。

### (一)承载力理论公式法

地基承载力的理论计算公式有很多种,这些理论公式都基于一些假定的基础,因此,各种计算方法均有其各自的适用范围,故各规范推荐采用的理论公式也不尽相同。

《建筑地基基础设计规范》(GB 50007—2011)根据地基临界荷载 $p_{1/4}$ 的理论公式,并结合经验给出计算地基承载力特征值的公式。

$$f_a = M_b \gamma b + M_d \gamma_m d + M_c c_k \qquad (2\text{-}16)$$

式中:    $f_a$——由土的抗剪强度指标确定的地基承载力特征值(kPa);

$M_b$、$M_d$、$M_c$——承载力系数,按表2-8确定;

     $\gamma$——基础底面以下土的重度(kN/m³),地下水位以下取浮重度;

     $\gamma_m$——基础底面以上土重度的加权平均值(kN/m³),地下水位以下取浮重度(kN/m³);

     $c_k$——基底下1倍短边宽的深度内土的黏聚力标准值(kN/m³);

     $b$——基础底面宽度(m),大于6m时按6m取值,对于砂土小于3m时按3m取值;

     $d$——基础埋置深度(m),一般自室外地面高程算起。在填方整平地区,可自填土地面高程算起,但填土在上部结构施工后完成时,应从天然地面高程算起。对于地下室,如采用箱形基础或筏形基础时,基础埋置深度自室外地面高程算起;当采用独立基础或条形基础时,应从室内地面高程算起。

式(2-16)适用于当偏心距小于或等于0.033乘以基础底面宽度时的地基承载力计算,同时还需要满足变形要求。

承载力系数 $M_b$、$M_d$、$M_c$ 表 2-8

| $\varphi_k(°)$ | $M_b$ | $M_d$ | $M_c$ | $\varphi_k(°)$ | $M_b$ | $M_d$ | $M_c$ |
|---|---|---|---|---|---|---|---|
| 0 | 0.00 | 1.00 | 3.14 | 22 | 0.61 | 3.44 | 6.04 |
| 2 | 0.03 | 1.12 | 3.32 | 24 | 0.80 | 3.87 | 6.45 |
| 4 | 0.06 | 1.25 | 3.51 | 26 | 1.10 | 4.37 | 6.90 |
| 6 | 0.10 | 1.39 | 3.71 | 28 | 1.40 | 4.93 | 7.40 |
| 8 | 0.14 | 1.55 | 3.93 | 30 | 1.90 | 5.59 | 7.95 |
| 10 | 0.18 | 1.73 | 4.17 | 32 | 2.60 | 6.35 | 8.55 |
| 12 | 0.23 | 1.94 | 4.42 | 34 | 3.40 | 7.21 | 9.22 |
| 14 | 0.29 | 2.17 | 4.69 | 36 | 4.20 | 8.25 | 9.97 |
| 16 | 0.36 | 2.43 | 5.00 | 38 | 5.00 | 9.44 | 10.80 |
| 18 | 0.43 | 2.72 | 5.31 | 40 | 5.80 | 10.84 | 11.73 |
| 20 | 0.51 | 3.06 | 5.66 | | | | |

注：$\varphi_k$ 为土的内摩擦角标准值。

## (二) 现场载荷试验法

### 1. 按试验曲线确定地基容许承载力 (图 2-16)

按照承压板埋置深度，地基的载荷试验分为浅层平板载荷试验和深层平板载荷试验。浅层平板载荷试验适用于确定浅部地基土层的承压板下应力主要影响范围内的承载力；深层平板载荷试验则适用于确定深部地基及大直径桩桩端土层在承压板下应力主要影响范围内的承载力。下面主要介绍浅层平板载荷试验的试验要点。

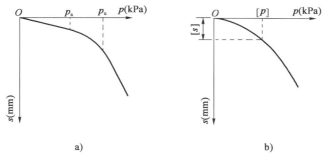

图 2-16 按载荷试验曲线确定地基容许承载力

浅层平板载荷试验的承压板面积不应小于 $0.25m^2$，对于软土不应小于 $0.5m^2$；试验基坑宽度不应小于承压板宽度或直径的 3 倍，并应保持试验土层的原状结构和天然湿度。根据平板载荷试验所得到的 p-s 曲线，分为以下三种情况确定地基容许承载力 (或承载力特征值)：

（1）当 p-s 曲线上有比例界限时，取该比例界限所对应的荷载值；

（2）当极限荷载小于对应比例界限荷载值的 2 倍时，取极限荷载值的一半；

（3）不能按上述两条要求时，当压板面积为 $0.25\sim0.50m^2$ 时，可取 $s/b=0.01\sim0.015$ 所对应的荷载，但其值不应大于最大加载量的一半。

### 2. 地基容许承载力的修正

载荷试验的影响深度为承压板宽度的 $2\sim3$ 倍，而承压板的尺寸一般比真实基础的尺寸小得多,载荷试验的尺寸效应不容忽视。因此,当基础的埋深和宽度与承压板不同时,应对地基承载力特征值进行深度和宽度修正。对于不同的地基基础规范,其修正公式略有不同。

《建筑地基基础设计规范》(GB 50007—2011)规定:当基础宽度大于3m或埋置深度大于0.5m时,从载荷试验方法确定的地基承载力特征值,尚应按式(2-17)修正。

$$f_a = f_{ak} + \eta_b \gamma (b - 3) + \eta_d \gamma_m (d - 0.5) \tag{2-17}$$

式中:$f_a$——修正后的地基承载力特征值(kPa);

$f_{ak}$——地基承载力特征值(kPa);

$\eta_b$、$\eta_d$——基础宽度和埋深的地基承载力修正系数,按基底下土的类别查表2-9取值;

$\gamma$——基础底面以下土的重度(kN/m³),地下水位以下取浮重度;

$b$——基础底面宽度(m),当基础宽度小于3m时按3m取值,大于6m时按6m取值;

$\gamma_m$——基础底面以上土重度的加权平均值(kN/m³),地下水位以下取浮重度;

$d$——基础埋置深度(m),一般自室外地面高程算起。在填方整平地区,可自填土地面高程算起,但填土在上部结构施工后完成时,应从天然地面高程算起。对于地下室,如采用箱形基础或筏形基础时,基础埋置深度自室外地面高程算起;当采用独立基础或条形基础时,应从室内地面高程算起。

承载力修正系数 表2-9

| 土的类别 | | $\eta_b$ | $\eta_d$ |
|---|---|---|---|
| 淤泥和淤泥质土 | | 0 | 1.0 |
| 人工填土<br>$e$ 或 $I_L$ 大于等于0.85的黏性土 | | 0 | 1.0 |
| 红黏土 | 含水比 $\alpha_w > 0.8$ | 0 | 1.2 |
| | 含水比 $\alpha_w \leq 0.8$ | 0.15 | 1.4 |
| 大面积压实填土 | 压实系数大于0.95,黏粒含量 $\rho_c \geq 10\%$ 的粉土 | 0 | 1.5 |
| | 最大干密度大于2100kg/m³的级配砂石 | 0 | 2.0 |
| 粉土 | 黏粒含量 $\rho_c \geq 10\%$ 的粉土 | 0.3 | 1.5 |
| | 黏粒含量 $\rho_c < 10\%$ 的粉土 | 0.5 | 2.0 |
| $e$ 及 $I_L$ 均小于0.85的黏性土 | | 0.3 | 1.6 |
| 粉砂、细砂(不包括很湿与饱和时的稍密状态) | | 2.0 | 3.0 |
| 中砂、粗砂、砾砂和碎石土 | | 3.0 | 4.4 |

注:1. 强风化和全风化的岩石,可参照所风化成的相应土类取值;其他状态下的岩石不修正。

2. 地基承载力特征值按深层平板载荷试验确定时 $\eta_d$ 取0。

3. 含水比是指土的天然含水量与液限的比值。

4. 大面积压实填土是指填土范围大于两倍基础宽度的填土。

5. $e$ 为孔隙比,$I_L$ 为液性指数。

## (三) 规范承载力表格法

有些土的物理、力学指标与地基承载力之间存在着良好的相关性。根据新中国成立以来大量的工程实践经验、原位试验和室内土工试验数据,为确定地基承载力进行了大量的统计分析,我国许多地基规范都制订了便于查用的表格。1974版《工业与民用建筑地基基础设计规范》(TJ 7—1974)建立了土的物理类型性质指标与地基容许承载力之间的关系;1989 版《建筑地基基础设计规范》(GBJ 7—1989)仍保留了地基承载力表,并在使用上加以适当限制。使用方便是承载力表的主要优点,但也存在一些问题。如承载力表是根据大量的试验数据通过统计分析得到的,而我国幅员辽阔、土质条件各异,用几张表格很难概括全国不同土质的地基承载力规律;此外,随着设计水平的提高和对工程质量要求的趋于严格,变形控制已是地基基础设计的主要原则。因此作为国家标准,如仍沿用承载力表,显然已不能再适应当前的要求,所以现行的《建筑地基基础设计规范》(GB 50007—2011)取消了地基承载力表,但是允许地方性建筑地基规范根据地区经验制定和采用承载力表。另外,其他一些行业的地基规范仍采用地基承载力表,如公路桥涵设计规范、铁路桥涵设计规范等。

下面介绍《公路桥涵地基与基础设计规范》(JTG 3363—2019)用承载力表确定地基承载力特征值的方法。

1. 从规范表格中查取地基承载力特征值 $f_{a0}$

根据地基土的类别、状态、物理力学特性指标,从规范中查取地基承载力特征值 $f_{a0}$,见表 2-10、表 2-11。

一般黏性土地基承载力特征值 $f_{a0}$(kPa)　　　　　表 2-10

| $e$ | $I_L$ | | | | | | | | | | | | |
|---|---|---|---|---|---|---|---|---|---|---|---|---|---|
| | 0 | 0.1 | 0.2 | 0.3 | 0.4 | 0.5 | 0.6 | 0.7 | 0.8 | 0.9 | 1.0 | 1.1 | 1.2 |
| 0.5 | 450 | 440 | 430 | 420 | 400 | 380 | 350 | 310 | 270 | 240 | 220 | — | — |
| 0.6 | 420 | 410 | 400 | 380 | 360 | 340 | 310 | 280 | 250 | 220 | 200 | 180 | — |
| 0.7 | 400 | 370 | 350 | 330 | 310 | 290 | 270 | 240 | 220 | 190 | 170 | 160 | 150 |
| 0.8 | 380 | 330 | 300 | 280 | 260 | 240 | 230 | 210 | 180 | 160 | 150 | 140 | 130 |
| 0.9 | 320 | 280 | 260 | 240 | 220 | 210 | 190 | 180 | 160 | 140 | 130 | 120 | 100 |
| 1.0 | 250 | 230 | 220 | 210 | 190 | 170 | 160 | 150 | 140 | 120 | 110 | — | — |
| 1.1 | — | — | 160 | 150 | 140 | 130 | 120 | 110 | 100 | 90 | | — | — |

注:1. 土中含有粒径大于 2mm 的颗粒质量超过总质量 30% 以上者, $f_{a0}$ 可适当提高。

2. 当 $e < 0.5$ 时,取 $e = 0.5$;当 $I_L < 0$ 时,取 $I_L = 0$。此外,超过表列范围的一般黏性土, $f_{a0} = 57.22E_s^{0.57}$, $E_s$ 为土的压缩模量。

3. 一般黏性土地基承载力特征值 $f_{a0}$ 取值大于 300kPa 时,应有原位测试数据作依据。

砂土地基承载力特征值 $f_{a0}$(kPa)　　　　　表 2-11

| 土名 | 湿度 | 密实程度 | | | |
|---|---|---|---|---|---|
| | | 密实 | 中密 | 稍密 | 松散 |
| 砾砂、粗砂 | 与湿度无关 | 550 | 430 | 370 | 200 |
| 中砂 | 与湿度无关 | 450 | 370 | 330 | 150 |
| 细砂 | 水上 | 350 | 270 | 230 | 100 |
| | 水下 | 300 | 210 | 190 | — |
| 粉砂 | 水上 | 300 | 210 | 190 | — |
| | 水下 | 200 | 110 | 90 | — |

注:在地下水位以上的地基土湿度为"水上",地下水位以下的为"水下"。对其他如粉土、碎石类土和岩石地基等的容许承载力可参阅《公路桥涵地基分基础设计规范》(JTG 3363—2019)。

2. 地基承载力特征值的修正

《公路桥涵地基与基础设计规范》(JTG 3363—2019)规定:当基础宽度大于2m或埋置深度大于3m时,从承载力表中查取的地基承载力特征值$f_{a0}$,尚应按式(2-18)修正。

$$f_a = f_{a0} + k_1 \gamma_1 (b-2) + k_2 \gamma_2 (h-3) \tag{2-18}$$

式中:$f_a$——修正后的地基承载力特征值(kPa);

$f_{a0}$——从承载力表中查取的地基承载力特征值(kPa);

$b$——基础底面的最小边宽(m),当$b < 2m$时,取$b = 2m$;当$b > 10m$时,按10m计;

$h$——基础底面的埋深(m),自天然地面起算,有水流冲刷时自一般冲刷线起算;当$h < 3m$时,取$h = 3m$;当$h/b > 4$时,取$h = 4b$;

$\gamma_1$——基底下持力层土的天然重度(kN/m³),如持力层在水面以下且为透水者,应采用浮重度;

$\gamma_2$——基底以上土层重度的加权平均值(kN/m³),如持力层在水面以下且为不透水者,不论基底以上土的透水性质如何,均采用饱和重度;当透水时,水中部分土层取浮重度;

$k_1$、$k_2$——基底宽度、深度的修正系数,按基底持力层土的类别查表2-12取用。

修正系数 $k_1$、$k_2$                                                                 表2-12

| 系数 | 黏性土 | | | | 粉土 | 砂土 | | | | | | | | 碎石土 | | | |
| | 老黏性土 | 一般黏性土 | | 新近沉积黏性土 | — | 粉砂 | | 细砂 | | 中砂 | | 砾砂、粗砂 | | 碎石、圆砾、角砾 | | 卵石 | |
| | | $I_L \geqslant 0.5$ | $I_L < 0.5$ | | — | 中密 | 密实 | 中密 | 密实 | 中密 | 密实 | 中密 | 密实 | 中密 | 密实 | 中密 | 密实 |
| $k_1$ | 0 | 0 | 0 | 0 | 0 | 1.0 | 1.2 | 1.5 | 2.0 | 2.0 | 3.0 | 3.0 | 4.0 | 3.0 | 4.0 | 3.0 | 4.0 |
| $k_2$ | 2.5 | 1.5 | 2.5 | 1.0 | 1.5 | 2.0 | 2.5 | 3.0 | 4.0 | 4.0 | 5.5 | 5.0 | 6.0 | 5.0 | 6.0 | 6.0 | 10.0 |

注:1. 对稍密和松散状态的砂土、碎石土,$k_1$、$k_2$值可采用表列中密值的50%。
2. 强风化和全风化的岩石,可参照所风化成的相应土类取值;其他状态下的岩石不修正。

【例2-1】 某粉土地基如图2-17所示,试按《建筑地基基础设计规范》(GB 50007—2011)推荐的理论公式计算地基承载力特征值。

【解】 根据持力层粉土 $\varphi_k = 22°$,查表2-8,得$M_b = 0.61$,$M_d = 3.44$,$M_c = 6.04$

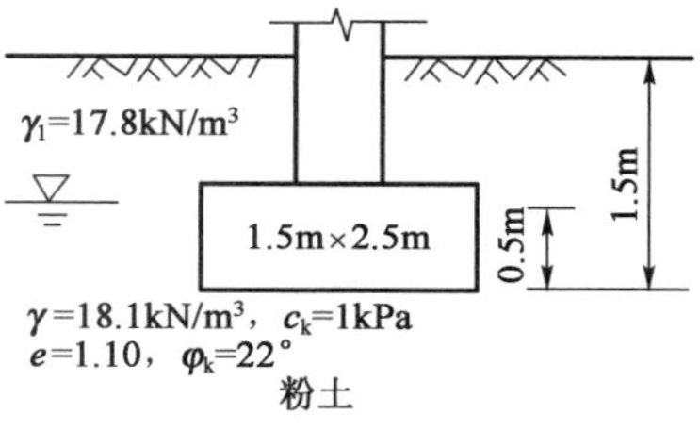

图2-17 例2-1图

$\gamma_1 = 17.8\text{kN/m}^3$
1.5m×2.5m
0.5m
1.5m
$\gamma = 18.1\text{kN/m}^3$, $c_k = 1\text{kPa}$
$e = 1.10$, $\varphi_k = 22°$
粉土

$$\begin{aligned} f_a &= M_b \gamma b + M_d \gamma_m d + M_c c_k \\ &= 0.61 \times (18.1 - 10) \times 1.5 + 3.44 \times \\ &\quad \frac{17.8 \times 1.0 + (18.1 - 10) \times 0.5}{1 + 0.5} \times 1.5 + 6.04 \times 1.0 \\ &= 7.41 + 75.16 + 6.04 \\ &= 88.6(\text{kPa}) \end{aligned}$$

【例2-2】 某独立基础底面尺寸3m×4m,埋深$d = 1.5m$,场地地下水位 -1.5m,土层分布及主要物理力学指标如表2-13所示。按《建筑地基基础设计规范》(GB 50007—2011)理论公式计算持力层地基承载力特征值$f_a$。

场地土层分布及主要物理力学指标　　　　　　　　　　　　表 2-13

| 层序 | 土名 | 层底深度（m） | 含水率 $w$（%） | 天然重度 $\gamma$（kN/m³） | 孔隙比 $e$ | 液性指数 $I_L$ | 黏聚力 $c$（kPa） | 内摩擦角 $\varphi$（°） | 压缩模量 $E_s$（MPa） |
|---|---|---|---|---|---|---|---|---|---|
| ① | 填土 | 1.00 | | 18.0 | | | | | |
| ② | 粉质黏土 | 3.00 | 30.5 | 18.7 | 0.80 | 0.70 | 18 | 20° | 7.5 |
| ③ | 淤泥质黏土 | 7.50 | 48.0 | 17.0 | 1.38 | 1.20 | 10 | 12° | 2.5 |

【解】　根据基础埋深判定基础的持力层为②粉质黏土层。

计算参数 $b=3.0\text{m}$，$d=1.5\text{m}$，持力层为粉质黏土层，于是 $\varphi_k=20°$，$c_k=18\text{kPa}$。

根据 $\varphi_k=20°$ 查表 2-8 得：$M_b=0.51$，$M_d=3.06$，$M_c=5.66$

$$
\begin{aligned}
f_a &= M_b\gamma b + M_d\gamma_m d + M_c c_k \\
&= 0.51\times(18.7-10)\times 3 + 3.06\times\frac{18\times1.0+18.7\times0.5}{1+0.5}\times1.5 + 5.66\times18 \\
&= 198.9\text{kPa}
\end{aligned}
$$

【例 2-3】　某建筑物的箱形基础宽 8.5m，长 20m，持力层情况见图 2-18。由载荷试验得到其地基承载力特征值 $f_{ak}=189\text{kPa}$，箱基埋深 $d=4\text{m}$。按《建筑地基基础设计规范》（GB 50007—2011）确定黏土持力层修正后的承载力特征值。已知地下水位在地面下 2m 处。

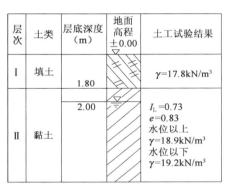

| 层次 | 土类 | 层底深度（m） | 地面高程±0.00 | 土工试验结果 |
|---|---|---|---|---|
| I | 填土 | 1.80 | | $\gamma$=17.8kN/m³ |
| II | 黏土 | 2.00 | | $I_L$=0.73 $e$=0.83 水位以上 $\gamma$=18.9kN/m³ 水位以下 $\gamma$=19.2kN/m³ |

图 2-18　例 2-3 图

【解】　因箱基宽度 $b=8.5\text{m}>6.0\text{m}$，故按 6m 考虑；箱基埋深 $d=4\text{m}$。持力层为黏土，因为 $I_L=0.73<0.85$，$e=0.83<0.85$，所以查表 2-9 可得 $\eta_b=0.3$，$\eta_d=1.6$。

因基础埋在地下水位以下，故持力层的 $\gamma$ 值取浮重度 $\gamma'$：

$$\gamma'=19.2-10=9.2\text{kN/m}^3$$

$$
\begin{aligned}
\gamma_m &= \frac{\sum_{i=1}^{3}\gamma_i h_i}{\sum_{i=1}^{3}h_i} = \frac{17.8\times1.8+18.9\times0.2+(19.2-10)\times2}{1.8+0.2+2} \\
&= \frac{54.22}{4} = 13.6\text{kN/m}^3
\end{aligned}
$$

$$
\begin{aligned}
f_a &= f_{ak} + \eta_b\gamma(b-3) + \eta_d\gamma_m(d-0.5) \\
&= 189 + 0.3\times9.2\times(6-3) + 1.6\times13.6\times(4-0.5) \\
&= 189 + 8.28 + 76.16 \\
&= 273.4\text{kPa}
\end{aligned}
$$

【例 2-4】　某桥梁基础埋置深度为一般冲刷线以下 4.8m，基础底面尺寸为 3.2m×2.6m。地基土为一般黏性土（不透水层），天然孔隙比 $e_0$ 为 0.85，液性指数 $I_L$ 为 0.7，饱和重度 $\gamma$ 为 27kN/m³。试按《公路桥涵地基与基础设计规范》（JTG 3363—2019）确定地基土的承载力特征值 $f_a$。

【解】　（1）查表确定地基承载力特征值 $f_{a0}$

由 $e_0=0.85$，$I_L=0.7$，查表 2-10 得 $f_{a0}=(210+180)/2=195\text{kPa}$。

(2)求修正后的地基承载力特征值$f_a$

由表2-12查得修正系数$k_1 = 0$，$k_2 = 1.5$。

$$f_a = f_{a0} + k_1\gamma_1(b-2) + k_2\gamma_2(h-3)$$
$$= 195 + 0 + 1.5 \times 27 \times (4.8-3) = 267.9\text{kPa}$$

# 第六节　地基承载力的验算及基础底面尺寸的确定

在一般情况下，基础底面尺寸事先并不知道，需在确定基础类型和埋置深度后，根据地基承载力来设计基础底面尺寸。

以下基础底面尺寸设计计算主要参照《建筑地基基础设计规范》(GB 50007—2011)。

## 一、地基承载力的验算

### 1.持力层承载力验算

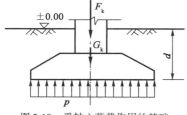

图2-19　受轴心荷载作用的基础

(1)轴心荷载作用

当基础上仅有竖向荷载作用，且荷载通过基础底面形心时，基础承受轴心荷载作用。假定基底反力呈均匀分布，如图2-19所示，则持力层地基承载力验算必须满足下式：

$$p_k = \frac{F_k + G_k}{A} \leq f_a \qquad (2-19)$$

式中：$p_k$——相应于荷载效应标准组合时，基础底面处的平均压力值(kPa)；

$F_k$——上部结构传至基础顶面的竖向荷载标准组合值(kN)；

$G_k$——基础自重和基础上的土重(kN)，$G_k = \gamma_G Ad$；

$\gamma_G$——基础与基础上土的平均重度(kN/m³)，可近似按20kN/m³计算；

$A$——基础底面积(m²)；

$d$——基础埋深(m)。

将$G_k = \gamma_G Ad$代入式(2-19)，此时式(2-19)可改为：

$$\frac{F_k}{A} + \gamma_G d \leq f_a \qquad (2-20)$$

(2)偏心荷载作用

当传到基础顶面的荷载除有轴心荷载$F_k$外，还有弯矩$M_k$或水平力$Q_k$时，基底反力将呈梯形分布，如图2-20所示。当偏心荷载作用时，除应符合式(2-19)要求外，还应符合下式要求：

$$p_{kmax} \leq 1.2f_a \qquad (2-21)$$

相应于荷载效应标准组合时，基底最大压力$p_{kmax}$和最小压力$p_{kmin}$可按下式计算：

$$p_{kmin}^{kmax} = \frac{F_k + G_k}{lb} \pm \frac{M_{kx}}{W_x} \pm \frac{M_{ky}}{W_y} \qquad (2-22)$$

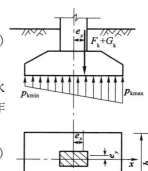
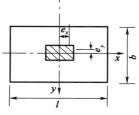

图2-20　受偏心荷载作用的基础

或

$$p_{kmin}^{kmax} = \frac{F_k + G_k}{lb}\left(1 \pm \frac{6e_y}{b} \pm \frac{6e_x}{l}\right) \qquad (2-23)$$

式中： $l$——矩形基础底面 $x$ 方向的边长（m）；

        $b$——矩形基础底面 $y$ 方向的边长（m）；

$M_{kx}$、$M_{ky}$——相应于荷载效应标准组合时，作用于基础底面对 $x$ 轴和对 $y$ 轴的弯矩值（kN·m）；

$W_x$、$W_y$——基础底面对 $x$ 轴和对 $y$ 轴的截面模量（m³）；

$$W_x = \frac{lb^2}{6}; W_y = \frac{bl^2}{6} \qquad (2-24)$$

$e_x$、$e_y$——荷载对 $x$ 轴和对 $y$ 轴的偏心距（m）。

$$e_x = \frac{M_{ky}}{F_k + G_k}; e_y = \frac{M_{kx}}{F_k + G_k} \qquad (2-25)$$

若 $e_y = 0$，即 $M_{kx} = 0$，则式（2-23）和式（2-24）分别变为：

$$p_{kmin}^{kmax} = \frac{F_k + G_k}{lb} \pm \frac{M_{ky}}{W_y} \qquad (2-26)$$

或

$$p_{kmin}^{kmax} = \frac{F_k + G_k}{lb}\left(1 \pm \frac{6e_x}{l}\right) \qquad (2-27)$$

地基基础设计时，$p_{kmax}$ 和 $p_{kmin}$ 不宜相差太大，否则在软土地基中会造成基础较大的不均匀沉降。此外，原则上地基与基础底面不应出现脱离的现象，也即 $p_{kmin}$ 不应小于 0；但在某些特定情况下，也可能出现 $p_{kmin}$ 小于 0 的情况。

当 $p_{kmin} < 0$，即偏心距 $e > l/6$ 时（图 2-21），由于基础底面不可能出现拉应力，根据图 2-21 中的基底三角形分布压力之和与竖向荷载平衡可推导得到 $p_{kmax}$ 的计算公式如下：

$$p_{kmax} = \frac{2(F_k + G_k)}{3ab} \qquad (2-28)$$

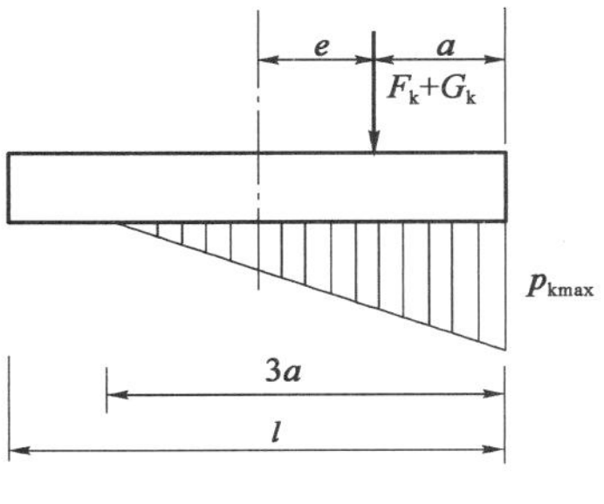

式中：$b$——垂直于力矩作用方向的基础底面边长；

     $a$——合力作用点至基础底面最大压力边缘的距离。

图 2-21　偏心荷载（$e > l/6$）作用下基底
压力计算示意图
$l$-力矩作用方向的基础底面边长

**2. 软弱下卧层承载力验算**

工程中的土层是成层分布的。通常土层的强度随深度而变化，而外荷载引起的附加应力则随深度而减小，因此，只要基础底面持力层承载力满足设计要求就可以了。但也有不少情况，持力层不厚，在持力层以下受力层范围内存在软土层（即称软弱下卧层），软弱下卧层的承载力比持力层小得多。如我国沿海地区表层"硬壳层"下有很厚一层（厚度在 20m 左右）软弱的淤泥质土层，这时只满足持力层的要求是不够的，还须验算软弱下卧层的强度，要求传递到软弱下卧层顶面处的附加应力和土的自重应力之和不超过软弱下卧层的承载力特征值，即：

$$\sigma_z + \sigma_{cz} \leqslant f_{az} \qquad (2-29)$$

式中:$\sigma_z$——相应于荷载效应标准组合时,软弱下卧层顶面处的附加压力值(kPa);

　　　$\sigma_{cz}$——软弱下卧层顶面处土的自重应力标准组合值(kPa);

　　　$f_{az}$——软弱下卧层顶面处经深度修正后的地基承载力特征值(kPa)。

为简化计算,可以按照简单的应力扩散原理来计算软弱下卧层顶面处的附加压力值。如图 2-22 所示,作用在基底面处的附加压力 $p_0 = p_k - \sigma_c$ 以扩散角 $\theta$ 向下传递,均匀地分布在下卧层上。扩散后作用在下卧层顶面处的合力与扩散前在基底处的合力应相等,即:

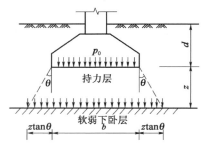

图 2-22　软弱下卧层顶面附加应力计算

$$p_0 A = \sigma_z A' \tag{2-30}$$

式中:$A$——基础底面积(m²);

　　　$A'$——基础底面积以扩散角 $\theta$ 扩散到下卧层顶面处的面积(m²)。

从而可求得软弱下卧层顶面处附加应力 $\sigma_z$ 的计算公式为:

$$\sigma_z = \frac{p_0 A}{A'} \tag{2-31}$$

对于矩形面积基础,有:

$$\sigma_z = \frac{(p_k - \sigma_c) bl}{(b + 2z\tan\theta)(l + 2z\tan\theta)} \tag{2-32}$$

对于条形面积基础,有:

$$\sigma_z = \frac{(p_k - \sigma_c) b}{b + 2z\tan\theta} \tag{2-33}$$

式中:$b$、$l$——基础的宽度和长度(m),若为条形基础,$l$ 取 1m,长度方向应力不扩散;

　　　$\sigma_c$——基础底面处土的自重应力标准值(kPa);

　　　$z$——基础底面到软弱下卧层顶面的距离(m);

　　　$\theta$——压力扩散角(°),可按表 2-14 采用。

压力扩散角 $\theta$ 表 2-14

| $E_{s1}/E_{s2}$ | $z = 0.25b$ | $z = 0.50b$ |
|:---:|:---:|:---:|
| 3 | 6° | 23° |
| 5 | 10° | 25° |
| 10 | 20° | 30° |

注:1. $E_{s1}$ 为上层土压缩模量,$E_{s2}$ 为下层土压缩模量。

　　2. 当 $z < 0.25b$ 时,取 $\theta = 0°$,必要时宜由试验确定;当 $z > 0.50b$ 时,$\theta$ 值不变。

按双层地基中应力分布的概念,若地基中有坚硬的下卧层,则地基中的应力分布较之均匀地基将向荷载轴线方向集中;反之,若地基中有软弱的下卧层,则地基中的应力分布较之均匀地基将向四周更为扩散。也就是说,持力层与下卧层的模量之比 $E_{s1}/E_{s2}$ 越大,应力将越扩散,即 $\theta$ 值越大。另外按均匀弹性体应力扩散的规律,应力的扩散程度随深度的增加而增加。表 2-14 中的扩散角 $\theta$ 的大小就是根据上述规律确定的。

【**例2-5**】 某柱基础,作用在设计地面处的柱荷载标准组合值、基础尺寸、埋深及地基条件如图2-23所示,偏心方向的基础边长为3.5m,试验算持力层和软弱下卧层的强度。

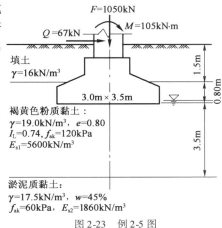

图2-23 例2-5图

【**解**】 (1)持力层承载力验算

因 $b = 3m, d = 2.3m, e = 0.80 < 0.85, I_L = 0.74 <$ 0.85,所以查表2-9,得 $\eta_b = 0.3, \eta_d = 1.6$。

$$\gamma_m = \frac{1.6 \times 1.5 + 19 \times 0.8}{2.3} = 17.0 \text{kN/m}^3$$

$$\begin{aligned} f_a &= f_{ak} + \eta_b \gamma (b-3) + \eta_d \gamma_m (d - 0.5) \\ &= 120 + 0.3 \times (19 - 10) \times (3 - 3) + \\ &\quad 1.6 \times 17 \times (2.3 - 0.5) \\ &= 120 + 0 + 49 = 169 \text{kPa} \end{aligned}$$

基底平均压力:

$$p_k = \frac{F_k + G_k}{A} = \frac{1050 + 3 \times 3.5 \times 2.3 \times 20}{3 \times 3.5} = 146 \text{kPa} < f_a = 169 \text{kPa}(满足)$$

基底最大压力:

$$M_k = 105 + 67 \times 2.3 = 259.1 \text{kN} \cdot \text{m}$$

$$p_{kmax} = \frac{F_k + G_k}{A} + \frac{M_k}{W}$$

$$= 146 + \frac{259.1}{3 \times 3.5^2 / 6} = 188.3 \text{kPa} < 1.2 f_a = 1.2 \times 169 = 202.8 \text{kPa}(满足)$$

所以,持力层地基承载力满足设计要求。

(2)软弱下卧层承载力验算

①下卧层承载力特征值计算。

因为下卧层系淤泥质土,所以查表2-9得 $\eta_b = 0, \eta_d = 1.0$。

下卧层顶面埋深 $d' = d + z = 2.3 + 3.5 = 5.8m$,土的平均重度 $\gamma_m$ 为:

$$\gamma_m = \frac{16 \times 1.5 + 19 \times 0.8 + (19 - 10) \times 3.5}{1.5 + 0.8 + 3.5} = \frac{70.7}{5.8} = 12.19 \text{kN/m}^3$$

$$\begin{aligned} f_{az} &= f_{ak} + \eta_b \gamma (b - 3) + \eta_d \gamma_m (d - 0.5) \\ &= 60 + 0 + 1.0 \times 12.19 \times (5.8 - 0.5) = 124.6 \text{kPa} \end{aligned}$$

②下卧层顶面处应力。

自重应力 $\sigma_{cz} = 16 \times 1.5 + 19 \times 0.8 + (19 - 10) \times 3.5 = 70.7 \text{kPa}$

附加应力按扩散角计算,$E_{s1}/E_{s2} = 3$,因为 $0.5b = 0.5 \times 3 = 1.5m < z = 3.5m$,查表2-14,得 $\theta = 23°$,则下卧层顶面处的附加应力计算如下:

$$\sigma_z = \frac{(p_k - \sigma_c) bl}{(b + 2z\tan\theta)(l + 2z\tan\theta)}$$

$$= \frac{\left[ 146 - (16 \times 1.5 + 19 \times 0.8) \right] \times 3 \times 3.5}{(3 + 2 \times 3.5 \times \tan23°) \times (3.5 + 2 \times 3.5 \times \tan23°)}$$

$$= \frac{106.8 \times 3 \times 3.5}{5.97 \times 6.47} = 29.03 \text{kPa}$$

作用在软弱下卧层顶面处的总应力为:

$$\sigma_z + \sigma_{cz} = 29.03 + 70.7 = 99.73 \text{kPa} < f_{az} = 124.6 \text{kPa}(满足)$$

因此,软弱下卧层地基承载力也满足设计要求。

## 二、基础底面尺寸的确定

1. 轴心荷载作用下基础底面尺寸的确定

根据地基承载力验算要求,式(2-20)经过变换得:

$$A \geq \frac{F_k}{f_a - \gamma_G d} \tag{2-34}$$

式(2-34)就是基础底面积设计的公式,其中 $f_a$ 为经过深度和宽度修正后的地基承载力特征值。

对于条形基础,可沿基础长度方向取单位长度1m进行计算。荷载也同样按单位长度计算,条形基础宽度则为:

$$b \geq \frac{F_k}{f_a - \gamma_G d} \tag{2-35}$$

在利用式(2-34)和式(2-35)计算时,由于基础尺寸还没有确定,可先按未经宽度修正的承载力特征值进行计算,初步确定基础底面尺寸。根据第一次计算得到的基础底面尺寸,再对地基承载力进行修正和验算,直至设计出最佳的基础底面尺寸。

2. 偏心荷载作用下基础底面尺寸的确定

受偏心荷载作用,基础底面尺寸不能用公式直接写出,通常的计算方法如下:

(1)按轴心荷载作用条件,利用式(2-34)初步估算所需的基础底面积 $A$;

(2)根据偏心距的大小,将基础底面积 $A$ 增大 10%～30%,并以适当的比例确定基础底面的长度 $l$ 和宽度 $b$;

(3)由调整后的基础底面尺寸按式(2-22)或式(2-23)计算基底最大压力和最小压力,并使其满足式(2-20)和式(2-21)的要求。可能要经过几次试算方能最后确定合适的基础底面尺寸。

【例2-6】 某厂房墙基,上部轴心荷载 $F_k = 180 \text{kN/m}$,埋深 1.1m,地基为粉质黏土,$\gamma = 19 \text{kN/m}^3$,$e = 0.85$,$I_L = 0.75$,地基承载力特征值 $f_{ak} = 200 \text{kPa}$。地面以下砖台墙厚38cm,基础用砖砌体,试确定基础所需的宽度。

【解】 (1)用地基承载力特征值设计基础底面尺寸,墙基是条形基础,根据式(2-35):

$$b \geq \frac{F_k}{f_a - \gamma_G d} = \frac{180}{200 - 20 \times 1.1} = 1.01 \text{m}$$

可取 $b = 1$m。由于基础尺寸还没有确定,$f_a$ 可先按未经宽度修正的地基承载力特征值 $f_{ak}$ 计算。

（2）计算修正后的地基承载力特征值。

查表2-9，$I_L = 0.75 < 0.85$，$e = 0.80 < 0.85$，得 $\eta_b = 0.3$，$\eta_d = 1.6$。

$b < 3\text{m}$，按 $b = 3\text{m}$ 计算，故：

$$f_a = f_{ak} + \eta_b \gamma (b - 3) + \eta_d \gamma_m (d - 0.5)$$
$$= 200 + 0 + 1.6 \times 19 \times (1.1 - 0.5) = 218.2 \text{kPa}$$

（3）验算地基承载力。

$$p_k = \frac{F_k}{A} + \gamma_G d = \frac{180}{1 \times 1} + 20 \times 1.1 = 202 \text{kPa} < f_a = 218.2 \text{kPa}（满足）$$

基础用砖砌体属于无筋扩展基础，而无筋扩展基础尚需对基础的宽高比进行验算，其具体验算方法详见第三章。

**【例2-7】** 已知厂房作用在基础上的柱荷载如图2-24所示，地基土为粉质黏土，$\gamma = 19 \text{kN/m}^3$，地基承载力特征值 $f_{ak} = 230 \text{kPa}$，试设计矩形基础底面尺寸。

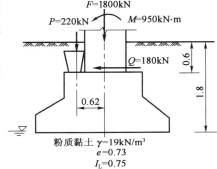

图2-24 例2-7图（尺寸单位：m）

**【解】** （1）按轴心荷载初步确定基础底面积，根据式（2-34）得：

$$A_0 \geqslant \frac{F_k}{f_a - \gamma_G \cdot d} = \frac{1800 + 220}{230 - 20 \times 1.8} = 10.4 \text{m}^2$$

考虑偏心荷载的影响，将 $A_0$ 增大30%，即：

$$A = 1.3 A_0 = 1.3 \times 10.4 = 13.5 \text{m}^2$$

设长宽比 $n = l/b = 1.5$，则 $A = l \cdot b = 1.5 b^2$，从而进一步有：

$$b = \sqrt{\frac{A}{n}} = \sqrt{\frac{13.5}{1.5}} = 3.0 \text{m}$$

$$l = 1.5b = 1.5 \times 3.0 = 4.5 \text{m}$$

（2）计算基底最大压力 $p_{kmax}$。

基础及回填土重 $G = \gamma_G A d = 20 \times 3.0 \times 4.5 \times 1.8 = 486 \text{kN}$

基底处竖向力合力 $\sum F_k = 1800 + 220 + 486 = 2506 \text{kN}$

基底处总力矩 $\sum M_k = 950 + 220 \times 0.62 + 180 \times (1.8 - 0.6) = 1302 \text{kN} \cdot \text{m}$

偏心距 $e = \frac{\sum M_k}{\sum F_k} = \frac{1302}{2506} = 0.52 \text{m} < \frac{l}{6} = 0.75 \text{m}$

所以，偏心力作用点在基础截面内。

基底最大压力

$$p_{kmax} = \frac{\sum F_k}{lb} \left(1 + \frac{6e}{l}\right) = \frac{2506}{4.5 \times 3.0} \times \left(1 + \frac{6 \times 0.52}{4.5}\right) = 314.3 \text{kPa}$$

（3）验算地基承载力。

根据 $e = 0.73$，$I_L = 0.75$，查表2-9得 $\eta_b = 0.3$，$\eta_d = 1.6$。

$$f_a = f_{ak} + \eta_b \gamma (b - 3) + \eta_d \gamma_m (d - 0.5)$$
$$= 230 + 0 + 1.6 \times 19 \times (1.8 - 0.5) = 269.5 \text{kPa}$$

$$p_{kmax} = 314.3 \text{kPa} < 1.2 f_a = 1.2 \times 269.5 = 323.4 \text{kPa}（满足）$$

$$p_k = \frac{\sum F_k}{lb} = \frac{2506}{4.5 \times 3.0} = 185.6 \text{kPa} < f_a = 269.5 \text{kPa}(满足)$$

所以,基础采用 $4.5m \times 3.0m$ 底面尺寸是合适的。

# 第七节　地基的变形验算

地基在荷载或其他因素的作用下,要发生变形(均匀沉降或不均匀沉降),变形过大可能危害建筑物结构的安全,或影响建筑物的正常使用。在软土地基上建造房屋,在强度和变形两个条件中,变形条件显得更加重要。为防止建筑物不致因地基变形或不均匀沉降造成开裂与损坏,以保证正常使用,必须对地基的变形特别是不均匀沉降加以控制。对于较为次要的建筑物,按地基承载力特征值计算设计时,若已满足地基变形要求,可不进行沉降计算。对于设计等级为甲级和乙级的建筑物以及部分丙级建筑物,不但要满足地基承载力要求,还必须进行地基变形验算,要求地基的变形在允许的范围以内,即:

$$\Delta \leqslant [\Delta] \tag{2-36}$$

式中:$\Delta$——地基最终变形量,目前最常用的计算方法就是分层总和法,《建筑地基基础设计规范》(GB 50007—2011)给出了考虑经验系数修正的计算方法;

$[\Delta]$——地基的允许变形值,它是根据建筑物的结构特点、使用条件和地基土的类别等综合确定的。

地基变形特征可分为沉降量、沉降差、倾斜、局部倾斜四类,其表示方法参见表2-15。其中最基本的是沉降量计算,其他变形特征或沉降类型均可由沉降量推出。各变形特征或沉降类型意义如下:

(1)沉降量是指独立基础或刚性特别大的基础中心的沉降量;

(2)沉降差是指相邻两个单独基础的沉降量之差;

(3)倾斜是指独立基础在倾斜方向两端点的沉降差与其距离的比值;

(4)局部倾斜是指砌体承重结构沿纵向 $6 \sim 10m$ 内基础两点的沉降差与其距离的比值。

地基变形特征的类型　　　　　　　　　　　　　　表 2-15

| 地基变形特征 | 图例 | 计算方法 |
|---|---|---|
| 沉降量 | 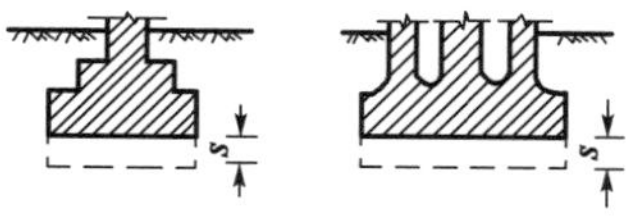 | $s$ |
| 沉降差 | 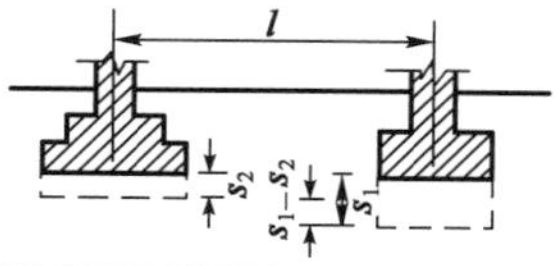 | $\Delta_s = s_1 - s_2$ |
| 倾斜 | 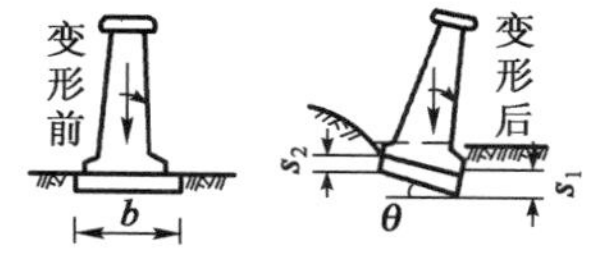 | $\tan\theta = (s_1 - s_2)/b$ |

续上表

| 地基变形特征 | 图例 | 计算方法 |
|---|---|---|
| 局部倾斜 | <br>外纵墙立视图 | $\tan\theta_i = (s_1 - s_2)/L$ |

建筑物的结构类型不同,起控制作用的沉降类型或地基变形特征也不一样:对于砌体承重结构,应由局部倾斜控制;对于框架结构和单层排架结构,应由相邻柱基础的沉降差控制;对于多层或高层建筑和高耸结构,应由倾斜控制;必要时尚应控制平均沉降量。表 2-16 列出了建筑物的地基变形允许值。从表 2-16 可见,因建筑物结构特点和使用要求的不同、对不均匀沉降敏感程度的不同及对结构安全储备要求的不同,从而对地基的变形允许值有不同的要求。

建筑物的地基变形允许值

表 2-16

| 变形特征 | 地基土类别 | |
|---|---|---|
| | 中、低压缩性土 | 高压缩性土 |
| 砌体承重结构基础的局部倾斜 | 0.002 | 0.003 |
| 工业与民用建筑相邻柱基的沉降差:<br>　框架结构<br>　砌体墙填充的边排柱<br>　当基础不均匀沉降时不产生附加应力的结构 | 0.002$L$<br>0.0007$L$<br>0.005$L$ | 0.003$L$<br>0.001$L$<br>0.005$L$ |
| 单层排架结构(柱距为6m)柱基的沉降量(mm) | (120) | 200 |
| 桥式吊车轨面的倾斜(按不调整轨道考虑)<br>　纵向<br>　横向 | 0.004<br>0.003 | |
| 多层和高层建筑基础的倾斜:<br>　$H_g \leqslant 24$<br>　$24 < H_g \leqslant 60$<br>　$60 < H_g \leqslant 100$<br>　$H_g > 100$ | 0.004<br>0.003<br>0.0025<br>0.002 | |
| 体型简单的高层建筑基础的平均沉降量(mm) | 200 | |
| 高耸结构基础的倾斜:<br>　$H_g \leqslant 20$<br>　$20 < H_g \leqslant 50$<br>　$50 < H_g \leqslant 100$<br>　$100 < H_g \leqslant 150$<br>　$150 < H_g \leqslant 200$<br>　$200 < H_g \leqslant 250$ | 0.008<br>0.006<br>0.005<br>0.004<br>0.003<br>0.002 | |

续上表

| 变形特征 | 地基土类别 | |
| --- | --- | --- |
| | 中、低压缩性土 | 高压缩性土 |
| 高耸结构基础的沉降量(mm)： $H_g \leq 100$ $100 < H_g \leq 200$ $200 < H_g \leq 250$ | 400 300 200 | |

注:1. 本表数值为建筑物地基实际最终变形允许值。
　　2. 有括号者仅适用于中压缩性土。
　　3. $L$ 为相邻柱基的中心距离(mm)，$H_g$ 为自室外地面起算的建筑物高度(m)。

混合结构房屋对地基的不均匀沉降是很敏感的,墙体极易产生呈45°左右的斜裂缝,如图2-25所示。如果中部沉降大,墙体发生正向弯曲,裂缝与主拉应力垂直,裂缝呈正八字形[图2-25a)];反之,两端沉降大,墙体反向弯曲,则裂缝呈倒八字形[图2-25b)]。裂缝首先在墙体刚度削弱的窗角发生,而窗洞则是裂缝的组成部分。

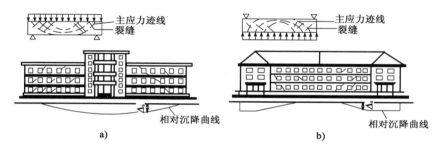

图 2-25　混合结构外墙上的裂缝
a)墙体正向弯曲;b)墙体反向弯曲

进行地基变形验算,防止建筑物产生有危害性的沉降和不均匀沉降,是建筑物设计中很重要的环节。但是影响地基变形验算精度的因素很多,除了地基变形允许值的确定,主要就是目前采用的地基变形值的计算方法还不完善。由于地基变形计算方法误差较大,理论计算结果常和实际产生的沉降有出入。对于重要的、新型的、体型复杂的房屋和结构物,或使用上对不均匀沉降有严格控制的房屋和结构物,还应进行系统的沉降观测。一方面它能观测沉降发展的趋势并预估最终沉降量,以便及时研究加固及处理措施;另一方面也可以验证地基基础设计计算的正确性,以完善设计规范。

沉降观测点的布置,应根据建筑物体型、结构、工程地质条件等综合考虑,一般设在建筑物四周的角点、转角处、中点以及沉降缝和新老建筑物连接处的两侧,或地基条件有明显变化区段内。测点的间隔距离为 8 ~ 12m。

沉降观测应从施工时就开始,民用建筑每增高一层观测一次。工业建筑应在不同的荷载阶段分别进行观测,完工后逐渐拉开观测间隔时间直至沉降稳定为止,稳定标准为半年的沉降量不超过 2mm。当工程有特殊要求时,应根据要求进行观测。

在必要情况下,需要分别预估建筑物在施工期间和使用期间的地基变形值,以便预留建筑物有关部分之间的净空,并考虑连接方法和施工顺序。一般多层建筑物在施工期间完成的沉降量,对于砂土可认为其最终沉降量已完成80%以上,对于其他低压缩性土可认为已完成最终沉降量的 50% ~ 80%,对于中压缩性土可认为已完成 20% ~ 50%,对于高压缩性土可认为已完成 5% ~ 20%。

# 第八节 地基基础的稳定性验算

一般来说,对于平整地基上的建筑物,竖向荷载导致地基基础失稳的情况很少见,只要基础具有必需的埋深以保证其承载力,就不会由于倾覆或滑移而导致破坏,所以满足地基承载力的一般建筑物不需要进行地基基础稳定性验算。但是对于经常承受水平荷载的建筑物,如水工建筑物、挡土结构物以及高层建筑和高耸结构,以及建在斜坡上的建筑物等,地基基础的稳定性可能成为设计中的主要问题。因此,对经常受水平荷载作用的建筑物或建在斜坡上的建筑物,应进行地基基础稳定性验算。

当建筑物承受较大的水平荷载和偏心荷载时,则有可能发生沿基底面的滑动、倾斜或与深层土层一起滑动。前者称为基础的稳定性,而后者则称为地基的稳定性。目前,稳定性验算仍采用单一安全系数的方法。

## 一、基础的稳定性验算

基础的稳定性验算包括倾覆稳定性验算和滑动稳定性验算(图 2-26),其验算方法与挡土墙的稳定性验算基本相同。

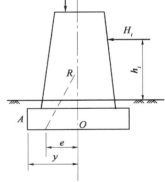

1. 基础的倾覆稳定性验算

抗倾覆稳定系数 $K_0$ 可按下式计算:

$$K_0 = \frac{抗倾力矩}{倾覆力矩} = \frac{\sum N_i \cdot y}{\sum N_i \cdot e_i + \sum H_i \cdot h_i} = \frac{\sum N_i \cdot y}{\sum M_i} = \frac{\sum N_i \cdot y}{\sum N_i \cdot e} = \frac{y}{e}$$

(2-37)

式中:$N_i$、$H_i$——各竖向力和各水平力(kN);

$e_i$——各竖向力至基底形心的力臂(m);

$h_i$——各水平力至基底的力臂(m);

$y$——基底形心至倾覆轴 $A$ 的距离(m);

$e$——外力合力在基底的作用点至基底形心的距离(m)。

图 2-26 基础的稳定性验算

在不同的设计规范中,不同的荷载组合对抗倾覆稳定系数 $K_0$ 均有不同的要求值。一般在主要荷载组合时要求高些,$K_0 \geqslant 1.5$;在各种附加荷载组合时,$K_0$ 可相应降低,$K_0 = 1.1 ~ 1.3$。

2. 基础的滑动稳定性验算

抗滑动稳定系数 $K_c$ 可按下式计算:

$$K_c = \frac{\sum N_i \cdot \mu}{\sum H_i}$$

(2-38)

其中,$\mu$ 为基底与持力层间的摩擦系数。在无实测资料时,可参见相关规范,如表 2-17 所示。一般要求抗滑动稳定系数 $K_c = 1.2 ~ 1.3$。

| 土类 | 软塑 | 硬塑 | 粉质黏土、黏质粉土、半坚硬黏土 | 砂类土 | 碎卵石类土 | 岩石 | |
|------|------|------|-------------------|--------|-----------|------|------|
| | | | | | | 软质 | 硬质 |
| $\mu$ | 0.25 | 0.3 | 0.3 ~ 0.4 | 0.4 | 0.5 | 0.4 ~ 0.6 | 0.6 ~ 0.7 |

摩擦系数 $\mu$　　　　　　　　　　　　　　　　　表2-17

### 二、地基的稳定性验算

对地基进行稳定性分析,最常用的方法就是圆弧滑动面法,通常可采用滑动稳定安全系数 $K$ 来验算地基的稳定性。滑动稳定安全系数 $K$ 是指最危险滑动面上诸力对滑动圆弧的圆心所产生的抗滑力矩和滑动力矩之比,要求不小于1.2,即:

$$K = \frac{抗滑力矩}{滑动力矩} = \frac{M_R}{M_S} \geq 1.2 \tag{2-39}$$

### 三、土坡坡顶上建筑物的地基稳定性

关于建造在斜坡上的建筑物的地基稳定性问题,理论计算比较复杂,且难以全部求解。若土坡自身是稳定的,对于建筑物基础较小的情况,通过对地基中附加应力的分析,给出保证其稳定的限定范围。位于稳定土坡坡顶上的建筑物,当垂直于坡顶边缘线的基础底面边长小于或等于3m时,其基础底面外边缘线到坡顶的水平距离 $a$ 可按式(2-40)、式(2-41)计算(图2-27),但不得小于2.5m。

条形基础:

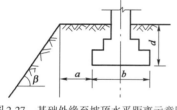

图2-27　基础外缘至坡顶水平距离示意图

$$a \geq 3.5b - \frac{d}{\tan\beta} \tag{2-40}$$

矩形基础:

$$a \geq 2.5b - \frac{d}{\tan\beta} \tag{2-41}$$

式中:$b$——垂直于坡顶边缘线方向的基础底面边长(m);

　　　$d$——基础埋置深度(m);

　　　$\beta$——边坡坡角(°)。

当坡角大于45°,坡高大于8m时,应进行土坡稳定性验算。

对于较宽大的基础建造在斜坡上的地基稳定问题,尚在研究中。若 $b$ 大于3m,$a$ 值不满足式(2-40)和式(2-41)时,可根据基底平均压力,按圆弧滑动面法进行土坡稳定计算,用以确定基础的埋深和基础距坡顶边缘的距离。

## 第九节　减轻不均匀沉降危害的措施

前面变形验算一节中讲述过,建筑物的不均匀沉降过大,将使建筑物开裂损坏并影响其使用。特别对于高压缩性土、膨胀土、湿陷性黄土以及软硬不均等不良地基上的建筑物,由于总沉降量大,其不均匀沉降相应也大。如何防止或减轻不均匀沉降的危害,是设计中必须认真思

考的问题。通常的方法有三大类：①采用桩基础或其他深基础，以减少总沉降量；②对地基进行处理，以提高原地基的承载力和压缩模量；③在建筑、结构和施工中采取措施。总之，一方面是减少建筑物的总沉降量，相应也就减少了其不均匀沉降；另一方面则是增强上部结构对沉降和不均匀沉降的适应能力。下面主要介绍通常在建筑、结构和施工中所采取的措施。

## 一、建筑措施

### 1. 建筑物的体型力求简单

建筑物的体型指的是其平面形状和立面高差（包括荷载差）。建筑师考虑使用功能和建筑物美观要求，使建筑物的体型设计比较复杂，如平面上多转折，而且立面高差明显。在软弱地基上，复杂体型常常会削弱建筑物的整体刚度，并导致地基产生不均匀变形。

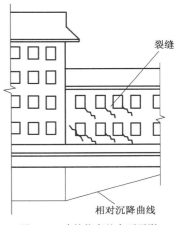

复杂体型的平面若呈"L""T""山"形等，建筑物在建筑单元纵横交叉处，基础密集，地基的附加应力相互重叠，造成这部分的沉降大于其他部位。如果这类建筑物的整体刚度较差，很容易因不均匀沉降引起建筑物开裂破坏。

建筑物的高低变化悬殊，地基各部分所受的荷载轻重不同，必然会加大不均匀沉降。根据调查，软土地基上紧邻高差一层以上而不用沉降缝断开的混合结构房屋，轻低部分墙面往往有很多开裂（图2-28）。故在软弱地基上建造建筑物时，应注意建筑物层数的高差问题，同时建筑物体型应力求简单。

当高度差异或荷载差异较大时，可将两者隔开一定距离，两者之间用能自由沉降的连接体或简支、悬挑结构相连接（图2-29），来减轻建筑物的不均匀沉降的危害。

图2-28 建筑物高差大而开裂

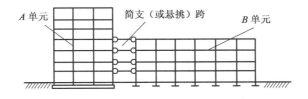

图2-29 用简支（或悬挑）跨连接单元示意图

### 2. 增强结构的整体刚度

建筑物的长度与高度的比值称为长高比，它是衡量建筑物结构刚度的一个指标。长高比越大，整体刚度就越差，抵抗弯曲变形和调整不均匀沉降的能力也就越差。图2-30为长高比达7.6的超长建筑物纵墙开裂的实例。根据在软土地基上的施工经验，砖石承重的混合结构建筑物，长高比控制在3以内，一般可避免不均匀沉降引起的裂缝。若房屋的最大沉降小于或等于120mm时，长高比可适当增大些。

合理布置纵横墙，也是增强砖石混合结构整体刚度的重要措施之一。砖石混合结构房屋的纵向刚度较弱，地基的不均匀沉降主要损害纵墙。内外墙的中断转折都将削弱建筑物的纵向刚度。为此，在软弱地基上建造砖石混合结构房屋，应尽量使内外纵墙都贯通。缩小横墙的间距,能有效改善整体性,进而增强了调整不均匀沉降的能力。不少小开间集体宿舍,尽管沉降较大,由于其长高比较小,内外纵墙贯通,而横墙间距较小,房屋结构仍能保持完好无损。所以可以通过控制长高比和合理布置墙体来增强房屋结构的刚度。

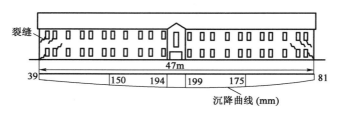

图 2-30　长高比达 7.6 的超长建筑物纵墙开裂实例

### 3.设置沉降缝

沉降缝不同于温度伸缩缝,它将建筑物连同基础分割为两个或更多个独立的沉降单元。分割出的沉降单元应具备体型简单、长高比较小、结构类型单一以及地基比较均匀等条件,即每个沉降单元的不均匀沉降均很小。建筑物的下列部位宜设置沉降缝:

(1)复杂建筑平面的转折部位;

(2)长高比过大的建筑物的适当部位;

(3)建筑物的高度(或荷载)差异处;

(4)地基土的压缩性或土层构造有显著差异处;

(5)建筑结构类型(包括基础)截然不同处;

(6)分期建造房屋的交接处;

(7)拟设置伸缩缝处(沉降缝可兼作伸缩缝)。

沉降缝的构造见图 2-31。缝内不能填塞材料,在寒冷地区为了防寒,可填塞松软材料。

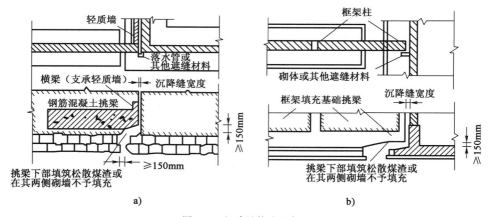

图 2-31　沉降缝构造示意图
a)砖墙混合结构沉降缝;b)框架结构沉降缝

由于沉降缝不能消除地基中应力重叠,沉降太大时,若沉降缝的宽度不够或缝内被坚硬杂物堵塞,有可能使得沉降单元上方顶住,造成局部挤压破坏甚至整个单元竖向受弯的破坏事故。软弱地基上沉降缝的宽度见表 2-18。沉降缝的造价颇高,且会增加建筑及结构处理上的困难,所以不宜轻易多用。

| | 房屋沉降缝宽度 | | 表 2-18 |
|---|---|---|---|
| 房屋层数 | 沉降缝宽度（mm） | 房屋层数 | 沉降缝宽度（mm） |
| 2~3 | 50~80 | 5层以上 | 不小于120 |
| 4~5 | 80~120 | | |

注：当沉降缝两侧单元层数不同时，缝宽按层数大者取用。

**4. 相邻建筑物基础间应有合适的净距**

由于地基附加应力的扩散作用，相邻建筑物近端的沉降会相互叠加。在软弱地基上，同时建造的两座新、旧建筑物之间，如果距离太近，将会产生附加的不均匀沉降，从而造成建筑物的开裂（图 2-32）或互倾，甚至使房屋整体横倾大大增加。

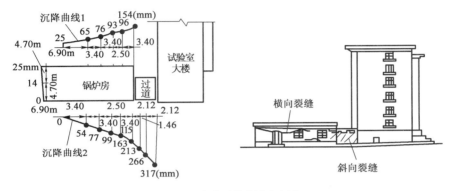

图 2-32 相邻建筑物影响实例

为了避免相邻建筑物影响的危害，软弱地基上的相邻建筑物要有一定的距离。间隔的距离与影响建筑物的规模和质量及被影响建筑物的刚度有关，可按表 2-19 确定。

| | 相邻建筑物基础间净距（m） | | | | 表 2-19 |
|---|---|---|---|---|---|
| 影响建筑物的预估平均沉降量 $s$（mm） | 被影响建筑物的长高比 | | 影响建筑物的预估平均沉降量 $s$（mm） | 被影响建筑物的长高比 | |
| | $2.0 \leqslant L/H_f < 3.0$ | $3.0 \leqslant L/H_f < 5.0$ | | $2.0 \leqslant L/H_f < 3.0$ | $3.0 \leqslant L/H_f < 5.0$ |
| 70~150 | 2~3 | 3~6 | 260~400 | 6~9 | 9~12 |
| 160~250 | 3~6 | 6~9 | >400 | 9~12 | ≥12 |

注：1. 表中 $L$ 为建筑物长度或沉降缝分隔单元长度（m）；$H_f$ 为自基础底面起算的建筑物高度。

2. 当被影响建的长高比为 $1.5 \leqslant L/H_f < 2.0$ 时，其间隔净距可适当缩小。

相邻高耸结构（或对倾斜要求严格的构筑物）的间隔距离，可根据允许值计算确定。

**5. 调整某些设计高程**

过大的建筑物沉降使原有高程发生变化，严重时将影响建筑物的使用功能。根据可能产生的沉降量，采取适当的预防措施：

（1）室内地坪和地下设施的高程，应根据预估沉降量予以提高。建筑物各部分（或设备之间）有联系时，可将沉降较大者的高程适当提高。

（2）建筑物与设备之间，应留有足够的净空。有管道穿过建筑物时，应预留足够尺寸的空洞，或采用柔性的管道接头等。

## 二、结构措施

### 1.设置圈梁增强建筑物的刚度

对于砖石承重墙房屋,不均匀沉降的损害主要表现为墙体的开裂。因此,常在墙内设置钢筋混凝土圈梁来增强其承受弯曲变形的能力。当墙体弯曲时,圈梁主要承受拉应力,弥补了砌体抗拉强度不足的弱点,增加了墙体刚度,能防止出现裂缝及阻止裂缝的开展。

圈梁的设置通常是,多层房屋在基础和顶层各设置一道,其他各层可隔层设置,必要时也可层层设置。圈梁常设在窗顶或楼板下面。

对于单层工业厂房、仓库,可结合基础梁、连系梁、过梁等酌情设置。

每道圈梁应设置在外墙、内纵墙和主要内横墙上,并应在平面内形成封闭系统。当开洞过大使墙体削弱时,宜在削弱部位按梁通过计算适当配筋或采用构造柱及圈梁加强。

现浇的钢筋混凝土圈梁,梁宽一般同墙厚,梁高不应小于120mm,混凝土强度等级不低于C15,纵向钢筋不宜少于$4\phi8$mm,箍筋间距不宜大于300mm。

### 2.选用合适的结构形式

选用当支座发生相对变位时不会在结构内引起很大附加应力的结构形式,如排架、三铰拱(架)等非敏感性结构。例如,采用三铰门架结构做小型仓库和厂房,当基础倾斜时,上部结构内不产生次应力,可以取得较好的效果。

必须注意,采用这些结构后,还应当采取相应的防范措施,如避免用连续吊车梁及刚性屋面防水层,墙内加设圈梁等。

### 3.减轻建筑物和基础的自重

在基底压力中,建筑物自重(包括基础及覆土重)所占比例很大,据估计,工业建筑物占1/2左右,民用建筑物可达3/5以上。为此,对于软弱地基上的建筑物,减轻其自重能有效减少沉降,同时也可减少不均匀建筑的重、高部位的地基沉降。减轻建筑物和基础自重的措施主要有如下几种方法:

(1)采用轻型结构。如预应力钢筋混凝土结构、轻型屋面板、轻型钢结构及各种轻型空间结构。

(2)减少墙体质量。如采用空心砌块、轻质砌块、多孔砖以及其他轻质高强度墙体材料,非承重墙可用轻质隔墙代替。

(3)减少基础及覆土的质量。可选用自重轻、回填土少的基础形式,如壳体基础、空心基础等。如室内地坪高程较高时,可用架空地板代替室内厚填土。

### 4.减小或调正基底附加压力

(1)设置地下室(或半地下室)。利用挖取的土重补偿一部分甚至全部建筑物的质量,使基底附加压力减小,达到减小沉降的目的。有较大埋深的箱形基础或具有地下室的筏板基础便是理想的基础形式。局部地下室应设置在建筑物的重、高部位以下。如某地图书馆大楼的书库比阅览室重得多,在书库下设地下室,并与阅览室用沉降缝隔断,建筑物各部分的沉降就比较均匀。

(2)改变基础底面尺寸。对不均匀沉降要求严格的建筑物,可通过改变基础底面尺寸来获得不同的基底附加压力,对不均匀沉降进行调整。

**5.加强基础刚度**

对于建筑体型复杂、荷载差异较大的上部结构,可采用加强基础刚度的方法,如采用箱形基础、厚度较大的筏板基础、桩箱基础以及桩筏基础等,以减少不均匀沉降。

## 三、施工措施

在软弱地基上进行工程建设时,合理安排施工程序,注意施工方法,也能减小或调整部分不均匀沉降。

**1.遵照先建重(高)建筑,后建轻(低)建筑的程序**

当拟建的相邻建筑物之间轻(低)重(高)相差悬殊时,一般应先建重(高)建筑物,后建轻(低)建筑物;有时甚至需要在重(高)建筑物竣工后,间歇一段时间,再建造轻而低的裙房建筑物。

**2.建筑物施工前使地基预先沉降**

活荷载较大的建筑物,如料仓、油罐等,条件许可时,在施工前采用控制加载速率的堆载预压措施,使地基预先沉降,以减少建筑物施工后的沉降及不均匀沉降。

**3.注意沉桩、降水对邻近建筑物的影响**

在拟建的密集建筑群内,若有采用桩基础的建筑物,沉桩工作应首先进行;若必须同时建造,则应采用合理的沉桩路线,控制沉桩速率、预钻孔等方法来减轻沉桩对邻近建筑物的影响。在开挖深基坑并采用井点降水措施时,可采用坑内降水、坑外回灌或采取能隔水的围护结构(如水泥土搅拌桩)等措施,以减轻深基坑开挖对邻近建筑物的不良影响。

**4.基坑开挖坑底土的保护**

基坑开挖时,要注意对坑底土的保护,特别是坑底土为淤泥和淤泥质土时,应尽可能不扰动土的原状结构,通常在坑底保留20cm厚的原状土,待浇捣混凝土垫层时才予以挖除,以减少坑底土扰动产生的不均匀沉降。当坑底土为粉土或粉砂时,可采取坑内降水和合适的围护结构等措施,以避免产生流沙现象。

## 习　题

【2-1】　如图2-33所示地质土性和独立基础尺寸的资料,地下水位在填土和黏土界面处,试用承载力公式计算持力层的承载力。若地下水位稳定由0.7m降至1.7m处,承载力有何变化?

【2-2】　某砖墙承重房屋,采用素混凝土条形基础,基础顶面处砌体宽度 $b_0 = 490mm$,基础埋深 $d = 1.2m$,传到设计地面的荷载 $F = 220kN/m$,地基土承载力特征值 $f_{ak} = 144kPa$,试确定条形基础的最小宽度 $b$。

【2-3】　某钢筋混凝土条形基础和地基土情况如

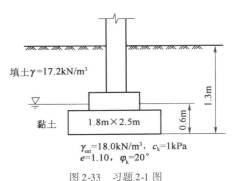

填土$\gamma = 17.2kN/m^3$

1.8m×2.5m

1.3m

0.6m

黏土

$\gamma_{sat} = 18.0kN/m^3$,　$c_k = 1kPa$
$e = 1.10$,　$\varphi_k = 20°$

图2-33　习题2-1图

图 2-34 所示。已知条形基础宽度 $b = 1.7$m,上部结构荷载 $F = 200$kN/m,试验算地基承载力。

【2-4】 某工业厂房柱基采用钢筋混凝土独立基础(图 2-35),$F = 2000$kN,黏性土的地基承载力特征值 $f_{ak} = 225$kPa,试确定基础底面尺寸。

【2-5】 工业厂房柱基采用钢筋混凝土独立基础,在图 2-36 中列出了荷载位置及有关尺寸。已知图示荷载:$F = 1800$kN,$P = 160$kN,$M = 120$kN·m,$Q = 30$kN,黏性土的地基承载力特征值 $f_{ak} = 240$kPa,试确定矩形基础底面尺寸(假定 $l:b = 5:3$)。

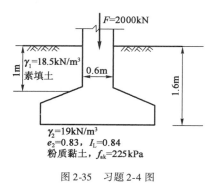

图 2-35　习题 2-4 图

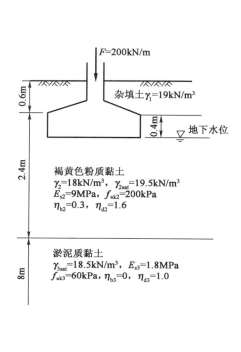

图 2-34　习题 2-3 图

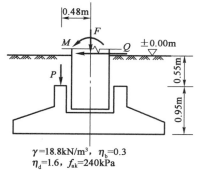

图 2-36　习题 2-5 图

# 思 考 题

【2-1】 试述无筋扩展基础和钢筋混凝土扩展基础的区别。

【2-2】 浅基础分类与基础方案确定有什么关系?

【2-3】 何谓基础的埋置深度?影响基础埋深的因素有哪些?

【2-4】 何谓补偿基础?

【2-5】 地基基础设计的基本要求和设计表达式是什么?

【2-6】 确定地基承载力的方法有哪些?地基承载力验算的要点有哪些?

【2-7】 为何要进行地基承载力的深宽修正?

【2-8】 何谓软弱下卧层?试述验算软弱下卧层强度的要点。

【2-9】 什么情况下需进行地基变形验算?变形控制特征有哪些?

【2-10】 由于地基不均匀变形引起的建筑物裂缝有什么规律?

【2-11】 减轻建筑物不均匀沉降危害的措施有哪些?

# 第三章

# 浅基础结构设计

## 第一节　概　　述

浅基础是一个承上启下的结构,其上为上部结构,其下为支承基础的地基,上部结构的荷载通过基础传递至地基。浅基础除受到来自上部结构的荷载作用外,同时还受到地基反力的作用,其截面内力(弯矩、剪力、扭矩等)是这两种荷载共同作用的结果。浅基础的结构设计内容主要就是设计基础的截面尺寸和截面配筋,以保证基础内产生的压应力、拉应力和剪应力都不超过材料强度的设计值;另外,还要使设计的基础结构满足构造要求。

根据浅基础的建造材料不同,其结构设计及验算内容也有所不同。由砖、石、素混凝土等材料建造的无筋扩展基础,因其截面抗压强度高而抗拉、抗剪强度低,在进行设计时采用控制基础宽高比的方法使基础主要承受压应力,并保证基础内产生的拉应力和剪应力都不超过材料强度的设计值。由钢筋混凝土材料建造的基础,其截面的抗拉、抗剪强度较高,基础的形状布置也比较灵活,截面设计验算的内容主要包括截面高度和截面配筋等,基础高度由混凝土的抗剪切、抗冲切条件确定,而基础的受力钢筋配筋量则由基础验算截面的抗弯能力确定。

简而言之,浅基础的结构设计工作主要就是使基础结构满足内力要求和构造要求。其中,基础的截面内力计算是关键。基础截面内力的计算方法主要有三大类:第一类方法是不考虑上部结构-基础-地基三者共同作用的计算方法,可简称为不考虑共同作用分析法。该类方法是力学分析中的隔离体法,即将上部结构、基础、地基三者分离开来,按隔离体分别进行计算。第二类方法是考虑基础-地基两者共同作用的计算方法,可简称为部分共同作用分析法。该类方法是将上部结构与地基基础分离开来,只将地基基础作为一个连续变形的整体进行计算。第三类方法是考虑上部结构-基础-地基三者共同作用的计算方法,可简称为全部共同作用分析法或共同作用设计方法。该类方法是将上部结构-基础-地基三者作为一个连续变形的整体来进行计算。

在目前工程设计中,通常把上部结构与地基基础分离开来进行计算,在上部结构的计算中,视上部结构底端为固定支座或固定铰支座,不考虑荷载作用下各墙柱端部的相对位移,并按此进行上部结构内力分析;在地基基础计算中,有不考虑或考虑地基基础两者相互作用两种情况。这样的分析与设计方法通常称为常规设计方法,即不考虑共同作用分析法和部分共同作用分析法。实际上,上部结构、基础和地基之间是互相影响、互相制约的,基础内力和地基变形除与基础刚度、地基土性质等有关外,还与上部结构的荷载和刚度有关。它们在荷载作用下一般满足变形协调条件,即原来互相连接或接触的部位,在各部分荷载、位移和刚度的综合影响下,一般仍然保持连接或接触,如墙柱底端的位移与该处基础的变位及地基表面的沉降三者相一致。这种考虑上部结构与地基基础相互影响并满足变形协调条件的设计方法即为共同作用设计方法,它是今后地基基础设计的发展方向。

共同作用设计方法已取得许多成果,但尚未推广使用于工程设计中,对重要工程可用其理论指导分析和设计,而一般工程中使用的还是常规设计方法。本章首先介绍有关共同作用的基本概念,然后主要学习浅基础的常规设计计算方法。

# 第二节  地基基础与上部结构共同作用概念

## 一、基本概念

不考虑共同作用方法是将上部结构、基础与地基三者分离出来作为独立的结构体系进行力学分析。如图 3-1 所示,分析上部结构时用固定支座来代替基础,并假定支座没有任何变形,以求得结构的内力和变形以及支座反力;然后将支座反力作用于基础上,用材料力学的方法求得线性分布的地基反力,进而求得基础的内力和变形;再把地基反力作用于地基验算其承载力和沉降。这种计算方法存在很大弊端,即上部结构、基础、地基沿接触点(面)分离后,虽然满足静力平衡条件,但却完全忽略了三者之间受荷前后的变形连续性。忽视上部结构、基础和地基在接触部位的变形协调条件,其后果是导致底层和边跨梁柱的实际内力大于计算值,而基础的实际内力则比计算值小很多。

实际上,上部结构通过墙、柱与基础相连接,基础底面直接与地基接触,三者是相互联系成整体来承担荷载而共同发生变形的。三者在接触处既传递荷载,又相互约束和相互作用。三部分将按各自的刚度对变形产生相互制约的作用,从而使整个体系的内力(包括柱脚和基底的反力)和变形(包括基础的沉降)发生变化。可见三者是共同工作的,因此,合理的设计方法应将三者作为一个整体,考虑接触部位的变形协调来计算其内力和变形。

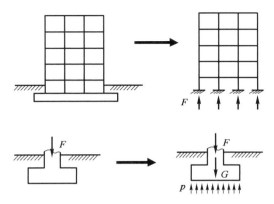

图 3-1　不考虑共同作用的分析计算方法

综上所述,所谓共同作用是指上部结构、基础与地基三者是一个共同工作的整体,三者通过各自的刚度在体系的共同工作中发挥作用。三者之间既满足静力平衡条件,还满足变形协调条件。共同作用分析方法就是按共同作用概念来分析三者的内力和变形的方法。

## 二、上部结构与基础的共同作用

### 1. 上部结构为绝对刚性结构

若上部结构刚度很大,而基础为刚度较小的柱下条形或筏形基础,当地基变形时,由于上部结构不发生弯曲,各柱比较均匀地下沉,约束基础不能发生整体弯曲。这种情况,基础犹如倒置的连续梁或板,基础柱位处相当于不动铰支座,地基反力为荷载。此时,基础仅在支座间发生局部弯曲,如图 3-2a)所示。

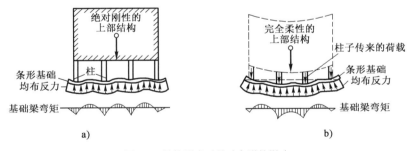

图 3-2　结构刚度对基础变形的影响
a)上部结构绝对刚性;b)上部结构完全柔性

### 2. 上部结构为完全柔性结构

若上部结构刚度很小,基础也是刚度较小的柱下条形或筏形基础,这时上部结构对基础的变形没有或仅有很小的约束作用,因而可以完全随着地基而变形,上部结构和基础都将发生较大的整体弯曲,同时基础因受地基反力作用在跨间还产生局部弯曲,如图 3-2b)所示。

实际工程中并不存在绝对刚性结构或完全柔性结构,任何结构都具有一定的刚度。在地基、基础及荷载不变的情况下,显然,随着上部结构刚度的增加,基础挠曲和内力将减小,同时上部结构因柱端的位移而产生的附加应力将更大。因此,在基础设计时,应按共同作用分析思想,考虑上部结构刚度的影响,恰当选择上部结构类型以适应地基变形,并满足基础强度要求。

### 三、地基与基础的共同作用

#### 1. 完全柔性基础

完全柔性基础抗弯刚度很小,可以随地基的变形而任意弯曲,对地基的变形无约束作用,基础上任一点的荷载就像直接作用在地基上一样。由于缺乏刚度的基础无力调整基底的不均

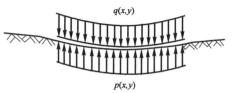

匀沉降,不可能使传至基底的荷载改变原来的分布情况,所以完全柔性基础与地基变形一致,基底反力分布与作用在基础上的荷载分布也完全一致,见图3-3。

#### 2. 绝对刚性基础

假定绝对刚性基础上作用有均布荷载或竖向轴心集中荷载,基础沉降时基底将不会发生挠曲变形,基底

图3-3 完全柔性基础上作用均布荷载情况

始终保持平面。而地基自由变形时的沉降曲线是中间大两边小的碟形弧面,如图3-3所示。但地基基础是共同变形的,即变形必须保持一致,因地基相对刚度小,其变形将受基础的约束。此时,基础将调整基底压力的分布,使基底压力由中部向边缘转移,以使地基中间变形减小,两边变形增大,迫使地基表面变形均匀以适应基础的沉降。可见,刚性基础对荷载的传递和地基的变形起调整与约束作用。

若把地基土视为完全弹性体,当绝对刚性基础上作用均布荷载时,基底的反力分布将呈如图3-4a)所示的抛物线分布形式。实际上,地基土仅具有有限的强度,基础边缘处的应力太大,土要屈服甚至破坏,此时部分应力将向中间转移,于是基底反力分布呈如图3-4b)所示的马鞍形分布。就承受剪应力的能力而言,基础下中间部位的土体高于边缘处的土体,因此当荷载继续增加时,基础下面边缘处土体的破坏范围不断扩大,基底反力进一步从边缘向中间转移,其分布形式将呈如图3-4c)所示的倒抛物线分布形式及如图3-4d)所示的钟形分布。

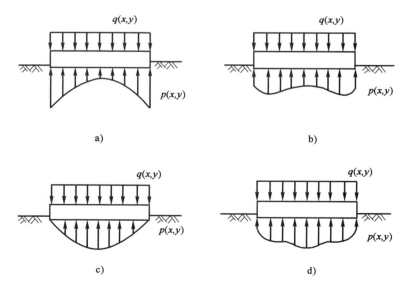

图3-4 绝对刚性基础上作用均布荷载情况

图 3-5 为绝对刚性基础上作用竖向轴心集中荷载情况。比较图 3-4 及图 3-5 可看出,刚性基础具有"架越作用",即刚性基础能把中心集中荷载调整到基础边缘。刚性基础基底反力的分布只与基础荷载合力的大小和作用点有关,而与荷载的分布情况无关。

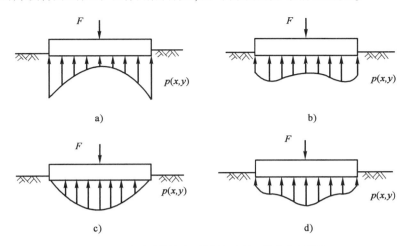

图 3-5　绝对刚性基础上作用竖向轴心集中荷载情况

实际工程中的基础并非绝对刚性的,而是有限刚性体。在上部结构传来的荷载和地基反力的作用下,基础会产生一定程度的挠曲,同时地基土在基底反力作用下产生相应的变形。根据地基和基础变形协调的原则,理论上可以根据两者的刚度求出反力分布曲线。显然,反力分布曲线的性状决定于基础与地基的相对刚度。基础的刚度越大、地基的刚度越小,则基底反力向边缘集中的程度越高,随着地基土中塑性区的扩大,基底反力的分布逐渐趋于均匀。

由上述上部结构-基础-地基之间的共同作用分析可知,这三部分将按各自的刚度对变形产生相互制约的作用,从而使整个体系的内力(包括柱脚和基底的反力)和变形(包括基础的沉降)发生变化。

合理的地基基础计算方法应考虑三者的共同作用和相互影响。但是,按三者静力平衡和变形协调同时满足的原则来进行整体的共同作用分析是非常复杂的。主要存在两个问题:①需建立能正确反映结构刚度影响的分析理论与计算方法;②需建立能合理反映土的变形特性的地基计算模型及参数。随着计算机技术及计算理论的发展,共同作用分析方法现在已有较大的进展。有限元分析中的子结构法不仅可以解决大型结构与计算机存储量小的矛盾,而且能明确表达上部结构刚度与荷载的凝聚过程,即结构刚度逐步变化对共同作用的影响。各国学者对于地基本构关系的理论与试验研究也一直在不断地进行着。虽然目前共同作用分析方法主要是处于理论研究阶段,还未全面用于工程设计;但大量实测资料和理论研究成果丰富了人们对共同作用的认识,设计人员正在不断地从共同作用概念设计方面指导常规设计,从而使设计更趋于合理。

## 四、基底反力的分布形式与计算方法

通过以上对地基与基础共同作用的分析可以看到,基础相对刚度(基础刚度与地基土刚度之比)对基底反力分布有很大的影响。在常规设计中,一般是把上部结构隔离出去,不考虑上部结构刚度的影响,只考虑地基与基础的共同作用。

当然,影响基底反力分布的因素除了基础的相对刚度之外,还有基础尺寸、基础埋深、基础上荷载的大小与分布、地基土的性质等,但基础的相对刚度是影响基底反力分布的主要因素。

当基础相对刚度很小时,基础"架越作用"弱,基底反力与基础上荷载分布形式较一致,如图3-6a)所示。

当基础相对刚度很大时,基础"架越作用"强,基底反力与荷载的分布形式无关,只与荷载合力的大小及作用点位置有关。基底反力分布形式随荷载增大呈马鞍形→线形→抛物线形→钟形分布。为计算方便,工作荷载下的基底反力可近似视为线形分布,如图3-6c)所示。一般可按工程力学的中心受压和偏心受压公式计算,这称为基底压力的简化计算,对应的基础设计方法也常称为刚性设计法。

当基础相对刚度中等时,基础"架越作用"介于上述两者之间,基底反力的分布也介于上述两者之间,如图3-6b)所示。基底反力的计算需考虑地基与基础的共同作用,按静力平衡及变形协调两个条件列方程求解,例如本章将要学习的弹性地基梁法。

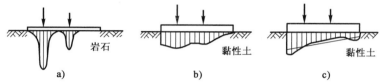

图3-6　基础相对刚度对"架越作用"的影响
a)相对刚度小;b)相对刚度中等;c)相对刚度大

所以在常规设计中,基底反力的计算有两类方法。第一类方法适用于基础相对刚度较大的情况。假定基底压力线性分布,采用工程力学公式进行简化计算,这种方法只考虑地基与基础间的静力平衡,而不考虑地基与基础间的变形协调,属于不考虑共同作用的方法。第二类方法适用于基础相对刚度较小的情况。基底反力及基础内力的计算需考虑地基与基础的共同作用,按静力平衡及变形协调两个条件列方程求解,属于部分共同作用分析方法,如弹性地基梁法。对于无筋扩展基础(刚性基础)及钢筋混凝土扩展基础,基底反力计算采用的就是不考虑共同作用的简化计算方法。对于柱下条形及筏形基础,计算时视基础相对刚度的大小,选择简化计算方法或弹性地基梁(板)法。

对于基底压力或基底反力的取值,在承载力验算和确定基础底面尺寸时,应考虑设计地面以下基础及其上覆土重力的作用,即取基底总压力;在沉降验算时,应取基底附加压力;而在进行基础截面设计(基础高度的确定、基础底板配筋)时,应采用不计基础与上覆土重力作用时的地基净反力来计算基础内力。这三种情况的荷载组合也是不同的,承载力验算时不仅是基底总压力,而且是标准组合;沉降计算时,不仅是附加压力,而且是准永久组合;基础截面设计时,不仅是净反力,而且是基本组合。

# 第三节　无筋扩展基础

## 一、无筋扩展基础结构设计原则

无筋扩展基础又称刚性基础。无筋扩展基础通常是由砖、块石、毛石、素混凝土、三合土和灰土等材料建造的,这些材料具有抗压强度高而抗拉、抗剪强度低的特点,所以在进行无筋扩展基础设计时必须使基础主要承受压应力,并保证基础内产生的拉应力和剪应力都不超过材料强度的设计值。具体设计中主要通过对基础的外伸宽度与基础高度的比值进行验算来实现。同时,其基础宽度还应满足地基承载力的要求。

无筋扩展基础的台阶宽高比(图3-7),一般应满足下式要求:

$$\frac{b_i}{H_i} \leq \tan\alpha \tag{3-1}$$

式中:$b_i$——无筋扩展基础任一台阶的宽度;

$H_i$——相应 $b_i$ 的台阶高度;

$\tan\alpha$——无筋扩展基础台阶宽高比的允许值(表3-1),其中 $\alpha$ 又称为基础的刚性角。

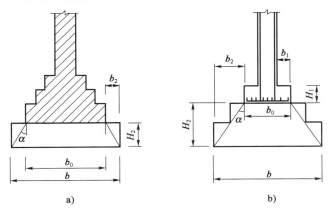

图3-7 无筋扩展基础验算
a)墙下无筋扩展基础;b)柱下无筋扩展基础

**无筋扩展基础(刚性基础)台阶宽高比的允许值**　　　　表3-1

| 基础材料 | 质量要求 | 台阶宽高比的允许值 | | |
| --- | --- | --- | --- | --- |
| | | $p_k \leq 100$ | $100 < p_k \leq 200$ | $200 < p_k \leq 300$ |
| 砖基础 | 砖不低于 MU10,砂浆不低于 M5 | 1:1.50 | 1:1.50 | 1:1.50 |
| 混凝土基础 | C15 混凝土 | 1:1.00 | 1:1.00 | 1:1.25 |
| 毛石混凝土基础 | C15 混凝土 | 1:1.00 | 1:1.25 | 1:1.50 |
| 毛石浆砌基础 | 砂浆不低于 M5 | 1:1.25 | 1:1.50 | — |
| 三合土基础 | 体积比为1:2:4 ~ 1:3:6(石灰:砂:集料)每层约虚铺220mm,夯至150mm | 1:1.50 | 1:2.00 | — |
| 灰土基础 | 体积比为3:7 或2:8 的灰土,其最小干密度:粉土 $1.55 \times 10^3 kg/m^3$　粉质黏土 $1.5 \times 10^3 kg/m^3$　黏土 $1.45 \times 10^3 kg/m^3$ | 1:1.25 | 1:1.50 | — |

注:表中 $p_k$ 为荷载效应标准组合时基底处地基平均压应力(kPa)。

满足刚性角要求的基础,各台阶的内缘应落在与墙边或柱边铅垂线成 $\alpha$ 角的斜线上。若台阶内缘在斜线以外,基础断面则不够安全;若台阶内缘在斜线以内,基础断面则不够经济。

## 二、无筋扩展基础的构造要求

根据建造材料的不同,无筋扩展基础又可分为砖基础、混凝土基础、毛石混凝土基础、毛石浆砌基础、三合土基础、灰土基础等,在设计无筋扩展基础时应按其材料特点满足相应的构造要求。

### 1.砖基础

砖基础是应用最为广泛的无筋扩展基础形式。标准砖的规格为 $240mm \times 115mm \times 53mm$,标准砖加灰缝的尺寸约为 $240mm \times 120mm \times 60mm$。砖基础各部分的尺寸应符合砖的模数。砖基础一般做成台阶式,俗称"大放脚"。砖基础顶层及底层一般应为两皮砖(高度为 $120mm$),每层收进 1/4 砖长( $60mm$),见图 3-8。砖基础(大放脚)的砌法有两种:第一种为"二、一间隔收"或"三皮两收",见图 3-8a),台阶宽高比 $b_t/h$ 为 1/1.5;第二种为"两皮一收",见图 3-8b),台阶宽高比 $b_t/h$ 为 1/2。上述两种砌法都能满足式(3-1)的要求,其中"二、一间隔收"较节省材料。

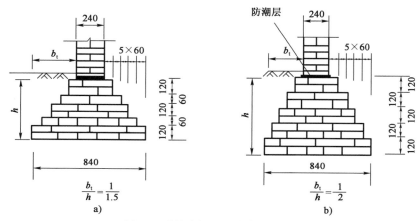

图 3-8 砖基础砌法(尺寸单位:mm)
a)二、一间隔收;b)两皮一收

砖基础采用的砖强度等级应不低于 MU10,砂浆不低于 M5,在地下水位以下或地基土潮湿时应采用水泥砂浆砌筑。为保证砖基础的砌筑质量,在砖基础底面以下先做垫层。垫层材料可选用灰土、三合土或素混凝土。垫层每边伸出基础底面 $50mm$,厚度一般为 $100mm$。设计时,垫层的混凝土强度等级一般为 C10,垫层不作为基础结构考虑。因此,垫层的宽度和高度均不计入基础的宽度和埋深中。

但有些情况下,无筋扩展基础是由两种材料叠合组成的,如上层为砖砌体,下层为素混凝土。若下层混凝土的高度在 $200mm$ 以上,且符合表 3-1 的要求,则混凝土层可作为基础结构部分考虑。

### 2.混凝土基础

混凝土基础一般用 C15 以上的素混凝土做成。混凝土基础可以做成台阶形或阶梯形断面,见图 3-9。做成台阶形时,每层台阶高度不宜大于 $500mm$,一般不超过三层台阶。基础总

高度 $H \leqslant 350mm$ 时做一层台阶,$350mm < H \leqslant 900mm$ 时做两层台阶,$H > 900mm$ 时做三层台阶。

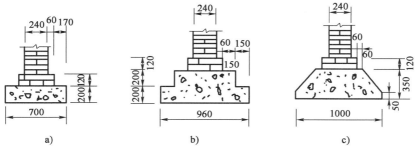

图 3-9 素混凝土基础(尺寸单位:mm)
a)一层台阶;b)两层台阶;c)锥形断面

**3. 毛石混凝土基础**

毛石混凝土基础是在混凝土基础中埋入 20% ~ 30%(体积比)的毛石形成,因此可以节约大量水泥。所用石块尺寸一般不得大于基础宽度的 1/3,同时石块的直径也不得超过 300mm。毛石混凝土基础剖面为台阶形,每阶高度一般为 500mm。

**4. 毛石浆砌基础**

毛石基础采用未加工或仅稍作修整的未风化的硬质岩石,高度一般不小于 20cm。当毛石形状不规则时,其高度应不小于 15cm。砌筑时,在地下水位以上用混合砂浆,水位以下用水泥砂浆。毛石浆砌基础剖面一般为台阶形,每阶高度 ≤400mm,每步伸出宽度 <200mm。

**5. 三合土基础、灰土基础**

三合土基础由石灰、砂和集料(矿渣、碎砖或碎石)加适量的水充分搅拌均匀后,铺在基槽内分层夯实而成。三合土的配合比(体积比)为 1:2:4 或 1:3:6,在基槽内每层虚铺 22cm,夯实至 15cm。

灰土基础由熟化后的石灰和黏土按比例拌和并夯实而成。常用的配合比(体积比)有 3:7 和 2:8,铺在基槽内分层夯实,每层虚铺 22 ~ 25cm,夯实至 15cm。其最小干重度要求为:粉土 $15.5kN/m^3$、粉质黏土 $15.0kN/m^3$、黏土 $14.5kN/m^3$。

三合土基础、灰土基础一般与砖、毛石、混凝土等材料配合使用,做在基础的下部,见图 3-10。三合土基础、灰土基础的厚度通常为 300 ~ 450mm,台阶宽高比应满足刚性角要求。由于基槽边角处不容易夯实,所以这类基础实际的施工宽度应该比计算宽度每边各放出 50mm 以上。

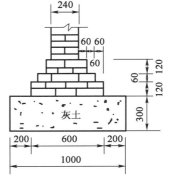

图 3-10 三合土基础、灰土基础
(尺寸单位:mm)

## 三、无筋扩展基础的设计计算步骤

(1)初步选定基础高度 $H$。

砖基础的高度应符合砖的模数,一般为 60mm 的倍数;混凝土基础的高度不宜小于 200mm;对于三合土基础和灰土基础,基础高度应为 150mm 的倍数。

（2）根据地基承载力条件确定基础所需最小宽度 $b_{min}$。

（3）根据基础台阶宽高比允许值确定基础的上限宽度 $b_{max}$：

$$b_{max} = b_0 + 2H\tan\alpha \tag{3-2}$$

其中，$\tan\alpha$ 为基础台阶宽高比的允许值，$\tan\alpha = \left[\dfrac{b_2}{H}\right]$ 可按表 3-1 选用；$H$、$b_0$、$b_2$ 分别为基础的高度、顶面砌体宽度和外伸长度，如图 3-7 所示。

（4）在所需最小宽度 $b_{min}$ 与上限宽度 $b_{max}$ 之间选定一个合适的值为设计基础宽度。如出现 $b_{min} > b_{max}$ 情况，则应调整基础高度重新验算，直至满足要求为止。

（5）当无筋扩展基础由不同材料叠合而成时，若下部材料强度小于上部材料，应对接触部分做抗压验算。

（6）对混凝土基础，当基础底面平均压力超过 300kPa 时，尚应对台阶高度变化处的断面进行抗剪验算。

**【例 3-1】** 某承重砖墙基础的埋深为 1.5m，砖墙厚为 240mm，上部结构传来的荷载标准组合为轴向压力 $F_k = 200$kN/m。持力层为粉质黏土，其天然重度 $\gamma = 17.5$kN/m³，孔隙比 $e = 0.943$，液性指数 $I_L = 0.76$，地基承载力特征值 $f_{ak} = 150$kPa，地下水位在基础底面以下。拟采用大放脚与混凝土基础叠合，试设计此基础。

**【解】** （1）地基承载力特征值的深宽修正

先按基础宽度 $b < 3$m 考虑，不作宽度修正。由于持力层土的孔隙比及液性指数 $I_L$ 均小于 0.85，查表 2-9，得 $\eta_b = 1.6$。

$$\begin{aligned}
f_a &= f_{ak} + \eta_d\gamma_0(d - 0.5)\\
&= 150 + 1.6 \times 17.5 \times (1.5 - 0.5)\\
&= 178.0\text{kPa}
\end{aligned}$$

（2）按承载力要求初步确定基础宽度

$$b_{min} = \frac{F_k}{f_a - \gamma_G d} = \frac{200}{178 - 20 \times 1.5} = 1.35\text{m}$$

初步选定基础宽度为 1.40m。

（3）基础剖面布置

初步选定混凝土基础高度 $H = 0.3$m。大放脚采用标准砖"两皮一收"法砌筑，共砌五阶，每阶宽度收进 60mm，每阶高度 120mm，大放脚的底面宽度 $b_0 = 240 + 2 \times 5 \times 60 = 840$mm，如图 3-11 所示。

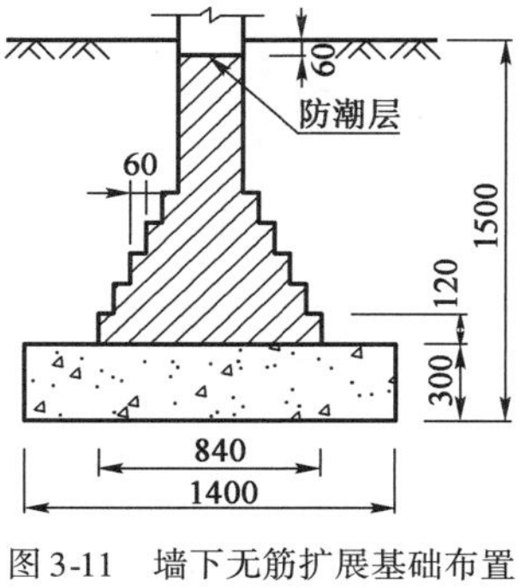

（4）按台阶的宽高比要求验算基础的宽度

基础采用 C10 素混凝土砌筑，而基底的平均压力为：

图 3-11 墙下无筋扩展基础布置
（尺寸单位：mm）

$$p_k = \frac{F_k + G_k}{A} = \frac{200 + 20 \times 1.4 \times 1.5}{1.4 \times 1.0} = 178.8\text{kPa}$$

查表 3-1，得混凝土基础台阶的允许宽高比 $\tan\alpha = \dfrac{b_2}{H} = 1.0$，于是：

$$b_{max} = b_0 + 2H\tan\alpha = 0.84 + 2 \times 0.3 \times 1.0 = 1.44\text{m}$$

取基础宽度为 1.4m，满足设计要求。

## 第四节 墙下条形基础

### 一、墙下条形基础结构设计原则

墙下钢筋混凝土条形基础的内力计算一般可按平面应变问题处理,在长度方向可取单位长度计算。截面设计验算的内容主要包括基础底面宽度 $b$、基础的高度 $h$ 及基础底板配筋等。基底宽度应根据地基承载力要求确定,基础高度由混凝土的抗剪切条件确定,基础底板的受力钢筋配筋则由基础验算截面的抗弯能力确定。

进行基础截面设计(基础高度的确定、基础底板配筋)时,应采用不计基础与上覆土重力作用时的地基净反力来计算基础内力。

### 二、基础截面设计计算步骤

1. 计算地基净反力

仅由基础顶面的荷载设计值所产生的地基反力,称为地基净反力,并以 $p_j$ 表示。条形基础底面最大与最小地基净反力 $p_{jmax \atop jmin}$(kPa)为:

$$p_{jmax \atop jmin} = \frac{N}{b} \pm \frac{6M}{b^2} \tag{3-3}$$

其中,荷载 $N(\text{kN/m})$、$M(\text{kN·m/m})$ 为单位长度数值,$b$ 为基础宽度(m)。

2. 基础验算截面选取及其剪力计算

设 $b_I$ 为验算截面 I 距基础边缘的距离。当墙体材料为混凝土时[图3-12a)],验算截面 I 在墙脚处,$b_I$ 等于基础边缘至墙脚的距离 $a$;当墙体材料为砖墙且墙脚伸出不大于1/4砖长时[图3-12b)],验算截面 I 在墙面处,$b_I = a + 1/4$ 砖长 $= a + 0.06\text{m}$。

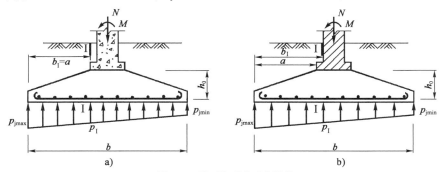

图3-12 墙下条形基础的计算
a)混凝土墙情况;b)砖墙情况

基础验算截面 I 的剪力设计值 $V_I$(kN/m)为:

$$V_I = \frac{b_I}{2b}[(2b - b_I)p_{jmax} + b_I p_{jmin}] \tag{3-4}$$

当轴心荷载作用时,基础验算截面 I 的剪力设计值 $V_I$ 可简化为如下形式:

$$V_{\mathrm{I}} = \frac{b_{\mathrm{I}}}{b}F \tag{3-5}$$

3. 基础高度确定

基础有效高度 $h_0$ 由基础验算截面的抗剪切条件确定，即：

$$V_{\mathrm{I}} \leq 0.7\beta_{\mathrm{hs}}f_{\mathrm{t}}h_0 \tag{3-6}$$

$$\beta_{\mathrm{hs}} = \left(\frac{800}{h_0}\right)^{1/4}$$

式中：$\beta_{\mathrm{hs}}$——截面高度影响系数，按《混凝土结构设计标准》（GB/T 50010—2010），当 $h_0 < 800\mathrm{mm}$ 时，取 $h_0 = 800\mathrm{mm}$；当 $h_0 > 2000\mathrm{mm}$ 时，取 $h_0 = 2000\mathrm{mm}$；

$f_{\mathrm{t}}$——混凝土轴心抗拉强度设计值（MPa）；

$h_0$——基础截面有效高度（mm）。

基础高度 $h$ 为有效高度 $h_0$ 加上混凝土保护层厚度。

4. 基础底板的配筋

基础验算截面 I 的弯矩设计值 $M_{\mathrm{I}}$（kN·m/m）可按下式计算：

$$M_{\mathrm{I}} = \frac{b_{\mathrm{I}}^2}{6b}\left[p_{\mathrm{jmax}}(3b - b_{\mathrm{I}}) + p_{\mathrm{jmin}}b_{\mathrm{I}}\right] \tag{3-7a}$$

当轴心荷载作用时，基础验算截面 I 的弯矩设计值 $M_{\mathrm{I}}$ 可简化为如下形式：

$$M_{\mathrm{I}} = \frac{1}{2}V_{\mathrm{I}}b_{\mathrm{I}} \tag{3-7b}$$

配筋计算应符合《混凝土结构设计标准》（GB/T 50010—2010）正截面受弯承载力计算公式。一般可按简化矩形截面单筋板，由式（3-8）计算每延米墙长的受力钢筋截面面积为：

$$A_{\mathrm{s}} = \frac{M_{\mathrm{I}}}{0.9f_{\mathrm{y}}h_0} \tag{3-8}$$

式中：$A_{\mathrm{s}}$——钢筋面积（mm²）；

$f_{\mathrm{y}}$——钢筋抗拉强度设计值（MPa）。

### 三、墙下条形基础的构造要求

墙下条形基础一般采用梯形截面，其边缘高度一般不宜小于200mm，坡度 $i \leq 1:3$。基础高度小于250mm时，也可做成等厚度板。

基础混凝土的强度等级不应低于 C20。

基底下宜设 C10 素混凝土垫层，垫层厚度不宜小于70mm，一般为100mm。

基础最小配筋率不应小于0.15%，底板受力钢筋最小直径不宜小于10mm，间距不宜大于200mm，也不宜小于100mm。当有垫层时，混凝土的保护层厚度不小于40mm，无垫层时不小于70mm。底板纵向分布钢筋的直径不小于8mm，间距不大于300mm。

当地基软弱时，为了减小不均匀沉降的影响，基础截面可采用带肋梁的板，肋梁的纵向钢筋和箍筋按经验确定，如图3-13所示。

【例 3-2】 某厂房采用钢筋混凝土条形基础，墙厚240mm，上部结构传至基础顶部的荷载基本组合为：轴心荷载 $N = 350\mathrm{kN/m}$，弯矩 $M = 28.0\mathrm{kN/m}$，如图3-14所示。条形基础底面宽度 $b$ 已由地基承载力条件确定为2.0m，试设计此基础的高度并进行底板配筋。

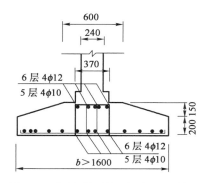

图 3-13 墙下钢筋混凝土条形基础的构造
(尺寸单位:mm)

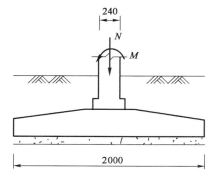

图 3-14 墙下条形基础计算简图
(尺寸单位:mm)

**【解】** (1)选用混凝土的强度等级为 C20,查《混凝土结构设计标准》(GB 50010—2010)得 $f_t = 1.1\text{MPa}$,底板受力钢筋采用 HRB335 级钢筋,查得 $f_y = 300\text{MPa}$;纵向分布钢筋采用 HPB235 级钢筋。

(2)基础边缘处的最大和最小地基净反力:

$$p_{jmax \atop jmin} = \frac{N}{b} \pm \frac{6M}{b^2} = \frac{350}{2.0} \pm \frac{6 \times 28.0}{2.0^2} = {217.0 \atop 133.0}\text{kPa}$$

(3)验算截面 I 距基础边缘的距离:

$$b_I = \frac{1}{2} \times (2.0 - 0.24) = 0.88\text{m}$$

(4)验算截面的剪力设计值:

$$V_I = \frac{b_I}{2b}[(2b - b_I)p_{jmax} + b_I p_{jmin}]$$

$$= \frac{0.88}{2 \times 2.0} \times [(2 \times 2.0 - 0.88) \times 217.0 + 0.88 \times 133.0]$$

$$= 174.7\text{kN/m}$$

(5)基础的计算有效高度:

$$h_0 \geqslant \frac{V_I}{0.7f_t} = \frac{174.7}{0.7 \times 1.1} = 226.9\text{mm}$$

基础边缘高度取 200mm,基础高度取 300mm,混凝土保护层厚度取 50mm,则基础有效高度 $h_0 = 300 - 50 = 250\text{mm} > 226.9\text{mm}$,合适。

(6)基础验算截面的弯矩设计值:

$$M_I = \frac{b_I^2}{6b}[p_{jmax}(3b - b_I) + p_{jmin}b_I] = \frac{0.88^2}{6 \times 2} \times [217 \times (3 \times 2 - 0.88) + 133 \times 0.88]$$

$$= 79.3\text{kN} \cdot \text{m/m}$$

(7)基础每延米的受力钢筋截面面积:

$$A_s = \frac{M_I}{0.9f_y h_0} = \frac{79.3}{0.9 \times 300 \times 260} \times 10^6 = 1130\text{mm}^2$$

选配受力钢筋 $\phi16@170$,$A_s = 1183\text{mm}^2$,沿垂直于砖墙长度的方向配置。在砖墙长度方向配置 $\phi8@250$ 的分布钢筋。基础配筋图如图 3-15 所示。

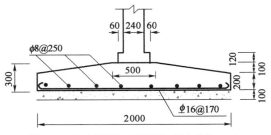

图 3-15　墙下条形基础配筋图(尺寸单位:mm)

# 第五节　柱下独立基础

## 一、柱下独立基础结构设计原则

与墙下条形基础一样,在进行柱下独立基础设计时,一般先由地基承载能力确定柱下独立基础的底面尺寸,然后根据其截面内力计算结果进行截面的设计验算。基础截面设计验算的主要内容包括基础截面的抗冲切验算、抗剪切验算和基础纵、横方向的抗弯验算,并由此确定基础的高度和底板纵、横两方向的配筋量。

## 二、基础截面设计计算

### 1.基础截面高度的确定

在上部荷载与地基反力的共同作用下,由于基础截面条件的不同,钢筋混凝土独立基础可能出现基础结构的冲切破坏或剪切破坏。因此,对于不同条件下基础的截面高度,按照柱与基础交接处以及基础变阶处的抗冲切验算或者抗剪切验算的要求进行计算确定。

（1）当冲切破坏锥体落在基础底面以内时[$(a_c + 2h_0) < l$]（图 3-16）

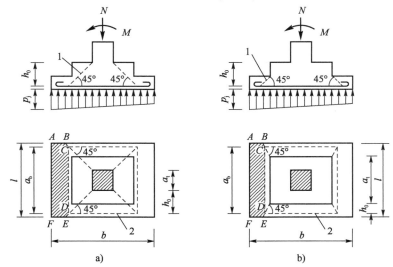

图 3-16　计算阶形基础的受冲切承载力截面位置

a)柱与基础交接处;b)基础变阶处

1-冲切破坏锥体最不利一侧的斜截面;2-冲切破坏锥体的底面线

此时,应验算柱与基础交接处以及基础变阶处的受冲切承载力。

设计时可先假设一个基础高度 $h$,然后按下列公式验算抗冲切能力:

$$F_l = p_j A_l \leqslant 0.7\beta_{hp} f_t a_m h_0 \tag{3-9}$$

式中:$\beta_{hp}$——受冲切承载力截面高度影响系数,当 $h$ 不大于 800mm 时,$\beta_{hp}$ 取 1.0;当 $h \geqslant$ 2000mm 时,$\beta_{hp}$ 取 0.9;中间值可线性内插得到;

$f_t$——混凝土抗拉强度设计值(kPa);

$h_0$——基础冲切破坏锥体的有效高度(m);

$a_m$——基础冲切破坏锥体最不利一侧的计算长度(m),$a_m = (a_t + a_b)/2$;

$a_t$——基础冲切破坏锥体最不利一侧斜截面的上边长(m),当计算柱与基础交接处的受冲切承载力时,取柱宽 $a_c$;当计算基础变阶处的受冲切承载力时,取上阶宽;

$a_b$——基础冲切破坏锥体最不利一侧斜截面在基础底面积范围内的下边长(m),当计算柱与基础交接处的受冲切承载力时,取柱宽加 2 倍基础有效高度;当计算基础变阶处的受冲切承载力时,取上阶宽加 2 倍该处的基础有效高度;

$p_j$——扣除基础自重及其上土重后相应于作用的基本组合时的地基土单位面积净反力(kPa);对偏心受压基础可取基础边缘处最大地基土单位面积净反力;

$A_l$——冲切验算时取用的部分基底面积($m^2$),如图 3-16 中的阴影面积 $ABCDEF$;

$F_l$——相应于作用的基本组合时在 $A_l$ 上的地基土净反力设计值(kN)。

(2)当基础底面短边尺寸小于或等于柱宽加两倍基础有效高度时$[(a_c + 2h_0) \geqslant l]$(图 3-17)

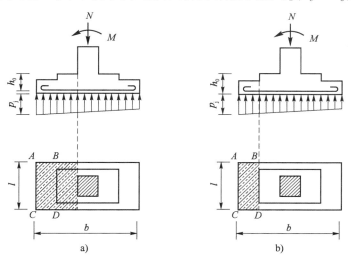

图 3-17 验算阶形基础的受剪切承载力示意图
a)柱与基础交接处;b)基础变阶处

此时,应按下列公式验算柱与基础交接处截面受剪承载力:

$$V_s \leqslant 0.7\beta_{hs} f_t A_0 \tag{3-10}$$

式中:$V_s$——相应于荷载效应基本组合时,柱与基础交接处的剪力设计值(kN),图中阴影面积乘以基底平均反力;

$A_0$——验算截面处基础的有效截面面积($m^2$)。

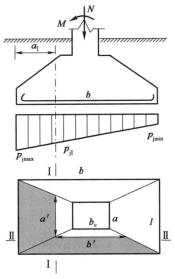

图 3-18　柱下独立基础的抗弯验算

## 2. 基础截面的抗弯验算和底板配筋

柱下独立基础受基底反力作用,产生双向弯曲。其内力计算常采用简化计算方法:将独立基础的底板视为固定在柱子周边的四面挑出的悬臂板,近似将地基反力按对角线划分,选取验算截面,长宽两方向验算截面上的弯矩分别等于梯形基底面积上地基净反力所产生的力矩(图 3-18)。

在轴心荷载或单向偏心荷载作用下,当台阶的宽高比不大于 2.5 及偏心距不大于 $b/6$($b$ 为偏心方向的边长),柱下独立基础在纵向和横向两个方向的任意截面 I—I 和 II—II 的弯矩可按式(3-11)计算。

$$
\begin{cases}
M_{\mathrm{I}} = \dfrac{1}{12}a_{\mathrm{I}}^2\left[(2l + a')(p_{\mathrm{jmax}} + p_{\mathrm{jI}}) + (p_{\mathrm{jmax}} - p_{\mathrm{jI}})l\right] \\[2mm]
M_{\mathrm{II}} = \dfrac{1}{48}(l - a')^2(2b + b')(p_{\mathrm{jmax}} + p_{\mathrm{jmin}})
\end{cases}
$$

$$(3\text{-}11)$$

式中:$p_{\mathrm{jmax}}$——对应于作用的基本组合时基底边缘最大地基净反力设计值(kPa);

　　　$p_{\mathrm{jmin}}$——对应于作用的基本组合时基底边缘最小地基净反力设计值(kPa);

　　　$p_{\mathrm{jI}}$——计算截面 I—I 处的地基净反力设计值(kPa);

　　　$a_{\mathrm{I}}$——验算截面至基础边缘的距离(m);

　　　$l$、$b$——基础底面的边长(m),其中 $b$ 为偏心方向的边长,一般情况下,$l$、$b$ 分别为基础底面短边长度和长边长度。

柱下独立基础的抗弯验算截面通常可取在柱与基础的交接处,此时 $a'$、$b'$ 取柱截面的宽度和长度;当对基础变阶处进行抗弯验算时,$a'$、$b'$ 取相应台阶的宽度和长度。

柱下独立基础的底板应在两个方向配置受力钢筋,底板长边方向和短边方向的受力钢筋面积 $A_{\mathrm{sI}}$ 和 $A_{\mathrm{sII}}$ 分别为:

$$
\begin{cases}
A_{\mathrm{sI}} = \dfrac{M_{\mathrm{I}}}{0.9f_{\mathrm{y}}h_0} \\[2mm]
A_{\mathrm{sII}} = \dfrac{M_{\mathrm{I}}}{0.9f_{\mathrm{y}}(h_0 - d)}
\end{cases}
$$

$$(3\text{-}12)$$

式中:$d$——钢筋直径(mm);

其余符号意义同前。

## 三、柱下独立基础的构造要求

柱下钢筋混凝土独立基础,除应满足墙下钢筋混凝土条形基础的一般要求外,尚应满足如下要求。

矩形独立基础底面的长边与短边的比值 $l/b$,一般取 $1 \sim 1.5$。阶梯形基础每阶高度一般为 300mm。基础的阶数可根据基础总高度 $H$ 设置,当 $H \leqslant 500$mm 时,宜分为一阶;当 $500 < H$

≤900mm 时,宜分为二阶;当 $H>900$mm 时,宜分为三阶。锥形基础的边缘高度,一般不宜小于 200mm,也不宜大于 500mm;锥形坡度角一般取 25°,最大不超过 35°;锥形基础的顶部每边宜沿柱边放出 500mm。

柱下钢筋混凝土独立基础的受力钢筋应双向配置。当基础宽度大于或等于 2.5m 时,基础底板受力钢筋可取基础边长或宽度的 0.9,并宜交错布置。

对于现浇柱基础,如基础与柱不同时浇注,则柱内的纵向钢筋可通过插筋锚入基础中,插筋的根数和直径应与柱内纵向钢筋相同。插筋的锚固长度以及插筋与柱纵向钢筋的连接方法,应符合《混凝土结构设计标准》(GB/T 50010—2010)的规定。插筋的下端宜做成直钩放在基础底板钢筋网上。

预制钢筋混凝土柱与杯口基础的连接(图 3-19),应符合下列要求。

(1)柱的插入深度可按《建筑地基基础设计规范》(GB 50007—2011)表 8.2.4-1 选用,同时应满足钢筋锚固长度的要求和吊装时柱的稳定性。

(2)基础的杯底厚度和杯壁厚度可按《建筑地基基础设计规范》(GB 50007—2011)表 8.2.4-2选用。

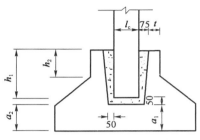

图 3-19 柱与杯口基础的连接
(尺寸单位:mm)

(3)当柱为轴心或小偏心受压且 $t/h_2 \geq 0.65$ 时,或大偏心受压且 $t/h_2 \geq 0.75$ 时,杯壁可不配筋。当柱为轴心或小偏心受压且 $0.5 \leq t/h_2 < 0.65$ 时,杯壁可按表 3-2 所列的构造配筋。其他情况下应计算配筋。

杯壁构造配筋 表 3-2

| 柱截面长边尺寸(mm) | $l_c < 1000$ | $1000 \leq l_c < 1500$ | $1500 \leq l_c < 2000$ |
|---|---|---|---|
| 钢筋直径(mm) | 8~10 | 10~12 | 12~16 |

注:表中钢筋置于杯口顶部,每边 2 根。

【例 3-3】 某柱下锥形独立基础的底面尺寸为 2200mm × 3000mm,上部结构柱荷载的基本组合值为 $N=750$kN,$M=110$kN·m,柱截面尺寸为 400mm × 400mm,基础采用 C20 混凝土和 HPB235 级钢筋。试确定基础高度并进行基础配筋。

【解】 (1)设计基本数据

根据构造要求,可在基础下设置 10mm 厚的混凝土垫层,强度等级为 C10。

假设基础高度为 $h=500$mm,混凝土保护层厚度为 50mm,则基础有效高度 $h_0 = 0.5-0.05 = 0.45$。从相关规范中可查得 C20 混凝土 $f_t = 1.1 \times 10^3$kPa,HPB335 级钢筋 $f_y = 300$MPa。

(2)基底净反力计算

$$p_{j\max \atop j\min} = \frac{N}{A} \pm \frac{M}{W} = \frac{750}{3.0 \times 2.2} \pm \frac{110}{\frac{1}{6} \times 2.2 \times 3.0^2} = {150.0 \atop 80.3} \text{kPa}$$

(3)基础高度验算

基础短边长度 $l=2.2$m,柱截面的宽度和高度 $a_c = b_c = 0.4$m。

$$\beta_{hp} = 1.0, a_t = a_c = 0.4m, a_b = a_c + 2h_0 = 1.3m < l = 2.2m$$

$$a_m = \frac{a_t + a_b}{2} = \frac{0.4 + 1.3}{2} = 0.85m$$

由于 $l > a_c + 2h_0$，于是：

$$A_l = \left(\frac{b}{2} - \frac{b_c}{2} - h_0\right)l - \left(\frac{l}{2} - \frac{a_c}{2} - h_0\right)^2$$

$$= \left(\frac{3.0}{2} - \frac{0.4}{2} - 0.45\right) \times 2.2 - \left(\frac{2.2}{2} - \frac{0.4}{2} - 0.45\right)^2 = 1.68m^2$$

$$F_l = p_{jmax}A_l = 150.0 \times 1.68 = 252kN$$

$$0.7\beta_{hp}f_t a_m h_0 = 0.7 \times 1.0 \times 1.1 \times 10^3 \times 0.85 \times 0.45 = 294.5kN$$

满足 $F_l \leqslant 0.7\beta_{hp}f_t a_m h_0$ 条件，选用基础高度 $h = 500mm$ 合适。

（4）内力计算与配筋

设计控制截面在柱边处，此时相应的 $a'$、$b'$、$a_I$、$p_{jI}$ 值分别为：

$$a' = 0.4m, b' = 0.4m, a_I = \frac{3.0 - 0.4}{2} = 1.3m$$

$$p_{jI} = 80.3 + (150.0 - 80.3) \times \frac{3.0 - 1.3}{3.0} = 119.8kPa$$

长边方向：

$$M_I = \frac{1}{12}a_I^2\left[(2l + a')(p_{jmax} + p_{jI}) + (p_{jmax} - p_{jI})l\right]$$

$$= \frac{1}{12} \times 1.3^2 \times \left[(2 \times 2.2 + 0.4) \times (150.0 + 119.8) + (150.0 - 119.8) \times 2.2\right]$$

$$= 191.7kN \cdot m$$

短边方向：

$$M_{II} = \frac{1}{48}(l - a')^2(2b + b')(p_{jmax} + p_{jmin})$$

$$= \frac{1}{48} \times (2.2 - 0.4)^2 \times (2 \times 3.0 + 0.4) + (150.0 + 80.3)$$

$$= 99.5kN \cdot m$$

长边方向配筋： $A_{sI} = \dfrac{191.7}{0.9 \times 450 \times 300} \times 10^6 = 1577.8\ mm^2$

选用配筋 $\phi18@160(A_{sI} = 1590mm^2)$。

短边方向配筋： $A_{sII} = \dfrac{99.5}{0.9 \times (450 - 16) \times 300} \times 10^6 = 849.1\ mm^2$

选用配筋 $\phi14@180(A_{sI} = 855mm^2)$。

基础的配筋布置如图 3-20 所示。

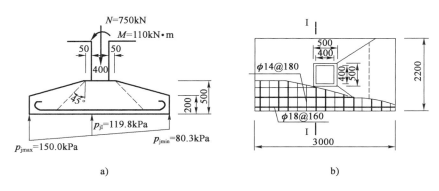

图 3-20 柱下独立基础的计算与配筋(尺寸单位:mm)
a)基础剖面与受力;b)基础配筋

# 第六节 柱下条形基础

## 一、柱下条形基础的受力特点

柱下条形基础在其纵、横两个方向均产生弯曲变形,故在这两个方向的截面内均存在剪力和弯矩。柱下条形基础的横向剪力与弯矩通常可考虑由翼板的抗剪、抗弯能力承担,其内力计算与墙下条形基础相同。柱下条形基础纵向的剪力与弯矩则一般由基础梁承担,基础梁的纵向内力通常可采用简化法(直线分布法)或弹性地基梁法计算。

## 二、基础梁的纵向内力计算

当地基持力层土质均匀,各柱距相差不大(＜20%)且柱荷载分布较均匀,建筑物整体(包括基础)相对刚度较大时,地基反力可认为符合线性分布,基础梁的内力可按简化的线性分布法计算;当不满足上述条件时,宜按弹性地基梁法计算。前者不考虑地基基础的共同作用,而后者则考虑了地基基础的共同作用。

### (一)线性分布法

根据上部结构的刚度与变形情况,可分别采用静定分析法和倒梁法。

1. 静定分析法

静定分析法是按基底反力的直线分布假设和整体静力平衡条件求出基底净反力,并将其与柱荷载一起作用于基础梁上,然后按一般静定梁的内力分析方法计算各截面的弯矩和剪力。静定分析法适用于上部为柔性结构,且基础本身刚度较大的条形基础。本方法未考虑基础与上部结构的相互作用,计算所得的不利截面上的弯矩绝对值一般较大。

2. 倒梁法

倒梁法的基本思路是:以柱脚为条形基础的不动铰支座,将基础梁视作倒置的多跨连续梁,以地基净反力及柱脚处的弯矩当作基础梁上的荷载,用弯矩分配法或弯矩系数法来计算其内力,如图 3-21a)所示。由于此时支座反力 $R_i$ 与柱子的作用力 $P_i$ 不相等,因此应通过逐次调整的方法来消除这种不平衡力。

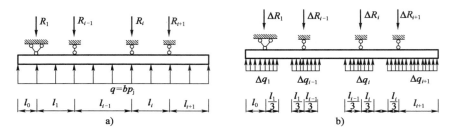

图 3-21　倒梁法计算图
a)倒梁法计算简图;b)调整荷载计算简图

各柱脚的不平衡力为:

$$\Delta P_i = P_i - R_i \tag{3-13}$$

将各支座的不平衡力均匀分布在相邻两跨的各 1/3 跨度范围内,如图 3-21b)所示。均匀分布的调整荷载 $\Delta P_i$ 按如下方法计算。

对于边跨支座:

$$\Delta q_1 = \frac{\Delta P_1}{l_0 + \frac{1}{3} l_1} \tag{3-14}$$

对于中间支座:

$$\Delta q_i = \frac{\Delta P_i}{\frac{1}{3} l_i + \frac{1}{3} l_{i-1}} \tag{3-15}$$

式中:$l_0$——边跨长度(m);

$l_{i-1}$、$l_i$——支座左、右跨长度(m)。

继续用弯矩分配法或弯矩系数法计算调整荷载 $\Delta P_i$ 引起的内力和支座反力,并重复计算不平衡力,直至其小于计算容许的最小值(此值一般取不超过荷载的 20%)。将逐次计算的结果叠加,即为最终的内力计算结果。

倒梁法适用于上部结构刚度很大,各柱之间沉降差异很小的情况。这种计算模式只考虑出现于柱间的局部弯曲,忽略了基础的整体弯曲,计算出的柱位处弯矩与柱间最大弯矩较均衡,因而所得的不利截面上的弯矩绝对值一般较小。

【例3-4】　柱下条形基础的荷载分布如图 3-22a)所示,基础埋深为 1.5m,修正后的地基土承载力特征值 $f = 160\text{kPa}$,试确定其底面尺寸,并用倒梁法计算基础梁的内力。

【解】　(1)基础底面尺寸的确定

基础的总长度取 $l = 2 \times 1.0 + 3 \times 6.0 = 20.0\text{m}$

基础宽度:

$$b = \frac{\sum N}{l(f - \gamma_G d)} = \frac{2 \times (850 + 1850)}{20 \times (160 - 20 \times 1.5)} = 2.08\text{m}$$

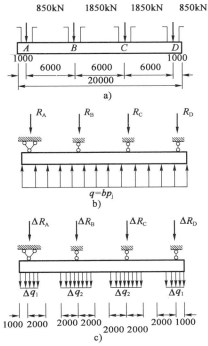

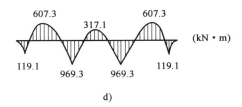

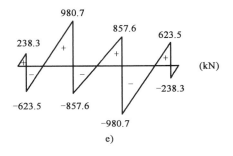

图 3-22　柱下条形基础计算实例(尺寸单位:mm)

a)基础荷载分布图;b)倒梁法计算简图;c)调整荷载计算简图;d)最终弯矩图;e)最终剪力图

(2)计算基础沿纵向的地基净反力

$$q = bp_j = \frac{\sum N}{l} = \frac{5400}{20.0} = 270.0 \text{kN/m}$$

采用倒梁法将条形基础视为 $q$ 作用下的三跨连续梁,如图 3-22b)所示。

(3)用弯矩分配法计算梁的初始内力和支座反力

弯矩:　　　$M_A^0 = M_D^0 = 135.0 \text{kN} \cdot \text{m}, M_{AB\text{中}}^0 = M_{CD\text{中}}^0 = -674.5 \text{kN} \cdot \text{m}$

　　　　　　$M_B^0 = M_C^0 = 945.0 \text{kN} \cdot \text{m}, M_{BC\text{中}}^0 = -270.0 \text{kN} \cdot \text{m}$

剪力:　　　$Q_{A\text{左}}^0 = -Q_{D\text{右}}^0 = 270.0 \text{kN}, Q_{A\text{右}}^0 = -Q_{D\text{左}}^0 = -675.0 \text{kN}$

　　　　　　$Q_{B\text{左}}^0 = -Q_{C\text{右}}^0 = 945.0 \text{kN}, Q_{B\text{右}}^0 = -Q_{C\text{左}}^0 = -810.0 \text{kN}$

支座反力:　　　$R_A^0 = R_D^0 = 270.0 + 675.0 = 945.0 \text{kN}$

　　　　　　$R_B^0 = R_C^0 = 945.0 + 810.0 = 1755.0 \text{kN}$

(4)计算调整荷载

由于支座反力与原柱荷载不相等,需进行调整,将差值折算成分布荷载 $\Delta q$:

$$\Delta q_1 = \frac{850.0 - 945.0}{1.0 + 6.0/3} = -31.7 \text{kN/m}$$

$$\Delta q_2 = \frac{1850 - 1755}{6.0/3 + 6.0/3} = 23.75 \text{kN/m}$$

调整荷载的计算简图如图 3-22c)所示。

(5)计算调整荷载作用下的连续梁内力与支座反力

弯矩： $$M_A^1 = M_D^1 = -15.9 \text{kN} \cdot \text{m}, M_B^1 = M_C^1 = 24.3 \text{kN} \cdot \text{m}$$

剪力： $$Q_{A左}^1 = -Q_{D右}^1 = -31.7 \text{kN}, Q_{A右}^1 = -Q_{D左}^1 = 51.5 \text{kN}$$

$$Q_{B左}^1 = -Q_{C右}^1 = 35.7 \text{kN}, Q_{B右}^1 = -Q_{C左}^1 = -47.6 \text{kN}$$

支座反力： $$R_A^1 = R_D^1 = -31.7 - 51.5 = -83.2 \text{kN}$$

$$R_B^1 = R_C^1 = 35.7 + 47.6 = 83.3 \text{kN}$$

将两次计算结果叠加：

$$R_A = R_D = R_A^0 + R_A^1 = 945.0 - 83.2 = 861.8 \text{kN}$$

$$R_B = R_C = R_B^0 + R_B^1 = 1755 + 83.3 = 1838.3 \text{kN}$$

这些结果与柱荷载已经非常接近,可停止迭代计算。

(6)计算连续梁的最终内力

弯矩： $$M_A = M_D = M_A^0 + M_A^1 = 135.0 - 15.9 = 119.1 \text{kN} \cdot \text{m}$$

$$M_B = M_C = M_B^0 + M_B^1 = 945.0 + 24.3 = 969.3 \text{kN} \cdot \text{m}$$

剪力： $$Q_{A左} = -Q_{D右} = Q_{A左}^0 + Q_{A左}^1 = 270.0 - 31.7 = 238.3 \text{kN}$$

$$Q_{A右} = -Q_{D左} = Q_{A右}^0 + Q_{A右}^1 = -675.0 + 51.5 = -623.5 \text{kN}$$

$$Q_{B左} = -Q_{C右} = Q_{B左}^0 + Q_{B左}^1 = 945.0 + 35.7 = 980.7 \text{kN}$$

$$Q_{B右} = -Q_{C左} = Q_{B右}^0 + Q_{B右}^1 = -810.0 - 47.6 = -857.6 \text{kN}$$

最终的弯矩与剪力见图 3-22d)、e)。

## (二)弹性地基梁法

当上部结构刚度及基础刚度都不大时,应考虑地基基础的共同作用,即在建立能反映主要力学性状的地基模型的前提下,根据地基与基础间的静力平衡条件与变形协调条件来求解基础梁的内力及地基反力。由于地基基础问题的复杂性,各类地基模型都有其局限性,最常用的还是弹性地基模型,相应的基础梁计算方法称为弹性地基梁法。

弹性地基模型中最简单的是文克勒(Winkler)地基模型和半无限弹性空间地基模型。相应的计算弹性地基梁内力的方法称为基床系数法和半无限弹性体法。

基床系数法以文克勒地基模型为基础,假定地基每单位面积上所受的压力与其相应的沉降量成正比,而地基是由许多互不联系的弹簧所组成,某点的地基沉降仅由该点上作用的荷载所产生。通过求解弹性地基梁的挠曲微分方程,可求出基础梁的内力。基床系数法适用于抗剪强度很低的软黏土地基或塑性区相对较大土层上的柔性基础;此外,厚度不超过梁或板的短边宽度之半的薄压缩层地基上的柔性基础也适合采用该方法。

半无限弹性体法假定地基为半无限弹性体,将柱下条形基础看作放在半无限弹性体表面上的梁,而基础梁在荷载作用下,满足一般的挠曲微分方程。在应用弹性理论求解基本挠曲微分方程时,引入基础与半无限弹性体满足变形协调的条件及基础的边界条件,求出基础的位移和基底压力,进而求出基础的内力。半无限弹性体法适用于压缩层深度较大的一般土层上的柔性基础,当作用于地基上的荷载不大,地基处于弹性变形状态时,用这种方法计算才符合实际。

半无限弹性体法的求解一般需要采用有限单元法等数值方法,计算相对比较复杂,工程设计中最常用的还是基床系数法。下面主要介绍基床系数法,即文克勒地基上梁的计算。其有解析法和有限单元法两种方法。

1. 文克勒地基梁的解析法

图 3-23a) 为文克勒地基上的基础梁,沿梁长 $x$ 方向取微分段梁 $\mathrm{d}x$ 进行分析。其上作用分布荷载 $q$ 和地基反力 $p$。微分梁单元左右截面上的内力如图 3-23b) 所示。

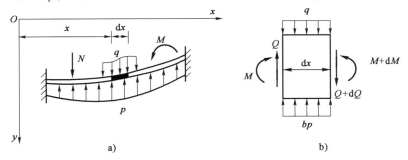

图 3-23 文克勒地基上的基础梁计算图
a) 基础梁的受力与变形;b) 梁单元截面内力

设梁的宽度为 $b$,根据微分梁单元上力的平衡 $\sum y = 0$,则:

$$Q - (Q + \mathrm{d}Q) + pb\mathrm{d}x - q\mathrm{d}x = 0$$

故:

$$\frac{\mathrm{d}Q}{\mathrm{d}x} = bp - q$$

梁的挠曲微分方程为:

$$EI \frac{\mathrm{d}^2 w}{\mathrm{d}x^2} = -M$$

或

$$EI \frac{\mathrm{d}^4 w}{\mathrm{d}x^4} = -\frac{\mathrm{d}^2 M}{\mathrm{d}x^2}$$

根据截面剪力与弯矩的相互关系,即 $\dfrac{\mathrm{d}^2 M}{\mathrm{d}x^2} = \dfrac{\mathrm{d}Q}{\mathrm{d}x}$,则:

$$EI \frac{\mathrm{d}^4 w}{\mathrm{d}x^4} = -bq + q \tag{3-16}$$

引入文克勒地基模型及地基沉降 $s$ 与基础梁的挠曲变形协调条件 $s = w$ 可得:

$$p = ks = kw \tag{3-17}$$

将式(3-17)代入式(3-16),即得文克勒地基上梁的挠曲微分方程为:

$$EI \frac{\mathrm{d}^4 w}{\mathrm{d}x^4} + bkw = q$$

当梁上的分布荷载 $q=0$ 时,梁的挠曲微分方程变为齐次方程:

$$EI\frac{\mathrm{d}^4w}{\mathrm{d}x^4} + bkw = 0 \tag{3-18}$$

令 $\lambda = \sqrt[4]{\dfrac{kb}{4EI}}$,$\lambda$ 称为基础梁的柔度指标,国际单位为 $\mathrm{m}^{-1}$。$\lambda$ 的倒数 $1/\lambda$ 值称为特征长度,$1/\lambda$ 值愈大,梁对地基的相对刚度愈大。

式(3-18)可写成如下形式:

$$EI\frac{\mathrm{d}^4w}{\mathrm{d}x^4} + 4\lambda^4 w = 0 \tag{3-19}$$

式(3-19)微分方程的通解为:

$$w = \mathrm{e}^{\lambda x}(C_1\cos\lambda x + C_2\sin\lambda x) + \mathrm{e}^{-\lambda x}(C_3\cos\lambda x + C_4\sin\lambda x) \tag{3-20}$$

式中:$C_1$、$C_2$、$C_3$、$C_4$——待定参数,根据荷载及边界条件确定;

$\qquad\quad\lambda x$——无量纲量,当 $x=l$($l$ 为基础长度),$\lambda l$ 称为柔性指数,它反映了相对刚度对内力分布的影响。

弹性地基梁可按 $\lambda l$ 值的大小分为下列三种类型:

①$\lambda l \leqslant \dfrac{\pi}{4}$,短梁(刚性梁);

②$\dfrac{\pi}{4} < \lambda l < \pi$,有限长梁(有限刚度梁);

③$\lambda l \geqslant \pi$ 无限长梁(柔性梁)。

下面分别讨论无限长梁、半无限长梁以及有限长梁在文克勒地基上受到集中力或集中力矩作用时的解答。

(1)无限长梁解

梁的挠度随加荷点的距离增加而减小,当梁端离加荷点距离为无限远时,梁端挠度为 $0$。在实际应用时,只要 $\lambda l \geqslant \pi$,可将其当作无限长梁处理,视梁端挠度为 $0$。

①无限长梁受集中力 $P_0$ 的作用(向下为正)。

设集中力作用点为坐标原点 $O$,当 $x\to\infty$ 时,$w\to0$,从式(3-20)可得 $C_1=C_2=0$。于是梁的挠度方程为:

$$w = \mathrm{e}^{-\lambda x}(C_3\cos\lambda x + C_4\sin\lambda x) \tag{3-21}$$

由于荷载和地基反力对称于原点,且梁也对称于原点,所以当 $x=0$ 时,$\left(\dfrac{\mathrm{d}w}{\mathrm{d}x}\right)_{x=0}=0$,由此可得:

$$-(C_3 - C_4) = 0$$

即:

$$C_3 = C_4$$

令 $C_3 = C_4 = C$，则式(3-21)可改写为：

$$w = Ce^{-\lambda x}(\cos\lambda x + \sin\lambda x)$$

在 $O$ 点右侧 $x = 0 + \varepsilon$（$\varepsilon$ 为无限小量）处把梁切开，则作用于梁右半部截面上的剪力 $Q$ 等于地基总反力之半，其值为 $P_0/2$，并指向下方，即：

$$Q = -EI\left(\frac{\mathrm{d}^3w}{\mathrm{d}x^3}\right)x = 0 + \varepsilon = -\frac{P_0}{2}$$

由此可得：

$$C = \frac{P_0\lambda}{2kb}$$

这样，得到受集中力 $P_0$ 作用时无限长梁的挠度 $w$ 为（$x \geq 0$）：

$$w = \frac{P_0\lambda}{2kb}e^{-\lambda x}(\cos\lambda x + \sin\lambda x) \tag{3-22}$$

分别求一阶、二阶和三阶导数，就可以求得梁截面的转角 $\theta = \frac{\mathrm{d}w}{\mathrm{d}x}$、弯矩 $M = -EI\frac{\mathrm{d}^2w}{\mathrm{d}x^2}$ 和剪力 $Q = -EI\frac{\mathrm{d}^3w}{\mathrm{d}x^3}$。计算式可归纳如表 3-3（$x \geq 0$ 情况）所示。

表 3-3 中 $A_x$、$B_x$、$C_x$、$D_x$ 四个系数均是 $\lambda x$ 的函数，其值也可由表 3-4 查得。

**无限长梁与半无限长梁的变形、内力计算表**（$x \geq 0$ 时） 表 3-3

| 荷载 | 无限长梁 | | 半无限长梁 | | 计算系数 |
| --- | --- | --- | --- | --- | --- |
| | 竖向集中力 $P_0$ 作用（向下） | 集中力偶 $M_0$ 作用（顺时针方向） | 竖向集中力 $P_0$ 作用（向下） | 集中力偶 $M_0$ 作用（顺时针方向） | |
| 挠度 $w$ | $\frac{P_0\lambda}{2bk}A_x$ | $\frac{M_0\lambda^2}{bk}B_x$ | $\frac{2P_0\lambda}{bk}D_x$ | $-\frac{2M_0\lambda^2}{bk}C_x$ | |
| 转角 $\theta$ | $-\frac{P_0\lambda^2}{2bk}B_x$ | $\frac{M_0\lambda^3}{bk}C_x$ | $-\frac{2P_0\lambda^2}{bk}A_x$ | $\frac{4M_0\lambda^3}{bk}D_x$ | $A_x = e^{-\lambda x}(\cos\lambda x + \sin\lambda x)$ $B_x = e^{-\lambda x}\sin\lambda x$ $C_x = e^{-\lambda x}(\cos\lambda x - \sin\lambda x)$ $D_x = e^{-\lambda x}\cos\lambda x$ （可查表 3-4） |
| 弯矩 $M$ | $\frac{P_0}{4\lambda}C_x$ | $\frac{M_0}{2}D_x$ | $-\frac{P_0}{\lambda}B_x$ | $M_0A_x$ | |
| 剪力 $Q$ | $-\frac{P_0}{2}D_x$ | $-\frac{M_0\lambda}{2}A_x$ | $-P_0C_x$ | $-2M_0\lambda B_x$ | |

弹性地基梁计算系数 $A_x$、$B_x$、$C_x$、$D_x$、$E_x$、$F_x$ 函数表　　　　表 3-4

| $\lambda x$ | $A_x$ | $B_x$ | $C_x$ | $D_x$ | $E_x$ | $F_x$ |
|---|---|---|---|---|---|---|
| 0.00 | 1.00000 | 0.00000 | 1.00000 | 1.00000 | $\infty$ | $-\infty$ |
| 0.02 | 0.99961 | 0.01960 | 0.96040 | 0.98000 | 382156 | $-382105$ |
| 0.04 | 0.99844 | 0.03824 | 0.92160 | 0.96002 | 48802.6 | $-48776.6$ |
| 0.06 | 0.99654 | 0.05647 | 0.99360 | 0.94007 | 14851.3 | $-14738.0$ |
| 0.08 | 0.99393 | 0.07377 | 0.84639 | 0.92016 | 6354.30 | $-6340.76$ |
| 0.10 | 0.99065 | 0.09033 | 0.80998 | 0.90032 | 3321.06 | $-3310.01$ |
| 0.12 | 0.98672 | 0.10618 | 0.77437 | 0.88054 | 1962.18 | $-1952.78$ |
| 0.14 | 0.98217 | 0.12131 | 0.73954 | 0.86085 | 1261.70 | $-1253.45$ |
| 0.16 | 0.97702 | 0.13576 | 0.70550 | 0.84126 | 863.174 | $-855.840$ |
| 0.18 | 0.97131 | 0.14954 | 0.67224 | 0.82178 | 619.176 | $-612.524$ |
| 0.20 | 0.96507 | 0.16266 | 0.63975 | 0.80241 | 461.078 | $-454.971$ |
| 0.22 | 0.95831 | 0.17513 | 0.60804 | 0.78318 | 353.904 | $-348.240$ |
| 0.24 | 0.95106 | 0.18698 | 0.57710 | 0.76408 | 278.526 | $-273.229$ |
| 0.26 | 0.94336 | 0.19822 | 0.54691 | 0.74514 | 223.862 | $-218.874$ |
| 0.28 | 0.93522 | 0.20887 | 0.51748 | 0.72635 | 183.183 | $-178.457$ |
| 0.30 | 0.92666 | 0.21893 | 0.48880 | 0.70773 | 152.233 | $-147.733$ |
| 0.35 | 0.90360 | 0.24164 | 0.42033 | 0.66196 | 101.318 | $-97.2646$ |
| 0.40 | 0.87844 | 0.26103 | 0.35637 | 0.61740 | 71.7915 | $-68.0628$ |
| 0.45 | 0.85150 | 0.27735 | 0.29680 | 0.57415 | 53.3711 | $-49.8871$ |
| 0.50 | 0.82307 | 0.29079 | 0.24149 | 0.53228 | 41.2142 | $-37.9185$ |
| 0.55 | 0.79343 | 0.30156 | 0.19030 | 0.49186 | 32.8243 | $-29.6754$ |
| 0.60 | 0.76284 | 0.30988 | 0.14307 | 0.45295 | 26.8201 | $-23.7865$ |
| 0.65 | 0.73153 | 0.31594 | 0.09966 | 0.41559 | 22.3922 | $-19.4496$ |
| 0.70 | 0.69972 | 0.31991 | 0.05990 | 0.37981 | 19.0435 | $-16.1724$ |
| 0.75 | 0.66761 | 0.32198 | 0.02364 | 0.34563 | 16.4562 | $-13.6409$ |
| $\pi/4$ | 0.64479 | 0.32240 | 0.00000 | 0.32240 | 14.9672 | $-12.1834$ |
| 0.80 | 0.63538 | 0.32233 | $-0.00928$ | 0.31305 | 14.4202 | $-11.6477$ |
| 0.85 | 0.60320 | 0.32111 | $-0.03902$ | 0.28209 | 12.7924 | $-10.0518$ |
| 0.90 | 0.57120 | 0.31848 | $-0.06574$ | 0.25273 | 11.4729 | $-8.75491$ |
| 0.95 | 0.53954 | 0.31458 | $-0.08962$ | 0.22496 | 10.3905 | $-7.68704$ |
| 1.00 | 0.50833 | 0.30956 | $-0.11079$ | 0.19877 | 9.49305 | $-6.79724$ |
| 1.05 | 0.47766 | 0.30354 | $-0.12943$ | 0.17412 | 8.74207 | $-6.04780$ |
| 1.10 | 0.44765 | 0.29666 | $-0.14567$ | 0.15099 | 8.10850 | $-5.41038$ |
| 1.15 | 0.41836 | 0.28901 | $-0.15967$ | 0.12934 | 7.57013 | $-4.86335$ |
| 1.20 | 0.38986 | 0.28072 | $-0.17158$ | 0.10914 | 7.10976 | $-4.39002$ |
| 1.25 | 0.36223 | 0.27189 | $-0.18155$ | 0.09034 | 6.71390 | $-3.97735$ |
| 1.30 | 0.33550 | 0.26260 | $-0.28970$ | 0.07290 | 6.37186 | $-3.61500$ |

| $\lambda x$ | $A_x$ | $B_x$ | $C_x$ | $D_x$ | $E_x$ | $F_x$ |
|---|---|---|---|---|---|---|
| 1.35 | 0.30972 | 0.25295 | − 0.19617 | 0.05678 | 6.07508 | − 3.29477 |
| 1.40 | 0.28492 | 0.24301 | − 0.20110 | 0.04191 | 5.81664 | − 3.01003 |
| 1.45 | 0.26113 | 0.23286 | − 0.20459 | 0.02827 | 5.59088 | − 2.75541 |
| 1.50 | 0.23835 | 0.22257 | − 0.20679 | 0.01578 | 5.39317 | − 2.52652 |
| 1.55 | 0.21662 | 0.21220 | − 0.20779 | 0.00441 | 5.21965 | − 2.31974 |
| $\pi/2$ | 0.20788 | 0.20788 | − 0.20788 | 0.00000 | 5.15382 | − 2.23953 |
| 1.60 | 0.19592 | 0.20181 | − 0.20771 | − 0.00590 | 5.06711 | − 2.13210 |
| 1.65 | 0.17625 | 0.19144 | − 0.20664 | − 0.01520 | 4.93283 | − 1.96109 |
| 1.70 | 0.15762 | 0.18116 | − 0.20470 | − 0.02354 | 4.81454 | − 1.80464 |
| 1.75 | 0.14002 | 0.17099 | − 0.20197 | − 0.03097 | 4.71026 | − 1.66098 |
| 1.80 | 0.12342 | 0.16098 | − 0.19853 | − 0.03756 | 4.61834 | − 1.52865 |
| 1.85 | 0.10782 | 0.15115 | − 0.19448 | − 0.04333 | 4.53732 | − 1.40638 |
| 1.90 | 0.09318 | 0.14154 | − 0.18989 | − 0.04835 | 4.46596 | − 1.29312 |
| 1.95 | 0.07950 | 0.13217 | − 0.18483 | − 0.05267 | 4.40314 | − 1.18795 |
| 2.00 | 0.06674 | 0.12306 | − 0.17938 | − 0.05632 | 4.34792 | − 1.09008 |
| 2.05 | 0.05488 | 0.11423 | − 0.17359 | − 0.05936 | 4.29946 | − 0.99885 |
| 2.10 | 0.04388 | 0.10571 | − 0.16753 | − 0.06182 | 4.25700 | − 0.91368 |
| 2.15 | 0.03373 | 0.09749 | − 0.16124 | − 0.06376 | 4.21988 | − 0.83407 |
| 2.20 | 0.02438 | 0.08958 | − 0.15479 | − 0.06521 | 4.18751 | − 0.75959 |
| 2.25 | 0.01580 | 0.08200 | − 0.14821 | − 0.06621 | 4.15936 | − 0.68987 |
| 2.30 | 0.00796 | 0.07476 | − 0.14156 | − 0.06680 | 4.13495 | − 0.62457 |
| 2.35 | 0.00084 | 0.06785 | − 0.13487 | − 0.06702 | 4.11387 | − 0.56340 |
| $3\pi/4$ | 0.00000 | 0.06702 | − 0.13404 | − 0.06702 | 4.11147 | − 0.55610 |
| 2.40 | − 0.00562 | 0.06128 | − 0.12817 | − 0.06689 | 4.09573 | − 0.50611 |
| 2.45 | − 0.01143 | 0.05503 | − 0.12150 | − 0.06647 | 4.08019 | − 0.45248 |
| 2.50 | − 0.01663 | 0.04913 | − 0.11489 | − 0.06576 | 4.06692 | − 0.40229 |
| 2.55 | − 0.02127 | 0.04354 | − 0.10836 | − 0.06481 | 4.05568 | − 0.35537 |
| 2.60 | − 0.02536 | 0.03829 | − 0.10193 | − 0.06364 | 4.04618 | − 0.31156 |
| 2.65 | − 0.02894 | 0.03335 | − 0.09563 | − 0.06228 | 4.03821 | − 0.27070 |
| 2.70 | − 0.03204 | 0.02872 | − 0.08948 | − 0.06076 | 4.03157 | − 0.23264 |
| 2.75 | − 0.03469 | 0.02440 | − 0.08348 | − 0.05909 | 4.02608 | − 0.19727 |
| 2.80 | − 0.03693 | 0.02037 | − 0.07767 | − 0.05730 | 4.02157 | − 0.16445 |
| 2.85 | − 0.03877 | 0.01663 | − 0.07203 | − 0.05540 | 4.01790 | − 0.13408 |
| 2.90 | − 0.04026 | 0.01316 | − 0.06659 | − 0.05343 | 4.01495 | − 0.10603 |
| 2.95 | − 0.04142 | 0.00997 | − 0.06134 | − 0.05138 | 4.01259 | − 0.08020 |
| 3.00 | − 0.04226 | 0.00703 | − 0.05631 | − 0.04929 | 4.01074 | − 0.05650 |
| 3.10 | − 0.04314 | 0.00187 | − 0.04688 | − 0.04501 | 4.00819 | − 0.01505 |

| $\lambda x$ | $A_x$ | $B_x$ | $C_x$ | $D_x$ | $E_x$ | $F_x$ |
|---|---|---|---|---|---|---|
| $\pi$ | $-0.04321$ | $0.00000$ | $-0.04321$ | $-0.04321$ | $4.00748$ | $0.00000$ |
| 3.20 | $-0.04307$ | $-0.00238$ | $-0.03831$ | $-0.04069$ | $4.00675$ | $0.01910$ |
| 3.40 | $-0.04079$ | $-0.00853$ | $-0.02374$ | $-0.03227$ | $4.00563$ | $0.06840$ |
| 3.60 | $-0.03659$ | $-0.01209$ | $-0.01241$ | $-0.02450$ | $4.00533$ | $0.09693$ |
| 3.80 | $-0.03138$ | $-0.01369$ | $-0.00400$ | $-0.01769$ | $4.00501$ | $0.10969$ |
| 4.00 | $-0.02583$ | $-0.01386$ | $-0.00189$ | $-0.01197$ | $4.00442$ | $0.11105$ |
| 4.20 | $-0.02042$ | $-0.01307$ | $0.00572$ | $-0.00735$ | $4.00364$ | $0.10468$ |
| 4.40 | $-0.01546$ | $-0.01168$ | $0.00791$ | $-0.00377$ | $4.00279$ | $0.09534$ |
| 4.60 | $-0.01112$ | $-0.00999$ | $0.00886$ | $-0.00113$ | $4.00200$ | $0.07996$ |
| $3\pi/2$ | $-0.00898$ | $-0.00898$ | $0.00898$ | $0.00000$ | $4.00161$ | $0.07190$ |
| 4.80 | $-0.00748$ | $-0.00820$ | $0.00892$ | $0.00072$ | $4.00134$ | $0.06561$ |
| 5.00 | $-0.00455$ | $-0.00646$ | $0.00837$ | $0.00191$ | $4.00085$ | $0.05170$ |
| 5.50 | $0.00001$ | $-0.00288$ | $0.00578$ | $0.00290$ | $4.00020$ | $0.02307$ |
| 6.00 | $0.00169$ | $-0.00069$ | $0.00307$ | $0.00060$ | $4.00003$ | $0.00554$ |
| $2\pi$ | $0.00187$ | $0.00000$ | $0.00187$ | $0.00187$ | $4.00001$ | $0.00000$ |
| 6.50 | $0.00179$ | $0.00032$ | $0.00114$ | $0.00147$ | $4.00001$ | $-0.00259$ |
| 7.00 | $0.00129$ | $0.00060$ | $0.00009$ | $0.00069$ | $4.00001$ | $-0.00479$ |
| $9\pi/4$ | $0.00120$ | $0.00060$ | $0.00000$ | $0.00060$ | $4.00001$ | $-0.00482$ |
| 7.50 | $0.00071$ | $0.00052$ | $-0.00033$ | $0.00019$ | $4.00001$ | $-0.00415$ |
| $5\pi/2$ | $0.00039$ | $0.00039$ | $-0.00039$ | $0.00000$ | $4.00000$ | $-0.00311$ |
| 8.00 | $0.00028$ | $0.00033$ | $-0.00038$ | $-0.00005$ | $4.00000$ | $-0.00266$ |

对于梁的左半部($x<0$)可利用对称关系求得,其中挠度 $w$、弯矩 $M$ 和地基反力 $p$ 是关于原点 $O$ 对称的,而转角 $\theta$、剪力 $Q$ 是关于原点反对称的,如图 3-24a)所示。

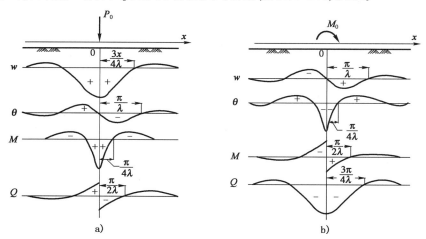

图 3-24　无限长梁的挠度 $w$、转角 $\theta$、弯矩 $M$、剪力 $Q$ 分布图
a)竖向集中力作用下;b)集中力偶作用下

②无限长梁受集中力偶 $M_0$ 的作用(顺时针方向为正)。

以集中力偶 $M_0$ 作用点为坐标原点 $O$,当 $x\to\infty$ 时,$w\to 0$,同样从式(3-20)可得 $C_1 = C_2 = 0$。

由于在 $M_0$ 作用下,地基反力对于原点是反对称的,故 $M_0$ 时,$w = 0$,由此得到 $C_3 = 0$。于是式(3-21)可改写成:

$$w = C_4 e^{-\lambda x} \sin\lambda x$$

在 $O$ 点右侧 $x = 0 + \varepsilon$($\varepsilon$ 为无限小量)处把梁切开,则作用于梁右半部该截面上的弯矩等于外力矩的一半,即:

$$M = -EI \left(\frac{\mathrm{d}^2 w}{\mathrm{d}x^2}\right)_{x=0+\varepsilon} = \frac{M_0}{2}$$

由此可得:

$$C_4 = \frac{M_0 \lambda^2}{kb}$$

这样,得到受集中力偶 $M_0$ 作用时无限长梁的挠度 $w$ 为($x \geq 0$):

$$w = \frac{M_0 \lambda^2}{kb} e^{-\lambda x} \sin\lambda x \tag{3-23}$$

其余各分量的计算式归纳如表 3-3($x \geq 0$ 情况)所示。

对于梁的左半部,同样可利用图 3-24b)所示的对称关系求得。若有多个荷载作用于无限长梁时,可用叠加原理求得其内力。

(2)半无限长梁解

在实际工程中,基础梁还存在一端为有限梁端,另一端为无限长,此种基础梁称为半无限长梁,如条形基础的梁端作用有集中力 $P_0$ 和集中力偶 $M_0$ 的情况。对半无限长梁,可将坐标原点 $O$ 取在受力端,当 $x \to \infty$ 时,$w \to 0$,从式(3-20)可得 $C_1 = C_2 = 0$。当 $x = 0$ 时,$M = M_0$,$Q = -P_0$,由此可求得:

$$\begin{cases} C_3 = \dfrac{2\lambda}{kb}P_0 - \dfrac{2\lambda^2}{kb}M_0 \\[2mm] C_4 = \dfrac{2\lambda^2}{kb}M_0 \end{cases}$$

进一步同样可得到文克勒地基上半无限长梁的变形和内力计算式,见表 3-3。

(3)有限长梁解

对于有限长梁,荷载作用对梁端的影响不可忽略。此时可利用无限长梁解和叠加原理求解。如图 3-25 所示,将有限长梁 I 由 $A$、$B$ 两端向外延伸到无限,形成无限长梁 II。

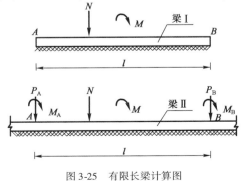

图 3-25 有限长梁计算图

按无限长梁的解答,可计算出在已知荷载下无限长梁Ⅰ上相应于梁Ⅰ两端A、B截面上引起的弯矩 $M_a$、$M_b$ 和剪力 $Q_a$、$Q_b$。由于实际上梁Ⅰ的A、B两端是自由界面,不存在任何内力,为了利用无限长梁Ⅰ求得相应于原有限长梁Ⅰ的解答,就必须设法消除发生在梁Ⅰ中A、B两截面的弯矩和剪力。为此,可在梁Ⅰ的A、B两点外侧分别施加一对虚拟的集中荷载 $M_A$、$P_A$ 和 $M_B$、$P_B$,并要求这两对附加荷载在A、B两截面中产生的内力分别为 $-M_a$、$-Q_a$ 和 $-M_b$、$-Q_b$,以抵消A、B两端内力。按这一条件可列出方程组:

$$\begin{cases} \dfrac{P_A}{4\lambda} + \dfrac{P_B}{4\lambda} + \dfrac{M_A}{2} - \dfrac{M_B}{2}D_l = -M_a \\[2mm] -\dfrac{P_A}{2} + \dfrac{P_B}{2}D_l - \dfrac{\lambda M_A}{2} - \dfrac{\lambda M_B}{2}A_l = -Q_a \\[2mm] \dfrac{P_A}{4\lambda}C_l + \dfrac{P_B}{4\lambda} + \dfrac{M_A}{2}D_l - \dfrac{M_B}{2} = -M_b \\[2mm] -\dfrac{P_A}{2}D_l + \dfrac{P_B}{2} - \dfrac{\lambda M_A}{2}A_l - \dfrac{\lambda M_B}{2} = -Q_b \end{cases}$$

由此可求得梁Ⅱ在A、B两点的虚拟集中荷载 $P_A$、$M_A$ 和 $P_B$、$M_B$ 为:

$$\begin{cases} P_A = (E_l + F_l D_l)Q_a + \lambda(E_l - F_l A_l)M_a - (F_l + E_l D_l)Q_b + \lambda(F_l - E_l A_l)M_b \\[2mm] M_A = -(E_l + F_l C_l)\dfrac{Q_a}{2\lambda} - (E_l - F_l D_l)M_a + (F_l + E_l C_l)\dfrac{Q_b}{2\lambda} - (F_l - E_l D_l)M_b \\[2mm] P_B = (F_l + E_l D_l)Q_a + \lambda(F_l - E_l A_l)M_a - (E_l + F_l D_l)Q_b + \lambda(E_l - F_l A_l)M_b \\[2mm] M_B = (F_l + E_l C_l)\dfrac{Q_a}{2\lambda} + (F_l - E_l D_l)M_a - (E_l + F_l C_l)\dfrac{Q_b}{2\lambda} + (E_l - F_l D_l)M_b \end{cases} \tag{3-24}$$

其中 $E_l = E_x\big|_{x=l}$,$F_l = F_x\big|_{x=l}$,而 $E_x = \dfrac{2e^{\lambda x}\sinh\lambda x}{\sinh^2\lambda x - \sin^2\lambda x}$,$F_x = \dfrac{2e^{\lambda x}\sin\lambda x}{\sin^2\lambda x - \sin^2\lambda x}$,其值也可根据 $\lambda x$ 值从表3-4中查得。

当有限长梁上的荷载对称时,式(3-24)可简化为:

$$\begin{cases} P_A = P_B = (E_l + F_l)\big[(1 + D_l)Q_a + \lambda(1 - A_l)M_a\big] \\[2mm] M_B = -M_B = -(E_l + F_l)\big[(1 + C_l)\dfrac{Q_a}{2\lambda} + (1 - D_l)M_a\big] \end{cases} \tag{3-25}$$

当在无限长梁Ⅱ上A、B两截面外侧施加了附加荷载 $P_A$、$M_A$ 和 $P_B$、$M_B$ 后,正好抵消了无限长梁Ⅱ在外荷载作用下A、B两截面处的内力 $M_a$、$Q_a$ 和 $M_b$、$Q_b$,其效果相当于把梁Ⅱ在A和B处切断。因此,有限长梁Ⅰ的内力与无限长梁Ⅱ在外荷载和附加荷载作用下叠加的结果相当。具体的计算步骤为:把有限长梁Ⅰ无限延长,计算无限长梁Ⅱ上相应于梁Ⅰ的两端A和B截面由于外荷载引起的内力 $M_a$、$Q_a$ 和 $M_b$、$Q_b$;按式(3-24)计算梁端的附加荷载 $M_A$、$P_A$ 和 $M_B$、$P_B$;再按叠加原理计算在已知荷载和虚拟荷载共同作用下梁Ⅱ上相应于梁Ⅰ各点的内力。这就是有限长梁Ⅰ的解。

**2. 文克勒地基梁的有限单元法**

如图3-26所示,将梁以结点1、2、…、n 分成长度为 $L_i$ 的 $n-1$ 个梁单元(对条形基础,每一跨径一般可分成 4~6 个单元)。每个单元有 $i$、$j$ 两个结点。每个结点有两个自由度,即挠度 $w$

和转角 $\theta$（图 3-27）。相应的结点力为剪力 $Q$ 和弯矩 $M$。此时，梁与地基的接触面亦被分割成 $n$ 个子域。其长度 $a_i$ 为各结点相邻单元长度之和的一半，即 $a_i = \dfrac{1}{2}(L_{i-1} + L_i)$。设各子域的地基反力 $p_i$ 为均匀分布，梁宽度为 $b_i$，则每个单元上的地基反力合力为 $R_i = a_i b_i p_i$，并将其以集中反力的形式作用于结点 $i$ 上。联系结点力 $\{F\}_e$ 与结点位移 $\{\delta\}_e$ 的单元刚度矩阵 $[k]_e$ 可以用伽辽金（Galerkin）原理建立如下：

$$[k]_e = \frac{EI}{L^2}\begin{bmatrix} 12 & 6L & -12 & 6L \\ 6L & 4L^2 & -6L & 2L^2 \\ -12 & -6L & 12 & -6L \\ 6L & 2L^2 & -6L & 4L^2 \end{bmatrix} \tag{3-26}$$

式中：$E$——梁单元材料的弹性模量（kPa）；

$I$——梁单元截面惯性矩（$\text{m}^4$）。

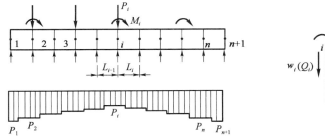

图 3-26 梁的有限单元划分

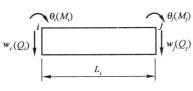

图 3-27 梁的有限单元

而梁单元结点力 $\{F\}_e$ 与结点位移 $\{\delta\}_e$ 之间的关系如下：

$$\{F\}_e = [k]_e \{\delta\}_e \tag{3-27}$$

或

$$\begin{Bmatrix} Q_i \\ M_i \\ Q_j \\ M_j \end{Bmatrix} = \begin{bmatrix} k_{ii} & k_{ij} \\ k_{ji} & k_{jj} \end{bmatrix} \begin{Bmatrix} w_i \\ \theta_i \\ w_j \\ \theta_j \end{Bmatrix}$$

把所有的单元刚度矩阵根据对号入座的方法集合成梁的整体刚度矩阵 $[K]$，它是对称的带状矩阵。同时将单元荷载列向量集合成总荷载列向量 $\{F\}$，单元结点位移集合成位移列向量 $\{U\}$，于是梁的整体平衡方程为：

$$[K]\{U\} = \{F\} = \{P\} - \{R\} \tag{3-28}$$

式中：$\{P\}$——外荷载列向量，$\{P\} = \{P_1 \quad M_1 \quad \cdots \quad P_i \quad M_i \quad \cdots \quad P_n \quad M_n\}^{\mathrm{T}}$；

$\{R\}$——增广后（阶数扩大 1 倍）地基反力列向量，$\{R\} = \{R_1 \quad 0 \quad \cdots \quad R_i \quad 0 \cdots \quad R_n \quad 0\}^{\mathrm{T}}$。

为了求取 $\{R\}$，通常可引入基床系数假说，即 $p_i = k_i s_i$ 将单元结点处地基沉降集合成沉降列向量 $\{s\}$，即 $\{s\} = \{s_1 \quad 0 \quad \cdots \quad s_i \quad 0 \quad \cdots \quad s_n \quad 0\}^{\mathrm{T}}$，则 $\{s\}$ 可由下式表示：

$$\{R\} = [K_s]\{s\} \tag{3-29}$$

其中，$[K_s]$ 为地基刚度矩阵，对位于均质土地基上的等宽度基础梁，$[K_s]$ 如下式所示：

$$[K_s] = bLk \begin{bmatrix} \frac{1}{2} & & & & & & & & \\ & 0 & & & & & 0 & & \\ & & 1 & & & & & & \\ & & & 0 & & & & & \\ & & & & \cdots & & & & \\ & & & & & 1 & & & \\ & & & & & & 0 & & \\ & 0 & & & & & & \frac{1}{2} & \\ & & & & & & & & 0 \end{bmatrix} \tag{3-30}$$

其中,$k$ 为地基的基床系数,$b$ 为基础梁的宽度。考虑地基沉降 $\{s\}$ 与基础挠度 $\{w\}$ 之间的位移连续性条件即 $\{s\} = \{w\}$,将 $\{w\}$ 加入转角项增扩为位移列向量 $\{U\}$,并将其代替 $\{s\}$ 代入式(3-29),则下式成立:

$$\{R\} = [K_s]\{U\} \tag{3-31}$$

将式(3-31)代入式(3-28),得梁与地基的共同作用方程:

$$([K] + [K_s])\{U\} = \{P\} \tag{3-32}$$

对于自由支承在地基上的条形基础,其边界条件为 $Q_1 = M_1 = 0$,$Q_n = M_n = 0$。因此在端结点 1 和 $n$ 的平衡方程中,使主对角元为 1,并划行划列。在右端项的相应位置上以 $w_1$、$\theta_1$ 和 $w_n$、$\theta_n$ 代替,即表示已考虑了全部的边界条件。

求解共同作用方程式(3-32),可得到任意截面处的挠度 $w_i$、和转角 $\theta_i$,回代到式(3-27)即可计算出相应的弯矩和剪力分布。

3. 基床系数 $k$ 的确定方法

基床系数 $k$ 的确定方法如第一章所述,主要有载荷试验法和理论与经验公式方法,也可根据地基、基础及荷载的实际情况适当选用表 1-1 的数值。当软弱土地基及基础宽度较大时,宜选用表中的低值,对于瞬时荷载情况可按正常数值提高 1 倍采用。

根据地基沉降计算结果估算地基的基床系数 $k$ 时,$s_m$ 可采用分层总和法算得基底下若干点沉降后求其平均值,或在求出基底中点的地基沉降 $s_0$ 后按式(3-33)折算成 $s_m$。

$$s_m = \left(\frac{\omega_m}{\omega_0}\right)s_0 \tag{3-33}$$

其中,$\omega_m$、$\omega_0$ 为沉降影响系数,见表 3-5。

沉降影响系数 $\omega_m$、$\omega_0$     表 3-5

| 基底形状 | 圆形 | 方形 | 矩形 | | | | | | | | | | |
|---|---|---|---|---|---|---|---|---|---|---|---|---|---|
| $l/b$ | — | 1.0 | 1.5 | 2.0 | 3.0 | 4.0 | 5.0 | 6.0 | 7.0 | 8.0 | 9.0 | 10.0 | 100 |
| $\omega_0$ | 1.00 | 1.12 | 1.36 | 1.53 | 1.78 | 1.96 | 2.10 | 2.22 | 2.32 | 2.40 | 2.48 | 2.54 | 4.01 |
| $\omega_m$ | 0.85 | 0.95 | 1.15 | 1.30 | 1.50 | 1.70 | 1.83 | 1.96 | 2.04 | 2.12 | 2.19 | 2.25 | 3.70 |

【例3-5】 图3-28 为一承受对称柱荷载的条形基础,基础的抗弯刚度为 $EI = 4.3 \times 10^6 \text{kN} \cdot \text{m}^2$,基础底板宽度 $b = 2.5\text{m}$,长度 $l = 17\text{m}$。地基土的压缩模量 $E_s = 10\text{MPa}$,压缩层在基底下 5m 的范围

内。用地基梁解析法计算基础梁中点 $C$ 处的挠度、弯矩和地基的净反力。

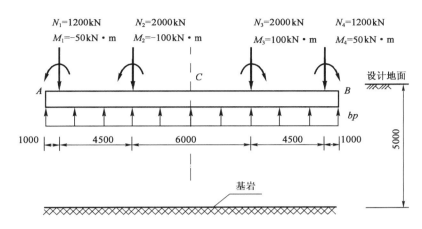

图 3-28 柱下条形基础计算图(尺寸单位:mm)

【解】 (1)确定地基的基床系数和梁的柔度指数

基底的附加压力近似按地基的平均净反力考虑,则:

$$p = \frac{\sum N}{bl} = \frac{(1200 + 2000) \times 2}{2.5 \times 17} = 150.6\text{kPa}$$

取沉降计算经验系数 $\psi_s = 1.0$,基底土层计算深度 $z_{i-1} = 0$,$z_i = 5.0\text{m}$,基底中心的平均附加应力系数 $\overline{\alpha_i}$ 可查《建筑地基基础设计规范》(GB 50007—2011)附录 K 求得,为 0.6024。于是基础中心点的沉降计算 $s_0$ 为:

$$s_0 = \psi_s \frac{p}{E_s} z_i \overline{\alpha_i} = 1.0 \times \frac{150.6}{10000} \times 5.0 \times 0.6024 = 0.0454\text{m}$$

查表 3-5,可求得沉降影响系数 $\omega_m$、$\omega_0$ 分别为 2.02 和 2.31。

基础的平均沉降 $\qquad s_m = \dfrac{2.02}{2.31} \times 0.0454 = 0.0397$

基床系数 $\qquad k_s = \dfrac{150.6}{0.0397} = 3800\text{kN/m}^3$

集中基床系数柔度指数 $\qquad bk_s = 2.5 \times 3800 = 9500\text{kPa}$

柔度指标 $\qquad \lambda = \sqrt[4]{\dfrac{9500}{4 \times 4.3 \times 10^6}} = 0.1533\text{m}^{-1}$

柔性指数 $\qquad \lambda l = 0.1533 \times 17 = 2.61$

$\dfrac{\pi}{4} < \lambda l < \pi$,故属有限长梁。

(2)按无限长梁计算基础梁左端 $A$ 处的内力(表 3-6)

**按无限长梁计算的基础梁左端 $A$ 处内力值** 表 3-6

| 外荷载 | 与 $A$ 点距离(m) | $M_a$(kN·m) | $Q_a$(kN) |
|---|---|---|---|
| $N_1$ | 1.0 | 1402.7 | 508.7 |
| $M_1$ | 1.0 | 21.2 | 3.8 |

| 外荷载 | 与 A 点距离(m) | $M_a(kN \cdot m)$ | $Q_a(kN)$ |
|--------|----------------|--------------------|------------|
| $N_2$ | 5.5 | −114.6 | 286.2 |
| $M_2$ | 5.5 | 14.3 | 4.7 |
| $N_3$ | 11.5 | −656.0 | −32.8 |
| $M_3$ | 11.5 | 1.6 | −1.0 |
| $N_4$ | 16.0 | −237.0 | −39.9 |
| $M_4$ | 16.0 | 1.7 | 0.04 |
| 总计 | | 433.9 | 729.7 |

(3)计算梁端的边界条件力

按 $\lambda l = 2.606$ 查表 3-4 得:

$A_l = -0.02579, C_l = -0.10117, D_l = -0.06348, E_l = 4.04522, F_l = -0.30666$

代入式(3-25)得:

$$P_A = P_B = (E_l + F_l)\left[(1 + D_l)Q_a + \lambda(1 - A_l)M_a\right]$$

$$= (4.04522 - 0.30666)\left[(1 - 0.06348) \times 729.7 + (1 + 0.02579) \times 0.1533 \times 433.9\right]$$

$$= 2810.0kN$$

$$M_B = -M_B = -(E_l + F_l)\left[(1 + C_l)\frac{Q_a}{2\lambda} + (1 - D_l)M_a\right]$$

$$= -(4.04522 - 0.30666)\left[(1 - 0.10117) \times \frac{729.7}{2 \times 0.1533} + (1 + 0.06348) \times 433.9\right]$$

$$= -9721.5kN$$

(4)计算 C 点处的挠度、弯矩和地基的净反力

先计算半边荷载引起 C 点处的内力,然后根据对称原理计算叠加得出 C 点处的挠度 $w_C$、弯矩 $M_C$ 和地基的净反力 $p_C$,见表 3-7。

**C 点处的弯矩与挠度计算表**　　　　表 3-7

| 外荷载与边界条件力 | 与 C 点距离(m) | $M_C/2(kN \cdot m)$ | $w_C/2(cm)$ |
|--------------------|----------------|----------------------|--------------|
| $N_1$ | 7.5 | −312.3 | 0.405 |
| $M_1$ | 7.5 | −3.2 | −0.004 |
| $N_2$ | 3.0 | 931.2 | 1.365 |
| $M_2$ | 3.0 | −28.3 | −0.007 |
| $P_A$ | 8.5 | −871.2 | 0.757 |
| $M_A$ | 8.5 | −349.3 | −0.630 |
| 总计 | | −633.1 | 1.886 |

于是:

$$M_C = 2 \times (-633.1) = -1266.2kN \cdot m$$

$$w_C = 2 \times 0.0189 = 0.0377m$$

$$p_C = k_s w_C = 3800 \times 0.0377 = 143.3kPa$$

### 三、柱下条形基础的设计计算步骤

（1）求荷载合力重心位置。

柱下条形基础的柱荷载分布如图 3-29a）所示，其合力作用点距 $N_1$ 的距离为：

$$x = \frac{\sum N_i x_i + \sum M_i}{\sum N_i} \tag{3-34}$$

（2）确定基础梁的长度和悬臂尺寸。

选定基础梁从左边柱轴线的外伸长度为 $a_1$，则基础梁的总长度 $L$ 和从右边柱轴线的外伸长度 $a_2$ 分别如下。

当 $x \geqslant \dfrac{a}{2}$ 时：$L = 2(x + a_1)$，$a_2 = L - a - a_1$；

当 $x < \dfrac{a}{2}$ 时：$L = 2(a - x + a_2)$，$a_1 = L - a - a_2$。

如此处理后，则荷载重心与基础形心重合，计算简图可变为图 3-29b）。

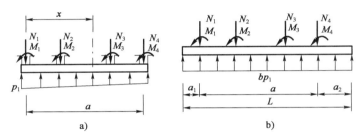

图 3-29　柱下条形基础内力计算
a）基础荷载分布；b）基础计算简图

（3）按地基承载力验算要求确定所需的条形基础底面积 $A$，进而确定底板宽度 $b$。

（4）按墙下条形基础设计方法确定翼板厚度及横向钢筋的配筋。

（5）计算基础梁的纵向内力与配筋。

根据柱下条形基础的计算条件，选用简化法或弹性地基梁法计算其纵向内力，再根据纵向内力计算结果，按一般钢筋混凝土受弯构件进行基础纵向截面验算与配筋计算，同时应满足设计构造要求。

### 四、柱下条形基础的构造要求

柱下条形基础的构造除了要满足一般扩展基础的构造要求以外，尚应符合下列要求。

（1）柱下条形基础的肋梁高度由计算确定，一般宜为柱距的 1/4 ~ 1/8（通常取柱距的 1/6）。翼板厚度不应小于 200mm。当翼板厚度为 200 ~ 250mm 时，宜用等厚度翼板；当翼板厚度大于 250mm 时，宜用变厚度翼板，其坡度小于或等于 1∶3。

（2）柱下条形基础的混凝土强度等级可采用 C20。

（3）现浇柱下的条形基础沿纵向可取等截面，当柱截面边长较大时，应在柱位处将肋部加宽，使其与条形基础梁交接处的平面尺寸不小于图 3-30 中的规定。

（4）条形基础的两端宜向边柱外延伸，延伸长度一般为边跨跨距的 0.25 ~ 0.30。当荷载不对称时，两端伸出长度可不相等，以使基底形心与荷载合力作用点尽量一致。

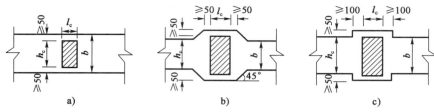

图 3-30　现浇柱与条形基础梁交接处的平面尺寸(尺寸单位:mm)

a) $h_c < 600mm$ 且 $h_c < b$; b) $h_c \geq 600mm$ 且 $h_c > b$; c) $h_c \geq 600mm$ 且 $h_c < b$

(5)基础梁顶面和底面的纵向受力钢筋由计算确定,最小配筋率为 0.2%。顶部钢筋应按计算配筋全部贯通,底部通长钢筋不应少于底部受力钢筋截面总面积的 1/3。当梁高大于700mm 时,应在肋梁的两侧加配纵向构造钢筋,其直径不小于 14mm 并用 $\phi8@400$ 的 S 形构造箍筋固定。在柱位处,应采用封闭式箍筋,箍筋直径不小于 8mm。当肋梁宽度小于或等于350mm 时宜用双肢箍,当肋梁宽度在 350~800mm 时宜用四肢箍,大于 800mm 时宜用六肢箍。条形基础非肋梁部分的纵向分布钢筋可用 $\phi8@200$ 或 $\phi10@200$。

(6)翼板的横向受力钢筋由计算确定,其直径不应小于 10mm,间距不大于 250mm。

# 第七节　十字交叉条形基础

柱下十字交叉条形基础是由柱网下的纵横两组条形基础组成的空间结构,柱网传来的集中荷载与弯矩作用在两组条形基础的交叉点上。十字交叉条形基础的内力计算比较复杂,目前在设计中一般采用简化方法,即将柱荷载按一定原则分配到纵横两个方向的条形基础上,然后分别按单向条形基础进行内力计算与配筋。

## 一、节点荷载的初步分配

1. 节点荷载的分配原则

节点荷载一般按下列原则进行分配。

(1)满足静力平衡条件,即各节点分配在纵、横基础梁上的荷载之和,应等于作用在该节点上的荷载。

$$N_i = N_{ix} + N_{iy} \qquad (3-35)$$

式中:$N_i$——$i$ 节点的竖向荷载;

　　　$N_{ix}$——$x$ 方向基础梁在 $i$ 节点的竖向荷载;

　　　$N_{iy}$——$y$ 方向基础梁在 $i$ 节点的竖向荷载。

节点上的弯矩 $M_x$、$M_y$ 直接加于相应方向的基础梁上,不必再作分配,不考虑基础梁承受扭矩。

(2)满足变形协调条件,即纵、横基础梁在交叉节点上的位移相等。

$$w_{ix} = w_{iy} \qquad (3-36)$$

式中:$w_{ix}$——$x$ 方向基础梁在 $i$ 节点处的竖向位移;

$w_{iy}$——$y$ 方向基础梁在 $i$ 节点处的竖向位移。

为简化计算,节点竖向位移采用文克勒地基梁的解析解,并且假定该节点处的竖向位移 $w_{ix}$、$w_{iy}$ 分别由该结点处的荷载 $N_{ix}$、$N_{iy}$ 引起,而与该方向梁上的其他荷载无关。

2. 节点荷载的分配方法

(1)内柱节点[图3-31b)]

对 $x$ 方向的梁,节点处作用着集中荷载 $N_x$,节点处的竖向位移为 $w_x$;对 $y$ 方向的梁,节点处作用着集中荷载 $N_y$,节点处的竖向位移为 $w_y$。对内柱节点,两方向的梁都视为无限长梁,则:

$$w_x = \frac{N_x}{8\lambda_x^{\,3}EI_x} \quad w_y = \frac{N_y}{8\lambda_y^{\,3}EI_y} \qquad (3-37)$$

根据节点荷载的分配原则,可联立得到:

$$\begin{cases} N = N_x + N_y \\ w_x = w_y \end{cases} \qquad (3-38)$$

解上述方程组可得:

$$\begin{cases} N_x = \dfrac{b_x S_x}{b_x S_x + b_y S_y}N \\[3mm] N_y = \dfrac{b_y S_y}{b_x S_x + b_y S_y}N \end{cases} \qquad (3-39)$$

式中:$b_x$、$b_y$——$x$、$y$ 方向的基础梁底面宽度(m);

$S_x$、$S_y$——$x$、$y$ 方向的基础梁弹性特征长度:

$$S_x = \sqrt[4]{\frac{4EI_x}{k_s b_x}} \quad S_y = \sqrt[4]{\frac{4EI_y}{k_s b_y}} \qquad (3-40)$$

$k_s$——地基的基床系数;

$E$——基础材料的弹性模量(kPa);

$I_x$、$I_y$——$x$、$y$ 方向的基础梁截面惯性矩($m^4$)。

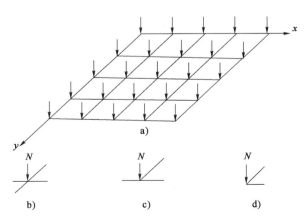

图3-31 柱下交梁基础节点荷载分布
a)平面分布;b)内柱节点;c)边柱节点;d)角柱节点

（2）边柱节点［图3-31c）］

对边柱节点，两方向的梁分别视为无限长梁和半长梁，则可得到：

$$\begin{cases} N_x = \dfrac{4b_x S_x}{4b_x S_x + b_y S_y} N \\ N_y = \dfrac{b_y S_y}{4b_x S_x + b_y S_y} N \end{cases} \tag{3-41}$$

（3）角柱节点［图3-31d）］

对角柱节点，两方向的梁都视为半长梁，其节点荷载分配计算公式与内柱节点相同。

## 二、节点荷载的调整

通过以上方法计算出分配到纵横两个方向的节点集中力 $N_x$ 和 $N_y$，然后分别按纵横两方向的单向条形基础梁进行计算。但是，实际基础是不分开的交叉条形，这样，节点区域的面积在纵横两方向的梁中做了重复计算（基底面积增大了），从而使计算的地基反力比实际地基反力小，使计算结果偏于不安全，所以应进行调整，使地基反力与实际反力大小相一致。

调整方法是先计算因重叠基底面积而引起的基底压力的减小量 $\Delta p$，然后增加节点荷载增量 $\Delta N$，使基底反力增加至实际反力大小。具体调整计算如下：

（1）调整前的平均基底压力计算值为（有重叠基底面积）：

$$p = \frac{\sum N}{A + \sum \Delta A} \tag{3-42}$$

式中：$\sum N$——基础梁上竖向荷载的总和（kN）；

$A$——基础梁支撑总面积（$m^2$）；

$\sum \Delta A$——基础梁节点处重叠面积之和（$m^2$）。

（2）平均基底压力实际值为（无重叠基底面积）：

$$p^0 = \frac{\sum N}{A} \tag{3-43}$$

（3）基底压力变化量为：

$$\Delta p = p^0 - p = \frac{\sum \Delta A}{A} p \tag{3-44}$$

（4）节点 $i$ 处应增加的荷载为：

$$\Delta N_i = \Delta A_i \cdot \Delta p \tag{3-45}$$

（5）$i$ 节点在 $x$、$y$ 两方向应分配的节点力增量：

$$\begin{cases} \Delta N_{xi} = \dfrac{N_{xi}}{N_i} \Delta N_i = \dfrac{N_{xi}}{N_i} \Delta A_i \cdot \Delta p \\ \Delta N_{yi} = \dfrac{N_{yi}}{N_i} \Delta N_i = \dfrac{N_{yi}}{N_i} \Delta A_i \cdot \Delta p \end{cases} \tag{3-46}$$

（6）调整后纵横梁的节点荷载分别为：

$$\begin{cases} N'_{xi} = N_{xi} + \Delta N_{xi} \\ N'_{yi} = N_{yi} + \Delta N_{yi} \end{cases} \tag{3-47}$$

然后根据调整后的节点荷载，在纵、横两方向分别按柱下条形基础进行计算。

# 第八节　筏　形　基　础

筏形基础按其与上部结构联系的方式可分为墙下筏形基础与柱下筏形基础；按其自身结构特点可分为平板式筏形基础和梁板式筏形基础两种形式。筏形基础的设计一般包括基础梁的设计与板的设计两部分，其中梁的设计计算方法与前述柱下条形基础相同。这里仅介绍板的设计计算内容，主要包括筏形基础的地基计算、筏板内力分析、筏板截面强度验算与板厚和配筋量确定等。

## 一、地基计算

1. 地基承载力验算

筏形基础地基承载力的确定与验算同扩展基础，验算中的基底压力可简化为线性分布（见第二章内容），即：

中心荷载时

$$p = \frac{F + G}{A} \tag{3-48a}$$

偏心荷载时

$$p_{\min}^{\max} = \frac{F + G}{A} \pm \frac{M_x}{W_x} \pm \frac{M_y}{W_y} \tag{3-48b}$$

式中：$F$——上部结构传至基础顶面的竖向荷载（kN）；

　　$G$——基础自重和基础上的土重（kN），$G_k = \gamma_G \cdot A \cdot d$；

　　$\gamma_G$——基础与上覆土的平均重度（kN/m³），可近似按 20kN/m³ 计算；地下水位以下取浮重度；

　　$A$——基础底面积（m²）；

$M_x$、$M_y$——作用于基础底面对 $x$ 轴和对 $y$ 轴的荷载力矩值（kN·m）；

$W_x$、$W_y$——基础底面对 $x$ 轴和对 $y$ 轴的截面模量（m³）。

基底压力应满足承载力要求，即：

$$\begin{cases} p \leq f \\ p_{\max} \leq 1.2f \end{cases} \tag{3-49}$$

式中：$f$——地基承载力特征值（kPa）。

为保持建筑物的整体稳定性，对单幢建筑物，在地基土比较均匀的条件下，基底平面形心宜与结构竖向永久荷载重心重合。当不能重合时，偏心距 $e$ 宜满足如下要求：

（1）按作用效应准永久组合计算时：

$$e \leq 0.1 \frac{W}{A} \tag{3-50a}$$

（2）考虑地震作用时，对高宽比大于 4 的建筑物：

$$e \leq \frac{1}{6} \frac{W}{A} \qquad (p_{\min} \geq 0) \tag{3-50b}$$

式中:$W$——与偏心距方向一致的基础底面边缘抵抗矩($m^3$);

   $A$——基础底面积($m^2$)。

对其他建筑物,可允许基底出现小范围的零应力区,具体参见设计规范。若基础下有软弱下卧层时,应进行软弱下卧层承载力验算,验算方法见第二章。

2. 地基变形验算

筏形基础和箱形基础都具有基底面积大、埋置深、有补偿作用、施工时间相对较长等特点,在基础施工和建筑物荷载作用下,地基土变形将经历卸载回弹、加载再压缩和加载压缩三个过程。若基底总压力小于或等于该处的自重应力,地基的变形量为卸载回弹后的再压缩变形;若基底总压力大于该处的自重应力,地基变形量由两部分组成,一部分是相当于自重应力的那部分基底压力所引起的再压缩变形量,另一部分是减去自重应力的那部分基底压力(即基底附加压力)所引起的正常压缩变形量。

《高层建筑筏形与箱形基础技术规范》(JGJ 6—2011)推荐的地基沉降计算式为:

$$s = \sum_{i=1}^{n} \left( \psi' \frac{p_c}{E'_{si}} + \psi_s \frac{p_0}{E_{si}} \right) (z_i \overline{\alpha}_i - z_{i-1} \overline{\alpha}_{i-1}) \tag{3-51}$$

式中:$s$——基础最终沉降量(mm);

   $\psi'$——考虑回弹影响的沉降经验系数,无经验时取 $\psi' = 1.0$;

   $\psi_s$——沉降计算经验系数,按地区经验采用,缺乏地区经验时按国家标准《建筑地基基础设计规范》(GB 50007—2011)有关规定采用;

   $p_c$——相应于作用的准永久组合时基础底面处地基土的自重压力(kPa);

   $p_0$——相应于作用的准永久组合时基础底面处的附加压力(kPa);

   $E'_{si}$、$E_{si}$——基础底面下第 $i$ 层土的回弹再压缩模量和压缩模量(MPa);

   $n$——沉降计算深度范围内所划分的地基土层数;

   $\overline{\alpha}_i$、$\overline{\alpha}_{i-1}$——基础底面至第 $i$ 层、第 $i-1$ 层底面范围内的平均附加应力系数,按规范采用;

   $z_i$、$z_{i-1}$——基础底面至第 $i$ 层、第 $i-1$ 层底面距离(m)。

筏形基础和箱形基础上的高层建筑,一般挠曲变形量不大,但对整体倾斜很敏感,因此需控制其倾斜。在非地震区要求满足:

$$\theta \leqslant \frac{1}{100} \frac{b}{H} \tag{3-52a}$$

式中:$\theta$——基础横向整体倾斜的计算角(°),$\theta = \arctan \frac{s_A - s_B}{b}$;

   $s_A$、$s_B$——基础横向两端点的沉降量(m);

   $b$——基础宽度(m);

   $H$——建筑物高度(m)。

在地震区,容许的 $\theta$ 值应适当降低,要求为满足:

$$\theta \leqslant \left( \frac{1}{150} \sim \frac{1}{200} \right) \frac{b}{H} \tag{3-52b}$$

## 二、筏板的内力计算

根据上部结构刚度及筏形基础刚度的大小,筏板的内力计算方法,通常有刚性法和弹性地基板法两大类。前者是不考虑地基基础共同作用的方法,而后者则是考虑地基基础共同作用的方法。

1. 刚性法

当柱距均匀，相邻柱荷载差异不超过 20%，地基土均匀且压缩性较大（压缩模量 $E_s \leqslant$ 4MPa），建筑物整体（包括基础）的相对刚度较大时，基底反力的分布可以不考虑地基基础的共同作用，而视为线性分布。此时，基础底面的地基净反力可按式（3-53）计算。

$$p_{\substack{jmax \\ jmin}} = \frac{\sum N}{A} \pm \frac{\sum N \cdot e_y}{W_x} \pm \frac{\sum N \cdot e_x}{W_y} \tag{3-53}$$

式中：$p_{jmax}$、$p_{jmin}$——基底的最大和最小净反力（kPa）；

$\quad\quad \sum N$——作用于筏形基础上的竖向合荷载（kN）；

$\quad\quad e_x$、$e_y$——$\sum N$ 在 $x$ 方向和 $y$ 方向上与基础形心的偏心距（m）；

$\quad\quad W_x$、$W_y$——筏形基础底面对 $x$ 轴、$y$ 轴的截面抵抗矩（m³）；

$\quad\quad A$——筏形基础底面面积（m²）。

按线性分布计算基底反力，然后计算筏板的内力和挠度，此类方法称为刚性法，亦称线性分布法。

筏板在荷载作用下的内力由两部分组成，一是由于地基沉降，筏板产生整体弯曲所引起的内力；二是柱间或肋梁间的筏板受地基反力作用产生局部挠曲所引起的内力。若上部结构属于柔性结构，而筏板较厚，相对于地基可视为刚性板，这种情况下的内力分析可以只考虑筏板承担整体弯曲的作用，采用静定分析法（即下述的刚性板条法），将柱荷载和线性分布的地基反力作为板条上的荷载，直接求截面的内力；若上部结构刚度较大，筏板刚度较小，整体弯曲产生的内力大部分由上部结构承担，筏板主要承受局部弯曲作用，此时可采用倒楼盖法计算筏板内力。采用刚性法计算时，在算出基底的地基净反力后，根据上部结构的刚度，可用倒楼盖法或刚性板条法计算筏板的内力。

（1）倒楼盖法

倒楼盖法计算基础内力的步骤是将筏板作为楼盖，地基净反力作为荷载，底板按连续单向板或双向板计算。采用倒楼盖法计算基础内力时，在两端第一、第二开间内，应按计算增加 10% ~20% 的配筋量且上下均匀配置。

（2）刚性板条法

刚性板条法计算筏板内力的步骤如下。

先将筏板在 $x$、$y$ 方向从跨中到跨中分成若干条带，如图 3-32 所示，而后取出每一条带进行分析。值得注意的是，按以上方法计算时，由于没有考虑条带之间的剪力，每一条带柱荷的总和与基底净反力总和不平衡，因而必须进行调整。设某条带的宽度为 $b$，长度为 $L$，条带内柱的总荷载为 $\sum P$，条带内地基净反力平均值为 $\overline{p_j}$，则地基净反力的总和为 $\overline{p_j}bL$，其值不等于柱荷载总和 $\sum P$，计算二者的平均值 $\overline{P}$ 为：

$$\overline{P} = \frac{\sum P + \overline{p_j} \cdot bL}{2} \tag{3-54}$$

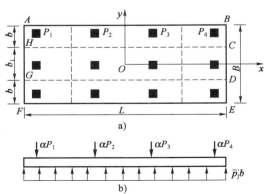

图 3-32 筏形基础的刚性板条划分

计算柱荷载的修正系数 $\alpha$，并按修正系数调整柱荷载。

$$\alpha = \frac{\overline{P}}{\sum P} \tag{3-55}$$

各柱荷载的修正值分别为 $\alpha P_1$、$\alpha P_2$、$\alpha P_3$、$\alpha P_4$。修正后基底平均净反力可按下式计算：

$$\overline{p}'_j = \frac{\overline{P}}{bL} \tag{3-56}$$

最后采用调整后的柱荷载及基底净反力，按独立的柱下条形基础计算基础内力。

2. 弹性地基板法

当上部结构刚度与筏形基础刚度都较小时，应考虑地基基础共同作用的影响。此时筏板内力可采用弹性地基板法计算，即将筏板看成弹性地基上的薄板，采用数值方法计算其内力。下面介绍目前较常用的弹性地基板有限单元法。

采用有限单元法计算筏板内力时，一般将其划分成矩形板单元，如图 3-33a) 所示。矩形板单元有四个节点 $i$、$j$、$k$、$l$，相邻单元通过这些节点联结，它既能传递剪应力，又能传递弯曲应力。每个节点有三个自由度，即挠度 $w$ 和转角 $\theta_x$、$\theta_y$。相应的节点力为剪力 $Q$ 和弯矩 $M_x$、$M_y$。以节点 $i$ 为例，其节点力 $\{F_i\}$ 与节点位移 $\{\delta_i\}$ 如下：

$$\begin{cases} \{\delta_i\} = \{w_i & \theta_{xi} & \theta_{yi}\} \\ \{F_i\} = \{Q_i & M_{xi} & M_{yi}\} \end{cases} \tag{3-57}$$

而单元节点力 $\{F\}_e$ 与节点位移 $\{\delta\}_e$ 则可表示为：

$$\begin{cases} \{\delta\}_e = \{\delta_i & \delta_j & \delta_k & \delta_l\} \\ \{F\}_e = \{F_i & F_j & F_k & F_l\} \end{cases} \tag{3-58}$$

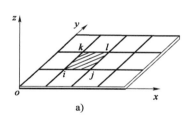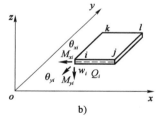

图 3-33　弹性地基板的单元划分与受力状态分析
a) 单元划分；b) 受力状态分析

由薄板的弯曲理论可知，板内的应力、应变均可以用挠度 $w$ 来表示，故需假定挠度 $w$ 为单元坐标的某种函数即位移模式。由于一个矩形薄板单元有 12 个节点位移分量，故可取单元内任一点挠度 $w$ 的位移模式为 12 个参数的函数。其表达式为：

$$\begin{aligned} w = &\, a_1 + a_2 x + a_3 y + a_4 x^2 + a_5 xy + a_6 y^2 + a_7 x^3 + a_8 x^2 y + \\ &\, a_9 xy^2 + a_{10} y^3 + a_{11} x^3 y + a_{12} xy^3 \end{aligned} \tag{3-59}$$

其中，$a_1$、$a_2$、$a_3$、$\cdots$、$a_{12}$ 为待定参数。

单元内任一点的转角 $\theta_x$、$\theta_y$，也可根据几何关系 $\theta_x = \dfrac{\partial w}{\partial x}$ 与 $\theta_y = -\dfrac{\partial w}{\partial y}$ 求得相应的表达式。设板单元的长度和宽度分别为 $a$ 和 $b$，若将坐标原点置于矩形板单元的中心，则 $i$、$j$、$k$、$l$ 四个节点的坐标已知。将四个节点的坐标分别代入上述位移模式表达式，可得到相应的节点位移与 12 个待定参数的关系,由此共获得节点位移与待定参数之间的 12 个联立方程。求解此方程组,可将 12 个待定参数由单元节点位移表示。于是单元内任一点挠度 $w$ 也可采用如下节点位移的表示形式。

$$w = [N]\{\delta\}_e \tag{3-60}$$

其中,$[N]$ 称为形函数矩阵,可表达为:

$$[N] = [N_i \quad N_{xi} \quad N_{yi} \quad N_j \quad N_{xj} \quad N_{yj} \quad N_k \quad N_{xk} \quad N_{yk} \quad N_l \quad N_{xl} \quad N_{yl}]^T$$

其中,$N_i$  $N_{xi}$  $N_{yi}$……为 $x$、$y$ 的四次多项式:

$$\begin{cases} [N_i \quad N_{xi} \quad N_{yi}] = \dfrac{X_1 Y_1}{16}[X_1 Y_1 - X_2 Y_2 + 2X_1 X_2 + 2Y_1 Y_2 - 2aX_1 X_2 - 2bY_1 Y_2] \\[2mm] [N_j \quad N_{xj} \quad N_{yj}] = \dfrac{X_2 Y_1}{16}[X_2 Y_1 - X_1 Y_2 + 2X_1 X_2 + 2Y_1 Y_2 - 2aX_1 X_2 - 2bY_1 Y_2] \\[2mm] [N_k \quad N_{xk} \quad N_{yk}] = \dfrac{X_2 Y_2}{16}[X_2 Y_2 - X_1 Y_1 + 2X_1 X_2 + 2Y_1 Y_2 - 2aX_1 X_2 - 2bY_1 Y_2] \\[2mm] [N_l \quad N_{xl} \quad N_{yl}] = \dfrac{X_1 Y_2}{16}[X_1 Y_2 - X_2 Y_1 + 2X_1 X_2 + 2Y_1 Y_2 - 2aX_1 X_2 - 2bY_1 Y_2] \end{cases} \tag{3-61}$$

其中,$X_1 = 1 - \dfrac{x}{a}$,$X_2 = 1 + \dfrac{x}{a}$,$X_3 = 1 - \dfrac{y}{b}$,$X_4 = 1 + \dfrac{y}{b}$。

记筏板单元的弯矩向量(单位宽度上的力矩)为 $\{M\}_e = [M_x \quad M_y \quad M_{xy}]^T$,根据薄板弯曲理论,$\{M\}_e$ 与节点位移 $\{\delta\}_e$ 的关系如下:

$$\{M\}_e = [D][B][\delta] \tag{3-62}$$

再引入虚功原理,可以推导筏板单元节点力 $\{F\}_e$ 与节点位移 $\{\delta\}_e$ 之间的关系为:

$$\{F\}_e = [k]\{\delta\}_e \tag{3-63}$$

其中,$[k]$ 为薄板单元的刚度矩阵,$[k] = \iint [B]^T[D][B]\mathrm{d}x\mathrm{d}y$。

$$[D] = \frac{Et^3}{12(1-\mu^2)}\begin{bmatrix} 1 & \mu & 0 \\ \mu & 1 & 0 \\ 0 & 0 & \dfrac{1-\mu}{2} \end{bmatrix}$$

$$[B] = \begin{bmatrix} \dfrac{\partial^2 N_i}{\partial x^2} & \dfrac{\partial^2 N_{xi}}{\partial x^2} & \dfrac{\partial^2 N_{yi}}{\partial x^2} & \cdots & \dfrac{\partial^2 N_{yl}}{\partial x^2} \\[3mm] \dfrac{\partial^2 N_i}{\partial y^2} & \dfrac{\partial^2 N_{xi}}{\partial y^2} & \dfrac{\partial^2 N_{yi}}{\partial y^2} & \cdots & \dfrac{\partial^2 N_{yl}}{\partial y^2} \\[3mm] 2\dfrac{\partial^2 N_i}{\partial xy} & 2\dfrac{\partial^2 N_{xi}}{\partial xy} & 2\dfrac{\partial^2 N_{yi}}{\partial xy} & \cdots & 2\dfrac{\partial^2 N_{yl}}{\partial xy} \end{bmatrix}$$

薄板单元的刚度矩阵求得后,可按单元对号入座方式集合成地基板的总刚度矩阵 $[K_B]$。设总位移向量为 $\{U\}$,总节点力列向量为 $\{F\}$,外荷载列向量为 $\{P\}$,单元结点处的地基反力向量为 $\{R\}$,则筏形基础总体平衡方程为:

$$[K_B]\{U\} = \{F\} = \{P\} - \{R\} \tag{3-64}$$

引入文克勒地基模型和变形协调条件:

$$\{R\} = [K_s]\{s\} = [K_s]\{U\} \tag{3-65}$$

其中,$\{s\}$为单元结点处的地基土沉降向量,$[K_s]$为地基的刚度矩阵。由于地基与基础之间没有转角的相容条件,只有竖向位移协调条件,为便于$[K_s]$与$[K_B]$的叠加,可将$[K_s]$的阶数加以扩充,使相应于转角$\theta_x$、$\theta_y$项的元素补充零元素。这样$[K_s]$与$[K_B]$就可以相加,而筏形基础的总体平衡方程变为:

$$\{P\} = ([K_B] + [K_s])\{U\} \tag{3-66}$$

或

$$\{P\} = [K]\{U\} \tag{3-67}$$

其中,$[K]$称为筏形基础的总刚度矩阵,$[K] = [K_s] + [K_B]$。

求解式(3-67)可得节点位移$\{U\}$,回代到式(3-65)可求得地基土反力$\{R\}$,再代入式(3-64)可求得节点力$\{F\}$,最后由式(3-62)求出基础板的内力$\{M\}_e$。

### 三、截面强度验算与配筋计算

选用合适的内力计算方法计算出筏形基础内力后,可按《混凝土结构设计标准》(GB/T 50010—2010)的抗剪与抗冲切强度验算方法确定筏板厚度,由抗弯强度验算确定筏板的纵向与横向配筋量。对于含基础梁的筏形基础,其基础梁的计算及配筋可采用与条形基础梁相同的方法进行。

### 四、筏形基础的构造与基本要求

(1)筏形基础设计时应尽可能使荷载合力点位置与筏形基础底面形心相重合。当偏心距较大时,可将筏板适当向外悬挑,但挑出长度不宜大于2.0m,同时宜将肋梁挑至筏板边缘。悬臂板如做成坡度,其边缘厚度不应小于200mm。

(2)平板式筏形基础的厚度不宜小于200mm。梁板式筏形基础的厚度宜大于计算区段内最小板跨的1/20,一般取200~400mm。肋梁高度宜大于或等于柱距的1/6。

(3)筏板配筋率一般在0.5%~1.0%为宜。受力钢筋最小直径不宜小于8mm,一般不小于12mm,间距100~200mm。分布钢筋直径取8~10mm,间距200~300mm。当板厚≤250mm时,可选取配筋$\phi 8@250$;当板厚>250mm时,可选取配筋$\phi 10@200$。

除计算配筋外,纵横方向支座钢筋尚应有一定配筋率(对墙下筏板,纵向为0.15%,横向为0.10%;对柱下筏板,两个方向均为0.15%)的连通;跨中钢筋应按实际配筋率全部连通。对于无外伸肋梁的双向外伸板角底面,应配置5~7根辐射状的附加钢筋。附加钢筋的直径与边跨板的主筋相同,钢筋外端间距不大于200mm,且内锚长度(从肋梁外边缘起算)应大于板的外伸长度。

(4)不埋式筏板的四周必须设置边梁。

(5)筏板的混凝土强度等级可采用C20,地下水位以下的地下室底板应考虑抗渗,并进行抗裂度验算。

# 第九节 箱 形 基 础

箱形基础是由底板、顶板、外侧墙及一定数量纵横较均匀布置的内隔墙构成的整体刚度很好的箱式结构。箱形基础的设计计算包括地基计算、基础内力分析、基础截面强度验算及构造要求等方面,其中箱形基础的地基计算(包括地基承载力验算和地基变形验算)与筏形基础基本相同。基础截面强度验算及构造要求可参见钢筋混凝土结构设计相关书籍。下面主要介绍箱形基础结构设计中的两个关键问题:①基底反力的分布与大小;②根据上部结构、基础和地基的相对刚度选用内力计算方法。

箱形基础与上部结构组成整体,同时也与地基相连,因此其荷载传递与基底反力的分布,不仅与上部结构、基础、地基各自的条件有关,而且还取决于三者的共同作用状态。由于问题的复杂性,在实际应用中,对于基底反力的计算以及箱基内力计算,常采用不考虑共同作用的简化方法。

## 一、箱形基础的基底反力分布与计算

原位实测资料表明,一般土质地基上箱形基础底面的反力分布基本上是边缘略大于中间的马鞍形分布形式,如图 3-34 所示。只有当地基土很软弱,基础边缘处发生塑性破坏的范围较大时,基底反力才可能出现中间比边缘大的现象。

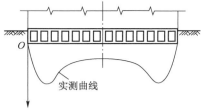

图 3-34　箱形基础基底反力分布图

箱形基础的基底反力可根据《高层建筑筏形与箱形基础技术规范》(JGJ 6—2011)提供的实用方法计算:对于地基土比较均匀,上部结构为框架结构且荷载比较匀称,基础底板悬挑部分不超出 8m,不考虑相邻建筑物的影响以及满足各项构造要求的单幢建筑物箱形基础,可以将基础底面划分成 40 个区格(纵向 8 格,横向 5 格)。某 $i$ 区格的基底反力按下式确定。

$$p_i = \frac{\sum P}{BL} \alpha_i \tag{3-68}$$

式中:$\sum P$——上部结构竖向荷载加箱形基础重(kN);

　　　$B$、$L$——箱形基础的宽度和长度(m);

　　　$\alpha_i$——相应于 $i$ 区格的基底反力系数,具体可见《高层建筑筏形与箱形基础技术规范》
　　　　　　　(JGJ 6—2011)的地基反力系数表。

当纵横方向荷载不很匀称时,应分别求出由于荷载偏心产生的纵横向力矩引起的不均匀基底反力,并将该不均匀反力与由反力系数表计算的反力进行叠加。力矩引起的基底不均匀反力按直线变化计算。对于不符合地基反力系数法适用条件的情况,可采用考虑地基与基础共同作用的方法计算。

## 二、箱形基础的内力分析

### 1. 框架结构中的箱形基础

箱形基础的内力应同时考虑整体弯曲和局部弯曲作用。局部弯曲产生的弯矩应乘以 0.8 的折减系数后叠加到整体弯曲的弯矩中。计算中基底反力可采用基底反力系数法确定。

(1)箱形基础的整体弯曲弯矩计算

箱形基础承担的整体弯曲弯矩 $M_g$ 可以采用将整体弯曲产生的弯矩 $M$ 按基础刚度占总刚度的比例分配的形式求出,即:

$$M_g = M \frac{E_g I_g}{E_g I_g + E_u I_u} \tag{3-69}$$

式中:$M$——由整体弯曲产生的弯矩(kN·m),可将上部结构柱和钢筋混凝土墙当作箱形基础
梁的支点,按静定梁方法计算;箱形基础的自重按柔性均布荷载处理,并取 $g = \dfrac{G}{L}$;

$E_g$——箱形基础的混凝土弹性模量(kPa);

$I_g$——箱形基础横截面的惯性矩(m⁴)按工字形截面计算;上、下翼缘宽度分别为箱形基础顶板、底板全宽,腹板厚度为箱基在弯曲方向的墙体厚度总和;

$E_u I_u$——上部结构等效抗弯刚度(kN·m²),按下述方法计算:

对于等柱距或柱距相差不超过20%的框架结构,等效抗弯刚度 $E_u I_u$ 为:

$$E_u I_u = \sum_{i=1}^{n}\left[E_b I_{bi}\left(1 + \frac{K_{ui} + K_{li}}{2K_{bi} + K_{ui} + K_{li}} \cdot m^2\right)\right] + E_m I_w \tag{3-70}$$

式中:$K_{ui}$、$K_{li}$、$K_{bi}$——第 $i$ 层上柱、下柱和梁的线刚度,其值分别为:

$$K_{ui} = \frac{I_{ui}}{h_{ui}}, K_{li} = \frac{I_{li}}{h_{li}}, K_{bi} = \frac{I_{bi}}{l} \tag{3-71}$$

$I_{ui}$、$I_{li}$、$I_{bi}$——第 $i$ 层上柱、下柱和梁的截面惯性矩(m⁴);

$h_{ui}$、$h_{li}$——上柱、下柱的高度(m);

$l$——框架结构的柱距(m);

$E_b$——梁、柱的混凝土弹性模量(kPa);

$E_m$、$I_w$——在弯曲方向与箱形基础相连的连续钢筋混凝土墙的弹性模量(kPa)和惯性矩(m⁴),$I_w = \dfrac{1}{12}bh^3$($b$、$h$ 分别为墙的厚度和高度);

$m$——建筑物弯曲方向的柱间距或开间数,$m = \dfrac{L}{l}$;

$L$——与箱基长度方向一致的结构单元总长度(m);

$n$——建筑物层数,不包括电梯机房、水箱间、塔楼的层数。

(2)局部弯曲弯矩计算

顶板按室内地面设计荷载计算局部弯曲弯矩。底板局部弯曲弯矩的计算荷载为扣除底板自重后的基底反力。计算局部弯曲弯矩时可将顶板、底板当作周边固定的双向连续板处理。

2. 现浇剪力墙体系中的箱形基础

由于现浇剪力墙体系结构的刚度相当大,箱基的整体弯曲可不予考虑,箱形基础的顶板和底板内力仅按局部弯曲计算。考虑到整体弯曲可能产生的影响,钢筋配置量除符合计算要求外,纵、横方向支座钢筋尚应有0.15%和0.10%的配筋率连通配置,跨中钢筋按实际配筋率全部连通。

# 习　　题

【3-1】　某砖墙承重房屋,采用C15素混凝土条形基础。基础顶面处砌体宽度 $b_0 =$ 490mm,传到设计地面处的荷载标准组合值 $N_k = 230$kN/m,地基土的承载力特征值 $f_{ak} =$ 130kPa,基础埋深为1.2m,土的类别为黏性土,$e = 0.75$,$I_L = 0.65$,地下水位很深。试确定此条

形基础的截面尺寸并绘出基础剖面图。

【3-2】 某厂房采用钢筋混凝土条形基础,墙厚240mm,上部结构传至基础顶部的轴心荷载基本组合 $N_k = 380kN/m$,力矩 $M_k = 20.0kN \cdot m/m$,如图3-35所示。条形基础底面宽度 $b$ 已由地基承载力条件确定为1.8m,试设计此基础的高度并进行底板配筋。

【3-3】 某工业厂房柱基采用钢筋混凝土独立基础。地基基础剖面如图3-36所示,地下水位很深。已知上部结构荷载标准组合 $N_k = 2800kN$,荷载基本组合值按标准组合值的1.35倍计算。基础采用C20混凝土,HRB335级钢筋,柱截面为方形,边长60cm,试确定此基础的底面尺寸并进行截面高度验算与配筋。

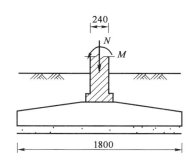

图3-35 习题3-2图(尺寸单位:mm)

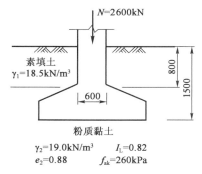

图3-36 习题3-3图(尺寸单位:mm)

【3-4】 同上题,但上部结构荷载还有弯矩标准组合 $M_k = 400kN \cdot m$ 作用。

【3-5】 试用倒梁法计算如图3-37所示柱下条形基础的内力。

【3-6】 如图3-38所示承受对称柱荷载的钢筋混凝土条形基础,其抗弯刚度 $EI = 4.3 \times 10^7 kN \cdot m^2$,地基基床系数 $k = 3.8 \times 10^3 kN/m^3$,梁长 $l = 18m$,梁宽 $b = 2m$。试计算基础中点 $C$ 处的挠度、弯矩和基底净反力。

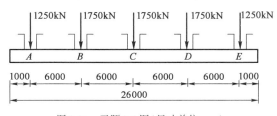

图3-37 习题3-5图(尺寸单位:mm)

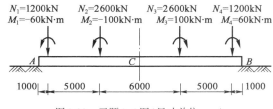

图3-38 习题3-6图(尺寸单位:mm)

【3-7】 承受柱荷载的钢筋混凝土条形基础如图3-39所示。其梁高 $h = 0.6m$,底面宽度 $b = 2.6m$,梁的弹性模量 $E = 21000MPa$,$I = 0.0475m^4$,地基基床系数 $k = 2.2 \times 10^4 kN/m^3$。试计算基础 $C$ 点处的挠度、弯矩和基底净反力。

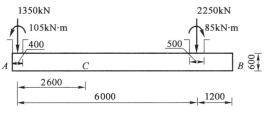

图3-39 习题3-7图(尺寸单位:mm)

【3-8】 有一正方形片筏基础置于弹性地基上,片筏边长为 12.5m,厚度为 200mm。在板中心位置的 300mm × 300mm 范围内作用有 $0.6N/m^2$ 的均布荷载,试求板的挠度。已知地基变形模量 $E = 80MPa$,泊松比 $\mu_0 = 0.3$;板的弹性模量 $E = 21000MPa$,泊松比 $\mu = 0.15$。

# 思 考 题

【3-1】 无筋扩展基础与钢筋混凝土扩展基础在设计原则上有什么差异?

【3-2】 简述基础结构设计的主要内容。

【3-3】 墙下条形基础与柱下条形基础在内力计算与配筋方面各有何特点?

【3-4】 柱下独立基础的验算要求有哪些?

【3-5】 试比较刚性基础、墙下条形基础与柱下条形基础在截面高度确定方法上的区别。

【3-6】 地基反力分布假设有哪些?其适用条件各是什么?

【3-7】 试述倒梁法计算柱下条形基础的过程和适用条件。

【3-8】 弹性地基梁计算方法的选用与地基、基础条件有何关系?

【3-9】 如何区分无限长梁和有限长梁?文克勒地基上无限长梁和有限长梁的内力是如何求得的?

【3-10】 简述用有限单元法计算弹性地基梁与弹性地基板内力与变形的主要步骤。

# 第四章

# 桩基础

## 第一节 概 述

在基础工程设计中,通常优先考虑使用浅基础形式。如果天然地基不能满足建筑物对地基承载力和变形的要求,而又不适宜采取地基处理措施时,就要考虑采用下部坚实土层或岩层作为持力层的深基础方案。相对于浅基础,深基础埋入地层较深,结构形式和施工方法也比浅基础复杂,在设计时需要考虑基础侧面土体的影响。深基础主要有桩基础、沉井和地下连续墙等类型,其中以桩基础的应用最为广泛。本章着重介绍桩基础的设计计算方法,主要采用现行《建筑桩基技术规范》(JGJ 94)(以下简称《桩基规范》),并结合《建筑地基基础设计规范》(GB 50007)(以下简称《地基规范》)和《公路桥涵地基与基础设计规范》(JTG 3363)的内容进行讲解。

桩基础是最为古老的基础形式之一,其应用可以追溯到史前的新石器时代。考古表明,早在 7000 多年前,在今天我国浙江余姚的河姆渡文化遗址上即出现了桩基础的雏形,木桩作为古代干栏式木结构建筑的基础得到了应用。汉代已经采用木桩修建桥梁,到了宋朝,木桩的应用已较为成熟,上海龙华塔和山西晋祠圣母殿都是北宋时期修建的桩基础支承建筑物,迄今屹立不倒。然而,在 20 世纪以前,桩基础的设计与施工完全是经验性的。随着混凝土和钢材的广泛应用,20 世纪 30 年代以后,桩基础在世界范围得到了广泛应用,桩基础从形式到工艺和规模都有了飞跃式发展,桩的类型不断丰富,施工水平逐渐提高,促使桩基础设计理论和施工技术得到长足的进步,显现出强大的生命力和广阔的发展前景。桩基础已成为在土质不良地区修建各类建筑物,特别是高层建筑、重型厂房、桥梁、码头和具有特殊要求的建筑物、构筑物所广泛采用的基础形式。

土木工程材料和施工技术装备的发展极大促进了桩基础工程的进步。从桩基础使用的材料来说,早期大多采用天然材料的木桩或石桩,在混凝土材料出现后,钢筋混凝土桩得到了广泛的应用,随着钢材在工程中的逐渐普及,钢桩在现阶段也得到较多的应用。钢筋混凝土桩中应用较为广泛的是灌注桩,包括人工挖孔灌注桩和机械钻孔灌注桩两大类,人工挖孔灌注桩最早于1893年在美国问世,至今已有100余年的历史;机械钻孔灌注桩是在人工挖孔桩问世后约50年,即20世纪40年代随着大功率钻孔机具研制成功在美国问世。随着第二次世界大战后世界各地经济的复苏与发展,不断兴建的高层、超高层建筑物和重型构筑物大多选择钻孔灌注桩为基础形式。我国大直径灌注桩的应用始于20世纪60年代初,当时先在南京、上海、天津等地作为桥梁和港工建筑基础;自20世纪70年代中期陆续在广州、北京、上海、厦门等大城市应用于高层建筑物基础;至80年代末90年代初,大直径灌注桩迅猛发展,应用于包括软土、黄土、膨胀土等特殊土在内的各类地基,起步虽晚但发展迅猛。

桩基础技术发展到现阶段,在桩型和施工工艺等方面不断推陈出新,桩的成桩工艺和应用比过去更为多样化,单桩设计承载力越来越大,特别是在深水桥梁基础以及海上风电基础中,大直径单桩基础得到了更为广泛的应用,在浙江苍南某海上风电项目采用的钢管桩基础直径为7.5~10.5m、最大桩长达120m,单桩质量最大为2350t。目前在已建成的跨江海桥梁深水基础中,大多采用高承台群桩基础(苏通长江大桥、杭州湾跨海大桥、港珠澳大桥等)或沉井基础(江阴长江大桥、旧金山奥克兰海湾大桥、纽约布鲁克林大桥等)。在施工过程中,运用新的技术和方法不断克服施工难题、提升建造施工能力。我国桥梁深水基础近些年来采用了较多的超大直径钻孔灌注桩,深水钻孔灌注桩基础的深度由常见的50~80m,逐步增长至百米级上,并通过对钻孔灌注桩桩周与桩底进行压浆,增强地基的侧摩阻力和桩端承载力,例如西堠门公铁两用大桥5号桥塔基础采用φ6.3m大直径钻孔桩基础方案,钢护筒直径达6.8m,该大直径钻孔桩基础方案填补了我国深水超大直径钻孔灌注桩建造技术的空白。大直径钢管打入桩应用更为普遍,杭州湾跨海大桥建设时采用φ1.5m和φ1.6m的大直径钢管桩,桩长71~89m,施工采用了当时我国最先进的多功能全旋转式起重打桩船,在施工装备巨型化和快速化施工理念的指导下,超长超大直径钢管打入桩将广泛应用于大跨桥梁深水基础。

桩基础是通过承台把若干根桩的顶部连接成整体,共同承受静、动荷载的一种深基础。桩是设置于土中的竖直或倾斜的基础构件,其作用在于穿越软弱的高压缩性土层或水,将桩承受的荷载传递到更硬、更密实或压缩性较小的地基持力层上。桩基础中的单桩通常称之为基桩,如图4-1a)所示。

桩基础按承台位置可以分为低桩承台基础和高桩承台基础(简称低桩承台和高桩承台)。低桩承台的承台底面位于地面(或冲刷线)以下,如图4-1a)所示;高桩承台的承台底面位于地面(或冲刷线)以上,其结构特点是基桩有部分桩身沉入土中,而部分桩身外露在地面以上(或为桩的自由长度),如图4-1b)所示。

高桩承台由于承台位置较高或设在施工水位以上,可减少墩台的材料用量,并可避免或减少水下作业,施工较为方便,且更经济。然而,高桩承台基础刚度较小,在水平力作用下,承台以及基桩存在一段露出地面的自由长度,由于其周围没有可以共同承受水平外力的土体,基桩的受力较为不利,桩身内力和位移大于同样水平外力作用下的低桩承台,在稳定性方面低桩承台也较高桩承台好。

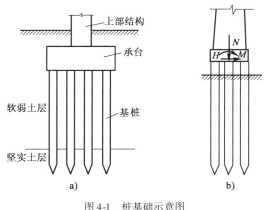

图 4-1 桩基础示意图

a)低承台桩基础;b)高承台桩基础

桩基础具有承载能力强、沉降量小等特点,其适用范围广泛,通常对于下列情况,可以优先考虑采用桩基础施工方案:

(1)软弱地基或某些特殊性土上的各类永久性建筑物,不允许地基有过大沉降和不均匀沉降时;

(2)对于高重建筑物,如高层建筑、重型工业厂房和仓库、料仓等,地基承载力不能满足设计需要时;

(3)对桥梁、码头、烟囱、输电塔等结构物,需要采用桩基础以承受较大的水平力和上拔力时;

(4)对精密或大型的设备基础,需要减小基础振幅、减弱基础振动对结构的影响时;

(5)在地震区,以桩基础作为地震区结构抗震措施或穿越可液化土层时;

(6)水上基础、施工水位较高或河床冲刷较大,例如跨海桥梁、海上风电等,采用浅基础施工困难或不能保证基础安全时。

根据建筑规模、功能特征、对差异变形的适应性、场地地基和建筑物体形的复杂性以及由于桩基问题可能造成建筑破坏或影响正常使用的程度,应将桩基设计分为以下的三个设计等级。①甲级建筑桩基:第一类是重要的建筑,以及 30 层以上或高度超过 100m 的高层建筑,这类建筑物的特点是荷载大、重心高、风荷载和地震作用下水平剪力大,设计时应严格控制桩基的整体倾斜和稳定;第二类是体型复杂且层数相差超过 10 层的高低层(含纯地下室)连体建筑物,以及 20 层以上框架－核心筒结构及其他对于差异沉降有特殊要求的建筑物;第三类是场地和地基条件复杂的 7 层以上的一般建筑物及坡地、岸边建筑,以及对相邻既有工程影响较大的建筑物,这类建筑物自身无特殊性,但由于场地条件、环境条件的特殊性,应按桩基设计等级甲级设计。②丙级建筑桩基:同时包含两方面,一是场地和地基条件简单,二是荷载分布较均匀,体型简单的 7 层及 7 层以下一般建筑。③乙级建筑桩基:甲级、丙级以外的建筑桩基,设计较甲级简单,计算内容应根据场地与地基条件、建筑物类型酌定。

在工程实践中,必须认真做好地基勘察,详细分析地质资料,综合考虑、精心设计施工,才能使所选基础类型产生最佳效益。

# 第二节　桩的类型及施工工艺

## 一、桩的分类

桩可以按不同的方法进行分类,例如桩径大小、施工工艺、桩身材料、荷载传递特性、成桩方法等,分类的目的是从不同的角度更好地掌握桩的不同特点,以便设计时合理地选择桩型。

### (一)按桩径大小分类

桩径大小影响桩的承载力性状,大直径钻(挖、冲)孔桩成孔过程中,孔壁的松弛变形导致侧阻力降低的效应随桩径增大而增大,桩端阻力则随直径增大而减小。

这种尺寸效应与土的性质有关,黏性土、粉土与砂土、碎石类土相比,尺寸效应相对较弱。另外,侧阻力和端阻力的尺寸效应与桩身直径 $d$、桩底直径 $D$ 呈双曲线函数关系。

按桩径(设计直径 $d$)大小分类:

(1)小直径桩: $d \leqslant 250\text{mm}$;

(2)中等直径桩: $250\text{mm} < d < 800\text{mm}$;

(3)大直径桩: $d \geqslant 800\text{mm}$。

### (二)按施工工艺分类

按施工工艺,桩可分为预制桩和灌注桩两大类。

1.预制桩

预制桩是通过专用机械设备将预先制作好的具有一定形状、刚度与构造的桩打入、压入或振入土中的桩型,预制桩可以是钢筋混凝土桩、预应力钢筋混凝土桩、钢桩或木桩。木桩在我国的使用历史悠久,但目前已很少使用,仅在某些特殊的加固工程或临时工程中采用,在此不作详述。

(1)钢筋混凝土桩

钢筋混凝土桩最常用的是实心方桩。该桩型质量可靠、制作方便、沉桩快捷,是近几十年来我国应用最普遍的一种桩型。其断面尺寸可从 $200\text{mm} \times 200\text{mm}$ 到 $600\text{mm} \times 600\text{mm}$;桩长在现场制作时可达 $25 \sim 30\text{m}$,在工厂预制时一般不超过 $12\text{m}$。分节制作的桩应保证桩头的质量,满足桩身承受轴力、弯矩和剪力的要求。接桩的方法有:钢板角钢焊接、法兰盘螺栓连接和硫磺胶泥锚固等。当采用静压法沉桩时,也常采用管桩或空心方桩;在软土层中也有采用三角形断面的预制桩,以节省材料,增加侧面积和摩阻力。

(2)预应力钢筋混凝土桩

预应力钢筋混凝土桩是预先将钢筋混凝土桩的部分或全部主筋作为预应力张拉钢筋,可采用先张法或后张法对桩身混凝土施加预压应力,以提高桩的抗冲(锤)击能力与抗弯能力。预应力钢筋混凝土桩常简称为预应力桩。

预应力钢筋混凝土桩与普通钢筋混凝土桩比较,其强度质量比大,含钢率低,耐冲击、耐久性和抗腐蚀性能高,其穿透能力强,因此特别适合于用作超长桩($L > 50\text{m}$)和需要穿越夹砂层的情况,所以其是高层建筑的理想桩型之一,但制作工艺要求较复杂。

预应力桩按其制作工艺可分为两类：一类是普通立模浇制的，断面形状为含内圆孔的正方形，称为预应力混凝土空心方桩，或简称预应力空心桩；另一类是离心法旋制的，断面形状为圆环形的预应力高强混凝土管桩（Prestressed High Strength Concrete Tube-shaped Piles），简称PHC桩。

目前，预应力空心方桩规格主要有：外边长 250mm × 250mm ~ 1000mm × 1000mm，以每50mm 为增量。而 PHC 桩常见的有以下几种规格：外径 $\phi$300mm、$\phi$400mm、$\phi$500mm、$\phi$600mm、$\phi$800mm、$\phi$1000mm，壁厚 90 ~ 130mm，桩段长 8 ~ 15m，钢板电焊或螺栓连接，混凝土强度达 C60 ~ C80。

（3）钢桩

钢桩主要有钢管桩和 H 形钢桩两种类型。

钢管桩系由钢板卷焊而成，常见直径有 $\phi$406mm、$\phi$609mm、$\phi$914mm 和 $\phi$1200mm 几种，壁厚通常是按使用阶段应力设计的，一般为 10 ~ 20mm。钢管桩具有强度高、抗冲击疲劳性能好、贯入能力强、抗弯曲刚度大、单桩承载力高、便于割接、质量可靠、便于运输、沉桩速度快以及挤土影响小等优点；但它的抗腐蚀性能较差，须做表面防腐蚀处理，且价格昂贵。因此，在我国一般只在必须穿越砂层或其他桩型无法施工和质量难以保证，或必须控制挤土影响，或工期紧迫等情况以及重要工程才选用。如上海 88 层超高层金茂大厦采用了直径 914mm，壁厚 20mm 的钢管桩，入土深度为 83m。

H 形钢桩系一次轧制成型，与钢管桩相比，其挤土效应更弱、割焊与沉桩更便捷、穿透性能更强。H 形钢桩的不足之处是侧向刚度较弱，打桩时桩身易向刚度较弱的一侧倾斜，甚至产生施工弯曲。在这种情况下，采用钢筋混凝土或预应力混凝土桩身加 H 形钢桩尖的组合桩则是一种性能优越的桩型。实践证明，这种组合桩能顺利穿过夹块石的土层，亦能嵌入 $N_{63.5} > 50$ 的风化岩层。

（4）预制桩的施工工艺

预制桩的施工工艺包括制桩与沉桩两部分。沉桩工艺又随沉桩机械而变，主要有三种：锤击法、静压法和振动法。

锤击法的施工参数是不同深度的累计锤击数和最后贯入度，压桩法的施工参数是不同深度的压桩力。它们包含着桩身穿过土层的信息，在相似场地中积累了一定施工经验后，可以根据这些施工参数预估单桩承载力的大小，判断桩尖是否达到持力层的位置。如果场地内不同区域之间施工参数出现明显变化，则预示着地基不均匀；如果个别桩施工参数出现明显变化时，可能是桩遇到了障碍物或桩身已经损坏，因此设计确定的沉桩控制标准，往往要求设计高程和锤击贯入度双重控制。

2. 灌注桩

灌注桩是在工程现场通过机械钻孔、钢管挤土或人力挖掘等手段在地基土中形成的桩孔内放置钢筋笼并灌注混凝土而形成的桩。依照成孔方法不同，灌注桩可分为沉管灌注桩、钻孔灌注桩和挖孔灌注桩等几大类。

（1）钻（冲）孔灌注桩

钻孔灌注桩与冲孔灌注桩是指在桩位上用机械方法钻进或冲击成孔的灌注桩。其施工顺序如图 4-2 所示，主要分四步：成孔、下导管和钢筋笼、导管法浇灌水下混凝土、成桩。钻孔灌注桩采用钻头回转钻进成孔，同时采用具有一定重度和黏度的泥浆进行护壁，通过泥浆不断地正循环或反循环,完成将钻渣携运出孔的任务;回转钻进对于卵砾石层、漂石、孤石和硬基岩较为困难,一般先用冲击钻头进行破碎,然后捞渣出孔。

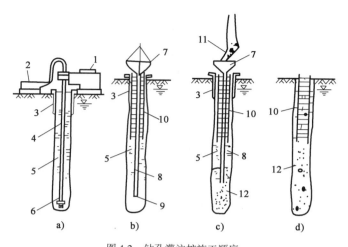

图 4-2　钻孔灌注桩施工顺序
a)成孔;b)下导管和钢筋笼;c)浇灌水下混凝土;d)成桩

1-钻机;2-泥浆泵;3-护筒;4-钻杆;5-护壁泥浆;6-钻头;7-漏斗;8-混凝土导管;9-导管塞;10-钢筋笼;11-进料斗;12-混凝土

这种成孔工艺可穿过任何类型的地层,桩长可达 100m,桩端不仅可进入微风化基岩而且可扩底;目前常用直径为 600mm、800mm 和 1000mm,甚至可以做到 2000mm 以上的大直径桩,单桩承载力和横向刚度较预制桩大大提高。

钻孔灌注桩施工过程无挤土、振动小、噪声小,环境影响较小,在城市建设中获得了越来越广泛的应用。需要注意的是,灌注桩施工中产生的泥浆应进行处理,不得污染环境。

(2)人工挖孔灌注桩

人工挖孔灌注桩简称挖孔桩,是先用人力挖土形成桩孔,在向下掘进的同时,设孔壁衬砌以保证施工安全,最后在清理完孔底后,浇灌混凝土。这种方法可形成大尺寸的桩,满足了高层建筑对大直径桩的迫切需求,成本较低,且对周围环境也没有影响。挖孔桩在全国推广应用较快,成为一些地区高层建筑桩基础的一种常用桩型。

挖孔桩的护壁可有多种方式,最早用木板钢环梁或套筒式金属壳等。现在多用混凝土现浇,整体性和防渗性更好,构造形式灵活多变,并可做成扩底,如图 4-3 所示。当地下水位很低,孔壁稳固时,亦可无护壁挖土。由于工人在挖土时存在安全问题,挖孔桩挖深有限,最忌在含水砂层中开挖。挖孔桩主要适用于场地土层条件较好,在地表下不深的位置有硬持力层,而且上部覆土透水性较低或地下水位较低的条件。它可做成嵌岩端承桩或摩擦端承桩、直身桩或扩底桩、实心桩或空心桩。挖孔桩因为直径较大,当桩长较小时也称作为墩。

(3)沉管灌注桩和沉管夯扩灌注桩

沉管灌注桩又称套管成孔灌注桩。这类灌注桩采用振动沉管打桩机或锤击沉管打桩机,将带有活瓣式桩尖,或锥形封口桩尖,或预制钢筋混凝土桩尖的钢管沉入土中,然后边灌注混凝土、边振动或边锤击、边拔出钢管而形成灌注桩。该方法具有施工方便、快捷、造价低的优点,是国内目前采用得较为广泛的一种灌注桩。

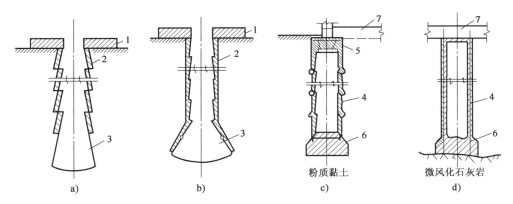

图 4-3 挖孔桩的护壁形式和空心桩构造
a)阶梯式护壁;b)内叠式护壁;c)竹节式空心桩;d)直壁式空心桩
1-孔口护板;2-孔壁护圈;3-扩底;4-配筋护壁兼桩身;5-顶盖;6-混凝土封底;7-基础梁

沉管灌注桩是最早出现的现场灌注桩,其施工程序一般包括四个步骤:沉管、放笼、灌注、拔管,如图 4-4 所示。沉管灌注桩的优点是在钢管内无水环境中沉放钢筋笼并浇灌混凝土,从而为桩身混凝土的质量提供了保障。

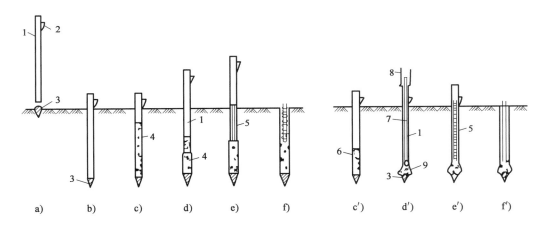

图 4-4 沉管灌注桩与夯扩桩的施工顺序
a)打桩机就位;b)沉管;c)浇灌混凝土;d)边拔管、边振动;e)安放钢筋笼,继续浇灌混凝土;f)成型夯扩桩工艺;c')浇灌扩底混凝土;d')内夯扩底;e')安放钢筋笼,继续浇灌混凝土;f')成型
1-桩管;2-混凝土注入口;3-预制桩尖;4-混凝土;5-钢筋笼;6-初灌扩底混凝土;7-夯锤;8-吊绳;9-扩大头

沉管夯扩灌注桩简称夯扩桩,是在锤击沉管灌注桩的机械设备与施工方法的基础上加以改进,增加一根内夯管,并按照一定的施工工艺,采用夯扩的方式将桩端现浇混凝土扩大成大头形的一种桩型。其通过扩大桩端截面积和挤密地基,使桩端土的承载力有较大幅度提高,同时桩身混凝土在柴油锤和内夯管的压力作用下成型,避免了"缩颈"现象,使桩身质量得以保证。

沉管灌注桩常用桩径为 $\phi325mm$、$\phi377mm$、$\phi425mm$,受机具限制,桩长一般不超过 30m,因此单桩承载力较低,主要适用于中小型的工业与民用建筑。近几年来,夯扩桩技术有了进一步的发展,研制出了 $\phi500mm$、$\phi600mm$、$\phi700mm$ 大直径沉管夯扩灌注桩,最大施工长度超过

40m,并可利用基岩埋深较浅的地质条件,以强风化岩层为持力层,可以得到较高的单桩承载力,因此这类桩在高层建筑工程中也获得了推广与应用。

沉管灌注桩无需排土排浆,造价低。20世纪80年代曾风行于南方各省,由于设计施工对于这类桩的挤土效应认识不足,造成的事故极多,因而21世纪以来应用逐渐减少。鉴于沉管灌注桩应用不当的普遍性及其严重后果,在《桩基规范》修订中,对沉管灌注桩的应用范围作了控制,在软土地区仅限于多层住宅单排桩条基使用。

## 二、各类桩的主要特点

不同形式的桩,由于采用不同的施工工艺、材料和构造,其承载性能、对环境影响和适用条件等也均有所差异。下面就以下主要特性进行比较。

### 1. 承载性能

建筑工程行业的桩基础大多以竖向荷载为主,因而多用竖直桩。根据桩在极限承载力状态下,桩侧与桩端阻力的发挥程度和分担荷载比例,将桩分为摩擦型桩和端承型桩两大类。

桩基础承载性状的变化不仅与桩端持力层性质有关,还与桩的长径比、桩周土层性质,成桩工艺等有关。

### 2. 振动、噪声

预制桩、沉管灌注桩在用锤击或振动法下沉时,施工噪声大,污染环境,不宜在居住区周围使用。预制桩用静压法施工可消除噪声污染,而且可降低桩身混凝土强度、含筋率,是城区预制桩的主要施工方法。钻孔灌注桩在施工过程中振动、噪声小,是城区建筑的常用桩型。

### 3. 挤土效应

按成桩挤土效应分类,经大量工程实践证明是必要的,成桩过程中有无挤土效应,涉及设计选型、布桩和成桩过程质量控制。预制钢筋混凝土桩、沉管灌注桩(无论打入、压入或振入)均属于挤土桩。成桩过程的挤土效应在饱和黏性土中是负面的,在饱和软黏土中进行密集桩群施工将使土中超孔隙水压力剧增(可达上覆土重的1.4倍,甚至更高)、地表隆起(例如桩区内50m,隆起总体积约为桩入土体积的40%)、浅层土体水平位移(影响范围可达1倍桩长以上)、深层土体位移、先打设的桩被抬起和挤偏甚至弯曲和断裂。由此将造成各种危害,包括原有建筑物下沉或局部抬起以致结构损坏,邻近路面开裂以及地下管线位移或破坏。但在松散土和非饱和填土中则是正面的,会起到加密、提高承载力的作用。

钻孔灌注桩、挖孔灌注桩为非挤土桩,对邻近建筑物及地下管线危害很小。

有效控制和减轻沉桩的挤土效应已成为市区选用预制桩的前提条件。实践中已形成一些行之有效的方法,例如设置防振沟、挤土井、预钻孔、排水砂井、控制沉桩速度以及调整打桩流水等。也可采用端部开口或半闭口的管桩,沉桩时部分土进入桩管内,减小了挤土效应。这类桩为部分挤土桩,内径越大挤土效应就越不明显,但端部开口或半闭口的管桩的承载力较端部封闭式桩的承载力小。

### 4. 沉桩能力

受设备能力的限制,单节预制桩的长度不能过长,一般在30m以内,若更长时则需要接桩。预制钢筋混凝土桩不易穿透较厚的坚硬地层,沉桩困难时需采用射水辅助振动沉桩法、预钻孔法等方法。由于节长规格无法临时变更,沉桩无法达到设计高程时,就不得不截桩。因此除钢桩、嵌岩桩外,受沉桩能力的限制,预制混凝土桩、沉管灌注桩的桩径、桩长不可太大,单桩极限承载力一般不超过 6000kN。

钻孔灌注桩直径可大至 2m 以上,桩长超过 100m,可适用于各种地层,桩端不仅可进入微风化基岩而且可扩底,挖孔灌注桩直径更可扩大至 2~3m,因此单桩的承载能力大,单桩极限承载力可达 15000kN 以上。

5. 施工应力

预制桩的配筋往往是由搬运起吊和锤击时的施工工况所控制,远超过正常工作荷载对强度的要求,因此桩身混凝土强度等级高,含筋率也高,主筋要求通长配置,用钢量大。

灌注桩的优点是省去了预制桩的制作、运输、吊装和打入等工序,桩不承受这些过程中的弯折和锤击应力,从而节省了钢材和造价。其仅承受轴向压力时,可不用配置钢筋,或仅用少量的构造筋;需配置钢筋时,按工作荷载要求布置,通常只在上部配筋,不用接头,节约了钢的用量,也不需使用高强度等级混凝土,一般情况下比预制桩经济。

6. 质量稳定性

预制桩的接头常为桩身的薄弱环节。沉桩的挤土效应可使先打设的桩被抬起,如果接桩不牢固,可使上下两节桩脱开。沉管灌注桩的挤土效应也可能使混凝土尚未结硬的邻桩被剪断,对策是采取"跳打"顺序施工,待混凝土强度足够时再在它的近旁施打相邻桩。

与预制桩相比,灌注桩的主要缺点是桩身的混凝土质量不易控制和保证,在地下、水下灌注混凝土过程中容易出现离析、断桩、缩颈、露筋和夹泥的现象。

钻(冲)孔灌注桩在钻进过程中,采用泥浆防止孔壁坍塌,并利用泥浆的循环将孔内碎渣带出孔外,成孔过程中会使孔壁松弛并吸附泥皮,孔底沉淀钻渣,影响桩的承载能力。但严格的管理和成熟的工艺,可使这类缺点的影响得到有效控制。克服这一缺点的措施主要有:保证清孔质量,一般要求在沉放钢筋笼前后各进行一次清孔,孔底沉渣厚度控制在 10cm 以内;采用后压浆施工工艺,通过预埋注浆管在成桩后进行桩底注浆,使桩底沉渣、桩侧泥皮得以置换并加固,形成后压浆钻孔灌注桩;利用机械削土方法或挤压方法做成葫芦串式的多级扩径桩;或创造一个在无水环境下浇注混凝土的条件,例如套管护壁干取土施工工艺;或旋挖成孔,用可闭合开启的钻斗,旋转切挖土层,切挖下来的土层直接进入钻斗内,钻斗装满后提出孔外卸土,形成旋挖成孔灌注桩;或通过长螺旋钻孔至桩端位置,而后利用钻头自下而上压灌混凝土成桩,施工过程没有泥浆护壁问题。

挖孔桩的施工质量比钻孔桩更有保证。因为:①可在开挖面直接鉴别和检验孔壁和孔底的土质情况,弥补和纠正勘察工作的不足;②能直接测定与控制桩身与桩底的直径及形状等,克服了地下工程的隐蔽性;③挖土和浇灌混凝土都是在无水环境下进行的,避免了泥水对桩身质量和承载力的影响。

# 第三节 竖向荷载下的桩基础

桩顶的作用荷载一般包括轴向力、水平力和弯矩。在了解桩的受力性能及计算承载力时,往往对桩的竖向受荷情况单独进行研究。本节主要讨论竖向荷载下单桩的承载性能。

## 一、单桩的荷载传递特性与荷载-沉降曲线

### (一)桩侧阻力和桩端阻力的荷载传递函数

#### 1. 桩的荷载传递过程

在竖向荷载作用下,桩身材料将产生弹性压缩变形,桩与桩侧土体发生相对位移,因而桩侧土对桩身产生向上的桩侧摩阻力。如果桩侧摩阻力不足以抵抗竖向荷载,一部分竖向荷载将传递到桩端,桩端持力层将产生压缩变形,故桩底土也会产生桩端阻力。桩通过桩侧阻力和桩端阻力将荷载传递给土体。当桩静止不动时,桩侧阻力和桩端阻力为零;当桩顶受力后,桩发生一定的沉降后达到稳定,桩侧阻力和桩端阻力之和与桩顶荷载平衡;随着桩顶荷载的不断增大,桩侧阻力和桩端阻力也相应地增大,当桩顶在某一荷载作用下,出现不停滞下沉时,桩侧阻力和桩端阻力达到了极限值。

#### 2. 荷载传递函数

桩侧阻力和桩端阻力的发挥,需要一定的桩土相对位移,即桩侧阻力和桩端阻力是桩土相对位移的函数,通常称之为荷载传递函数。荷载传递函数曲线的形状比较复杂,它与土层性质、埋深、施工工艺和桩径大小有关。

荷载传递函数的主要特征参数为极限摩阻力 $q_u$ 和对应的极限位移 $s_u$。对于加工软化型土(如密实砂、粉土、高结构性黄土等),所需 $s_u$ 值较小,且摩阻力 $q_s$ 达最大值后又随位移的增大而有所减小;对于加工硬化型土(如非密实砂、粉土、粉质黏土等),所需 $s_u$ 值更大,且极限特征点不明显(图4-5)。试验表明,桩端阻力的充分发挥需要有较大的位移值,在黏性土中约为桩底直径的25%,在砂性土中约为桩底直径的8%~10%;对于钻孔桩,由于孔底虚土、沉渣压缩的影响,发挥端阻极限值所需位移更大。而桩侧摩阻力只要桩土间有不太大的相对位移就能得到充分的发挥,但具体数值目前业内没有一致的意见,一般认为黏性土为4~6mm,砂性土为6~10mm。对于大直径的钻孔灌注桩,如果孔壁呈凹凸形,发挥桩侧摩阻力需要的极限位移较大,可达20mm以上,甚至40mm,约为桩径的2.2%;如果孔壁平直光滑,发挥桩侧摩阻力需要的极限位移较小,小至只有3~4mm,将影响桩侧摩阻力的发挥。

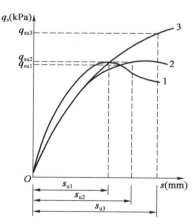

图4-5 荷载传递函数的曲线形状
1-加工软化型;2-非软化、硬化型;3-加工硬化

### (二)单桩的荷载传递特性

#### 1. 桩侧阻力、桩端阻力的影响因素与规律

(1)桩的侧阻力、端阻力影响因素

桩侧摩阻力除与桩土间的相对位移有关,还与土的性质、桩的刚度和土中应力状态以及桩的施工方法等多种因素有关。桩侧土的极限摩阻力值与桩侧土的剪切强度有关,随着土的抗剪强度的增大而增大。

桩身轴力、位移在桩顶最大，自上而下逐步减小，因此，桩侧摩阻力发挥程度也总是在桩顶附近最高，然后向下不断减小。由于桩端阻力发挥所需的极限位移，明显大于桩侧摩阻力发挥所需的极限位移，一般桩侧摩阻力总是先于桩端阻力发挥。桩端阻力的发挥不仅滞后于桩侧摩阻力，而且其充分发挥所需的桩端位移值比桩侧摩阻力到达极限所需的桩身位移值大得多。因此，在工作状态下，单桩桩端阻力的安全储备一般大于桩侧摩阻力的安全储备。

（2）深度效应

当桩端进入均匀持力层的深度 $h$ 小于某一深度时，其端阻力一直随深度线性增大；当进入深度大于该深度后，极限端阻力基本保持恒定不变，该深度称为端阻力的临界深度 $h_{cp}$，该恒定极限端阻力为端阻稳定值 $q_{pl}$。试验结果表明，当持力层为砂土层时，临界深度 $h_{cp}$ 随砂的相对密度 $D_r$ 和桩径 $d$ 的增大而增大，随上覆压力 $p_0$ 的增大而减小。端阻稳定值 $q_{pl}$ 随砂的相对密度 $D_r$ 增大而增大，而与桩径 $d$ 及上覆压力 $p_0$ 无关。

当桩端持力层下存在软弱下卧层，且桩端与软弱下卧层的距离小于某一厚度时，端阻力将受软弱下卧层的影响而降低。该厚度称为端阻的临界厚度 $t_c$。临界厚度 $t_c$ 主要随砂的相对密度 $D_r$ 和桩径 $d$ 的增大而加大。

图 4-6 表示软土中密砂夹层厚度变化及桩端进入夹层深度变化对端阻的影响。当桩端进入密砂夹层的深度及离软卧层距离足够大时，其端阻力可达到密砂中的端阻稳值 $q_{pl}$，这时要求夹层总厚度不小于 $h_{cp}+t_c$，如图 4-6 中的③；反之，当桩端进入夹层的厚度 $h<h_{cp}$ 或距软土层顶面距离 $t_p<t_c$ 时，其端阻值都将减小，如图 4-6中的①、②。

在上海、安徽蚌埠对桩端进入粉砂不同深度的打入桩进行了系列试验，可知临界深度 $h_{cp}$ 在 $7d$ 以上，临界厚度 $t_c$ 为 $5\sim7d$；硬黏性土中的临界深度与临界厚度接近相等，$h_{cp}\approx t_c\approx7d$。

（3）成桩效应

挤土桩、部分挤土桩的成桩效应：非密实砂土中的挤土桩，在成桩过程中桩周土因挤压而趋于密实，导致桩侧、桩端阻力提高。对于桩群，桩周土的挤密效应更

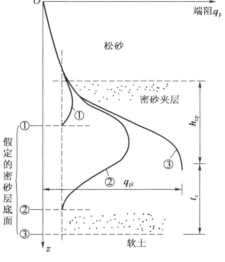

图 4-6 桩端进入夹层深度变化对端阻的影响

为显著。饱和黏土中的挤土桩，在成桩过程中桩周土受到挤压、扰动、重塑，产生超孔隙水压力，随后出现孔压消散、再固结和触变恢复，导致侧阻力、端阻力产生显著的时间效应，即软黏土中挤土摩擦型桩的承载力随时间而增长，距离沉桩时间越近，增长速度越快。

非挤土桩的成桩效应：非挤土桩（钻、冲、挖孔灌注桩），在成孔过程中由于孔壁侧向应力解除，会出现侧向土松弛变形。孔壁土的松弛效应导致土体强度削弱，桩侧阻力随之降低。采用泥浆护壁成孔的灌注桩，在桩土界面之间将形成"泥皮"的软弱界面，导致桩侧阻力显著降低，泥浆越稠、成孔时间越长，"泥皮"越厚，桩侧阻力降低越多。如果形成的孔壁比较粗糙（凹凸不平），由于混凝土与土之间的咬合作用，接触面的抗剪强度受泥皮的影响较小，使得桩侧摩阻力能得到比较充分的发挥。对于非挤土桩，成桩过程中桩端土不仅不产生挤密，反而出现虚土或沉渣现象，因而使端阻力降低，沉渣越厚，端阻力降低越多。这说明钻孔灌注桩承载特

性受很多施工因素的影响,施工质量较难控制。掌握成熟的施工工艺、加强质量管理,对保障工程的可靠性显得尤为重要。

2. 桩侧、桩端阻力的荷载分担比

桩侧、桩端阻力的荷载分担情况,除了与桩侧、桩端土的性质有关以外,还与桩土相对刚度、长径比 $l/d$ 有关。桩土相对刚度越大,长径比 $l/d$ 越小,桩端传递的荷载就越大。按桩侧阻力与桩端阻力的发挥程度和分担荷载比,可将桩分为摩擦型桩和端承型桩两大类和四个亚类。

(1)摩擦型桩

摩擦型桩是指在竖向极限荷载作用下,桩顶荷载全部或主要由桩侧阻力承受。根据桩侧阻力分担荷载的大小,摩擦型桩可分为摩擦桩和端承摩擦桩两类。

在深厚的软弱土层中,无较硬的土层作为桩端持力层,或桩端持力层虽然较坚硬但桩的长径比 $l/d$ 很大,传递到桩端的轴力很小,以至在极限荷载作用下,桩顶荷载绝大部分由桩侧阻力承受,桩端阻力很小可忽略不计,该类型桩称为摩擦桩。

当桩的 $l/d$ 不很大,桩端持力层为较坚硬的黏性土、粉土或砂类土时,则桩除侧阻力外,还有一定的端阻力。桩顶荷载由桩侧阻力和桩端阻力共同承担,但大部分由桩侧阻力承受,称其为端承摩擦桩。这类桩所占比例很大。

对于钻(冲)孔灌注桩,桩侧与桩端荷载分担比还与孔底沉渣有关,一般为摩擦型桩。

(2)端承型桩

端承型桩是指在竖向极限荷载作用下,桩顶荷载全部或主要由桩端阻力承受,桩侧阻力相对桩端阻力而言较小,或可忽略不计的桩。根据桩端阻力发挥的程度和分担荷载的比例,其又可分为摩擦端承桩和端承桩两类。

桩端进入中密以上的砂土、碎石类土或中、微风化岩层,桩顶极限荷载由桩侧阻力和桩端阻力共同承担,但主要由桩端阻力承受,称其为摩擦端承桩。

当桩的 $l/d$ 较小(一般小于10),桩身穿越软弱土层,桩端设置在密实砂层、碎石类土层或微风化岩层中,桩顶荷载绝大部分由桩端阻力承受,桩侧阻力很小可忽略不计时,称其为端承桩。

桩端嵌入完整或较完整基岩的桩也称嵌岩桩。

3. 单桩的破坏模式

单桩的破坏模式同桩的荷载-沉降曲线和受力特点有关。如图 4-7 所示,对于摩擦型桩,

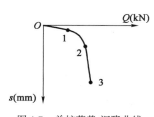

图 4-7  单桩荷载-沉降曲线

桩端持力层的地基反力系数 $k_s$ 值很小,2-3 直线段近似于竖直线,$Q\text{-}s$ 曲线陡降,在点 2 处出现明显拐点,一般属刺入破坏;对于端承型桩,桩端阻力占承载力的比例较大,$k_s$ 值较大,在点 2 处不出现明显拐点,而端阻破坏又需要很大位移,整个 $Q\text{-}s$ 曲线呈缓变形;对于端承桩和桩身有缺陷的桩,在土阻力尚未充分发挥情况下,出现因桩身材料强度破坏而破坏,$Q\text{-}s$ 曲线也呈陡降形,桩的承载力取决于桩身材料强度,表现为屈曲破坏模式。

## (三)桩土体系荷载传递的基本方程及解答

1. 荷载传递的基本方程

如图 4-8 所示,桩顶在竖向荷载作用下,深度 $z$ 处桩身轴力为:

$$Q(z) = Q_0 - u \int_0^z q_s(z)\, dz \tag{4-1}$$

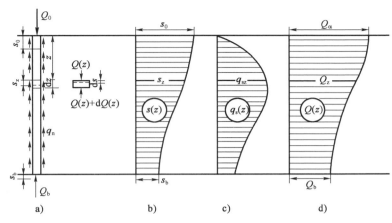

图 4-8 单桩荷载传递分析

相应的竖向沉降为:

$$s(z) = s_b + \frac{1}{E_p A_p} \int_z^1 Q(z)\, dz \tag{4-2}$$

从 $dz$ 微单元体的竖向力的平衡可得:

$$q_s(z) = -\frac{1}{u} \cdot \frac{dQ(z)}{dz} \tag{4-3}$$

根据材料力学可得微段 $dz$ 的变形为:

$$ds(z) = -\frac{Q(z)}{E_p A_p} dz \tag{4-4a}$$

所以:

$$Q(z) = -E_p A_p \cdot \frac{ds(z)}{dz} \tag{4-4b}$$

将式(4-4b)代入式(4-3),可得桩土体系荷载传递过程的基本微分方程为:

$$\frac{ds^2(z)}{dz^2} - \frac{u}{A_p \cdot E_p} \cdot q_s(z) = 0 \tag{4-5}$$

式中:$s(z)$——深度 $z$ 处的桩身位移;

$\quad q_s(z)$——深度 $z$ 处的桩侧摩阻力;

$\quad u$——桩身截面周长;

$\quad A_p$——桩身截面积;

$\quad E_p$——桩身弹性模量。

其中,$q_s(z)$ 是 $s(z)$ 的函数,方程的解即桩顶在竖向荷载作用下的位移反应,主要取决于荷载传递函数 $q_s(z)$-$s(z)$ 的形式。

2. 均质地基中桩顶的荷载-沉降($Q$-$s$)曲线

由于土的工程性质的复杂,加上桩的施工工艺的多样性,荷载传递函数比较复杂,这就给求解上述方程带来了困难。为了便于研究单桩的荷载传递机理,1965 年日本学者佐腾悟提出了一种解析算法,计算假定如下。

（1）传递函数是线弹性-塑性关系（图4-9），即：

当 $s < s_u$ 时 $\qquad\qquad\qquad\qquad q_s = C_s s$

当 $s \geqslant s_u$ 时 $\qquad\qquad\qquad\qquad q_s = q_{su} = 常数$ $\qquad\qquad$ (4-6)

（2）剪切变形系数 $C_s$ 沿深度方向相同。

（3）桩持力层垂直方向上的地基反力系数为 $k_s$，则 $Q(l) = k_s \cdot A_l \cdot s(l)$（$A_l$ 为桩端截面积，$l$ 为桩长）。

将式(4-6)代入方程(4-5)，得：

$$\frac{\mathrm{d}s^2(z)}{\mathrm{d}z^2} - \frac{C_s \cdot u}{A_p \cdot E_p} \cdot s(z) = 0 \qquad\qquad (4\text{-}7)$$

这是一个二阶线性微分方程，结合边界条件，可以得到桩顶的荷载-沉降（$Q$-$s$）曲线（图4-7）。其 $Q$-$s$ 曲线可以分为以下三个阶段。

（1）桩侧土弹性阶段

相当于 $0-1$ 段（直线），桩身各点的摩阻力都小于极限侧阻力$[q_s(z) < q_{su}]$。

（2）桩侧土弹塑性阶段

相当于 $1-2$ 段（曲线），当桩顶的侧阻力达到极限时（相当于 1 点），$Q$-$s$ 关系不再是直线，而是曲线，因为桩侧达到塑性状态后，就不再具有抗变形刚度（$C_s = 0$）；随着桩顶荷载增加，桩侧土达到塑性状态的范围由浅到深不断扩大，桩顶的抗变形刚度也就不断下降，即 $\Delta Q / \Delta s$ 不断减小，直到桩长范围的桩侧土均达到塑性状态（2 点）。

（3）桩侧土完全塑性阶段

相当于 $2-3$ 段（直线），新增加的荷重全部由桩端承担，直到持力层破坏（$k_s s_1 \geqslant q_{bu}$）。此时，桩顶的抗变形刚度主要取决于持力层的地基反力系数 $k_s$。

图4-9 的单桩荷载-沉降（$Q$-$s$）曲线是在假定均质地基、传递函数是线弹性-塑性关系基础上得到的，因此是一条理想化曲线。由于实际地基土层分布的复杂性及荷载传递函数的非线性，工程桩的 $Q$-$s$ 曲线也是很复杂的，后续又有学者在上述的线弹性-塑性关系进行改进，提出更为符合工程实际的传递函数。

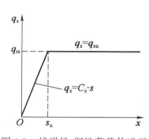

图4-9 线弹性-塑性荷载传递函数

## 二、单桩极限承载力的确定

单桩竖向极限承载力是指单桩在竖向荷载作用下达到破坏状态前或出现不适于继续承载的变形所对应的最大荷载。单桩竖向抗压承载力不仅取决于地基土对桩的支承能力，还取决于桩身的材料强度，两者之间取小值。一般情况下，桩的承载力由地基土的支承能力所控制，材料强度往往不能充分发挥，通常只有端承桩、超长桩及桩身质量有缺陷的桩，桩身材料强度才起到控制作用，按桩身材料强度的计算将在第5.4 节中介绍。

确定单桩极限承载力的方法有经验参数法、静载荷试验法、静力触探法、静力计算法、高应变动测法等。本教材主要介绍前三种方法。

### (一)经验参数法

根据土的物理指标与承载力参数之间的经验关系计算单桩竖向极限承载力,核心问题是经验参数的收集,统计分析,力求覆盖不同桩型、地区和土质条件。

单桩极限承载力标准值 $Q_{uk}$ 由总桩侧摩阻力和总桩端阻力组成,可按式(4-8)计算。对于直径大于 800mm 的大直径单桩,其静载试验 $Q$-$S$ 曲线通常呈缓变型,应考虑大直径桩的极限侧阻力和极限端阻力的尺寸效应,可对其分别乘以尺寸效应系数加以修改。

$$Q_{uk} = Q_{sk} + Q_{pk} = u \sum l_i q_{sik} + A_p q_{pk} \qquad (4\text{-}8)$$

允许作用在桩顶的荷载采用承载力特征值来表示,单桩竖向承载力特征值为:

$$R_a = \frac{Q_{uk}}{K} \qquad (4\text{-}9)$$

式中:$Q_{sk}$、$Q_{pk}$——单桩的总极限侧阻力标准值、总极限端阻力标准值;

$\quad\quad q_{sik}$、$q_{pk}$——桩周第 $i$ 层土的极限侧阻力标准值和桩端持力层极限端阻力标准值,如无当地经验时可按表 4-1 和表 4-2 选用;

$\quad\quad u$——桩周长;

$\quad\quad l_i$——按土层划分的第 $i$ 层土桩长;

$\quad\quad K$——安全系数,一般取 $K=2$。

表 4-1 和表 4-2 是《桩基规范》给出的混凝土预制桩和灌注桩在常见土层中的摩阻力经验值。这是在对全国各地收集到的几百根试桩资料进行统计分析后得到的。由于全国各地的地基性质差别很大,这些表格用于指导各地的设计时有其局限性,而使用各地方或各区域自己的承载力参数表则更合理些。目前全国许多省市的工程建设规范中已提供了这类参数表。

桩的极限侧阻力标准值 $q_{sik}$(kPa)        表 4-1

| 土的名称 | 土的状态 | 混凝土预制桩 | 水下钻(冲)孔桩 | 干作业钻孔桩 |
|---|---|---|---|---|
| 填土 | | 22 ~ 30 | 20 ~ 28 | 20 ~ 28 |
| 淤泥 | | 14 ~ 20 | 12 ~ 18 | 12 ~ 18 |
| 淤泥质土 | | 22 ~ 30 | 20 ~ 28 | 20 ~ 28 |
| 黏性土 | $I_L > 1$ | 24 ~ 40 | 21 ~ 38 | 21 ~ 38 |
| | $0.75 < I_L \leq 1$ | 40 ~ 55 | 38 ~ 53 | 38 ~ 53 |
| | $0.50 < I_L \leq 0.75$ | 55 ~ 70 | 53 ~ 68 | 53 ~ 66 |
| | $0.25 < I_L \leq 0.5$ | 70 ~ 86 | 68 ~ 84 | 66 ~ 82 |
| | $0 < I_L \leq 0.25$ | 86 ~ 98 | 84 ~ 96 | 82 ~ 94 |
| | $I_L \leq 0$ | 98 ~ 105 | 96 ~ 102 | 94 ~ 104 |
| 红黏土 | $0.7 < \alpha_w \leq 1$ | 13 ~ 32 | 12 ~ 30 | 12 ~ 30 |
| | $0.5 < \alpha_w \leq 0.7$ | 32 ~ 74 | 30 ~ 70 | 30 ~ 70 |
| 粉土 | $e > 0.9$ | 26 ~ 46 | 24 ~ 42 | 24 ~ 42 |
| | $0.75 < e \leq 0.9$ | 46 ~ 66 | 42 ~ 62 | 42 ~ 62 |
| | $e < 0.75$ | 66 ~ 88 | 62 ~ 82 | 62 ~ 82 |
| 粉细砂 | 稍密 | 24 ~ 48 | 22 ~ 46 | 22 ~ 46 |
| | 中密 | 48 ~ 66 | 46 ~ 64 | 46 ~ 64 |
| | 密实 | 66 ~ 88 | 64 ~ 86 | 64 ~ 86 |

| 土的名称 | 土的状态 | 混凝土预制桩 | 水下钻(冲)孔桩 | 干作业钻孔桩 |
|---|---|---|---|---|
| 中砂 | 中密 | 54~74 | 53~72 | 53~72 |
| | 密实 | 74~95 | 72~94 | 72~94 |
| 粗砂 | 中密 | 74~95 | 74~95 | 76~98 |
| | 密实 | 95~116 | 95~116 | 98~120 |
| 砾砂 | 稍密 | 70~110 | 50~90 | 60~100 |
| | 中密、密实 | 116~138 | 116~130 | 112~130 |
| 圆砾、角砾 | 中密、密实 | 160~200 | 135~150 | 135~150 |
| 碎石、卵石 | 中密、密实 | 200~300 | 140~170 | 150~170 |

注:1. 对于尚未完成自重固结的填土和以生活垃圾为主的杂填土,不计算其侧阻力。

2. $\alpha_w = w/w_L$,为含水比。

《桩基规范》还给出了后压浆灌注桩、大直径灌注桩、嵌岩桩、管桩等较为特殊桩型的承载力估算方法,限于篇幅本教材不再阐述。

### (二)静载荷试验法

目前对单桩竖向极限承载力计算受土的强度参数、成桩工艺、计算模式不确定性影响的可靠度分析仍处于探索阶段的情况下,单桩竖向极限承载力仍以原位原型试验为最可靠的确定方法。对于设计等级为甲级的建筑桩基,应通过单桩静载试验确定;设计等级为乙级的建筑桩基,当地质条件简单时,可参照地质条件相同的试桩资料,结合静力触探等原位测试和经验参数综合确定;其余均应通过单桩静载试验确定。单桩静载试验方法按现行《建筑基桩检测技术规范》(JGJ 106)执行。

#### 1. 试验装置

静载荷试验装置主要由加载系统和量测系统组成。如图4-10a)所示为单桩竖向静载荷试验法的锚桩横梁反力装置布置图。加载系统由千斤顶及其反力系统组成,后者包括主、次梁及锚桩,所能提供的反力应大于预估最大试验荷载的1.2倍。采用工程桩作为锚桩时,锚桩数量不能少于4根,并应对试验过程中的锚桩上拔量进行监测。反力系统也可以采用压重平台反力装置或锚桩压重联合反力装置。采用压重平台反力装置时[图4-10b)],要求压重必须大于预估最大试验荷载的1.2倍,且压重应在试验开始前一次加上,并均匀稳固放置于平台上;压重施加于地基的压应力不宜大于地基承载力特征值的1.5倍。

量测系统主要由千斤顶上的精密压力表或荷载传感器(测荷载大小)及百分表或电子位移计(测试桩顶沉降)等组成。为准确测量桩的沉降,消除相互干扰,要求必须有基准系统。基准系统由基准桩、基准梁组成,且保证在试桩、锚桩(或压重平台支墩)与基准桩相互之间有足够的距离,一般应大于4倍桩直径并不小于2m。

#### 2. 试验方法

一般采用逐级等量加载,分级荷载一般按最大加载量或预估极限荷载的1/10施加,第一级荷载可加倍施加。每级加载后,按第5min、15min、30min、45min、60min,以后按30min间隔测读桩顶沉降。每一小时内的桩顶沉降量不得超过0.1mm,并连续出现两次(从分级荷载施加后的第30min开始,按1.5h连续三次每30min的沉降观测值计算),则认为沉降已达到相对稳定,可加下一级荷载。符合下列条件之一时,可终止加载。

**桩的极限端阻力标准值 $q_{pk}$（kPa）**

表4-2

| 土的名称 | 土的状态 | 预制桩入土深度 l（m） | | | | 水下钻（冲）孔桩入土深度 l（m） | | | | 干作业钻孔桩入土深度 l（m） | | |
|---|---|---|---|---|---|---|---|---|---|---|---|---|
| | | $l\leq9$ | $9<l\leq16$ | $16<l\leq30$ | $l>30$ | $5\leq l<10$ | $10\leq l<15$ | $15\leq l<30$ | $l\geq30$ | $5\leq l<10$ | $10\leq l<15$ | $l\geq15$ |
| 黏性土 | $0.75<I_L\leq1$ | 210~850 | 650~1400 | 1200~1800 | 1300~1900 | 150~250 | 250~300 | 300~450 | 300~450 | 200~400 | 400~700 | 700~950 |
| | $0.50<I_L\leq0.75$ | 850~1700 | 1400~2200 | 1900~2800 | 2300~3600 | 350~450 | 450~600 | 600~750 | 750~800 | 500~700 | 800~1100 | 1000~1600 |
| | $0.25<I_L\leq0.50$ | 1500~2300 | 2300~3300 | 2700~3600 | 3600~4400 | 800~900 | 900~1000 | 1000~1200 | 1200~1400 | 850~1100 | 1500~1700 | 1700~1900 |
| | $0<I_L\leq0.25$ | 2500~3800 | 3800~5500 | 5500~6000 | 6000~6800 | 1100~1200 | 1200~1400 | 1400~1600 | 1600~1800 | 1600~1800 | 2200~2400 | 2600~2800 |
| 粉土 | $0.75<e\leq0.9$ | 950~1700 | 1400~2100 | 1900~2700 | 2500~3400 | 300~500 | 500~650 | 650~750 | 750~850 | 800~1200 | 1200~1400 | 1400~1600 |
| | $e\leq0.75$ | 1500~2600 | 2100~3000 | 2700~3600 | 3600~4400 | 650~900 | 750~950 | 900~1100 | 1100~1200 | 1200~1700 | 1400~1900 | 1600~2100 |
| 粉砂 | 稍密 | 1000~1600 | 1500~2300 | 1900~2700 | 2100~3000 | 350~500 | 450~600 | 600~700 | 600~700 | 500~950 | 1300~1600 | 1500~1700 |
| | 中密、密实 | 1400~2200 | 2100~3000 | 3000~3800 | 3800~4600 | 700~800 | 800~900 | 900~1100 | 1100~1200 | 900~1000 | 1700~1900 | 1700~1900 |
| 细砂 | 中密、密实 | 2500~4000 | 3600~4800 | 4400~5700 | 5300~6500 | 1000~1200 | 1200~1400 | 1300~1500 | 1400~1500 | 1200~1400 | 2100~2400 | 2400~2700 |
| 中砂 | 中密、密实 | 4000~6000 | 5100~6300 | 6300~7200 | 7000~8000 | 1300~1600 | 1600~1700 | 1700~2200 | 2000~2200 | 1800~2000 | 2800~3300 | 3300~3500 |
| 粗砂 | 中密、密实 | 5700~7500 | 7400~8400 | 8400~9500 | 9500~10300 | 2000~2200 | 2300~2400 | 2400~2600 | 2700~2900 | 2900~3200 | 4200~4600 | 4900~5200 |
| 砾砂 | | 6000~9500 | | 9500~10500 | | 1400~2000 | | 2000~3200 | | 3500~5000 | | |
| 角砾、圆砾 | 中密、密实 | 7000~10000 | | 9500~11500 | | 1800~2200 | | 2200~3600 | | 4000~5500 | | |
| 碎石、卵石 | | 8000~11000 | | 10500~13000 | | 2000~3000 | | 3000~4000 | | 4500~6500 | | |

注：1. 砂土和碎石类土中桩的极限端阻力取值，要综合考虑土的密实度，桩端进入持力层的深度比 $h_b/d$；土越密实，$h_b/d$ 越大，则取值越高。

2. 预制桩的岩石极限端阻力指桩端支撑于中、微风化基岩表面或进入强风化岩、软质岩一定深度条件下极限端阻力，本表未予列出。

125

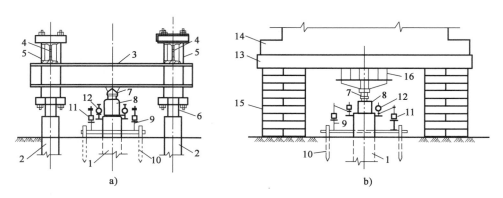

图4-10 单桩竖向静载荷试验装置

a)锚桩横梁反力装置;b)压重平台反力装置

1-试桩;2-锚桩;3-主梁;4-次梁;5-拉杆;6-锚筋;7-球座;8-千斤顶;9-基准梁;10-基准桩;11-磁性表座;12-位移计;13-载荷平台;14-压载;15-支墩;16-托梁

（1）某级荷载作用下,桩顶沉降量大于前一级荷载作用下的沉降量的5倍,且桩顶总沉降量超过40mm;

（2）某级荷载作用下,桩顶沉降量大于前一级荷载作用下的沉降量的2倍,且经24h尚未达到上述的相对稳定标准;

（3）已达到设计要求的最大加载值且桩顶沉降达到相对稳定标准;

（4）工程桩作锚桩时,锚桩上拔量已达到允许值;

（5）荷载-沉降曲线呈缓变型时,可加载至桩顶总沉降量60~80mm;当桩端阻力尚未充分发挥时,可加载至桩顶累计沉降量超过80mm。

终止加载后应进行卸载,每级卸载量按每级加载量的2倍控制,并按15min、30min、60min测读回弹量,然后进行下一级的卸载;卸载至零后,测读桩顶残余沉降量,维持时间不少于3h,测读时间分别为第15min、30min,以后每隔30min测读一次桩顶残余沉降量。

静载荷试验方法还有循环加卸载法（每级荷载相对稳定后卸载到零）和快速维持荷载法（每隔1h加一级荷载）。如果有选择地在桩身某些截面（如土层分界面的上与下）的主筋上埋设钢筋应力计,在静载荷试验时,可同时测得这些截面处主筋的应力和应变,进而可进一步得到这些截面的轴力、位移,从而根据式（4-3）算出两个截面之间的桩侧平均摩阻力。

**3. 试验成果与承载力的确定**

采用以上试验装置与方法进行试验,试验结果一般可整理成 $Q$-$s$、$s$-$\lg t$ 等曲线。$Q$-$s$ 曲线表示桩顶荷载与沉降关系,$s$-$\lg t$ 曲线表示对应荷载下沉降随时间变化关系。

根据 $Q$-$s$ 曲线和 $s$-$\lg t$ 曲线可确定单桩极限承载力 $Q_u$。满足终止加载条件（1）、（2）所对应的荷载可认为是破坏荷载,其前一级荷载即为极限荷载（极限承载力）。

因此,陡降形 $Q$-$s$ 曲线发生明显陡降的起始点对应的荷载或 $s$-$\lg t$ 曲线尾部明显向下弯曲的前一级荷载值即为单桩极限承载力。如图4-11和图4-12所示,某工程试桩的破坏荷载为7480kN,尽管还未稳定,但满足终止加载条件（1）后便开始卸载,单桩极限承载力为6800kN。

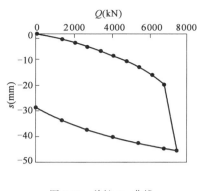

图 4-11 单桩 Q-s 曲线

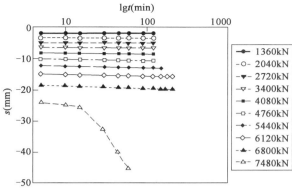

图 4-12 单桩 s-lgt 曲线

对缓变形 Q-s 曲线,破坏荷载较难确定,一般取 $s=40mm$ 对应的荷载作为单桩极限承载力;桩长大于 40m 时,宜考虑桩身弹性压缩量;对于大直径(不小于 800mm)桩,可取 $s=0.05D$($D$ 为桩端直径)对应的荷载。

当各试桩条件基本相同时,单桩竖向极限承载力标准值 $Q_{uk}$ 可按下列统计方法确定:参加统计的试桩,当满足其极差不超过平均值的 30% 时,可取其平均值为单桩竖向极限承载力,对桩数为 3 根及 3 根以下的柱下桩基取最小值;当极差超过平均值的 30% 时,应查明原因,必要时宜增加试桩数。

将单桩竖向极限承载力除以安全系数 2,即得单桩竖向承载力特征值 $R_a$。

4. 检测数量

对于甲级、乙级建筑和地质条件复杂、施工质量可靠性低的桩基础,必须进行单桩竖向静载荷试验。在同一条件下的试桩数量不宜少于总桩数的 1%,且不应少于 3 根,工程总桩数在 50 根以内时不应少于 2 根。静载荷试验也可在工程桩中进行,此时,只要求加载到承载力特征值的 2 倍,而不需加载至破坏,以验证是否满足设计要求。

5. 从成桩到开始试验的间歇时间

对灌注桩应满足桩身混凝土养护所需的时间,一般宜为成桩后 28d。对预制桩尽管施工时桩身强度已达到设计要求,但由于单桩承载力的时间效应,试桩的距沉桩时间也应该有尽可能长的休止期,否则试验得到的单桩承载力明显偏小。一般要求,对于砂类土不应少于 7d,粉土不应少于 10d,非饱和黏性土不应少于 15d,饱和黏性土不应少于 25d。

## (三)静力触探法

静力触探法是一种原位测试方法,该方法是将圆锥形的金属探头,以静力方式按一定的速率均匀压入土中。借助探头的传感器,测出探头侧阻 $f_s$ 及端阻 $q_c$。探头由浅入深测出各种土层的这些参数后,即可算出单桩承载力。

根据探头构造的不同,又可分为单桥探头和双桥探头两种。静力触探与桩的静载荷试验虽有很大区别,但与桩压入土中的过程基本相似,所以可把静力触探近似看成小尺寸压入桩的现场模拟试验,且由于其设备简单,自动化程度高等,被认为是一种很有发展前途的确定单桩承载力的原位方法,在国外应用较为广泛。我国自 20 世纪 70 年代以来已进行了大量研究,积累了丰富的静力触探与单桩竖向静载荷试验的对比资料,提出了不少反映地区经验的计算单桩竖向极限承载力标准值 $Q_{uk}$ 的公式,并已将静力触探方法列入了《桩基规范》,具体计算方法在此不作详细介绍。

### 三、群桩承载力确定

**1. 群桩效应的基本概念**

群桩在竖向荷载作用下,由于承台、桩、土之间相互影响和共同作用,其工作性状趋于复杂,桩群中任一根桩即基桩的工作性状都不同于孤立的单桩,承载力将不等于各单桩承载力之和,沉降也明显大于单桩。这种现象就是群桩效应。群桩效应可用群桩效率系数 $\eta$ 和沉降比 $\zeta$ 表示。

群桩效率系数 $\eta$ 是指群桩竖向极限承载力 $P_u$ 与群桩中所有桩的单桩竖向极限承载力 $Q_u$ 总和之比,即 $\eta = P_u/(nQ_u)$($n$ 为群桩中的桩数)。沉降比 $\zeta$ 是指在每根桩承担相同荷载条件下,群桩沉降量 $s_n$ 与单桩沉降量 $s$ 之比,即 $\zeta = s_n/s$。群桩效率系数 $\eta$ 越小、沉降比 $\zeta$ 越大,则表示群桩效应越强,也就意味着群桩承载力越低、沉降越大。

群桩效率系数 $\eta$ 和沉降比 $\zeta$ 主要取决于桩距和桩数,其次与土质和土层构造、桩径、桩的类型及排列方式等因素有关。由端承桩组成的群桩,通过承台分配到各桩桩顶的荷载,其大部分或全部由桩身直接传递到桩端。因而通过承台土反力、桩侧摩阻力传递到土层中的应力较小,桩群中各桩之间以及承台、桩、土之间的相互影响较小,其工作性状与独立单桩相近。因而端承型群桩的承载力可近似取为各单桩承载力之和,即群桩效率系数 $\eta$ 和沉降比 $\zeta$ 可近似取为 1。

由摩擦桩组成的群桩,桩顶荷载主要通过桩侧摩阻力传递到桩周和桩端土层中,在桩端平面处产生应力重叠。承台土反力也传递到承台以下一定范围内的土层中,从而使桩侧阻力和桩端阻力受到干扰。就一般情况而言,在常规桩距($3d \sim 4d$)下,黏性土中的群桩,随着桩数的增加,群桩效率系数明显下降,且 $\eta < 1$,同时沉降比迅速增大,$\zeta$ 可从 2 增大到 10 以上;砂土中的挤土桩群,有可能 $\eta$ 大于 1,而沉降比除了端承桩 $\zeta = 1$ 外均大于 1;同时,低桩承台下土反力分担上部荷载可使群桩承载力增加。

**2. 考虑承台效应的复合基桩承载力**

由于各影响因素对群桩效应特性的影响效果不同,单一或分项的群桩效率系数确定较为困难。大量的原位和室内试验表明,低桩承台下土反力的分担荷载作用明显,摩擦型群桩在竖向荷载作用下,由于桩土相对位移,桩间土对承台产生一定竖向抗力,成为桩基竖向承载力的一部分而分担荷载,称此种效应为承台效应。承台底地基土承载力特征值发挥率为承台效应系数 $\eta_c$。承台效应系数 $\eta_c$ 与桩距、桩长、承台宽、桩排列、承台内外区的面积有关。

对于符合下列条件之一的摩擦型桩基,宜考虑承台效应:

(1)上部结构整体刚度较好、体型简单的建(构)筑物;

(2)对差异沉降适应性较强的排架结构和柔性构筑物;

(3)按变刚度调平原则设计的桩基刚度相对弱化区;

(4)软土地基的减沉复合疏桩基础。

考虑承台效应的复合基桩竖向承载力特征值可按下列公式确定。

不考虑地震作用时：

$$R = R_a + \eta_c f_{ak} A_c \tag{4-10}$$

考虑地震作用时：

$$R = R_a + \frac{\zeta_a}{1.25}\eta_c f_{ak} A_c \tag{4-11}$$

式中：$R$——复合基桩竖向承载力特征值；

$\quad R_a$——单桩竖向承载力特征值；

$\quad A_c$——基桩所对应的承台底与土接触的净面积，$A_c = \dfrac{A}{n} - A_p$，$A$、$A_p$ 为承台底面积、基桩截

$\qquad$ 面积；

$\quad n$——总桩数；

$\quad f_{ak}$——承台底 1/2 承台宽度的深度范围（≤5m）内各层地基土承载力特征值按厚度加权

$\qquad$ 的平均值；

$\quad \eta_c$——承台效应系数，可按表 4-3 取值，当计算基桩为非正方形排列时，$S_a = \sqrt{\dfrac{A}{n}}$，$A$ 为承

$\qquad$ 台总面积；

$\quad \zeta_a$——地基抗震承载力调整系数，按《建筑抗震设计标准》（GB/T 50011—2010）采用。

承台效应系数 $\eta_c$ 表 4-3

| $B_c/l$ | $S_a/d$ | | | | |
|---|---|---|---|---|---|
| | 3 | 4 | 5 | 6 | >6 |
| ≤0.4 | 0.06 ~ 0.08 | 0.14 ~ 0.17 | 0.22 ~ 0.26 | 0.32 ~ 0.38 | 0.50 ~ 0.80 |
| 0.4 ~ 0.8 | 0.08 ~ 0.10 | 0.17 ~ 0.20 | 0.26 ~ 0.30 | 0.38 ~ 0.44 | |
| >0.8 | 0.10 ~ 0.12 | 0.20 ~ 0.22 | 0.30 ~ 0.34 | 0.44 ~ 0.50 | |
| 单排桩条形承台 | 0.15 ~ 0.18 | 0.25 ~ 0.30 | 0.38 ~ 0.45 | 0.50 ~ 0.60 | |

注：1. 表中 $S_a/d$ 为桩中心距与桩径之比，$B_c/l$ 为承台宽度与桩长之比。当计算基桩为非正方形排列时，$S_a = \sqrt{A/n}$，$A$ 为承台计算域面积，$n$ 为总桩数。

$\quad$ 2. 对于桩布置于墙下的箱、筏承台，$\eta_c$ 可按单排条基取值。

$\quad$ 3. 对于单排桩条形承台，当承台宽度小于 $1.5d$ 时，$\eta_c$ 按非条形承台取值。

$\quad$ 4. 对于采用后注浆灌注桩的承台，$\eta_c$ 宜取低值。

$\quad$ 5. 对于饱和黏性土中的挤土桩基、软土地基上的桩基承台，$\eta_c$ 宜取低值的 0.8 倍。

与常规方法比较，《桩基规范》方法的显著特点是考虑了承台底土分担荷载的作用。需要注意的是，对于端承型桩基、桩数少于 4 根的摩擦型柱下独立桩基，或者由于地层土性、使用条件等因素不宜考虑承台效应时，其基桩竖向承载力特征值取单桩竖向承载力特征值。

当承台底为可液化土、湿陷性土、高灵敏度软土、欠固结土、新填土时，沉桩引起超孔隙水压力和土体隆起时，土体的沉降会大于桩的沉降，承台底与地基土将会脱离，此时不能考虑承台效应，即取 $\eta_c = 0$。

3. 桩顶作用效应验算

桩顶竖向力和水平力的计算,在上部结构分析时是将荷载凝聚于柱、墙底部的基础上进行,对于柱下独立桩基,按承台为刚性板和反力呈线性分布的假定。

因此,当桩基中各基桩相同时,在竖向荷载作用下,承台可视为绝对刚性,且桩与承台铰接,按下列公式计算基桩的桩顶荷载效应。

轴心竖向荷载作用下:

$$N_k = \frac{F_k + G_k}{n} \qquad (4\text{-}12a)$$

偏心竖向荷载作用下:

$$N_{ik} = \frac{F_k + G_k}{n} \pm \frac{M_{xk}y_i}{\sum y_j^2} \pm \frac{M_{yk}x_i}{\sum x_j^2} \qquad (4\text{-}12b)$$

式中:$F_k$——荷载效应标准组合时,作用于承台顶面的竖向力;

$G_k$——承台与台上土的自重标准值,对稳定地下水位以下部分应扣除水的浮力;

$M_{xk}$、$M_{yk}$——荷载效应标准组合时,作用于承台底面对通过桩群中心的 $x$、$y$ 轴的力矩;

$x_i$、$y_i$——第 $i$ 根基桩 $x$、$y$ 轴的坐标;

$N_{ik}$——荷载效应标准组合时,作用在第 $i$ 根复合基桩或基桩上的竖向力;

$n$——桩基础中的桩数。

在荷载效应标准组合情况下,基桩竖向承载力应满足下列表达式。

轴心竖向荷载作用下:

$$N_k \leqslant R \qquad (4\text{-}13a)$$

在偏心竖向荷载作用下除满足上式外,尚应满足:

$$N_{kmax} \leqslant 1.2R \qquad (4\text{-}13b)$$

地震震害调查表明,基桩竖向承载力比无地震作用时可考虑提高 25%。因此,在地震作用效应和荷载效应标准组合情况下,基桩竖向承载力应满足下列表达式。

轴心竖向荷载作用下:

$$N_{Ek} \leqslant 1.25R \qquad (4\text{-}14a)$$

偏心竖向荷载作用下,尚应满足:

$$N_{Ekmax} \leqslant 1.5R \qquad (4\text{-}14b)$$

式中:$N_{Ek}$——地震作用效应和荷载效应标准组合时,基桩或复合基桩上的竖向力;

$N_{Ekmax}$——地震作用效应和荷载效应标准组合时,基桩或复合基桩上的最大竖向力。

上述单桩、群桩验算方法,为《桩基规范》、《地基规范》的规定;对于其他的行业标准,可能是有所不同的,具体应用时应加以注意。

4. 群桩软弱下卧层承载力验算

对于桩距不超过 $6d$ 的群桩基础,当桩端平面以下荷载影响范围内存在承载力小于持力层承载力 1/3 的软弱下卧层时,可能会引起冲破硬持力层的冲剪破坏,如图 4-13 所示。为了防止上述情况的发生,

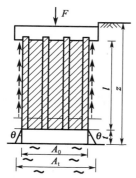

图 4-13 桩基软弱下卧层
承载力验算

需进行相应的群桩软弱下卧层承载力验算。

验算原则为：扩散到软弱下卧层顶面的附加应力与软弱下卧层顶面土自重应力之和应小于软卧层的承载力特征值；传递至桩端平面的荷载，按扣除实体基础外侧表面总极限侧阻力的3/4考虑。

$$\sigma_z + \gamma_m z \leqslant f_{az}$$

$$\sigma_z = \frac{(F_k + G_k) - 3/2(A_0 + B_0) \cdot \sum q_{sik} l_i}{(A_0 + 2t \cdot \tan\theta)(B_0 + 2t \cdot \tan\theta)}$$

式中：$\sigma_z$——作用于软弱下卧层顶面的附加应力；

$\quad\gamma_m$——软弱下卧层顶面以上土层重度，对于分层地基，取按各土层厚度的加权平均值，在地下水位以下取浮重度；

$\quad z$——地面至软弱下卧层顶面的深度；

$\quad f_{az}$——软弱下卧层经深度修正的地基承载力特征值；

$\quad t$——硬持力层厚度；

$A_0 \, , B_0$——桩群外缘矩形面积的长、短边长；

$\quad\theta$——桩端硬持力层压力扩散角，可参照表2-14取值。

【例4-1】 某钢筋混凝土桩基础，如图4-14所示。已知柱子传来的标准组合荷载 $F_k = 2200kN$，$M_k = 600kN \cdot m$，$H_k = 50kN$。地质剖面及各项土性指标见表4-4。采用断面为 40cm×40cm 的钢筋混凝土预制桩，桩位布置如图4-14b）所示，工程桩数5根，承台的平面尺寸为3.0m×3.0m，入土深度15m，承台埋深2m。试进行单桩承载力验算。

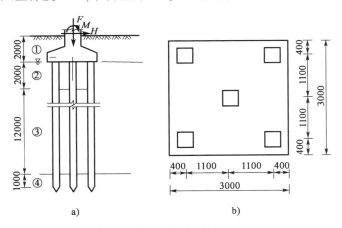

图4-14 例4-1图（尺寸单位：mm）

**土层物理力学指标** 表4-4

| 层序 | 土层名称 | 重度 $\gamma$（$kN/m^3$） | 孔隙比 $e$ | 液性指数 $I_L$ | 压缩模量 $E_s$（MPa） | 地基承载力特征值 $f_a$（kPa） |
|---|---|---|---|---|---|---|
| ① | 填土 | 17.0 | | | | |
| ② | 粉质黏土 | 18.5 | 0.92 | 0.8 | 2.8 | 120 |
| ③ | 淤泥质黏土 | 18.0 | 1.30 | 1.3 | 2.0 | 70 |
| ④ | 黏土 | 18.5 | 0.75 | 0.6 | 7.0 | 180 |

**【解】** 从表4-2中查得,$q_{pk}=2100\text{kPa}$;从表4-1查得:②层土,$q_{sk}=50\text{kPa}$;③层土,$q_{sk}=22\text{kPa}$;④层土,$q_{sk}=60\text{kPa}$;从图4-14和表4-4可知,承台底1/2承台宽度深度范围内地基土承载力特征值$f_a=120\text{kPa}$。

单桩极限承载力标准值为:

$$Q_{uk}=Q_{sk}+Q_{pk}$$

$$=4\times0.4\times(50\times2+22\times12+60\times1)+2100\times0.4^2=678.4+336=1014.4\text{kN}$$

$$S_a=\sqrt{A/n}=\sqrt{(3\times3)/5}=1.34\text{m}\quad d=\sqrt{0.4^2\times4/3.14}=0.45\text{m}$$

$$S_a/d=1.34/0.45=2.98\approx3$$

根据$B_c/l=3/15=0.2$,查表4-3得承台效应系数$\eta_c=0.06$。考虑承台效应后的复合基桩承载力特征值为:

$$R=R_a+\eta_c f_a A_c=\frac{1014.4}{2}+0.06\times120\times(3\times3/5-0.16)$$

$$=507.2+11.8=519.0\text{kN}$$

承台自重为:

$$G_k=\gamma_G\cdot D\cdot A=20\times2\times3.0^2=360.0\text{kN}$$

群桩中单桩的平均受力为:

$$N=\frac{F_k+G_k}{n}=\frac{2200.0+360.0}{5}=512.0\text{kN}<R=519.0\text{kN}(满足)$$

群桩中单桩最大受力为:

$$N_{kmax}=\frac{F_k+G_k}{n}+\frac{M_{yk}x_{max}}{\sum x_i^2}=512.0+\frac{(600+50\times2)\times1.1}{4\times1.1^2}$$

$$=671.1\text{kN}>1.2R=622.8\text{kN}(不满足)$$

单桩承载力不能满足设计要求。

## 四、桩的负摩阻力

### 1.负摩阻力产生的机理

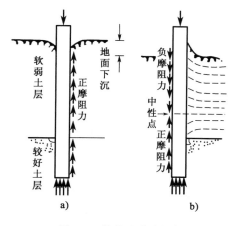

图4-15 桩的正、负摩阻力

a)正摩阻桩;b)产生负摩阻的桩

(1)负摩阻力产生的原因

一般情况下,桩受轴向荷载作用后,桩相对于桩侧土体作向下位移,使土对桩产生向上作用的摩阻力,称正摩阻力[图4-15a)]。但是,当桩周土体因某种原因发生下沉,其沉降速率大于桩的下沉时,则桩侧土就相对于桩向下位移,而使土对桩产生向下作用的摩阻力,称负摩阻力[图4-15b)]。桩的负摩阻力的发生将使桩侧土的部分重力传递给桩,因此,负摩阻力不但不能成为桩承载力的一部分,反而变成施加在桩上的外荷载。对入土深度相同的桩来说,若有负摩阻力发生,则桩的外荷载增大,桩的承载力相对降低,桩基沉降加大,这在桩基设计中应予以注意。

桩的负摩阻力能否产生,主要看桩与桩周土的相对位移发展情况。桩的负摩阻力产生的原因主要有：

①在桩基础附近地面有大面积堆载,引起地面沉降,对桩产生负摩阻力。对于桥头路堤高填土的桥台桩基础、地坪大面积堆放重物的车间、仓库建筑桩基础,均要特别注意桩的负摩阻力问题。

②土层中抽取地下水或其他原因产生地下水位下降,使土层产生自重固结下沉。

③桩穿过欠固结土层(如填土)进入硬持力层,土层产生自重固结下沉。

④桩数很多的密集群桩打桩时,使桩周土中产生很大的超孔隙水压力,打桩停止后桩周土的再固结作用引起下沉。

⑤在黄土、冻土中的桩,因黄土湿陷、冻土融化产生地面下沉。

从上述可见,当桩穿过软弱高压缩性土层而支承在坚硬的持力层上时,最易发生桩的负摩阻力问题。要确定桩身负摩阻力的大小,就要先确定土层产生负摩阻力的范围和负摩阻力强度的大小。

（2）中性点及其位置的确定

桩身负摩阻力并不一定发生于整个软弱压缩土层中,产生负摩阻力的范围就是桩侧土层对桩产生相对下沉的范围。它与桩侧土层的压缩、桩身弹性压缩变形和桩底下沉直接有关。桩侧土层的压缩决定于地表作用荷载(或土的自重)和土的压缩性质,并随深度逐渐减小;而桩在荷载作用下,桩底的下沉在桩身各截面都是定值;桩压缩变形随深度逐渐减少,如图 4-16 中线 $a$、$b$、$c$ 所示。因此,桩侧土下沉量有可能在某一深度处与桩身的位移量相等。在此深度以上,桩侧土下沉大于桩的位移,桩身受到向下作用的负摩阻力;在此深度以下,桩的位移大于桩侧土的下沉,桩身受到向上作用的正摩阻力。正、负摩阻力变换处的位置,称为中性点,如图 4-16 中 $O_1$ 点所示。

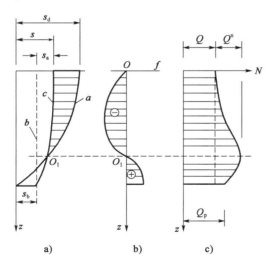

图 4-16　中心点的位置及荷载传递
a)位移曲线；b)桩侧摩阻力分布曲线；c)桩身轴力分布曲线
$s_d$-地面沉降；$s$-桩的沉降；$s_a$-桩身压缩；$s_b$-桩底下沉；$Q^n$-由负摩阻力引起的桩身最大轴力；$Q_p$-桩端阻力

中性点的位置取决于桩与桩侧土的相对位移,与作用荷载和桩周土的性质有关。当桩侧土层压缩变形大,桩底下土层坚硬,桩的下沉量小时,中性点位置就会下移。此外,由于桩侧土层及桩底下土层的性质和作用的荷载不同,其变形速度会不一样,中心点位置随着时间也会有变化。要精确地计算出中性点位置是比较困难的,可按表4-5的经验值确定。

**中性点深度比** 表4-5

| 持力层性质 | 黏性土、粉土 | 中密以上砂 | 砾石、卵石 | 基岩 |
|---|---|---|---|---|
| 中性点深度比 $l_n/l_0$ | 0.5~0.6 | 0.7~0.8 | 0.9 | 1.0 |

注:1. $l_n$、$l_0$ 分别为中性点深度和桩周软弱土层下限深度。
　2. 桩穿越自重湿陷性黄土层时,按表列值增大10%(持力层为基岩除外)。
　3. 当桩周土层固结与桩基固结沉降同时完成时,取 $l_n=0$。
　4. 当桩周土层计算沉降量小于20mm时,$l_n$ 应按表列值乘以0.4~0.8折减。

**2. 桩的负摩阻力计算**

**(1)单桩负摩阻力**

一般认为,桩土间的黏着力和桩的负摩阻力强度取决于土的抗剪强度;桩的负摩阻力虽有时效性,但从安全角度考虑,可取用其最大值以土的强度来计算。桩侧负摩阻力按下列公式计算:

$$q_{si}^n = \sigma_i' K\tan\varphi' = \xi_{ni}\sigma_i' \tag{4-15}$$

式中:$q_{si}^n$——第 $i$ 层土桩侧负摩阻力标准值;

　　$K$——土的侧压力系数;

　　$\varphi'$——计算处桩土界面的有效内摩擦角;

　　$\xi_{ni}$——桩周土第 $i$ 层土负摩阻力系数,可按表4-6取值;

　　$\sigma_i'$——桩周第 $i$ 层土平均竖向有效应力。

**负摩阻力系数 $\xi_n$** 表4-6

| 土类 | $\xi_n$ | 土类 | $\xi_n$ |
|---|---|---|---|
| 饱和软土 | 0.15~0.25 | 砂土 | 0.35~0.50 |
| 黏性土、粉土 | 0.25~0.40 | 自重湿陷性黄土 | 0.20~0.35 |

注:1. 在同一类土中,对于挤土桩取表中较大值,对于非挤土桩取表中较小值。
　2. 填土按其组成取表中同类土的较大值。
　3. 当 $q_{si}^n$ 计算值大于正摩阻力时,取正摩阻力值。

当填土、自重湿陷性黄土沉陷、欠固结土层产生固结和地下水降低时:$\sigma_i' = \sigma_{\gamma i}'$。
地面分布大面积荷载时:$\sigma_i' = p + \sigma_{\gamma i}'$。其中 $\sigma_{\gamma i}'$ 可按下式计算。

$$\sigma_{\gamma i}' = \sum_{k=1}^{i-1}\gamma_k\Delta z_k + \frac{1}{2}\gamma_i\Delta z_i \tag{4-16}$$

式中:$\sigma_{\gamma i}'$——由土自重引起的桩周第 $i$ 层土平均竖向有效应力,桩群外围桩自地面算起,桩群内部桩自承台底算起;

　　$\gamma_k$、$\gamma_i$——第 $k$ 层土、第 $i$ 层土的重度,地下水位以下取有效重度;

$\Delta z_k$、$\Delta z_i$——第 $k$ 层土、第 $i$ 层土的厚度。

求得负摩阻力强度 $q_{si}^n$ 后,将其乘以产生负摩阻力深度范围内桩身表面积,则可得到作用于桩身总的负摩阻力,即下拉荷载。

（2）群桩负摩阻力

群桩中任一基桩的下拉荷载 $Q_g^n$ 可按下式计算：

$$Q_g^n = \eta_n \cdot u \sum_{i=1}^{n} q_{si}^n l_i \qquad (4\text{-}17)$$

$$\eta_n = \frac{s_{ax} \cdot s_{ay}}{\pi d \left( \dfrac{q_s^n}{\gamma_m} + \dfrac{d}{4} \right)} \qquad (4\text{-}18)$$

式中：$n$——中性点以上土层数；

　　$l_i$——中性点以上各土层的厚度；

　　$\eta_n$——负摩阻力桩群效应系数，当计算值大于 $1$，$\eta_n$ 取 $1$；对于单桩，$\eta_n = 1$；

$s_{ax}$、$s_{ay}$——纵、横向桩的中心距；

　　$q_s^n$——中性点以上桩的加权平均摩阻力标准值；

　　$\gamma_m$——中性点以上桩周土加权平均重度，地下水位以下取有效重度。

（3）负摩擦桩的承载力验算

对于摩擦型基桩，取桩身计算中性点以上侧阻力为 $0$，按式（4-13a）验算基桩承载力。

对于端承型基桩，除应满足上式要求外，尚应考虑负摩阻力引起基桩的下拉荷载 $Q_g^n$，按下式验算基桩承载力：

$$N_k + Q_g^n \leqslant R_a \qquad (4\text{-}19)$$

其中，竖向承载力特征值 $R_a$ 只计中性点以下部分摩阻力。

**3. 消减负摩阻力的技术措施**

消减与避免负摩阻力的技术措施主要有降低桩与桩侧土摩擦力、隔离法、预处理等，具体如下。

（1）涂层法

在可能产生负摩阻力范围的桩段，采用在桩侧涂沥青或其他化合物的办法来降低土与桩身的摩擦系数，从而消减负摩阻力的方法称为涂层法。

（2）预钻孔法

在中性点的上桩位采用预钻孔，然后将桩插入，在桩周围灌入膨润土混合浆，达到消减负摩阻力的方法称为预钻孔法。该方法一般适用于黏性土地层。

（3）双层套管法

双层套管法即在桩外侧设置套管，用套管承受负摩阻力的方法。

（4）设置消减负摩阻桩群法

设置消减负摩阻桩群法即在工程桩基周围设置一排桩，用以承受负摩阻力，从而消减工程桩负摩阻力的方法。

（5）地基处理法

对于饱和软黏土层采用预压法、复合地基法；对于松散土采用强夯法等，使土层充分固结、密实；对于湿陷性黄土采用浸水、强夯等方法消除湿陷，从而达到消减与避免负摩阻力产生的方法，即为地基处理法。

（6）其他预防方法

在饱和软土地区，可选择非挤土桩或部分挤土桩。对挤土型桩，可适当增加桩距，选择合理的打桩流程，控制沉桩速率及打桩根数，打桩后休止一段时间后再施工基础及上部结构；对于周边有大面积抽吸地下水或降水情况,在桩群周围采取回灌等方法来达到消减或避免负摩阻力的产生。

### 五、桩基础的抗拔承载力计算

当地下结构的重力小于所受的浮力(如地下车库、水池放空时),或高耸结构(如输电塔等)受到较大的倾覆弯矩时,就需要设置抗拔桩基础。基桩的抗拔极限承载力标准值也可通过现场单桩上拔载荷试验确定。单桩上拔静载荷试验方法与抗压静载荷试验方法相似,但桩的抗拔承载与抗压承载的机理有很大不同,例如抗拔桩的桩端不发挥作用。在无当地经验时,群桩基础及基桩的抗拔极限承载力标准值可按下列规定计算。

1. 单桩或群桩呈非整体破坏时

基桩的抗拔极限承载力标准值可按下式计算:

$$T_{uk} = \sum \lambda_i q_{sik} u_i l_i \tag{4-20a}$$

式中:$T_{uk}$——基桩抗拔极限承载力标准值;

$u_i$——破坏表面周长,对于等直径桩取 $u = \pi d$;对于扩底桩,当自桩底起算的长度 $l_i \leqslant (4 \sim 10) d$ 时取 $u = \pi D$,当 $l_i > (4 \sim 10) d$ 时取 $u = \pi d$,$D$、$d$ 分别为扩底、桩身直径;$l_i$ 取值随内摩擦角增大而增大,对于软土取低值,对于卵石、砾石取高值;

$q_{sik}$——桩侧表面第 $i$ 层土的抗压极限侧阻力标准值,可按表4-1取值;

$\lambda_i$——第 $i$ 层土的抗拔系数,砂土取 $0.50 \sim 0.70$,黏性土、粉土取 $0.70 \sim 0.80$,桩长 $l$ 与桩径 $d$ 之比小于20时,$\lambda$ 取小值。

2. 群桩呈整体破坏时

基桩的抗拔极限承载力标准值可按下式计算:

$$T_{gk} = \frac{1}{n} u_1 \sum \lambda_i q_{sik} u_i l_i \tag{4-20b}$$

式中:$u_1$——桩群外围周长。

3. 抗拔承载力验算

承载拔力的桩基础,应按下列公式同时验算群桩基础及其基桩的抗拔承载力,并按现行《混凝土结构设计标准》(GB/T 50010)验算基桩材料的受拉承载力。

$$N_k \leqslant T_{gk}/2 + G_{gp} \tag{4-21a}$$

$$N_k \leqslant T_{uk}/2 + G_p \tag{4-21b}$$

式中:$N_k$——相应于荷载效应标准组合时的基桩上拔力;

$G_p$——基桩(土)自重设计值,地下水位以下取浮重度,对于扩底桩应按式(4-20a)中 $u_i$ 确定桩、土柱体周长,计算桩、土自重设计值;

$G_{gp}$——群桩基础所包围体积的桩土总自重设计值除以总桩数,地下水位以下取浮重度。

## 六、桩基础沉降计算

桩基础的各种变形指标以及各种建筑物的变形控制指标与浅基础类似。各种建筑物桩基础的允许变形值可参见有关规范。桩基础通过摩阻力的作用,将荷载传递到深层地基中,从而导致地基土中的附加应力分布特点与浅基础区别较大。

1. 群桩地基土中竖向附加应力分布的近似计算

盖德斯(Geddes,1966 年)根据半无限弹性体内作用一集中力的明德林(Mindlin,1936 年)课题,将作用于桩端土上的压应力简化为一集中荷载;将通过桩侧摩阻力作用于桩周土的剪应力简化为沿桩轴线的线性荷载,并假定桩侧摩阻力为沿深度呈矩形分布或正三角形分布(图 4-17),分别给出了各自的土中竖向应力表达式。

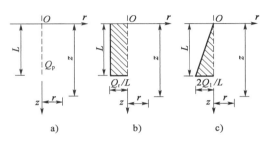

图 4-17 桩周土中应力解的基本图式
a)半无限弹性体内集中力作用;b)摩阻力矩形分布;c)摩阻力正三角形分布

桩端集中力:

$$\sigma_{zp} = \frac{Q_p}{L^2} K_p \tag{4-22a}$$

$$K_p = \frac{1}{8\pi(1-\nu)} \left[ -\frac{(1-2\nu)(m-1)}{A^3} + \frac{(1-2\nu)(m-1)}{B^3} - \frac{3(m-1)^3}{A^5} - \right.$$
$$\left. \frac{3(3-4\nu)m(m+1)^2 - 3(m+1)(5m-1)}{B^3} - \frac{30m(m+1)^3}{B^7} \right] \tag{4-22b}$$

桩侧阻力呈矩形分布: $$\sigma_{zr} = \frac{Q_r}{L^2} K_r \tag{4-23a}$$

$$K_r = \frac{1}{8\pi(1-\nu)} \left\{ -\frac{2(2-\nu)}{A} + \frac{2(2-\nu) + 2(1-2\nu)\frac{m}{n}\left(\frac{m}{n}+\frac{1}{n}\right)}{B} - \frac{(1-2\nu)2\left(\frac{m}{n}\right)^2}{F} + \right.$$
$$\frac{n^2}{A^3} + \frac{4m^2 - 4(1+\nu)\left(\frac{m}{n}\right)^2 m^2}{F^3} + \frac{4m(1+\nu)(m+1)\left(\frac{m}{n}+\frac{1}{n}\right)^2 - (4m^2+n^2)}{B^3} + $$
$$\left. \frac{6m^2\left(\frac{m^4-n^4}{n^2}\right)}{F^5} + \frac{6m\left[mn^2 - \frac{1}{n^2}(m+1)^5\right]}{B^5} \right\} \tag{4-23b}$$

桩侧阻力呈正三角形分布:

$$\sigma_{rt} = \frac{Q_t}{L^2} K_t \tag{4-24a}$$

$$K_t = \frac{1}{4\pi(1-\nu)}\left[ -\frac{2(2-\nu)}{A} + \frac{2(2-\nu)(4m+1)-2(1-2\nu)\left(\frac{m}{n}\right)^2(m+1)}{B} + \right.$$

$$\frac{2(1-2\nu)\frac{m^3}{n^2}-8(2-\nu)m}{F} + \frac{mn^2+(m-1)^3}{A^3} +$$

$$\frac{4\nu n^2 m + 4m^3 - 15n^2 m - 2(5+2\nu)\left(\frac{m}{n}\right)^2(m+1)^3+(m+1)^3}{B^3} +$$

$$\frac{2(7-2\nu)mn^2-6m^3+2(5+2\nu)\left(\frac{m}{n}\right)^2 m^3}{F^3} + \frac{6mn^2(n^2-m^2)+12\left(\frac{m}{n}\right)^2(m+1)^5}{B^3} -$$

$$\left. \frac{12\left(\frac{m}{n}\right)^2 m^5 + 6mn^2(n^2-m^2)}{F^5} - 2(2-\nu)\ln\left(\frac{A+m-1}{F+m}\cdot\frac{B+m-1}{F+m}\right) \right]$$

$$(4\text{-}24\text{b})$$

式中：$Q_p$、$Q_r$、$Q_t$——桩端荷载、矩形分布侧阻分担的荷载和正三角形分布侧阻分担的荷载；

$\quad\quad\quad K_p$、$K_r$、$K_t$——桩端集中力、桩侧阻力矩形分布、桩侧阻力三角形分布情况下的地基中任一点的竖向应力系数；

$\quad\quad\quad\quad\nu$——土的泊松比。

$n = r/L, m = z/L, F^2 = m^2+n^2, A^2 = n^2+(m-1)^2, B^2 = n^2+(m-1)^2$；$L$、$r$、$z$ 如图4-17所示。

当根据式(4-22)～式(4-24)计算土体中沿桩轴线（$n = r/L = 0$）的竖向应力时，取 $n = 0.002$ 近似代替。这是因为若取 $n=0$，则在计算中将出现不连续性。

对于桩侧阻力为其他图式的分布，可采用以上矩形、正三角形分布竖向应力迭加求得。将作用于单桩桩顶的荷载 $Q$ 分解为桩端荷载 $Q_p = \alpha Q$（$\alpha$ 为桩端荷载分担比）和桩侧荷载 $Q_s$，而 $Q_s$ 又可根据其分布图式分解为矩形分布荷载 $Q_r = \beta Q$（$\beta$ 为矩形分布侧阻分担荷载之比）和随深度线性增长的三角形分布荷载 $Q_t = (1-\alpha-\beta)Q$。

$$Q = Q_p + Q_s = Q_p + Q_r + Q_t \tag{4-25}$$

桩侧阻力呈随深度线性增长的梯形分布时，土中竖向应力表达式为：

$$\sigma_z = \frac{Q_p}{L^2}\cdot K_p + \frac{Q_r}{L^2}\cdot K_r + \frac{Q_t}{L^2}\cdot K_t = \frac{Q}{L^2}\left[\alpha K_p + \beta K_r + (1-\alpha-\beta)K_t\right] \tag{4-26}$$

若已知荷载分配的参数 $\alpha$、$\beta$，则可利用式(4-26)，采用分层总和法计算群桩的沉降。

**2. 群桩沉降计算的简化方法**

上述竖向附加应力的计算相当繁琐，一般需要编制计算机程序进行计算。为简化计算，通常将桩基础看作实体深基础,按类似浅基础那样用分层总和法计算沉降,再经过适当修正就可以确定桩基础的沉降。根据修正的方法、途径不同,现有多种简化计算方法。

（1）《建筑桩基技术规范》（JGJ 94）推荐的方法

《桩基规范》推荐的方法为等效作用分层总和法,适用于桩中心距小于或等于6倍桩径的桩基础,如图4-18所示。它不考虑桩基础侧面应力扩散作用,将承台视作直接作用在桩端平面,即实体基础的长、宽视作等同于承台底长、宽,且作用在实体基础底面上的附加应力也取为承台底的附加应力,然后按矩形浅基础的沉降计算方法计算实体基础沉降。理论和实践表明,对于群桩基础下的地基土应力,按半无限体地表荷载作用的布西奈斯克解,将给出偏大的结果,因此规范将均质土中明德林解群桩沉降与等效作用面上布西奈斯克解之比值 $\psi_e$ 作为等代实体基础基底附加应力的折减系数。

桩基础最终沉降量按式（4-27）计算。

$$s = \psi \cdot \psi_e \cdot s' \qquad (4-27)$$

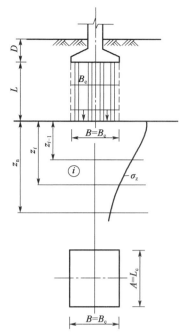

图4-18 等效作用分层总和法计算图式

式中：$s'$——按浅基础分层总和法算出的桩基础沉降量；

$\psi$——桩基础沉降计算经验系数,当无当地经验时,$\psi$ 可按表4-7选用；

桩基础沉降计算经验系数 $\psi$　　　　表4-7

| $\overline{E}_s$（MPa） | ≤10 | 15 | 20 | 35 | ≥50 |
|---|---|---|---|---|---|
| $\psi$ | 1.2 | 0.9 | 0.65 | 0.50 | 0.40 |

注：1. $\overline{E}_s$ 为沉降计算深度范围内压缩模量的当量值,$\overline{E}_s = \dfrac{\sum A_i}{\sum \dfrac{A_i}{E_{si}}}$,$A_i$ 为第 $i$ 层土附加压力系数沿土层厚度的积分值,可近似按分块面积计算。

2. $\psi$ 可根据 $\overline{E}_s$ 内插取值。

$\psi_e$——桩基等效沉降系数,按式（4-28）确定：

$$\psi_e = C_0 + \frac{n_b - 1}{C_1(n_b - 1) + C_2} \qquad (4\text{-}28a)$$

$$n_b = \sqrt{\frac{n \cdot B_c}{L_c}} \qquad (4\text{-}28b)$$

式中：$n_b$——矩形布桩时短边布桩数,布桩不规则时按式（4-28b）近似计算,当计算值小于1时,取 $n_b = 1$；

$L_c$、$B_c$、$n$——矩形承台的长、宽及总桩数；

$C_0$、$C_1$、$C_2$——参数,根据距径比（桩中心距与桩径之比）$S_a/d$、长径比 $l/d$ 及基础长宽比 $L_c/B_c$ 由表4-8查得；当布桩不规则时,距径比 $S_a/d$ 按式（4-29）近似计算：

圆形桩　　　　　　　$S_a/d = \sqrt{A_e} / (\sqrt{n} \cdot d) \qquad (4\text{-}29a)$

方形桩
$$S_a/d = 0.886\sqrt{A_e}/(\sqrt{n} \cdot b) \tag{4-29b}$$

$A_e$——桩基承台总面积;

$b$——方形桩截面边长。

按浅基础分层总和法计算桩基础沉降量时,承台底的附加压力按准永久组合考虑;地基压缩模量按自重应力至自重应力加附加应力阶段取值;计算深度按应力比法确定,应力比取0.2。

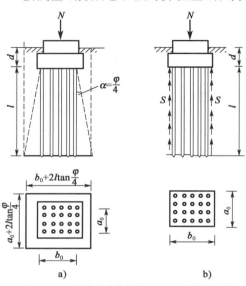

当桩基形状不规则时,可采用等代矩形面积计算桩基等效沉降系数。等效矩形的长宽比可根据实际尺寸形状计算。

(2)《建筑地基基础设计规范》(GB 50007)推荐的方法

在《地基规范》中,推荐了两种类似的简化方法,其计算图式如图4-19所示。

图4-19a)表示考虑桩基侧面的应力扩散作用,其中$\varphi$表示桩长范围内土层内摩擦角的加权平均值。将承台视作作用在桩端平面,但实体基础底面的长、宽扩大了,在总附加荷载不变的情况下,作用在实体基础底面上的附加应力也相应得到了折减。

图4-19 两种简化实体深基础方法的计算图式
a)侧面的应力扩散作用;b)侧面的剪应力作用

图4-19b)表示考虑桩基侧面的剪应力作用,其中$S$表示群桩外围侧面剪应力的合力,剪应力强度按库仑定律计算。当$F+G>S$时,在总附加荷载克服群桩外围侧面剪应力合力的情况下,将承台视作直接作用在桩端平面,作用在实体基础底面上的附加应力也相应得到了折减;当$F+G \leqslant S$时,将承台视作作用在桩顶平面,基底附加应力不变,基底下桩长范围内的压缩模量取考虑桩与土协同工作的复合地基模量。

这两种简化方法与《桩基规范》简化方法形式上类似,但由于等效折减的方法、幅度不同,对应的经验修正系数也将不同,需要不断积累经验。

【例4-2】 如果采用等效深基础法计算[例4-1]桩基础沉降量,试确定该桩基础的等效沉降系数。

【解】 短边方向桩数:

$$n_b = \sqrt{n \cdot B_c/L_c} = \sqrt{5} = 2.236$$

根据[例4-1],等效距径比$S_a/d \approx 3$,边长0.4m方桩的等效直径$d = 0.45$m,长径比$l/d = 15/0.45 = 33.3$,承台长宽比$L_c/B_c = 1$,查表4-8得$C_0 = 0.051$,$C_1 = 1.572$,$C_2 = 9.333$。

桩基等效沉降系数为:

$$\psi_e = C_0 + \frac{n_b - 1}{C_1(n_b - 1) + C_2} = 0.051 + \frac{2.236 - 1}{1.572 \times (2.236 - 1) + 9.333} = 0.161$$

可见,如果按浅基础方法计算桩基础沉降量,计算结果偏大很多,必须进行修正。

桩基等效沉降系数的计算参数 $C_0$、$C_1$、$C_2$ 表（$S_a/d=3$）        表 4-8a）

| $l/d$ | 参数 | $L_c/B_c$ | | | | | | | | | |
|---|---|---|---|---|---|---|---|---|---|---|---|
| | | 1 | 2 | 3 | 4 | 5 | 6 | 7 | 8 | 9 | 10 |
| 5 | $C_0$ | 0.203 | 0.318 | 0.377 | 0.416 | 0.445 | 0.468 | 0.486 | 0.502 | 0.516 | 0.528 |
| | $C_1$ | 1.483 | 1.723 | 1.875 | 1.955 | 2.045 | 2.098 | 2.144 | 2.218 | 2.256 | 2.290 |
| | $C_2$ | 3.679 | 4.036 | 4.006 | 4.053 | 3.995 | 4.007 | 4.014 | 3.938 | 3.944 | 3.948 |
| 10 | $C_0$ | 0.125 | 0.213 | 0.263 | 0.298 | 0.324 | 0.346 | 0.364 | 0.380 | 0.394 | 0.406 |
| | $C_1$ | 1.419 | 1.559 | 1.662 | 1.705 | 1.770 | 1.801 | 1.828 | 1.891 | 1.913 | 1.935 |
| | $C_2$ | 4.861 | 4.723 | 4.460 | 4.384 | 4.237 | 4.193 | 4.158 | 4.038 | 4.017 | 4.000 |
| 15 | $C_0$ | 0.093 | 0.166 | 0.209 | 0.240 | 0.265 | 0.285 | 0.302 | 0.317 | 0.330 | 0.342 |
| | $C_1$ | 1.430 | 1.533 | 1.619 | 1.646 | 1.703 | 1.723 | 1.741 | 1.801 | 1.817 | 1.832 |
| | $C_2$ | 5.900 | 5.435 | 5.010 | 4.855 | 4.641 | 4.559 | 4.496 | 4.340 | 4.300 | 4.267 |
| 20 | $C_0$ | 0.075 | 0.138 | 0.176 | 0.205 | 0.227 | 0.246 | 0.262 | 0.276 | 0.288 | 0.299 |
| | $C_1$ | 1.461 | 1.542 | 1.619 | 1.635 | 1.687 | 1.700 | 1.712 | 1.772 | 1.783 | 1.793 |
| | $C_2$ | 6.879 | 6.137 | 5.570 | 5.346 | 5.073 | 4.958 | 4.869 | 4.679 | 4.623 | 4.577 |
| 25 | $C_0$ | 0.063 | 0.118 | 0.153 | 0.179 | 0.200 | 0.218 | 0.233 | 0.246 | 0.258 | 0.268 |
| | $C_1$ | 1.500 | 1.565 | 1.637 | 1.644 | 1.693 | 1.699 | 1.706 | 1.767 | 1.774 | 1.780 |
| | $C_2$ | 7.822 | 6.826 | 6.127 | 5.839 | 5.511 | 5.364 | 5.252 | 5.030 | 4.958 | 4.899 |
| 30 | $C_0$ | 0.055 | 0.104 | 0.136 | 0.160 | 0.180 | 0.196 | 0.210 | 0.223 | 0.234 | 0.244 |
| | $C_1$ | 1.542 | 1.595 | 1.663 | 1.662 | 1.709 | 1.711 | 1.712 | 1.775 | 1.777 | 1.780 |
| | $C_2$ | 8.741 | 7.506 | 6.680 | 6.331 | 5.949 | 5.772 | 5.638 | 5.383 | 5.297 | 5.226 |
| 40 | $C_0$ | 0.044 | 0.085 | 0.112 | 0.133 | 0.150 | 0.165 | 0.178 | 0.189 | 0.199 | 0.208 |
| | $C_1$ | 1.632 | 1.667 | 1.729 | 1.715 | 1.759 | 1.750 | 1.743 | 1.808 | 1.804 | 1.799 |
| | $C_2$ | 10.535 | 8.845 | 7.774 | 7.309 | 6.822 | 6.588 | 6.410 | 6.093 | 5.978 | 5.883 |
| 50 | $C_0$ | 0.036 | 0.072 | 0.096 | 0.114 | 0.130 | 0.143 | 0.155 | 0.165 | 0.174 | 0.182 |
| | $C_1$ | 1.726 | 1.746 | 1.805 | 1.778 | 1.819 | 1.801 | 1.786 | 1.855 | 1.843 | 1.832 |
| | $C_2$ | 12.292 | 10.168 | 8.860 | 8.284 | 7.694 | 7.405 | 7.185 | 6.805 | 6.662 | 6.543 |
| 60 | $C_0$ | 0.031 | 0.063 | 0.084 | 0.101 | 0.115 | 0.127 | 0.137 | 0.146 | 0.155 | 0.163 |
| | $C_1$ | 1.822 | 1.828 | 1.885 | 1.845 | 1.885 | 1.858 | 1.834 | 1.907 | 1.888 | 1.870 |
| | $C_2$ | 14.029 | 11.486 | 9.944 | 9.259 | 8.568 | 8.224 | 7.962 | 7.520 | 7.348 | 7.206 |
| 70 | $C_0$ | 0.028 | 0.056 | 0.075 | 0.090 | 0.103 | 0.114 | 0.123 | 0.132 | 0.140 | 0.147 |
| | $C_1$ | 1.920 | 1.913 | 1.968 | 1.916 | 1.954 | 1.918 | 1.885 | 1.962 | 1.936 | 1.911 |
| | $C_2$ | 15.756 | 12.801 | 11.029 | 10.237 | 9.444 | 9.047 | 8.742 | 8.238 | 8.038 | 7.871 |
| 80 | $C_0$ | 0.025 | 0.050 | 0.068 | 0.081 | 0.093 | 0.103 | 0.112 | 0.120 | 0.127 | 0.134 |
| | $C_1$ | 2.019 | 2.000 | 2.053 | 1.988 | 2.025 | 1.979 | 1.938 | 2.019 | 1.985 | 1.954 |
| | $C_2$ | 17.478 | 14.120 | 12.117 | 11.220 | 10.325 | 9.874 | 9.527 | 8.959 | 8.731 | 8.540 |
| 90 | $C_0$ | 0.022 | 0.045 | 0.062 | 0.074 | 0.085 | 0.095 | 0.103 | 0.110 | 0.117 | 0.123 |
| | $C_1$ | 2.118 | 2.087 | 2.139 | 2.060 | 2.096 | 2.041 | 1.991 | 2.076 | 2.036 | 1.998 |
| | $C_2$ | 19.200 | 15.442 | 13.210 | 12.208 | 11.211 | 10.705 | 10.316 | 9.684 | 9.427 | 9.211 |
| 100 | $C_0$ | 0.021 | 0.042 | 0.057 | 0.069 | 0.079 | 0.087 | 0.095 | 0.102 | 0.108 | 0.114 |
| | $C_1$ | 2.218 | 2.174 | 2.225 | 2.133 | 2.168 | 2.103 | 2.044 | 2.133 | 2.086 | 2.042 |
| | $C_2$ | 20.925 | 16.770 | 14.307 | 13.201 | 12.101 | 11.541 | 11.110 | 10.413 | 10.127 | 9.886 |

注：$L_c$-群桩基础承台长度；$B_c$-群桩基础承台短度；$l$-桩长；$d$-桩径。

## 桩基等效沉降系数的计算参数 $C_0$、$C_1$、$C_2$ 表($S_a/d=4$)　　　　表4-8b)

| $l/d$ | 参数 | $L_c/B_c$ | | | | | | | | | |
|---|---|---|---|---|---|---|---|---|---|---|---|
| | | 1 | 2 | 3 | 4 | 5 | 6 | 7 | 8 | 9 | 10 |
| 5 | $C_0$ | 0.203 | 0.354 | 0.422 | 0.464 | 0.495 | 0.519 | 0.538 | 0.555 | 0.568 | 0.580 |
| | $C_1$ | 1.445 | 1.786 | 1.986 | 2.101 | 2.213 | 2.286 | 2.349 | 2.434 | 2.484 | 2.530 |
| | $C_2$ | 2.633 | 3.243 | 3.340 | 3.444 | 3.431 | 3.466 | 3.488 | 3.433 | 3.447 | 3.457 |
| 10 | $C_0$ | 0.125 | 0.237 | 0.294 | 0.332 | 0.361 | 0.384 | 0.403 | 0.419 | 0.433 | 0.445 |
| | $C_1$ | 1.378 | 1.570 | 1.695 | 1.756 | 1.830 | 1.870 | 1.906 | 1.972 | 2.000 | 2.027 |
| | $C_2$ | 3.707 | 3.873 | 3.743 | 3.729 | 3.630 | 3.612 | 3.597 | 3.500 | 3.490 | 3.482 |
| 15 | $C_0$ | 0.093 | 0.185 | 0.234 | 0.269 | 0.296 | 0.317 | 0.335 | 0.351 | 0.364 | 0.376 |
| | $C_1$ | 1.384 | 1.524 | 1.626 | 1.666 | 1.729 | 1.757 | 1.781 | 1.843 | 1.863 | 1.881 |
| | $C_2$ | 4.571 | 4.458 | 4.188 | 4.107 | 3.951 | 3.904 | 3.866 | 3.736 | 3.712 | 3.693 |
| 20 | $C_0$ | 0.075 | 0.153 | 0.198 | 0.230 | 0.254 | 0.275 | 0.291 | 0.306 | 0.319 | 0.331 |
| | $C_1$ | 1.408 | 1.521 | 1.611 | 1.638 | 1.695 | 1.713 | 1.730 | 1.791 | 1.805 | 1.818 |
| | $C_2$ | 5.361 | 5.024 | 4.636 | 4.502 | 4.297 | 4.225 | 4.169 | 4.009 | 3.973 | 3.944 |
| 25 | $C_0$ | 0.063 | 0.132 | 0.173 | 0.202 | 0.225 | 0.244 | 0.260 | 0.274 | 0.286 | 0.297 |
| | $C_1$ | 1.441 | 1.534 | 1.616 | 1.633 | 1.686 | 1.698 | 1.708 | 1.770 | 1.779 | 1.786 |
| | $C_2$ | 6.114 | 5.578 | 5.081 | 4.900 | 4.650 | 4.555 | 4.482 | 4.293 | 4.246 | 4.208 |
| 30 | $C_0$ | 0.055 | 0.117 | 0.154 | 0.181 | 0.203 | 0.221 | 0.236 | 0.249 | 0.261 | 0.271 |
| | $C_1$ | 1.477 | 1.555 | 1.633 | 1.640 | 1.691 | 1.696 | 1.701 | 1.764 | 1.768 | 1.771 |
| | $C_2$ | 6.843 | 6.122 | 5.524 | 5.298 | 5.004 | 4.887 | 4.799 | 4.581 | 4.524 | 4.477 |
| 40 | $C_0$ | 0.044 | 0.095 | 0.127 | 0.151 | 0.170 | 0.186 | 0.200 | 0.212 | 0.223 | 0.233 |
| | $C_1$ | 1.555 | 1.611 | 1.681 | 1.673 | 1.720 | 1.714 | 1.708 | 1.774 | 1.770 | 1.765 |
| | $C_2$ | 8.261 | 7.195 | 6.402 | 6.093 | 5.713 | 5.556 | 5.436 | 5.163 | 5.085 | 5.021 |
| 50 | $C_0$ | 0.036 | 0.081 | 0.109 | 0.130 | 0.148 | 0.162 | 0.175 | 0.186 | 0.196 | 0.205 |
| | $C_1$ | 1.636 | 1.674 | 1.740 | 1.718 | 1.762 | 1.745 | 1.730 | 1.800 | 1.787 | 1.775 |
| | $C_2$ | 9.648 | 8.258 | 7.277 | 6.887 | 6.424 | 6.227 | 6.077 | 5.749 | 5.650 | 5.569 |
| 60 | $C_0$ | 0.031 | 0.071 | 0.096 | 0.115 | 0.131 | 0.144 | 0.156 | 0.166 | 0.175 | 0.183 |
| | $C_1$ | 1.719 | 1.742 | 1.805 | 1.768 | 1.810 | 1.783 | 1.758 | 1.832 | 1.811 | 1.791 |
| | $C_2$ | 11.021 | 9.319 | 8.152 | 7.684 | 7.138 | 6.902 | 6.721 | 6.338 | 6.219 | 6.120 |
| 70 | $C_0$ | 0.028 | 0.063 | 0.086 | 0.103 | 0.117 | 0.130 | 0.140 | 0.150 | 0.158 | 0.166 |
| | $C_1$ | 1.803 | 1.811 | 1.872 | 1.821 | 1.861 | 1.824 | 1.789 | 1.867 | 1.839 | 1.812 |
| | $C_2$ | 12.387 | 10.381 | 9.029 | 8.485 | 7.856 | 7.580 | 7.369 | 6.929 | 6.789 | 6.672 |
| 80 | $C_0$ | 0.025 | 0.057 | 0.077 | 0.093 | 0.107 | 0.118 | 0.128 | 0.137 | 0.145 | 0.152 |
| | $C_1$ | 1.887 | 1.882 | 1.940 | 1.876 | 1.914 | 1.866 | 1.822 | 1.904 | 1.868 | 1.834 |
| | $C_2$ | 13.753 | 11.447 | 9.911 | 9.291 | 8.578 | 8.262 | 8.020 | 7.524 | 7.362 | 7.226 |
| 90 | $C_0$ | 0.022 | 0.051 | 0.071 | 0.085 | 0.098 | 0.108 | 0.117 | 0.126 | 0.133 | 0.140 |
| | $C_1$ | 1.972 | 1.953 | 2.009 | 1.931 | 1.967 | 1.909 | 1.857 | 1.943 | 1.899 | 1.858 |
| | $C_2$ | 15.119 | 12.518 | 10.799 | 10.102 | 9.305 | 8.949 | 8.674 | 8.122 | 7.938 | 7.782 |
| 100 | $C_0$ | 0.021 | 0.047 | 0.065 | 0.079 | 0.090 | 0.100 | 0.109 | 0.117 | 0.123 | 0.130 |
| | $C_1$ | 2.057 | 2.025 | 2.079 | 1.986 | 2.021 | 1.953 | 1.891 | 1.981 | 1.931 | 1.883 |
| | $C_2$ | 16.490 | 13.595 | 11.691 | 10.918 | 10.036 | 9.639 | 9.331 | 8.722 | 8.515 | 8.339 |

注:$L_c$-群桩基础承台长度;$B_c$-群桩基础承台短度;$l$-桩长;$d$-桩径。

## 桩基等效沉降系数的计算参数 $C_0$、$C_1$、$C_2$ 表（$S_a/d=5$） 表 4-8c)

| $l/d$ | 参数 | $L_c/B_c$ | | | | | | | | | |
|---|---|---|---|---|---|---|---|---|---|---|---|
| | | 1 | 2 | 3 | 4 | 5 | 6 | 7 | 8 | 9 | 10 |
| 5 | $C_0$ | 0.203 | 0.389 | 0.464 | 0.510 | 0.543 | 0.567 | 0.587 | 0.603 | 0.617 | 0.628 |
| | $C_1$ | 1.416 | 1.864 | 2.120 | 2.277 | 2.416 | 2.514 | 2.599 | 2.695 | 2.761 | 2.821 |
| | $C_2$ | 1.941 | 2.652 | 2.824 | 2.957 | 2.973 | 3.018 | 3.045 | 3.008 | 3.023 | 3.033 |
| 10 | $C_0$ | 0.125 | 0.260 | 0.323 | 0.364 | 0.394 | 0.417 | 0.437 | 0.453 | 0.467 | 0.480 |
| | $C_1$ | 1.349 | 1.593 | 1.740 | 1.818 | 1.902 | 1.952 | 1.996 | 2.065 | 2.099 | 2.131 |
| | $C_2$ | 2.959 | 3.301 | 3.255 | 3.278 | 3.028 | 3.206 | 3.201 | 3.120 | 3.116 | 3.112 |
| 15 | $C_0$ | 0.093 | 0.202 | 0.257 | 0.295 | 0.323 | 0.345 | 0.364 | 0.379 | 0.393 | 0.405 |
| | $C_1$ | 1.351 | 1.528 | 1.645 | 1.697 | 1.766 | 1.800 | 1.829 | 1.893 | 1.916 | 1.938 |
| | $C_2$ | 3.724 | 3.825 | 3.649 | 3.614 | 3.492 | 3.465 | 3.442 | 3.329 | 3.314 | 3.301 |
| 20 | $C_0$ | 0.075 | 0.168 | 0.218 | 0.252 | 0.178 | 0.299 | 0.317 | 0.332 | 0.345 | 0.357 |
| | $C_1$ | 1.372 | 1.513 | 1.615 | 1.651 | 1.712 | 1.735 | 1.755 | 1.818 | 1.834 | 1.849 |
| | $C_2$ | 4.407 | 4.316 | 4.036 | 3.957 | 3.792 | 3.745 | 3.708 | 3.566 | 3.542 | 3.522 |
| 25 | $C_0$ | 0.063 | 0.145 | 0.190 | 0.222 | 0.246 | 0.267 | 0.283 | 0.298 | 0.310 | 0.322 |
| | $C_1$ | 1.399 | 1.517 | 1.609 | 1.633 | 1.690 | 1.705 | 1.717 | 1.781 | 1.791 | 1.800 |
| | $C_2$ | 5.049 | 4.792 | 4.418 | 4.301 | 4.096 | 4.031 | 3.982 | 3.812 | 3.780 | 3.754 |
| 30 | $C_0$ | 0.055 | 0.128 | 0.170 | 0.199 | 0.222 | 0.241 | 0.257 | 0.271 | 0.283 | 0.294 |
| | $C_1$ | 1.431 | 1.531 | 1.617 | 1.630 | 1.684 | 1.692 | 1.697 | 1.762 | 1.767 | 1.770 |
| | $C_2$ | 5.668 | 5.258 | 4.796 | 4.644 | 4.401 | 4.320 | 4.259 | 4.063 | 4.022 | 3.990 |
| 40 | $C_0$ | 0.044 | 0.105 | 0.141 | 0.167 | 0.188 | 0.205 | 0.219 | 0.232 | 0.243 | 0.253 |
| | $C_1$ | 1.498 | 1.573 | 1.650 | 1.646 | 1.695 | 1.689 | 1.683 | 1.751 | 1.746 | 1.741 |
| | $C_2$ | 6.865 | 6.176 | 5.547 | 5.331 | 5.013 | 4.902 | 4.817 | 4.568 | 4.512 | 4.467 |
| 50 | $C_0$ | 0.036 | 0.089 | 0.121 | 0.144 | 0.163 | 0.179 | 0.192 | 0.204 | 0.214 | 0.224 |
| | $C_1$ | 1.569 | 1.623 | 1.695 | 1.675 | 1.720 | 1.703 | 1.868 | 1.758 | 1.743 | 1.730 |
| | $C_2$ | 8.034 | 7.085 | 6.296 | 6.018 | 5.628 | 5.486 | 5.379 | 5.078 | 5.006 | 4.948 |
| 60 | $C_0$ | 0.031 | 0.078 | 0.106 | 0.128 | 0.145 | 0.159 | 0.171 | 0.182 | 0.192 | 0.201 |
| | $C_1$ | 1.642 | 1.678 | 1.745 | 1.710 | 1.753 | 1.724 | 1.697 | 1.772 | 1.749 | 1.727 |
| | $C_2$ | 9.192 | 7.994 | 7.046 | 6.709 | 6.246 | 6.074 | 5.943 | 5.590 | 5.502 | 5.429 |
| 70 | $C_0$ | 0.028 | 0.069 | 0.095 | 0.114 | 0.130 | 0.143 | 0.155 | 0.165 | 0.174 | 0.182 |
| | $C_1$ | 1.715 | 1.735 | 1.799 | 1.748 | 1.789 | 1.749 | 1.712 | 1.791 | 1.760 | 1.730 |
| | $C_2$ | 10.345 | 8.905 | 7.800 | 7.403 | 6.868 | 6.664 | 6.509 | 6.104 | 5.999 | 5.911 |
| 80 | $C_0$ | 0.025 | 0.063 | 0.086 | 0.104 | 0.118 | 0.131 | 0.141 | 0.151 | 0.159 | 0.167 |
| | $C_1$ | 1.788 | 1.793 | 1.854 | 1.788 | 1.827 | 1.776 | 1.730 | 1.812 | 1.773 | 1.737 |
| | $C_2$ | 11.498 | 9.820 | 8.558 | 8.102 | 7.493 | 7.258 | 7.077 | 6.620 | 6.497 | 6.393 |
| 90 | $C_0$ | 0.022 | 0.057 | 0.079 | 0.095 | 0.109 | 0.120 | 0.130 | 0.139 | 0.147 | 0.154 |
| | $C_1$ | 1.861 | 1.851 | 1.909 | 1.830 | 1.866 | 1.805 | 1.749 | 1.835 | 1.789 | 1.745 |
| | $C_2$ | 12.653 | 10.741 | 9.321 | 8.805 | 8.123 | 7.854 | 7.647 | 7.138 | 6.996 | 6.876 |
| 100 | $C_0$ | 0.021 | 0.052 | 0.072 | 0.088 | 0.100 | 0.111 | 0.120 | 0.129 | 0.136 | 0.143 |
| | $C_1$ | 1.934 | 1.909 | 1.966 | 1.871 | 1.905 | 1.834 | 1.769 | 1.859 | 1.805 | 1.755 |
| | $C_2$ | 13.812 | 11.667 | 10.089 | 9.512 | 8.755 | 8.453 | 8.218 | 7.657 | 7.495 | 7.358 |

注：$L_c$-群桩基础承台长度；$B_c$-群桩基础承台短度；$l$-桩长；$d$-桩径。

<h3 style="text-align:center">桩基等效沉降系数的计算参数 $C_0$、$C_1$、$C_2$ 表（$S_a/d = 6$）　　　表 4-8d)</h3>

| $l/d$ | 参数 | $L_c/B_c$ | | | | | | | | | |
|---|---|---|---|---|---|---|---|---|---|---|---|
| | | 1 | 2 | 3 | 4 | 5 | 6 | 7 | 8 | 9 | 10 |
| 5 | $C_0$ | 0.203 | 0.423 | 0.506 | 0.555 | 0.588 | 0.613 | 0.633 | 0.649 | 0.663 | 0.674 |
| | $C_1$ | 1.393 | 1.956 | 2.277 | 2.485 | 2.658 | 2.789 | 2.902 | 3.021 | 3.099 | 3.179 |
| | $C_2$ | 1.438 | 2.152 | 2.365 | 2.503 | 2.538 | 2.581 | 2.603 | 2.586 | 2.596 | 2.599 |
| 10 | $C_0$ | 0.125 | 0.281 | 0.350 | 0.393 | 0.424 | 0.449 | 0.468 | 0.485 | 0.499 | 0.511 |
| | $C_1$ | 1.328 | 1.623 | 1.793 | 1.889 | 1.983 | 2.044 | 2.096 | 2.169 | 2.210 | 2.247 |
| | $C_2$ | 2.421 | 2.870 | 2.881 | 2.927 | 2.879 | 2.886 | 2.887 | 2.818 | 2.817 | 2.815 |
| 15 | $C_0$ | 0.093 | 0.219 | 0.279 | 0.318 | 0.348 | 0.371 | 0.390 | 0.406 | 0.419 | 0.432 |
| | $C_1$ | 1.327 | 1.540 | 1.671 | 1.733 | 1.809 | 1.848 | 1.882 | 1.949 | 1.975 | 1.999 |
| | $C_2$ | 3.126 | 3.366 | 3.256 | 3.250 | 3.153 | 3.139 | 3.126 | 3.024 | 3.015 | 3.007 |
| 20 | $C_0$ | 0.075 | 0.182 | 0.236 | 0.272 | 0.300 | 0.322 | 0.340 | 0.355 | 0.369 | 0.380 |
| | $C_1$ | 1.344 | 1.513 | 1.625 | 1.669 | 1.735 | 1.762 | 1.785 | 1.850 | 1.868 | 1.884 |
| | $C_2$ | 3.740 | 3.815 | 3.607 | 3.565 | 3.428 | 3.398 | 3.374 | 3.243 | 3.227 | 3.214 |
| 25 | $C_0$ | 0.063 | 0.157 | 0.207 | 0.240 | 0.266 | 0.287 | 0.304 | 0.319 | 0.332 | 0.343 |
| | $C_1$ | 1.368 | 1.509 | 1.610 | 1.640 | 1.700 | 1.717 | 1.731 | 1.796 | 1.807 | 1.816 |
| | $C_2$ | 4.311 | 4.242 | 3.950 | 3.877 | 3.703 | 3.659 | 3.625 | 3.468 | 3.445 | 3.427 |
| 30 | $C_0$ | 0.055 | 0.139 | 0.184 | 0.216 | 0.240 | 0.260 | 0.276 | 0.291 | 0.303 | 0.314 |
| | $C_1$ | 1.395 | 1.516 | 1.608 | 1.627 | 1.683 | 1.692 | 1.699 | 1.765 | 1.769 | 1.773 |
| | $C_2$ | 4.858 | 4.659 | 4.288 | 4.187 | 3.977 | 3.921 | 3.879 | 3.694 | 3.666 | 3.643 |
| 40 | $C_0$ | 0.044 | 0.114 | 0.153 | 0.181 | 0.203 | 0.221 | 0.236 | 0.249 | 0.261 | 0.271 |
| | $C_1$ | 1.455 | 1.545 | 1.627 | 1.626 | 1.676 | 1.671 | 1.664 | 1.733 | 1.727 | 1.721 |
| | $C_2$ | 5.912 | 5.477 | 4.957 | 4.804 | 4.528 | 4.447 | 4.386 | 4.151 | 4.111 | 4.078 |
| 50 | $C_0$ | 0.036 | 0.097 | 0.132 | 0.157 | 0.177 | 0.193 | 0.207 | 0.219 | 0.230 | 0.240 |
| | $C_1$ | 1.517 | 1.584 | 1.659 | 1.640 | 1.687 | 1.669 | 1.650 | 1.723 | 1.707 | 1.691 |
| | $C_2$ | 6.939 | 6.287 | 5.624 | 5.523 | 5.080 | 4.974 | 4.896 | 4.610 | 4.557 | 4.514 |
| 60 | $C_0$ | 0.031 | 0.085 | 0.116 | 0.139 | 0.157 | 0.172 | 0.185 | 0.196 | 0.207 | 0.216 |
| | $C_1$ | 1.581 | 1.627 | 1.698 | 1.662 | 1.706 | 1.675 | 1.645 | 1.722 | 1.697 | 1.672 |
| | $C_2$ | 7.956 | 7.097 | 6.292 | 6.043 | 5.634 | 5.504 | 5.406 | 5.071 | 5.004 | 4.948 |
| 70 | $C_0$ | 0.028 | 0.076 | 0.104 | 0.125 | 0.141 | 0.156 | 0.168 | 0.178 | 0.188 | 0.196 |
| | $C_1$ | 1.645 | 1.673 | 1.740 | 1.688 | 1.728 | 1.686 | 1.646 | 1.726 | 1.692 | 1.660 |
| | $C_2$ | 8.968 | 7.908 | 6.964 | 6.667 | 6.191 | 6.035 | 5.917 | 5.532 | 5.450 | 5.382 |
| 80 | $C_0$ | 0.025 | 0.068 | 0.094 | 0.113 | 0.129 | 0.142 | 0.153 | 0.163 | 0.172 | 0.180 |
| | $C_1$ | 1.708 | 1.720 | 1.783 | 1.716 | 1.754 | 1.700 | 1.650 | 1.734 | 1.692 | 1.652 |
| | $C_2$ | 9.981 | 8.724 | 7.640 | 7.293 | 6.751 | 6.569 | 6.428 | 5.994 | 5.896 | 5.814 |
| 90 | $C_0$ | 0.022 | 0.062 | 0.086 | 0.104 | 0.118 | 0.131 | 0.141 | 0.150 | 0.159 | 0.167 |
| | $C_1$ | 1.772 | 1.768 | 1.827 | 1.745 | 1.780 | 1.716 | 1.657 | 1.744 | 1.694 | 1.648 |
| | $C_2$ | 10.997 | 9.544 | 8.319 | 7.924 | 7.314 | 7.103 | 6.939 | 6.457 | 6.342 | 6.244 |
| 100 | $C_0$ | 0.021 | 0.057 | 0.079 | 0.096 | 0.110 | 0.121 | 0.131 | 0.140 | 0.148 | 0.155 |
| | $C_1$ | 1.835 | 1.815 | 1.872 | 1.775 | 1.808 | 1.733 | 1.665 | 1.755 | 1.698 | 1.646 |
| | $C_2$ | 12.016 | 10.370 | 9.004 | 8.557 | 7.879 | 7.639 | 7.450 | 6.919 | 6.787 | 6.673 |

注：$L_c$-群桩基础承台长度；$B_c$-群桩基础承台短度；$l$-桩长；$d$-桩径。

### 七、沉降控制复合桩基设计的基本概念

在基础设计中,经常会遇到下述情况:如果用天然地基上浅基础方案,地基强度要求能基本满足或相差不大,但对于地基变形验算结果,往往沉降过大而无法满足设计要求,此时就可考虑采用沉降控制复合桩基(也称减少沉降量桩基、疏桩基础等)方案。它是一种介于天然地基上浅基础和常规桩基(按单桩设计承载力确定桩数)之间的一种基础类型。与常规桩基不同,沉降控制复合桩基主要根据建筑物容许沉降量要求确定桩数。

天然地基承载力能满足设计要求,但如果地基变形验算结果过大,此时就可使用少量的桩使基础沉降减小到建筑物容许的范围内;如果天然地基承载力与设计要求相差不大,也可使用少量的桩来弥补地基承载力不足部分,同时又能减小基础沉降。为了使桩与承台能共同承担外荷载,一般采用摩擦桩,其桩端持力层不十分坚硬,当承台产生一定沉降时,桩能充分发挥并始终保持其全部极限承载力,即有足够的"韧性"。因此,沉降控制复合桩基与常规桩基相比,在保证沉降满足设计要求并确保工程安全的前提下,桩数可有大幅度减少,能使工程造价最为经济。

#### 1. 沉降控制复合桩基的承载力确定

由于桩数明显较少,沉降控制复合桩基的桩距则相应明显增大,工程中实际应用的平均桩距一般在 5 ~ 6 倍桩径以上,群桩效应作用也就不显著。一般可近似地认为,沉降控制复合桩基总的极限承载力等于沉降控制复合桩基中所有各单桩的极限承载力与承台下地基土无桩条件下的极限承载力之和。其承载力验算方法可参照本节中"二""三"的内容。

#### 2. 沉降控制方法确定桩数

沉降控制复合桩基的沉降可按下列简化假设的原则进行计算。

(1)当外荷载小于沉降控制复合桩基中各单桩极限承载力之和时($F + G \leqslant \sum Q_u$)

忽略承台分担作用,假定外荷载全部由桩承担。这时沉降控制复合桩基沉降由桩身的弹性压缩(一般可略去不计)和桩端平面至压缩层下限之间土层的压缩共同组成,其具体计算可按本节"六"所述的群桩沉降计算方法进行。

(2)当外荷载超过沉降复合桩基中各单桩极限承载力之和时($F + G > \sum Q_u$)

桩与桩周土界面局部范围内土体发生屈服,这时群桩将始终保持承担荷载 $\sum Q_u$,而承台则承担荷载"$F + G - \sum Q_u$",其中由群桩承担的荷载 $\sum Q_u$ 所产生的沉降计算方法同上,由承台承担的荷载"$F + G - \sum Q_u$"所产生的沉降则可按天然地基上浅基础的单向分层总和法计算;而复合桩基的总沉降应为上述两部分沉降之和。

初步确定承台底面积和平面布置后,则可按上述方法计算假定承台下有若干种不同桩数的布桩方案时相应的沉降量,如图 4-20 所示。

由图 4-20 中的曲线形式可知,当桩数较少时,桩数的变化对桩基沉降量的影响是很敏感的,只需用少量的桩就可以大幅度减少沉降量。当桩数达到一定数量后,桩数的变化对桩基沉降量的影响就不再明显。这说明,此时若再增加桩数,对

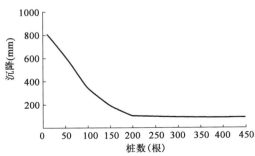

图 4-20 复合桩基沉降-桩数关系曲线

减少桩基沉降量的作用是不大的。因此,实际设计时应选择曲线趋于平缓时的拐点后面附近某一点作为复合桩基用桩数量。当然,确定的桩数还要同时满足复合地基的承载力安全系数与建筑物容许沉降量的要求。

# 第四节　水平荷载下的桩基础

桩基础除了承受上部建筑物重量和桩身自重所引起的竖向荷载,也会承受各种水平荷载,如风荷载、地震荷载等。过去对桩基础的使用主要集中在竖向受荷桩,因此之前的研究大多也都集中在桩的竖向承载力,对于桩所能受的水平荷载的研究相对缺少。随着我国国民经济的高速发展,尤其是超高层建筑、输电塔、铁路、桥梁、抗滑桩工程、近海工程以及海上风电工程的兴起与快速发展,水平受荷桩在实际工程中的运用日益广泛,水平受荷桩的问题逐渐得到了关注。

水平受荷桩主要用来承担水平方向传来的外部荷载,在多种工程场景中发挥重要作用。在山地、丘陵地区,水平受荷桩常被用于防止滑坡、山体崩塌等地质灾害,提高结构的安全性和稳定性;在桥梁工程中,桥梁墩台基础中常采用水平受荷桩,以承受车辆、行人等产生的水平荷载,确保桥梁的安全和稳定;在风电工程中,风电塔筒基础中常采用水平受荷桩,以抵抗风荷载引起的水平位移和剪切力,保障风电设施的正常运行;以及在港口码头工程中常用的板桩、基坑支护中的护坡桩等。总的来说,水平受荷桩在提高工程结构的安全性和稳定性、减少地质灾害和水平荷载对结构造成的影响方面具有重要作用。

## 一、单桩水平承载力

影响单桩水平承载力和位移的因素包括桩身截面抗弯刚度、材料强度、桩侧土质条件、桩的入土深度、桩顶约束条件。如对于低配筋率的灌注桩,通常是桩身先出现裂缝,随后断裂破坏;此时,单桩水平承载力由桩身强度控制。对于抗弯性能强的桩,如高配筋率的混凝土预制桩和钢桩,桩身虽未断裂,但由于桩侧土体塑性隆起,或桩顶水平位移大大超过使用允许值,也认为桩的水平承载力达到极限状态。此时,单桩水平承载力由位移控制。

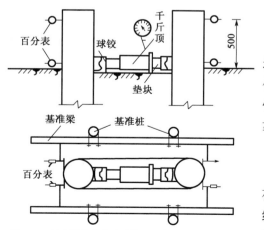

图4-21　桩水平静载荷试验装置示意图(尺寸单位:mm)

### (一)桩的水平静载荷试验

对于受水平荷载较大的建筑桩基,应通过现场单桩水平承载力试验确定单桩水平承载力特征值。水平静载荷试验是分析桩在水平荷载作用下性状的重要手段,也是确定单桩水平承载力最可靠的方法。

#### 1.试验装置

试验装置包括加荷系统和位移观测系统。加荷系统采用水平施加荷载的千斤顶,位移观测系统采用安装在基准支架上的百分表或电感位移计,如图4-21所示。

## 2. 试验方法

加载方法宜根据工程桩实际受力特性,选用单向多循环加载法或慢速维持加载法。当对试桩桩身横截面弯曲应变进行测量时,宜采用慢速维持加载法。

（1）单向多循环加载法

此加载方法主要模拟风浪、地震力、制动力、波浪冲击力和机器扰力等循环性动力水平荷载。单向多循环加载法的分级荷载,不应大于预估水平极限承载力或最大试验荷载的1/10。每级荷载施加后,恒载4min后,可测读水平位移,然后卸载至零,停2min测读残余水平位移,至此完成一个加卸载循环;如此循环5次,完成一级荷载的位移观测,开始加下一级荷载;试验不得中间停顿。

当出现下列情况之一时,可终止加载:

①桩身折断;

②水平位移超过30~40mm,软土中的桩或大直径桩时可取高值;

③水平位移达到设计要求的水平位移允许值。

（2）慢速维持加载法

此加载方法主要模拟桥台、挡墙等长期静止水平荷载的连续荷载试验,类似于垂直静载试验慢速法。

慢速维持加载法的加、卸载分级以及水平位移的测读方式,与上一节的单桩竖向静载荷试验方式相同。

## 3. 成果资料

常规循环载荷试验一般绘制"水平力-时间-位移"（$H_0$-$t$-$x_0$）曲线（图4-22）;连续载荷试验常绘制"水平力-位移"（$H_0$-$x_0$）曲线（图4-23）和"水平力-位移梯度"（$H_0$-$\Delta x / \Delta H_0$）曲线（图4-24）。利用循环载荷试验资料,取每级循环荷载下的最大位移值作为该荷载下的位移值,亦可绘制上述各种关系曲线。

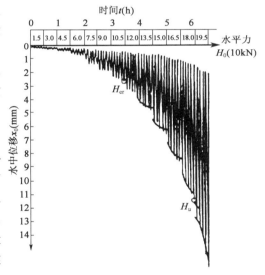

图4-22 水平力-时间-位移（$H_0$-$t$-$x_0$）曲线

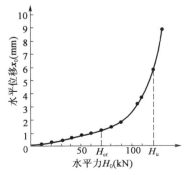

图4-23 水平力-位移（$H_0$-$x_0$）曲线

### (二)单桩水平承载力特征值

**1. 按试验结果确定单桩水平承载力**

(1)单桩水平临界荷载

单桩水平临界载荷 $H_{cr}$ 是指桩断面受拉区混凝土退出工作前所受最大荷载,通常取单桩水平临界荷载为单桩水平承载力设计值。单桩水平临界荷载 $H_{cr}$ 可按下列方法综合确定。

①取循环载荷试验($H_0$-$t$-$x_0$)曲线突变点前一级荷载为 $H_{cr}$(图4-22)。

②取 $H_0$-$\Delta x/\Delta H_0$ 曲线第一直线段终点所对应的荷载为 $H_{cr}$(图4-24)。

(2)单桩水平极限荷载

单桩水平极限 $H_u$ 是指桩身材料破坏或产生结构所能承受最大变形前的最大荷载。单桩水平极限荷载可按下列方法综合确定。

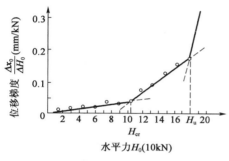

图4-24 水平力-位移梯度($H_0$-$\Delta x_0/\Delta H_0$)曲线

①取($H_0$-$t$-$x_0$)曲线明显陡降,即位移包络线向下弯曲的前一级荷载为 $H_u$(图4-22)。

②取 $H_0$-$\Delta x/\Delta H_0$ 曲线第二直线段的终点所对应的荷载为 $H_u$(图4-24)。

(3)单桩水平承载力特征值

对于受水平荷载较大的设计等级为甲级、乙级的建筑桩基,单桩水平承载力特征值应通过单桩水平静载荷试验确定,试验方法可按现行《建筑基桩检测技术规范》(JGJ 106)执行。

对于钢筋混凝土预制桩、钢桩、桩身配筋率不小于0.65%的灌注桩,桩的水平承载力由水平位移控制,由载荷试验结果取地面水平位移为10mm(对水平位移敏感的建筑取水平位移6mm)对应荷载的75%作为单桩水平承载力特征值;桩身配筋率小于0.65%的灌注桩,桩的水平承载力由桩身强度控制,按单桩水平载荷试验临界荷载 $H_{cr}$ 的75%作为单桩水平承载力特征值。

**2. 按理论公式计算确定**

(1)当桩的水平承载力由水平位移控制,且缺少单桩水平静载荷试验资料时,对于混凝土预制桩、钢桩以及桩身配筋率不小于0.65%的灌注桩,可由下式估算单桩水平承载力特征值:

$$R_{ha} = 0.75 \frac{\alpha^3 EI}{\nu_x} x_{0a} \tag{4-30}$$

式中: $\alpha$ ——桩的水平变形系数;

$x_{0a}$ ——桩顶允许水平位移;

$\nu_x$ ——桩顶水平位移系数。

(2)桩身配筋率小于0.65%的灌注桩,按桩身混凝土结构抗弯承载能力计算,具体详见《桩基规范》,在此不作详述。

## 二、基桩内力和位移计算的基本概念

关于桩在横向荷载作用下桩身内力与位移计算,国内外学者提出了许多方法。现在普遍采用的是将桩作为文克勒弹性地基上的梁,简称弹性地基梁法。弹性地基梁的弹性挠曲微分方程的求解方法可用解析法、差分法及有限元法。本章主要介绍解析法。

弹性地基梁法的基本假定是认为桩侧土为文克勒离散线性弹簧,不考虑桩土之间的黏着力和摩阻力,桩作为弹性构件考虑;当桩受到水平外力作用后,桩土协调变形,任一深度 $z$ 处所产生的桩侧土水平抗力与该点水平位移 $x_z$ 成正比(图 4-25)。

$$\sigma_{zx} = Cx_z \tag{4-31}$$

式中:$\sigma_{zx}$——横向土抗力(kPa);

$\quad C$——地基系数,表示单位面积土在弹性限度内产生单位变形时所需加的力($kN/m^3$);

$\quad x_z$——深度 $z$ 处桩的横向位移(m)。

1. 地基系数及其分布规律

大量的试验表明,地基系数 $C$ 不仅与土的类别及其性质有关,而且也随着深度而变化。由于实测的客观条件和分析方法不尽相同等原因,所采用的 $C$ 值随深度的分布规律也各有不同。常采用的地基系数分布规律有如图 4-26 所示的几种形式,相应产生几种基桩内力和位移计算的方法。

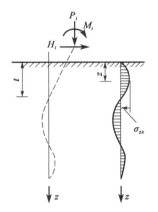

图 4-25 横向受荷桩的受力变形示意图

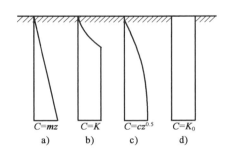

图 4-26 地基系数的几种分布形式

(1)"$m$"法

假定地基系数 $C$ 随深度成正比例增长,即 $C = mz$,如图 4-26a)所示,$m$ 称为地基比例系数($kN/m^4$)。

(2)"$K$"法

假定在桩身挠曲曲线第一挠曲零点(即图 4-25 所示深度 $t$ 处)以上,地基系数 $C$ 随深度增加呈凹形抛物线变化;在第一挠曲零点以下,地基系数 $C = K(kN/m^3)$,不再随深度变化而为常数[图 4-26b)]。

(3)"$c$"法

假定地基系数 $C$ 随着深度成抛物线规律增加,即 $C = cz^{0.5}$,如图 4-26c)所示,$c$ 为地基土比例系数($kN/m^{3.5}$)。

(4)"$C$"法(又称"张有龄法")

假定地基系数 $C$ 沿深度为均匀分布,不随深度而变化,即 $C = K_0$($kN/m^3$)为常数,如图 4-26d)所示。

上述四种方法均为按文克勒假定的弹性地基梁法,但各自假定的地基系数随深度分布规律不同,其计算结果是有差异的。大量试验与工程实践表明,桩在地面处的位移较小时,"$m$"

法较为适用,目前在各类规范中均得到广泛的认可。其中,《公路桥涵地基与基础设计规范》(JTG 3363—2019)中对水平桩的计算分析介绍的更为详细,本章以《公路桥涵地基与基础设计规范》(JTG 3363—2019)为主进行介绍,其他规范与之大致相同。

按"$m$"法计算时,地基土的比例系数 $m$ 值可根据实测确定,无实测数据时可参考表4-9选用;对于岩石地基抗力系数 $C_0$,认为不随岩层面的埋藏深度而变,可参考表4-10采用。

非岩石类土的比例系数 $m$ 值表

表 4-9

| 序号 | 土的分类 | $m$ 或 $m_0$( kN/m$^4$) |
|:---:|:---:|:---:|
| 1 | 流塑性黏土 $I_L>1.0$,软塑黏性土 $1.0 \geqslant I_L>0.75$,淤泥 | 3000~5000 |
| 2 | 可塑黏性土 $0.75 \geqslant I_L>0.25$,粉砂,稍密粉土 | 5000~10000 |
| 3 | 硬塑黏性土 $0.25 \geqslant I_L>0$,细砂,中砂,中密粉土 | 10000~20000 |
| 4 | 坚硬,半坚硬黏性土 $I_L \leqslant 0$,粗砂,密实粉土 | 20000~30000 |
| 5 | 砾砂,角砂,圆砾,碎石,卵石 | 30000~80000 |
| 6 | 密实卵石夹粗砂,密实漂、卵石 | 80000~120000 |

注:1. $m_0$ 为"$m$"法相应于深度 $h$ 处基础底面土的竖向地基抗力系数($C_0=m_0h$)随深度变化的比例系数,可按表4-9选用,当 $h \leqslant 10$m 时,$C_0=10m_0$。因为据研究分析认为,自地面至10m深度处土的竖向抗力几乎没有什么变化,当 $h>10$m 时土的竖向抗力几乎与水平抗力相等,所以 10m 以下取 $C_0=m_0h=mh$。
2. 本表用于基础在地面处位移最大值不超过6mm的情况;位移较大时,应当适当降低。
3. 当基础侧面设有斜坡或台阶,且其坡度(横:竖)或台阶总宽与深度之比大于1:20时,表中 $m$ 值应减小50%取用。

岩石地基抗力系数 $C_0$ 值

表 4-10

| $f_{rk}$( MPa) | $C_0$( MN/m$^3$) | $f_{rk}$( MPa) | $C_0$( MN/m$^3$) |
|:---:|:---:|:---:|:---:|
| 1 | 300 | 25 | $150 \times 10^2$ |

注:$f_{rk}$ 为岩石的单轴饱和抗压强度标准值,当 $f_{rk}$ 为中间值时,采用内插法求取。

当基础侧面为数种不同土层时(图4-27),应将地面或局部冲刷以下 $h_m=2(d+1)$(m)深度内的各层土按式(4-32)换算成一个 $m$ 值,作为整个深度的 $m$ 值,式中 $d$ 为桩的直径。

$$m = \gamma m_1 + (1-\gamma)m_2 \tag{4-32}$$

$$\gamma = \begin{cases} 5(h_1/h_m)^2 & (h_1/h_m \leqslant 0.2) \\ 1-1.25(1-h_1/h_m)^2 & (h_1/h_m > 0.2) \end{cases}$$

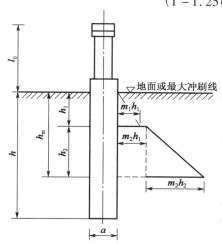

图 4-27  比例系数 $m$ 的换算

**2. 单桩、单排桩与多排桩**

计算基桩内力应先根据作用在承台底面的外力 $N$、$H$、$M$,计算出作用在每根桩顶的荷载 $P_i$、$H_i$、$M_i$ 值,然后才能计算各桩在荷载作用下的各截面的内力与位移。桩基础按其作用力 $H$ 与基桩的布置方式之间的关系可归纳为单桩、单排桩及多排桩两类来计算各桩顶的受力,如图 4-28 所示。

所谓单桩、单排桩是指在与水平外力 $H$ 作用面相垂直的平面上,由单根或多根桩组成的单根(排)桩的桩基础,如图4-28a)、b)所示。

对于单桩来说,上部荷载全由其承担。

对于单排桩,如图 4-29 所示,对桥墩做纵向验算时,若作用于承台底面中心的荷载为 $N$、$H$、$M_y$,当 $N$ 在承台桥横桥向无偏心时,则可以假定它是平均分布在各桩上的;当竖向力 $N$ 在承台横桥向有偏心距 $e$ 时,即 $M_x = N \cdot e$,每根桩上的竖向作用力可参照式(4-13)计算。

多排桩是指在水平外力作用平面内有一根以上桩的桩基础[图4-28c)]。对单排桩做横桥向验算时也属此情况,各桩顶作用力不能直接应用上述公式计算,应采用结构力学方法另行计算。

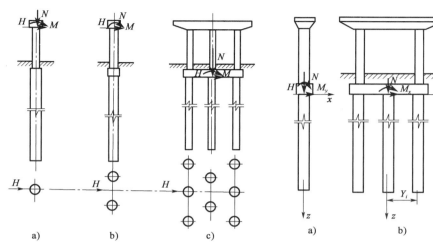

图4-28 单桩、单排桩、多排桩          图4-29 单排桩的计算

### 3. 桩的计算宽度

由试验研究分析得出,桩在水平外力作用下,除了桩身宽度内桩侧土受挤压外,在桩身宽度以外的一定范围内的土体都受到一定程度的影响(空间受力),且对不同截面形状的桩,土受到的影响范围大小也不同。为了将空间受力简化为平面受力,并综合考虑桩的截面形状及多排桩桩间的相互遮蔽作用,可将桩的设计宽度(直径)换算成实际工作条件下相当的矩形截面桩的宽度 $b_1$。$b_1$ 则称为桩的计算宽度。根据已有的试验资料分析,计算宽度的换算方法可用下式表示:

$$b_1 = K_f \cdot K_0 \cdot K \cdot b(\text{或 } d) \tag{4-33}$$

式中:$b(\text{或 } d)$——与水平外力 $H$ 作用方向相垂直平面上桩的宽度(或直径)(m);

$K_f$——形状换算系数,即在受力方向将各种不同截面形状的桩宽度换算为相当于矩形截面宽度,其值见表4-11;

$K_0$——受力换算系数,即考虑到实际上桩侧土在承受水平荷载时为空间受力问题,简化为平面受力时的修正系数,其值见表4-11;

$K$——桩间的相互影响系数,当桩基有承台连接,在外力作用平面内有数根桩时,各桩间的受力将相互产生影响,其影响与桩间的净距 $L_1$ 的大小有关(图4-30),可按以下方法确定:

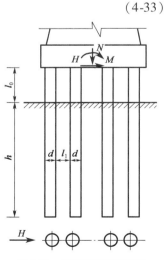

图4-30 相互影响系数计算

对于 $b$(或 $d$)$<1.0\mathrm{m}$,或单排桩,或 $L_1 \geqslant 0.6h_1$ 的多排桩,$K=1.0$;

对于 $L_1 < 0.6h_1$ 的多排桩,$K = b' + \dfrac{1-b'}{0.6} \cdot \dfrac{L_1}{h_1}$;

$L_1$——桩间净距(m);

$h_1$——桩在地面或最大冲刷线下的计算深度(m),可按 $h_1 = 3(d+1)$,但不得大于 $h$;关于 $d$ 值,对于钻孔桩为设计直径,对于矩形桩可采用受力面桩的边宽;

$b'$——与外力作用平面相互平行所验算的一排桩数 $n$ 有关的系数,当 $n=1$ 时,$b'=1.0$;当 $n=2$ 时,$b'=0.6$;当 $n=3$ 时,$b'=0.5$;当 $n \geqslant 4$ 时,$b'=0.45$。

换算系数表 表 4-11

| 名称 | 符号 | 基础平面形状 | | | |
|---|---|---|---|---|---|
| | | | | | |
| 形状换算系数 | $K_f$ | 1.0 | 0.9 | $1 - 0.1\dfrac{d}{B}$ | 0.9 |
| 受力换算系数 | $K_0$ | $b \geqslant 1\mathrm{m}$ 时,$1+\dfrac{1}{b}$ <br> $b < 1\mathrm{m}$ 时,$1.5+\dfrac{0.5}{b}$ | $d \geqslant 1\mathrm{m}$ 时,$1+\dfrac{1}{d}$ <br> $d < 1\mathrm{m}$ 时,$1.5+\dfrac{0.5}{d}$ | $1+\dfrac{1}{B}$ | $1+\dfrac{1}{d}$ |

注:表中基础,除了指桩外,还适用于承受水平荷载的沉井、承台。

在垂直于外力作用方向的 $n$ 根桩柱的计算总宽度 $nb_1$ 不得大于 $(B'+1)$;当 $nb_1$ 大于 $(B'+1)$ 时,取 $(B'+1)$。$B'$ 为垂直于外力作用方向的边桩外侧边缘之间的距离。

当桩基础平面布置中与外力作用方向平行的每排桩数不等,并且相邻桩中心距大于或等于 $b+1$ 时,则可按桩数最多一排桩计算其相互影响系数 $K$ 值。

为了不致使计算宽度发生重叠现象,要求以上综合计算得出的 $b_1 \leqslant 2b$;当 $b_1$ 大于 $2b$ 时,取 $2b$。

以上 $b_1$ 的计算方法比较繁杂,理论和实践的根据也不是很充分,因此国内外有些规范建议简化计算,如《建筑桩基技术规范》(JGJ 94—2008)未考虑相互影响系数 $K$ 的影响。

### 三、弹性单桩、单排桩的内力和位移计算

在公式推导和计算中,取图 4-31 所示的坐标系统,并对力和位移的符号作如下规定:横向位移顺 $x$ 轴正方向为正值,转角逆时针方向为正值,弯矩当左侧受拉时为正值,横向力顺 $x$ 轴方向为正值。

#### 1. 桩的挠曲微分方程及其解

若桩顶与地面平齐($z=0$),且已知桩顶作用有水平荷载 $H_0$ 及弯矩 $M_0$,此时桩将发生弹性

挠曲,桩侧土将产生横向抗力 $\sigma_{zx}$ ,如图4-32所示。即桩的挠曲微分方程为:

$$EI\frac{\mathrm{d}^4 x}{\mathrm{d}z^4} = -q = -\sigma_{zx}b_1 = -mzx_zb_1 \qquad (4\text{-}34\mathrm{a})$$

式中: $E$ 、 $I$ ——桩的弹性模量及截面惯性矩;

$\quad \sigma_{zx}$ ——桩侧土抗力, $\sigma_{zx} = Cx_z = mzx_z$ , $C$ 为地基系数;

$\quad b_1$ ——桩的计算宽度;

$\quad x_z$ ——桩在深度 $z$ 处的横向位移(即桩的挠度)。

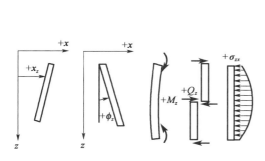

图4-31 力与位移的符号规定

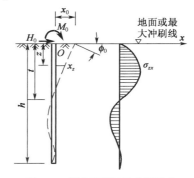

图4-32 侧向受荷桩的分析模式

将式(4-37a)整理可得:

$$\begin{cases} \dfrac{\mathrm{d}^4 x_z}{\mathrm{d}z^4} + \dfrac{mb_1}{EI}zx_z = 0 \\[3mm] \dfrac{\mathrm{d}^4 x_z}{\mathrm{d}z^4} + \alpha^5 zx_z = 0 \end{cases} \qquad (4\text{-}34\mathrm{b})$$

其中, $\alpha$ 为桩的变形系数( $\mathrm{m}^{-1}$ ), $\alpha = \sqrt[5]{\dfrac{mb_1}{EI}}$ 。受弯构件计算变形时的截面刚度 $EI$ 须乘以

0.80的折减系数,即 $EI = 0.8E_cI$ 。 $E_c$ 为桩的混凝土抗压模量。其余符号同式(4-34a)。

(1)刚性桩和弹性桩

按照桩与土的柔性指数 $\alpha h$ ,可将桩分为刚性桩和弹性桩两类,其中 $h$ 为桩的入土深度。

当 $\alpha h \leqslant 2.5$ 时,可按刚性桩计算。桩的长径比较小或周围土层较松软,即桩的刚度远大于土层刚度时,在横向受力作用下,桩身挠曲变形不明显,如同刚体一样围绕桩轴某一点转动,如图4-33a)所示。如果不断增大横向荷载,则可能由于桩侧土强度不够而失稳,使桩丧失承载的能力或破坏。因此,基桩的横向设计承载力由桩侧土的强度及稳定性决定。第五章将要介绍的沉井基础可看作刚性桩(构件)。

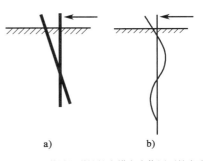

图4-33 刚性桩、弹性桩在横向力作用下的变形
a)刚性桩;b)弹性桩

当 $\alpha h > 2.5$ 时,可按弹性桩来计算。长径比较大或周围土层较坚实,即桩的相对刚度较小时,由于桩侧土有足够大的抗力,桩身发生挠曲变形,其侧向位移随着入土深度增大而逐渐减小,以至达到一定深度后,几乎不受荷载影响,形成一端嵌固的地基梁,桩的变形呈图4-33b)

所示的波状曲线。如果不断增大横向荷载,可使桩身在较大弯矩处发生断裂或使桩发生过大的侧向位移,并超过了桩或结构物的容许变形值。因此,基桩的横向设计承载力将由桩身材料的抗弯强度或侧向变形条件决定。一般情况下,桥梁桩基础的桩多属弹性桩。

（2）弹性桩变形与内力的基本解

式(4-38)为四阶线性变系数齐次常微分方程,可用幂级数展开的方法,并结合桩底的边界条件求出桩挠曲微分方程的解(具体解法可参考有关书籍)。

理论与实测成果表明,在水平荷载作用下,桩的变形与受力主要发生在上部,当 $\alpha z \geq 4$ 时,桩身变形与内力很小,可以略去不计,土中应力区和塑性区的主要范围也在上部浅土层。因此,桩周土对桩的水平工作性状影响最大的是地表土和浅层土,改善浅部土层的工程性质可收到事半功倍的效果。

对于 $\alpha h \geq 4$ 的桩,桩底边界条件对桩的受力变形影响很小。各种类型的桩,包括摩擦桩和端承桩,可统一用以下公式计算桩身在地面以下任一深度处内力及位移。

$$x_z = \frac{Q_0}{\alpha^3 EI}A_x + \frac{M_0}{\alpha^2 EI}B_x \tag{4-35a}$$

$$\phi_z = \frac{Q_0}{\alpha^2 EI}A_\phi + \frac{M_0}{\alpha EI}B_\phi \tag{4-35b}$$

$$M_z = \frac{Q_0}{\alpha}A_m + M_0 B_m \tag{4-35c}$$

$$Q_z = Q_0 A_H + \alpha M_0 B_H \tag{4-35d}$$

其中, $A_x$、$B_x$、$A_\phi$、$B_\phi$、$A_m$、$B_m$、$A_H$、$B_H$ 为无量纲系数,均为 $\alpha h$ 和 $\alpha z$ 的函数,有关手册已将其制成表格,以供查用。

在进行工程设计时,对桩身的每一个断面进行内力、变形验算是没有必要的,而只需要对几个控制断面进行验算,如最大位移和桩身最大弯矩截面。

2. 桩顶位移的计算公式

桩身最大位移出现在桩顶。如图4-34所示,已知桩露出地面长 $l_0$,若桩顶点为自由端,其上作用 $H$ 及 $M$,顶端的位移可应用叠加原理计算。

设桩顶的水平位移为 $x_1$,它是由桩在地面处的水平位移 $x_0$、地面处转角 $\phi_0$ 所引起在桩顶的位移 $\phi_0 l_0$、桩露出地面段作为悬臂梁桩顶在水平力 $H$ 作用下产生的水平位移 $x_H$ 以及在 $M$ 作用下产生的水平位移 $x_m$ 组成,即:

$$x_1 = x_0 - \phi_0 l_0 + x_H + x_m \tag{4-36a}$$

因 $\phi_0$ 逆时针为正,故式中在 $\phi_0$ 前用负号。

桩顶转角 $\phi_1$ 则由地面处的转角 $\phi_0$、桩顶在水平力 $H$ 作用下引起的转角 $\phi_H$ 以及弯矩作用下所引起的转角 $\phi_m$ 成,即:

$$\phi_1 = \phi_0 + \phi_H + \phi_m \tag{4-36b}$$

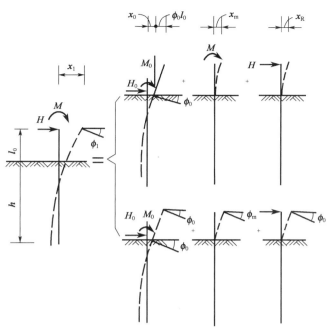

图 4-34 桩顶位移计算

以上两式中的 $x_0$、$\phi_0$,可按计算所得的 $M_0 = Hl_0 + M$ 及 $H_0 = H$ 分别代入式(4-35a)及式(4-35b)求得,但需注意此时式中的无量纲系数均采用 $z = 0$ 时的数值,则:

$$x_0 = \frac{H}{\alpha^3 EI}A_x + \frac{M + Hl_0}{\alpha^2 EI}B_x$$

$$\phi_0 = -\left(\frac{H}{\alpha^2 EI}A_\phi + \frac{M + Hl_0}{\alpha EI}B_\phi\right)$$

式(4-36)中的 $x_H$、$x_m$、$\phi_H$、$\phi_m$ 是将露出段作为下端嵌固、跨度为 $l_0$ 的悬臂梁计算而得,即:

$$\begin{cases} x_H = \dfrac{Hl_0^3}{3EI} \\[2mm] x_m = \dfrac{Ml_0^2}{2EI} \\[2mm] \phi_H = \dfrac{-Hl_0^2}{2EI} \\[2mm] \phi_m = \dfrac{-Ml_0}{EI} \end{cases} \tag{4-37}$$

将 $x_0$、$\phi_0$、$\phi_H$、$\phi_H$、$x_m$、$\phi_m$ 代入式(4-36),经整理便可得到如下计算桩顶水平位移为 $x_1$ 和桩顶转角 $\phi_1$ 的表达式。

$$\begin{cases} x_1 = \dfrac{H}{\alpha^3 EI}A_{x_1} + \dfrac{M}{\alpha^2 EI}B_{x_1} \\[2mm] \phi_1 = -\left(\dfrac{H}{\alpha^2 EI}A_{\phi_1} + \dfrac{M}{\alpha EI}B_{\phi_1}\right) \end{cases} \tag{4-38}$$

其中,$A_{x_1}$、$B_{x_1} = A_{\phi_1}$、$B_{\phi_1}$ 均为 $\alpha h$ 及 $\alpha l_0$ 的函数,当 $\alpha h \geqslant 4.0$ 时可查表 4-12。

桩顶位移系数($\alpha h \geqslant 4.0$)　　　　　　　　　　　　　　表4-12

| $\alpha l_0$ | $A_{x_1}$ | $A_{\phi_1}=B_{\phi_1}$ | $B_{\phi_1}$ | $\alpha l_0$ | $A_{x_1}$ | $A_{\phi_1}=B_{\phi_1}$ | $B_{\phi_1}$ |
|---|---|---|---|---|---|---|---|
| 0.0 | 2.44066 | 1.62100 | 1.75058 | 4.0 | 64.75127 | 16.62332 | 5.75058 |
| 0.2 | 3.16175 | 1.99112 | 1.95058 | 4.2 | 71.63329 | 17.79344 | 5.95058 |
| 0.4 | 4.03889 | 2.40123 | 2.15058 | 4.4 | 78.99135 | 19.00355 | 6.15058 |
| 0.6 | 5.08807 | 2.85135 | 2.35058 | 4.6 | 86.84147 | 20.25367 | 6.35058 |
| 0.8 | 6.32530 | 3.34146 | 2.55058 | 4.8 | 95.19962 | 21.54378 | 6.55058 |
| 1.0 | 7.76657 | 3.87158 | 2.75058 | 5.0 | 104.08183 | 22.87390 | 6.75058 |
| 1.2 | 9.42790 | 4.44170 | 2.95058 | 5.2 | 113.50408 | 24.24402 | 6.95058 |
| 1.4 | 11.31526 | 5.05181 | 3.15058 | 5.4 | 123.48237 | 25.65413 | 7.15058 |
| 1.6 | 13.47468 | 5.70193 | 3.35058 | 5.6 | 134.03271 | 27.10436 | 7.35058 |
| 1.8 | 15.89214 | 6.39204 | 3.55058 | 5.8 | 145.17110 | 28.59436 | 7.55058 |
| 2.0 | 18.59365 | 7.12216 | 3.75058 | 6.0 | 156.91354 | 30.12448 | 7.75058 |
| 2.2 | 21.59520 | 7.89228 | 3.95058 | 6.4 | 182.27455 | 33.30471 | 8.15058 |
| 2.4 | 24.91280 | 8.70239 | 4.15058 | 6.8 | 210.24375 | 36.64494 | 8.55058 |
| 2.6 | 28.56245 | 9.55251 | 4.35058 | 7.2 | 240.94913 | 40.14518 | 8.95058 |
| 2.8 | 32.56014 | 10.44262 | 4.55058 | 7.6 | 274.51869 | 43.80541 | 9.35058 |
| 3.0 | 36.92188 | 11.37274 | 4.75058 | 8.0 | 311.08045 | 47.62564 | 9.75058 |
| 3.2 | 41.66367 | 12.34286 | 4.95058 | 8.5 | 361.18540 | 52.62593 | 10.25058 |
| 3.4 | 46.80150 | 13.35297 | 5.15058 | 9.0 | 416.41564 | 57.87622 | 10.75058 |
| 3.6 | 52.35138 | 14.40309 | 5.35058 | 9.5 | 477.02117 | 63.37651 | 11.25058 |
| 3.8 | 58.32930 | 15.49320 | 5.55058 | 10.0 | 543.25199 | 69.12680 | 11.75058 |

3. 桩身最大弯矩位置 $z_{Mmax}$ 和最大弯矩 $M_{max}$ 的确定

将各深度 $z$ 处的 $M_z$ 值求出后绘制 $z$-$M_z$ 图，即可从图中求得最大弯矩及所在位置；也可用如下简便方法求解。

$Q_0 = 0$ 处的截面即为最大弯矩所在的位置 $z_{Mmax}$，由式(4-35d)令：

$$Q_z = H_0 A_H + \alpha M_0 B_H = 0$$

则：

$$\frac{\alpha M_0}{H_0} = -\frac{A_H}{B_H} = C_H \quad 或 \quad \frac{H_0}{\alpha M_0} = -\frac{B_H}{A_H} = D_H \qquad (4\text{-}39)$$

式中，$C_H$ 及 $D_H$ 也为与 $\alpha z$ 有关的系数。

当 $\alpha h \geqslant 4.0$ 时，从式(4-39)求得 $C_H$ 及 $D_H$ 值后，可查表4-13确定相应的 $\alpha z$ 值；因为 $\alpha = \sqrt[5]{\dfrac{mb_1}{EI}}$ 为已知，所以最大弯矩所在的位置 $z = z_{Mmax}$ 值即可确定。

由式(4-39)可得：

$$\frac{H_0}{\alpha} = M_0 D_H \quad 或 \quad M_0 = \frac{H_0}{\alpha} C_H$$

代入式(4-35c)则得：

$$M_{max} = M_0 D_H A_m + M_0 B_m = M_0 K_m \quad 或 \quad M_{max} = \frac{H_0}{\alpha} A_m + \frac{H_0}{\alpha} B_m C_H = \frac{H_0}{\alpha} K_H \qquad (4\text{-}40)$$

式中，$K_m = A_m D_H + B_m$，$K_H = A_m + B_m C_H$，也均为 $\alpha z$ 的函数，也可按表 4-13 查用；然后代入式(4-40)即可得到 $M_{max}$ 值；当 $\alpha h < 4.0$ 可另查有关设计手册。

确定桩身最大弯矩及其位置的系数($\alpha h \geqslant 4.0$)

表 4-13

| $\alpha z$ | $C_H$ | $D_H$ | $K_H$ | $K_m$ |
|---|---|---|---|---|
| 0.0 | ∞ | 0.00000 | ∞ | 1.00000 |
| 0.1 | 131.25232 | 0.00760 | 131.31779 | 1.00050 |
| 0.2 | 34.18640 | 0.02925 | 34.31704 | 1.00382 |
| 0.3 | 15.54433 | 0.06433 | 15.73837 | 1.01248 |
| 0.4 | 8.78145 | 0.11388 | 9.03739 | 1.02914 |
| 0.5 | 5.53903 | 0.18054 | 5.85575 | 1.05718 |
| 0.6 | 3.70896 | 0.26955 | 4.13832 | 1.10130 |
| 0.7 | 2.56562 | 0.38977 | 2.99927 | 1.16902 |
| 0.8 | 1.79134 | 0.55824 | 2.28153 | 1.27365 |
| 0.9 | 1.23825 | 0.80759 | 1.78396 | 1.44071 |
| 1.0 | 0.82435 | 1.21307 | 1.42448 | 1.72800 |
| 1.1 | 0.50303 | 1.98795 | 1.15666 | 2.29939 |
| 1.2 | 0.24563 | 4.07121 | 0.95198 | 3.87572 |
| 1.3 | 0.03381 | 29.58023 | 0.79235 | 23.43769 |
| 1.4 | −0.14479 | −6.90647 | 0.66552 | −4.59637 |
| 1.5 | −0.29866 | −3.34827 | 0.56328 | −1.87585 |
| 1.6 | −0.43385 | −2.30494 | 0.47975 | −1.12838 |
| 1.7 | −0.55497 | −1.80189 | 0.41066 | −0.73996 |
| 1.8 | −0.66546 | −1.50273 | 0.35289 | −0.53030 |
| 1.9 | −0.76797 | −1.30213 | 0.30412 | −0.39600 |
| 2.0 | −0.86474 | −1.15641 | 0.26254 | −0.30361 |
| 2.2 | −1.04845 | −0.95379 | 0.19583 | −0.18678 |
| 2.4 | −1.22954 | −0.81331 | 0.14503 | −0.11795 |
| 2.6 | −1.42038 | −0.70404 | 0.10536 | −0.07418 |
| 2.8 | −1.63525 | −0.61153 | 0.07407 | −0.04530 |
| 3.0 | −1.89298 | −0.52827 | 0.04928 | −0.02603 |
| 3.5 | −2.99386 | −0.33401 | 0.01027 | −0.00343 |
| 4.0 | −0.04450 | −22.50000 | −0.00008 | +0.01134 |

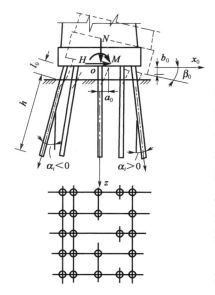

图 4-35　多排桩的受力变形图

# 四、弹性多排桩的内力和位移计算

如图 4-35 所示多排桩基础,它具有一个对称面的承台,且外荷载 $N$、$H$、$M$ 作用于此对称平面内。承台产生横轴向位移 $a_0$、竖轴向位移 $b_0$ 及转角 $\beta_0$($a_0$、$b_0$ 以坐标轴正方向为正,$\beta_0$ 以顺时针为正),相应的以 $a_i$、$b_i$、$\beta_i$ 分别代表第 $i$ 排桩桩顶处横向位移、轴向位移及转角。由于各桩与荷载的相对位置不尽相同,桩顶在外荷载作用下其变位就会不同,外荷载分配到各桩顶上的作用力 $P_i$、$H_i$、$M_i$ 也就各异,因此,$P_i$、$H_i$、$M_i$ 就不能用简单的计算方法进行计算。一般是将外力作用平面内的桩作为一平面框架,用结构位移法解出各桩顶上的作用力 $P_i$、$H_i$、$M_i$,然后即可应用单桩的计算方法来进行桩的承载力与强度验算。用结构位移法求解各桩顶上的作用力 $P_i$、$H_i$、$M_i$,首先需要得到桩顶的各种刚度系数,即建立桩顶各种位移与桩顶各种作用力之间的关系。

## 1. 单桩桩顶刚度系数

计算单桩桩顶刚度系数,可首先设:

①当第 $i$ 排桩桩顶处仅产生单位轴向位移(即 $b_i = 1$)时,在桩顶引起的轴向力为 $\rho_1$;

②当第 $i$ 排桩桩顶处仅产生单位横轴向位移(即 $a_i = 1$)时,在桩顶引起的横轴向力为 $\rho_2$;

③当第 $i$ 排桩桩顶处仅产生单位横轴向位移(即 $a_i = 1$)时,在桩顶引起的弯矩为 $\rho_3$;或当桩顶产生单位转角(即 $\beta_i = 1$)时,在桩顶引起的横轴向力为 $\rho_3$;

④当第 $i$ 排桩桩顶处仅产生单位转角(即 $\beta_i = 1$)时,第 $i$ 排桩桩顶引起的弯矩为 $\rho_4$。

(1)$\rho_1$ 的求解

桩顶受轴向力而产生的轴向位移包括(图 4-36):桩身材料的弹性压缩变形 $\delta_c$ 及桩底处地基土的沉降 $\delta_K$ 两部分。

计算桩身弹性压缩变形时应考虑桩侧土摩阻力的影响。因此,桩顶在轴向力 $P$ 作用下的桩身弹性压缩变形 $\delta_c$ 为:

$$\delta_c = \frac{Pl_0}{EA} + \frac{1}{EA}\int_0^h P_z \mathrm{d}z = \frac{l_0 + \xi h}{EA} \cdot P \qquad (4\text{-}41)$$

式中:$\xi$——侧摩阻力的影响系数,《公路桥涵地基与基础设计规范》(JTG 3363—2019)对于打入桩和振动桩的桩侧摩阻力(假定为三角形分布)$\xi = \dfrac{2}{3}$,钻(挖)孔桩取 $\xi = \dfrac{1}{2}$,端承桩则取 $\xi = 1$;

$A$——桩身横截面积;

$E$——桩身受压弹性模量。

桩底平面处地基沉降采用近似计算的方法:假定外力借桩

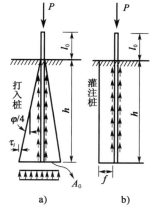

图 4-36　单桩轴向受力模式

侧土的摩阻力和桩身作用自地面以 $\dfrac{\varphi}{4}$ 角扩散至桩底平面处的面积 $A_0$ 上（$\varphi$ 为土的内摩擦角），此面积若大于以相邻底面中心距为直径所得的面积，则 $A_0$ 采用相邻桩底面中心距为直径所得的面积（图4-36）。因此，桩底地基土沉降 $\delta_K$ 为：

$$\delta_K = \frac{P}{C_0 A_0} \tag{4-42}$$

其中，$C_0$ 为桩底平面的地基土竖向地基系数，$C_0 = m_0 h$（比例系数 $m_0$ 按"$m$"法规定取用，见表4-9）。

因此，桩顶的轴向变形 $b_i = \delta_c + \delta_K$，即：

$$b_i = \frac{P(l_0 + \xi h)}{AE} + \frac{P}{C_0 A_0} \tag{4-43}$$

由式（4-43）知，当 $b_i = 1$ 时，求得的 $P$ 值即为 $\rho_1$：

$$\rho_1 = \frac{1}{\dfrac{l_0 + \xi h}{AE} + \dfrac{1}{C_0 A_0}} \tag{4-44}$$

（2）$\rho_2$、$\rho_3$、$\rho_4$ 的求解

如果已知桩顶的横轴向位移为 $x_1 = a_i$ 及转角为 $\phi_1 = \beta_i$，代入式（4-38），可得：

$$\begin{cases} H = \dfrac{\alpha^3 EIB_{\phi_1} a_i - \alpha^2 EIB_{x_1} \beta_i}{A_{x_1} B_{\phi_1} - A_{\phi_1} B_{x_1}} \\[4mm] M = \dfrac{\alpha EIA_{x_1} \beta_i - \alpha^2 EIA_{\phi_1} \alpha_i}{A_{x_1} B_{\phi_1} - A_{\phi_1} B_{x_1}} \end{cases} \tag{4-45}$$

当桩顶仅产生单位横轴向位移 $a_i = 1$，而转角 $\beta_i = 0$ 时，代入上式可得 $\rho_2$ 和 $\rho_3$。

$$\rho_2 = H = \frac{\alpha^3 EIB_{\phi_1}}{A_{x_1} B_{\phi_1} - A_{\phi_1} B_{x_1}} \tag{4-46a}$$

$$-\rho_3 = M = \frac{-\alpha^2 EIA_{\phi_1}}{A_{x_1} B_{\phi_1} - A_{\phi_1} B_{x_1}} \tag{4-46b}$$

当桩顶仅产生单位转角 $\beta_i = 1$ 而横轴向位移 $a_i = 0$ 时，代入式（4-45）可得 $\rho_4$。

$$\rho_4 = M = \frac{\alpha EIA_{x_1}}{A_{x_1} B_{\phi_1} - A_{\phi_1} B_{x_1}} \tag{4-46c}$$

令：

$$x_H = \frac{B_{\phi_1}}{A_{x_1} B_{\phi_1} - A_{\phi_1} B_{x_1}}, \quad x_m = \frac{A_{\phi_1}}{A_{x_1} B_{\phi_1} - A_{\phi_1} B_{x_1}}, \quad \phi_m = \frac{A_{x_1}}{A_{x_1} B_{\phi_1} - A_{\phi_1} B_{x_1}}$$

则式（4-46）可改为：

$$\begin{cases} \rho_2 = \alpha^3 EIx_H \\ \rho_3 = \alpha^2 EIx_m \\ \rho_4 = \alpha EI\phi_m \end{cases} \tag{4-47}$$

其中，$x_H$、$x_m$、$\phi_m$ 是无量纲系数，均是 $\alpha h$ 及 $\alpha l_0$ 的函数，当 $\alpha h \geqslant 4.0$ 时可查表4-14；对于

$2.5 \leq \alpha h < 4$ 的桩另有表格,可在有关设计手册中查用。

确定桩身最大弯矩及其位置的系数($\alpha h \geq 4.0$)      表 4-14

| $\alpha l_0$ | $x_H$ | $x_m$ | $\phi_m$ | $\alpha l_0$ | $x_H$ | $x_m$ | $\phi_m$ |
|---|---|---|---|---|---|---|---|
| 0.0 | 1.06423 | 0.98545 | 1.48375 | 4.0 | 0.05989 | 0.17312 | 0.67433 |
| 0.2 | 0.88555 | 0.90395 | 1.43541 | 4.2 | 0.05427 | 0.16227 | 0.65327 |
| 0.4 | 0.73649 | 0.82232 | 1.38316 | 4.4 | 0.04932 | 0.15238 | 0.63341 |
| 0.6 | 0.61377 | 0.74453 | 1.32858 | 4.6 | 0.04495 | 0.14336 | 0.61467 |
| 0.8 | 0.51342 | 0.67262 | 1.27325 | 4.8 | 0.04108 | 0.13509 | 0.59694 |
| 1.0 | 0.43157 | 0.60746 | 1.21858 | 5.0 | 0.03763 | 0.12750 | 0.58017 |
| 1.2 | 0.36476 | 0.54910 | 1.16551 | 5.2 | 0.03455 | 0.12053 | 0.56429 |
| 1.4 | 0.31105 | 0.49875 | 1.11713 | 5.4 | 0.03180 | 0.11410 | 0.54921 |
| 1.6 | 0.26516 | 0.45125 | 1.06637 | 5.6 | 0.02933 | 0.10817 | 0.53489 |
| 1.8 | 0.22807 | 0.41058 | 1.02081 | 5.8 | 0.02711 | 0.10268 | 0.52128 |
| 2.0 | 0.19728 | 0.37462 | 0.97801 | 6.0 | 0.02511 | 0.09759 | 0.50833 |
| 2.2 | 0.17157 | 0.34276 | 0.93788 | 6.4 | 0.02165 | 0.08847 | 0.48421 |
| 2.4 | 0.15000 | 0.31450 | 0.90032 | 6.8 | 0.01880 | 0.08256 | 0.46222 |
| 2.6 | 0.13178 | 0.28936 | 0.86519 | 7.2 | 0.01642 | 0.07366 | 0.44211 |
| 2.8 | 0.11633 | 0.26694 | 0.83233 | 7.6 | 0.01443 | 0.06760 | 0.42364 |
| 3.0 | 0.10314 | 0.24691 | 0.80158 | 8.0 | 0.01275 | 0.06225 | 0.40663 |
| 3.2 | 0.09183 | 0.22894 | 0.77279 | 8.5 | 0.01099 | 0.05641 | 0.38718 |
| 3.4 | 0.08208 | 0.21279 | 0.74580 | 9.0 | 0.00954 | 0.05135 | 0.36947 |
| 3.6 | 0.07364 | 0.19822 | 0.72049 | 9.5 | 0.00832 | 0.04694 | 0.35330 |
| 3.8 | 0.06630 | 0.18505 | 0.69670 | 10.0 | 0.00732 | 0.04307 | 0.33847 |

**2. 竖直对称多排桩的计算公式及其推导**

**(1)桩顶作用力计算**

为计算群桩在外荷载 $N$、$H$、$M$ 作用下各桩桩顶的 $P_i$、$H_i$、$M_i$ 的数值,假定绝对刚性承台变位后各桩顶之间的相对位置不变,各桩桩顶的转角与承台的转角相等。已知承台中心点 $O$ 在外荷载 $N$、$H$、$M$ 作用下,产生的横轴向位移 $a_0$、竖轴向位移 $b_0$ 及转角 $\beta_0$($a_0$、$b_0$ 以坐标轴正方向为正,$\beta_0$ 以顺时针为正),多排桩中的各桩竖直对称,则第 $i$ 排桩桩顶处的竖轴向位移、横轴向位移及转角分别为:

$$\begin{cases} b_i = b_0 + x_i \beta_0 \\ a_i = a_0 \\ \beta_i = \beta_0 \end{cases} \tag{4-48}$$

式中:$x_i$——第 $i$ 排桩桩顶相对承台中心的水平坐标。

根据单桩的桩顶刚度系数可以计算 $P_i$、$H_i$、$M_i$ 值。

$$\begin{cases} P_i = \rho_i b_i = \rho_i(b_0 + x_i \beta_0) \\ H_i = \rho_2 a_0 - \rho_3 \beta_0 \\ M_i = \rho_4 \beta_0 - \rho_3 a_0 \end{cases} \tag{4-49}$$

因此,只要解出 $b_0$、$a_0$、$\beta_0$ 后,即可以从上式求解出任意桩桩顶的 $P_i$、$H_i$、$M_i$ 值,然后就可以利用单桩的计算方法求出桩的内力与位移。$b_0$、$a_0$、$\beta_0$ 的求解,具体可见以下介绍的承台位移计算内容。

(2)低承台桩的承台作用计算

承台埋入地面或最大冲刷线以下时(图4-37),可考虑承台侧面土的水平抗力与桩和桩侧土共同抵抗和平衡水平外荷载的作用。

若承台埋入地面或最大冲刷线以下的深度为 $h_n$,$z$ 为承台侧面任一点距底面距离(取绝对值),则 $z$ 点的位移为 $a_0 + \beta_0 z$。承台侧面(计算宽度 $B_1$)土作用在单位宽度上的水平抗力 $E_x$ 及其对 $x$ 轴的弯矩 $M_{E_x}$ 为:

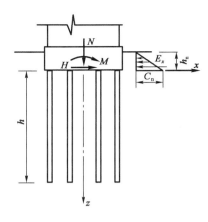

图4-37 低承台桩的承台作用

$$E_x = \int_0^{h_n}(a_0 + \beta_0 z)C\mathrm{d}z = \int_0^{h_n}(a_0 + \beta_0 z)\frac{C_n}{h_n}(h_n - z)\mathrm{d}z \tag{4-50a}$$

$$= a_0\frac{C_n h_n}{2} + \beta_0\frac{C_n h_n^2}{6} = a_0 F^c + \beta_0 S^c$$

$$M_{E_x} = \int_0^{h_n}(a_0 + \beta_0 z)Cz\mathrm{d}z = a_0\frac{C_n h_n^2}{6} + \beta_0\frac{C_n h_n^3}{12} = a_0 S^c + \beta_0 I^c \tag{4-50b}$$

式中:$C_n$——承台底面处侧向土的地基系数;

$F^c$——图4-37中承台侧面地基系数 $C$ 图形的面积,$F^c = \dfrac{C_n h_n}{2}$;

$S^c$——图4-37中承台侧面地基系数 $C$ 图形的面积对于底面的面积矩,$S^c = \dfrac{C_n h_n^2}{6}$;

$I^c$——图4-37中承台侧面地基系数 $C$ 图形的面积对于底面的惯性矩,$I^c = \dfrac{C_n h_n^2}{12}$。

在实际工程中,根据受力需要,桩可以非对称布置,也可以斜桩与竖直桩组合(图4-35),有关这方面的计算内容可参考有关手册、规范。

(3)承台位移计算

$b_0$、$a_0$、$\beta_0$ 可按结构力学的位移法求得。根据承台作用力的平衡条件,即 $\sum N = 0$,$\sum H = 0$,$\sum M = 0$(对 $O$ 点取矩);当桩基中各桩直径相同时,可列出位移法的典型方程如下。

$$\begin{cases} n\rho_1 b_0 = N \\ (n\rho_2 + B_1 F^c)a_0 - (n\rho_3 - B_1 S^c)\beta_0 = H \\ -(n\rho_3 - B_1 S^c)a_0 + (\rho_1\sum x_i^2 + n\rho_4 + B_1 I^c)\beta_0 = M \end{cases} \tag{4-51}$$

式中:$n$——桩的根数。

联立解式(4-51),则可得承台位移 $b_0$、$a_0$、$\beta_0$ 各值。

$$b_0 = \frac{N}{n\rho_1} \tag{4-52}$$

$$a_0 = \frac{(n\rho_4 + \rho_1\sum_{i=1}^n x_i^2 + B_1 I^c)H + (n\rho_3 - B_1 S^c)M}{(n\rho_2 + B_1 F^c)(n\rho_4 + \rho_1\sum_{i=1}^n x_i^2 + B_1 I^c) - (n\rho_3 - B_1 S^c)^2} \tag{4-53}$$

$$\beta_0 = \frac{(n\rho_2 + B_1 F^c)M + (n\rho_3 - B_1 S^c)H}{(n\rho_2 + B_1 F^c)\left(n\rho_4 + \rho_1\sum_{i=1}^{n} x_i^2 + B_1 I^c\right) - (n\rho_3 - B_1 S^c)^2} \tag{4-54}$$

求得 $\rho_1$、$\rho_2$、$\rho_3$、$\rho_4$ 及 $b_0$、$a_0$、$\beta_0$ 后,可一并代入式(4-49),即可求出各桩桩顶作用力 $P_i$、$H_i$、$M_i$ 值,然后可按单桩来计算桩身内力与位移。如果是高承台桩或不考虑承台侧面土的作用,则 $F^c$、$S^c$、$I^c$ 均为0。

**【例4-3】** 某桥墩高承台桩基础构造见图4-38,采用直径为60cm的钻孔灌注桩,已知:

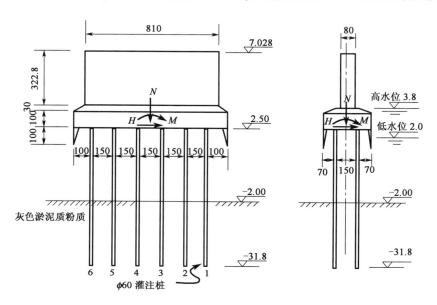

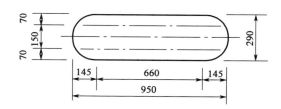

图4-38 例4-3图(高程单位:m;尺寸单位:cm)

(1)作用在承台底面中心的荷载组合,见表4-15。

**荷载组合** 表4-15

| 荷载方向 | 竖直力 $N$(kN) | 水平力 $H$(kN) | 弯矩 $M$(kN·m) |
|---|---|---|---|
| 纵向(汽车行进方向) | 6025 | 160.5 | 670 |
| 横向 | 5108 | 218.8 | 2090 |

(2)地基土为淤泥质粉质黏土,其主要指标为:重度 $\gamma = 18.9 \text{kN/m}^3$,内摩擦角 $\varphi = 16°$,地基比例系数 $m = 3000 \text{kN/m}^4$。

(3)弹性模量:抗压时 $E_c = 2.9 \times 10^7 \text{kPa}$,抗弯时 $E = 0.8 E_c$。

要求计算:

①纵向荷载作用下在每根桩顶上的力 $P$、$H$、$M$；

②桩身最大弯矩 $M_{\max}$。

**【解】** ①每根桩桩顶上的力 $P$、$H$、$M$

a. 求作用在每排桩的荷载(纵向多排桩的桩数为2根)。

$$N = \frac{6025}{2} = 1004.17\text{kN}$$

$$H = \frac{160.5}{6} = 26.75\text{kN}$$

$$M = \frac{670}{6} = 111.67\text{kN} \cdot \text{m}$$

b. 求桩的计算宽度 $b_1$。

已知 $d = 0.6\text{m}$，查表4-11 有：

圆形桩 $\qquad K_f = 0.9, K_0 = \left(1.5 + \dfrac{0.5}{d}\right) = 1.5 + \dfrac{0.5}{0.6} = 2.33$

由于 $d < 1\text{m}$，取 $K = 1.0$。

$b_1 = K_f K_0 K d = 0.9 \times 2.33 \times 1.0 \times 0.6 = 1.26\text{m} > 2b = 2 \times 0.6 = 1.2\text{m}$，取 $b_1 = 2b = 1.2\text{m}$。

c. 求桩的变形系数 $\alpha$。

取 $m = 3000\text{kN/m}^4$

$$I = \frac{\pi d^4}{64} = \frac{\pi}{64} \times 0.6^4 = 6.36 \times 10^{-3}\text{m}^4$$

抗弯刚度 $EI = 0.8 \times 2.9 \times 10^7 \times 6.36 \times 10^{-3} = 1.47 \times 10^5 \text{kN} \cdot \text{m}^2$

$$\alpha = \sqrt[5]{\frac{mb_1}{EI}} = \sqrt[5]{\frac{3000 \times 1.2}{1.47 \times 10^5}} = 0.48\text{m}^{-1}$$

$\alpha h = 0.48 \times 29.8 = 14.3 > 4$，为弹性桩。

d. 求 $\rho_1$、$\rho_2$、$\rho_3$、$\rho_4$ 值。

已知：$l_0 = 4.5\text{m}, \xi = \dfrac{1}{2}, h = 29.8\text{m}, E_c = 2.9 \times 10^7 \text{kN/m}^2$。

$$A = \frac{\pi}{4} \times 0.6^2 = 0.283\text{m}^2, \quad C_0 = m_0 h = 3000 \times 29.8 = 89400\text{kN/m}^3$$

侧摩阻力以 $\varphi/4$ 角扩散至桩底平面得出的半径 $R = 0.3 + 29.8 \times \tan(16°/4) = 2.33\text{m}$，大于桩间距1.5m的一半，因此 $A_0$ 采用相邻桩底面中心距为直径所得的面积。

$$A_0 = \frac{\pi}{4} \times 1.5^2 = 1.77\text{m}^2$$

由式(4-44)得：

$$\rho_1 = \cfrac{1}{\cfrac{4.5 + \cfrac{1}{2} \times 29.8}{0.283 \times 2.9 \times 10^7} + \cfrac{1}{89400 \times 1.77}} = 1.135 \times 10^5 = 0.772EI$$

$$\alpha l_0 = 0.48 \times 4.5 = 2.2, \quad \alpha h > 4$$

查表4-14 得 $x_H = 0.17157, x_m = 0.34276, \phi_m = 0.93788$。

$$\rho_2 = \alpha^3 E I x_{\mathrm{H}} = 0.49^3 \times 0.17157 EI = 0.0202 EI$$

$$\rho_3 = \alpha^2 E I x_{\mathrm{m}} = 0.49^2 \times 0.34276 EI = 0.0823 EI$$

$$\rho_4 = \alpha E I \phi_{\mathrm{m}} = 0.49 \times 0.93788 EI = 0.4596 EI$$

e. 求 $b_0$、$a_0$、$\beta_0$。

由式(4-52)得：

$$b_0 = \frac{N}{n\rho_1} = \frac{1004.17}{2 \times 0.772 EI} = \frac{650.37}{EI} = 4.42 \times 10^{-3} \mathrm{m} = 4.42 \mathrm{mm}$$

由式(4-53)得：

$$a_0 = \frac{\left(n\rho_4 + \rho_1 \sum_{i=1}^{n} x_i^2\right) H + n\rho_3 M}{n\rho_2 \left(n\rho_4 + \rho_1 \sum_{i=1}^{n} x_i^2\right) - n^2 \cdot \rho_3^2}$$

$$= \frac{(2 \times 0.4596 + 0.772 \times 2 \times 0.75^2) \times 26.75 + 2 \times 0.0823 \times 111.67}{\left[2 \times 0.0202 \times (2 \times 0.4596 + 0.772 \times 2 \times 0.75^2) - 2^2 \times 0.0823^2\right] \cdot EI}$$

$$= \frac{66.202}{0.0451 EI} = \frac{1467.89}{EI} = 0.010 \mathrm{m}$$

由式(4-54)得：

$$\beta_0 = \frac{n\rho_2 M + n\rho_3 H}{n\rho_2 \left(n\rho_4 + \rho_1 \sum_{i=1}^{n} x_i^2\right) - n\rho_3^2}$$

$$= \frac{2 \times 0.0202 \times 111.67 + 2 \times 0.0823 \times 26.75}{\left[2 \times 0.0202 \times (2 \times 0.4596 + 0.772 \times 2 \times 0.75^2) - 2^2 \times 0.0823^2\right] \cdot EI}$$

$$= \frac{8.915}{0.0451 EI} = \frac{197.67}{EI} = 1.34 \times 10^{-3}$$

f. 求桩顶作用力

$$P_1 = \rho_1 (b_0 + x_i \beta_0) = 0.772 EI \left(\frac{650.37}{EI} + 0.75 \times \frac{197.67}{EI}\right) = 616.54 \mathrm{kN}$$

$$P_2 = \rho_1 (b_0 - x_i \beta_0) = 387.63 \mathrm{kN}$$

$$H_i = \rho_2 a_0 - \rho_3 \beta_0 = 0.0202 \times 1467.89 - 0.0823 \times 197.67 = 13.38 \mathrm{kN}$$

$$M_i = \rho_4 \beta_0 - \rho_3 a_0 = 0.4596 \times 197.67 - 0.0823 \times 1467.89 = -29.96 \mathrm{kN} \cdot \mathrm{m}$$

$$\sum P_i = 616.54 + 387.63 = 1004.17 \mathrm{kN} = N$$

$$\sum H_i = 2 \times 13.38 = 26.76 \mathrm{kN} = H$$

$$\sum M_i + \sum P_i x_i = -2 \times 29.96 + (616.54 - 387.63) \times 0.75 = 111.76 \mathrm{kN} \cdot \mathrm{m} = M$$

②桩身最大弯矩 $M_{\max}$

在地面处

$$H_0 = H_i = 13.38 \mathrm{kN}$$

$$M_0 = M_i + H_0 \cdot l_0 = -29.96 + 13.38 \times 4.5 = 30.25 \mathrm{kN} \cdot \mathrm{m}$$

$$C_{\mathrm{H}} = \alpha \cdot \frac{M_0}{H_0} = 0.48 \times \frac{30.25}{13.38} = 1.085$$

查表 4-13 得 $\alpha z = 0.937$，$z_{\max} = \dfrac{0.937}{0.48} = 1.952 \mathrm{m}$。

$$K_H = 1.651$$

$$M_{max} = \frac{H_0}{\alpha} \cdot K_H = \frac{13.38}{0.48} \times 1.651 = 46.02 kN \cdot m$$

# 第五节 桩基础设计

桩基础设计时,要注意贯彻执行国家的技术经济政策,做到安全适用、技术先进、经济合理、确保质量,保护环境,综合考虑下列诸因素,把握其中的技术要点。

(1)地质条件。建设场地的工程地质和水文地质条件,包括地层分布特征和土性、地下水赋存状态与水质等,是选择桩型、成桩工艺、桩端持力层及抗浮设计等的关键因素,场地勘察做到完整可靠,设计和施工人员对于勘察资料的正确应用均至关重要。

(2)上部结构类型、使用功能与荷载特征。不同的上部结构类型对于抵抗或适应桩基差异沉降的性能不同,如剪力墙结构抵抗差异沉降的能力优于框架、框架-剪力墙、框架-核心筒结构;排架结构适应差异沉降的性能优于框架、框架-剪力墙、框架核心筒结构。建筑物使用功能的特殊性和重要性是决定桩基设计等级的依据之一;荷载大小与分布是确定桩型、桩的几何参数与布桩所应考虑的主要因素。

(3)施工技术条件与环境。桩型与成桩工艺的优选,在综合考虑地质条件,单桩承载力要求前提下,尚应考虑成桩设备与技术的既有条件,力求既先进且实际可行、质量可靠;成桩过程产生的噪声、振动、泥浆、挤土效应等对于环境的影响应作为选择成桩工艺的重要因素。

(4)注重概念设计。桩基概念设计的内涵是指综合上述诸因素制定该工程桩基设计的总体构思。包括桩型、成桩工艺、桩端持力层、桩径、桩长、单桩承载力、布桩、承台形式等。概念设计应在规范的框架内,考虑桩、土、承台、上部结构相互作用对于承载力和变形的影响,既满足荷载与抗力的整体平衡,又兼顾荷载与抗力的局部平衡,以优化桩型选择和布桩为重点,力求减小差异变形,降低承台内力和上部结构次内力,实现节约资源、增强可靠性和耐久性。

桩基应根据具体条件分别进行下列承载能力计算和稳定性验算:

(1)应根据桩基的使用功能和受力特征分别进行桩基的竖向承载力计算和水平承载力计算;

(2)应对桩身和承台结构承载力进行计算;对于桩侧土不排水抗剪强度小于10kPa且长径比大于50的桩,应进行桩身压屈验算;对于混凝土预制桩,应按吊装、运输和锤击作用进行桩身承载力验算;对于钢管桩,应进行局部压屈验算;

(3)当桩端平面以下存在软弱下卧层时,应进行软弱下卧层承载力验算;

(4)对位于坡地、岸边的桩基,应进行整体稳定性验算;

(5)对于抗浮、抗拔桩基,应进行基桩和群桩的抗拔承载力计算;

(6)对于抗震设防区的桩基,应进行抗震承载力验算。

桩基础的设计内容和基本步骤概括如下:

(1)设计资料收集,包括建筑类型、荷载情况、工程地质资料等;

(2)综合设计资料确定桩基持力层,选定合适的桩型、尺寸、施工工艺等;

(3)初步确定单桩竖向承载力,根据上部荷载情况,计算确定桩的数量和平面布置;

（4）验算桩基承载力和沉降量,若端下有软弱下卧层,验算软弱下卧层地基承载力;

（5）验算承台尺寸及结构强度,确定承台尺寸及配筋构造;

（6）绘制桩和承台的结构施工图。

## 一、桩型的选择

随着桩基施工技术的不断发展,桩型种类日益增多,工艺也日趋成熟。对于某一个工程,往往并非只有某一种桩型可以选用,设计时应根据结构荷载性质、桩的使用功能、地质条件、施工环境、施工工艺设备、施工队伍水平和经验以及制桩材料供应等条件综合考虑,选择经济合理、安全适用的桩型和成桩工艺。

1. 环境条件

在居民生活、工作区周围应当尽量避免使用锤击、振动法沉桩的桩型。当周围环境存在市政管线或危旧房屋,对挤土效应较敏感时,就不能使用挤土桩;若必须选用预制桩,可采用静力压桩法沉桩,并采取减小挤土效应的措施。

2. 结构荷载条件

荷载的大小是选择桩型时应考虑的重要条件。受建筑物基础下布桩数量的限制,一般建筑层数越多,所需要的单桩承载力就越高。对于预制小方桩、沉管灌注桩,受桩身穿越硬土层能力和机具施工能力的限制,不能提供很大的单桩承载力,因此仅适用于多层、小高层建筑;而对于大直径钻孔(扩底)灌注桩、钢管桩、嵌岩桩等几种桩型,可以提供很大的竖向、侧向单桩承载力,可满足超高层建筑和桥梁、码头的要求。

预应力混凝土管桩不宜用于设防烈度为8度及以上的地区,且不宜作为抗拔桩。

3. 地质和施工条件

在选择桩型时,要求所选定的桩型在该地质条件下是可以施工的,而且施工质量是有保证的,能够最大限度地发挥地基和桩身的潜在能力。

不同的打入桩,穿越硬土层的能力是不一样的。工程实践表明,普通钢筋混凝土桩一般只能贯入 $N_{63.5} \leqslant 50$ 击的土层或强风化岩上部浅层;钢管桩可贯入 $N_{63.5} \leqslant 100$ 击的土层或强风化岩;而 H 型钢组合桩则可嵌入 $N_{63.5} \leqslant 160$ 击的风化岩。钻孔灌注桩如要进入卵石层或微风化基岩较大的深度,也都可能给施工队伍现有的技术条件造成较大的障碍。

对于基岩或密实卵砾石层埋藏不深的情况,通常首先考虑桩的端承作用,采用扩底桩。如地下水位较深或覆盖层渗透系数很低,可采用大直径挖孔扩底桩;如需采用钻孔灌注桩,可进而采用后压浆工艺。

当基岩埋藏很深时,则只能考虑摩擦桩或摩擦端承桩;但如果建筑物上部结构要求不能产生过大的沉降,应使桩端支承于具有足够厚度且性能良好的持力层(中密以上的厚砂层或残积土层),这可从静力触探曲线上做出正确判断。

不同的桩型有不同的工艺特点,成桩质量的稳定性也差异较大,一般预制桩的质量稳定性要好于灌注桩。

在自重湿陷性黄土地基中,宜采用干作业法的钻、挖孔灌注桩;桥梁、码头的水上桩基础,宜采用预制桩和钻孔灌注桩。

软土中采用挤土桩、部分挤土桩时,应采取削减孔隙水压力和挤土效应的措施。挤土沉管灌注桩用于饱和软黏土时,为避免挤土效应对已打工程桩的不利影响,应局限于单排条基或桩数较少的独立柱基。

4.经济条件

桩型的最终选定还要看技术经济指标。技术经济指标除考虑工程桩在内的总造价外,还应考虑承台(基础底板)的造价以及整个桩基工程的施工工期,因为桩型也会影响筏板的厚度和工程桩的施工工期。如果某高层采用较低承载力的桩型,需要较多的桩,满堂布桩,就要有比较厚的基础底板,将上部荷载传递给桩顶;如果采用高承载力的桩型,只需要较少的桩,布置在墙下或柱下,仅仅需要较薄的基础底板,承受基底的水浮力和土压力。此外,一般项目投资,都需要银行贷款,工期越长,投资回报就越慢,因此缩短工期也可以带来可观的经济效益。在各种桩型当中,预制桩的施工速度通常要快于钻孔灌注桩。

## 二、基桩几何尺寸确定

基桩几何尺寸的确定也应综合考虑各种有关的因素。基桩几何尺寸受桩型的局限,选择桩型的一些影响因素同样也影响基桩几何尺寸的确定;除此之外,还应考虑如下几个方面。

(1)同一结构单元宜避免采用不同桩长的桩

一般情况下,同一基础相邻桩的桩底高差,对于非嵌岩端承型桩,不宜超过相邻桩的中心距;对于摩擦型桩,在相同土层中不宜超过桩长的;但当同一建筑不同柱墙之间荷载差异较大时,为了控制不均匀沉降,经计算可以采用不同桩长。

(2)选择较硬土层作为桩端持力层

根据土层的竖向分布特征,尽可能选定硬土层作为桩端持力层和下卧层,从而可初步确定桩长,这是桩基础要具备较好的承载变形特性所要求的。强度较高、压缩性较低的黏性土、粉土、中密或密实砂土、砾石土以及中风化或微风化的岩层,是常用的桩端持力层;如果饱和软黏土地基深厚,硬土层埋深过深,也可采用超长摩擦桩方案。

(3)桩端全断面进入持力层的深度

桩端全断面进入持力层的深度,对于黏土、粉土不宜小于 $2d$,砂土不宜小于 $1.5d$,碎石类土不宜小于 $1d$。当存在软弱下卧层时,桩端以下硬持力层厚度不宜小于 $3d$。当硬持力层较厚且施工条件许可时,桩端全断面进入持力层的深度宜达到桩端阻力的临界深度;如果持力层较薄,下卧层土又较软,要谨慎对待下卧软土层的不利影响,这是由桩端承载性能的深度效应决定的。对于嵌岩桩,嵌岩深度应综合荷载、上覆土层、基岩、桩径、桩长等因素确定,嵌入平整、完整的坚硬岩的深度不宜小于 $0.2d$,且不应小于 $0.2\text{m}$;嵌入倾斜的完整和较完整岩的全断面深度不宜小于 $0.4d$ 且不宜小于 $0.5\text{m}$。

(4)同一建筑物应该尽量采用相同桩径的桩基

一般情况下,同一建筑物应该尽量采用相同桩径的桩基;但当建筑物基础平面范围内的荷载分布很不均匀时,可根据荷载和地质条件采用不同直径的基桩。各类桩型由于工程实践惯用以及施工设备条件限制等原因,均有其常用的直径,设计时要适当考虑。

(5)考虑经济条件

当所选定桩型为端承桩而坚硬持力层又埋藏不太深时,应尽可能考虑采用大直径(扩底)单桩;对于摩擦桩,则宜采用细长桩,这样可以获得桩侧较大的比表面积,但需要满足桩身抗压能力的要求。

### 三、桩数确定及其平面布置

**1. 桩数确定**

初步确定桩数时,先不考虑群桩效应,对于竖向轴心荷载和偏心荷载作用,桩数都可以按下式估算。

$$n = \mu \frac{F_k + G_k}{R} \tag{4-55}$$

式中：$F_k$——作用于桩基承台顶面的竖向荷载标准组合值;

$G_k$——桩基承台和承台上土自重标准值,对稳定地下水位以下部分应扣除水的浮力;

$\mu$——考虑偏心荷载时各桩受力不均而增加桩数的经验系数,可取 $\mu = 1.0 \sim 1.2$。

承受水平荷载的桩基,在确定桩数时还应满足桩的水平承载力要求。

**2. 桩的最小中心距**

桩的最小中心距规定基于两个因素确定。一是有利于发挥桩的承载力,群桩试验表明对于非挤土桩,桩距 $3d \sim 4d$ 时,侧阻力和端阻力的群桩效应系数接近或略大于1,桩基的变形因群桩效应而增大,亦即桩基的竖向支承刚度因桩土相互作用而降低。二是成桩工艺,对于非挤土桩而言,无需考虑挤土效应问题;但对于挤土桩,为减小挤土的负面效应,在饱和黏性土和密实土层条件下,桩距应适当加大。因此,最小桩距的规定,不仅考虑了非挤土、部分挤土和挤土效应,同时还考虑了桩的排列与数量等因素。

《建筑桩基技术规范》(JGJ 94—2008)对桩的布置作了如下的规定:桩的最小中心距应符合表4-16的规定。对于大面积桩群,尤其是挤土桩,桩的最小中心距宜按表列值适当加大。

桩的最小中心距 表4-16

| 土类与成桩工艺 | | 排数不少于3排且桩数不少于9根的摩擦型桩基 | 其他情况 |
|---|---|---|---|
| 非挤土灌注桩 | | $3.0d$ | $3.0d$ |
| 部分挤土桩 | 非饱和土、饱和非黏性土 | $3.5d$ | $3.0d$ |
| | 饱和黏性土 | $4.0d$ | $3.0d$ |
| 挤土桩 | 非饱和土、饱和非黏性土 | $4.0d$ | $3.5d$ |
| | 饱和黏性土 | $4.5d$ | $4.0d$ |
| 钻、挖孔扩底桩 | | $2D$ 或 $D + 2.0\text{m}$（当 $D > 2\text{m}$ 时） | $1.5D$ 或 $D + 1.5\text{m}$（当 $D > 2\text{m}$ 时） |
| 沉管夯扩、钻孔挤扩桩 | 非饱和土、饱和非黏性土 | $2.2D$ 且 $4.0d$ | $2.0D$ 且 $3.5d$ |
| | 饱和黏性土 | $2.5D$ 且 $4.5d$ | $2.2D$ 且 $4.0d$ |

注:1. $d$-圆桩直径或方桩边长; $D$-扩大端设计直径。

2. 当纵横向桩距不相等时,其最小中心距应满足"其他情况"一栏的规定。

3. 当为端承型桩时,非挤土灌注桩的"其他情况"一栏可减小至 $2.5d$。

**3. 桩的布置**

桩的合理布置是桩基概念设计的重要内涵,是合理设计、优化设计的主要环节。排列桩的位置时,桩群承载力合力点宜与竖向永久荷载合力作用点重合,以减小荷载偏心的负面效应。当桩基受水平力时,应使基桩受水平力和力矩较大方向有较大的抗弯截面模量,以增强桩基的水平承载力,减小桩基的倾斜变形。

桩群的布置还应考虑优化基础结构的受力条件,尽量使桩接近于力的作用点,这样就可以避免在各根桩之间由很厚的承台来传递荷载。对于桩箱基础、剪力墙结构桩筏基础,宜将桩布置于墙下;对于大直径桩宜采用一柱一桩;对于框架-核心筒结构桩筏基础,应按荷载分布考虑相互影响,将桩相对集中布置于核心筒与柱下,外围框架柱宜采用复合桩基,有合适桩端持力层时桩长宜减小。

### 四、桩身结构强度验算

桩身结构强度验算需考虑整个施工阶段和使用阶段的各种最不利受力状态。在许多场合下,对于预制混凝土桩,在吊运和沉桩过程中所产生的内力往往在桩身结构计算中起到控制作用;而灌注桩在施工结束后才成桩,桩身结构设计由使用荷载确定。

1. 按材料强度确定单桩抗压承载力

上部结构的荷载通过桩身传递给桩侧土和桩端以下土层。为了保证荷载传递过程能顺利完成,桩身材料具有足够的强度和稳定性是必要的。对低桩承台下的单桩,理论和经验表明,有桩周土的侧向约束,在竖向压力作用下,桩一般不会发生压屈失稳;对高桩承台下的单桩,由于地面以上没有侧向约束,则必须考虑桩的压屈稳定问题。

轴心受压钢筋混凝土桩的承载力应满足下式要求:

$$N \leqslant \varphi \psi_c f_c A_{ps} \tag{4-56a}$$

式中:$N$——荷载效应基本组合下的桩顶轴向压力设计值;

$\varphi$——稳定系数,对低承台基桩,一般取稳定系数 $\varphi = 1.0$,对于高承台基桩、桩身穿越可液化土或不排水抗剪强度小于 $10\text{kPa}$(地基承载力特征值小于 $25\text{kPa}$)的软弱土层的基桩,应考虑压屈影响;

$\psi_c$——基桩成桩工艺系数,对于混凝土预制桩、预应力管桩取 0.85,对于干作业非挤土灌注桩取 0.90,对于泥浆护壁和套管护壁非挤土灌注桩、部分挤土灌注桩、挤土灌注桩取 $0.7 \sim 0.8$,对于软土地区挤土灌注桩取 0.6;

$f_c$——混凝土轴心抗压强度设计值;

$A_{ps}$——桩身截面面积。

对于灌注桩,当桩顶以下 $5d$ 范围的桩身螺旋式箍筋间距不大于 $100\text{mm}$,且桩身配筋满足相关的构造要求时,则按下式进行计算:

$$N \leqslant \varphi \psi_c f_c A_{ps} + 0.9 f'_y A'_s \tag{4-56b}$$

式中:$f'_y$——纵向主筋抗压强度设计值;

$A'_s$——纵向主筋截面面积。

对于偏心受压情况,一般情况下可不考虑偏心距的增大影响,但对于高承台基桩、桩身穿越可液化土或不排水抗剪强度小于 $10\text{kPa}$(地基承载力特征值小于 $25\text{kPa}$)的软弱土层的基桩,应考虑偏心距的影响,可参见现行《混凝土结构设计标准》(GB/T 50010)的相关规定。

2. 预制桩施工过程桩身结构计算

预制桩在施工过程中最不利的受力状况,主要出现在吊运和锤击沉桩的过程中。

预制桩在吊运过程中的受力状态与梁相同,预制桩吊运时单吊点和双吊点的设置,应按吊点（或支点）跨间正弯矩与吊点处的负弯矩相等的原则进行布置。在打桩架下竖起时，按单点吊立。吊点的设置应使桩身在自重下产生的正负弯矩相等，如图4-39所示。图中最大弯矩计算式中的$q$为桩单位长度的自重，考虑预制桩吊运时可能受到冲击和振动的影响，计算吊运弯矩和吊运拉力时，可将桩身重力乘以1.5的动力系数。按吊运过程中引起的内力对预制桩进行配筋验算，通常情况下它对预制桩的配筋起决定作用。

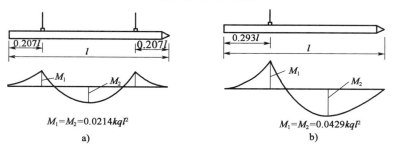

$$M_1 = M_2 = 0.0214kql^2 \qquad M_1 = M_2 = 0.0429kql^2$$

a) b)

图4-39 预制桩的吊点位置及弯矩图

沉桩常用的有锤击法和静力压桩法两种。静力压桩法在正常的沉桩过程中，其桩身应力一般小于吊运运输阶段和使用阶段的应力，故不必验算。

锤击法沉桩在桩身中产生了应力波的传递，桩身受到锤击压应力和拉应力的反复作用，需要进行桩身结构的动应力计算。对于一级建筑桩基、桩身有抗裂要求和处于腐蚀性土质中的打入式预制混凝土桩、钢桩，锤击压应力应小于桩身材料的轴心抗压强度设计值（钢材为屈服强度值），锤击拉应力值应小于桩身材料的抗拉强度设计值。计算分析和工程实践都表明，预应力混凝土桩的主筋常取决于锤击拉应力。

预制桩的混凝土强度等级不宜低于C30。预制桩内的主筋通常都是沿着桩长均匀分布，一般设4根（桩截面边长$a < 300$mm）或8根（$a = 350 \sim 550$mm）主筋。主筋直径为$14 \sim 25$mm。配筋率通过计算确定，一般为1%左右，最小不得低于0.8%；采用静压法施工时，最小配筋率不得低于0.6%。箍筋直径取$6 \sim 8$mm，间距不大于200mm。打入桩桩顶$4d \sim 5d$长度范围内箍筋应加密，并设置钢筋网片。

《预制钢筋混凝土方桩》（JC/T 934—2023）、《先张法预应力混凝土管桩》（GB/T 13476—2023）等规范，给出的配筋均已按桩在吊运、运输、就位过程产生的最大内力进行了强度和抗裂度验算，并满足构造要求。但在套用图集时要注意的是，只有当桩身混凝土强度达到设计强度70%时方可起吊，达到100%时才能运输。

3. 灌注桩

对于轴心受压灌注桩，若计算表明桩身混凝土强度能满足设计要求，应按下列规定配筋，当桩身直径为$300 \sim 2000$mm时，正截面配筋率可取0.65% $\sim$ 0.2%（小直径桩取高值）；对受荷载特别大的桩、抗拔桩和嵌岩端承桩应根据计算确定配筋率，并不应小于上述规定值。

对于端承桩、抗拔桩，应沿桩身通长配筋；摩擦型灌注桩的配筋长度不应小于2/3桩长；受水平荷载时（包括受地震作用），配筋长度尚不宜小于$4.0/\alpha$（$\alpha$为桩的变形系数），且应穿过可液化等软弱土层进入稳定土层；对于单桩竖向承载力较高的摩擦端承桩，宜沿深度分段变截面通长配筋；对承受负摩阻力和位于坡地岸边、深基坑内的基桩，应通长配筋。箍筋宜采用$\phi 6 \sim 8$mm@$200 \sim 300$mm的螺旋式箍筋；受水平荷载较大、抗震桩基、桩身处于液化土层以及计算桩身受压承载力考虑主筋作用时,桩顶以下 $5d$ 范围内箍筋应适当加密;当钢筋笼长度超过 4m 时,为加强其刚度,应每隔 2m 左右设一道 $\phi 12 \sim 18mm$ 焊接加劲箍筋。

混凝土强度等级不得低于 C25,混凝土预制桩尖不得低于 C30。为保证桩头具有设计强度,施工时应超灌 50cm 以上,以消除混凝土浇注面处的浮浆层。主筋的混凝土保护层厚度不应小于 35mm,水下灌注混凝土桩的保护层厚度不得小于 50mm。

### 五、承台设计和计算

根据建(构)筑物的体型和桩的布置,常用的承台类型有:柱下独立承台、墙下或柱下条形承台、井格形(十字交叉条形)承台、整片式承台、箱形承台和环形承台等。

承台设计计算的内容包括承台内力计算、配筋和构造要求等。作为一种位于地下的钢筋混凝土构件,承台内力计算包括局部承压强度计算、冲切计算、斜截面抗剪计算和正截面抗弯计算等,必要时还要对承台的抗裂性甚至变形进行验算。在此主要介绍矩形承台的内力计算分析方法,当内力确定后可按《混凝土结构设计标准》(GB/T 50010—2010)进行相应的配筋计算。

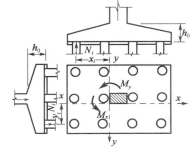

1. 承台的正截面抗弯计算

在对承台作正截面抗弯计算时,可将承台视作桩反力作用下的受弯构件进行计算。

以柱下独立桩基承台为例,对于两桩条形承台和多桩矩形承台(图 4-40),计算截面取在柱边和承台高度变化处,其正截面弯矩设计值可按式(4-57)计算。

图 4-40 柱下独立矩形承台正截面抗弯计算

$$\begin{cases} M_x = \sum N_i y_i \\ M_y = \sum N_i x_i \end{cases} \tag{4-57}$$

式中:$M_x$、$M_y$——垂直 $x$ 轴和 $y$ 轴方向计算截面处的弯矩设计值;

$x_i$、$y_i$——垂直 $y$ 轴和 $x$ 轴方向自桩轴线到相应计算截面的距离;

$N_i$——不计承台及其上土重,在荷载效应基本组合下的第 $i$ 根基桩竖向反力设计值。

对于三桩三角形承台以及箱形承台和筏形承台等其他基础形式的正截面弯距计算,可参见《混凝土结构设计标准》(GB/T 50010—2010),在此不作赘述。

2. 承台抗冲切计算

桩基承台厚度应满足柱(墙)对承台的冲切和基桩对承台的冲切承载力要求。轴心竖向荷载作用下桩基承台受柱(墙)的冲切,可按下列规定计算:

冲切破坏锥体应采用自柱(墙)边或承台变阶处至相应桩顶边缘连线所构成的锥体,锥体斜面与承台底面之夹角不应小于45°(图 4-41)。受柱(墙)冲切承载力可按下列公式计算:

$$F_l \leqslant \beta_0 \beta_{hp} u_m f_t h_0 \tag{4-58}$$

式中:$F_l$——不计承台及其上土重,在荷载效应基本组合下作用于冲切破坏锥体上的冲切力设计值;

$f_t$——混凝土轴心抗拉强度设计值;

$h_0$——承台冲切破坏锥体的有效高度;

$u_m$——承台冲切破坏锥体一半有效高度处的周长;

$\beta_{hp}$——承台受冲切承载力截面高度影响系数,当 $h_0 \leqslant 800$mm 时 $\beta_{hp}$ 取 1.0,当 $h_0 \geqslant$ 2000mm时 $\beta_{hp}$ 取 0.9,其余按线性内插法取用;

$\beta_0$——冲切系数,柱对承台冲切系数为 $\beta_0 = \dfrac{0.84}{\lambda + 0.2}$;

$\lambda$——冲跨比,$\lambda = a_0/h_0$,$a_0$ 为柱(墙)边或承台变阶处到桩边的水平距离,当 $\lambda < 0.25$ 时取 $\lambda = 0.25$;当 $\lambda > 1.0$ 时取 $\lambda = 1.0$,$\lambda$ 在 0.25 ~ 1.0 之间。

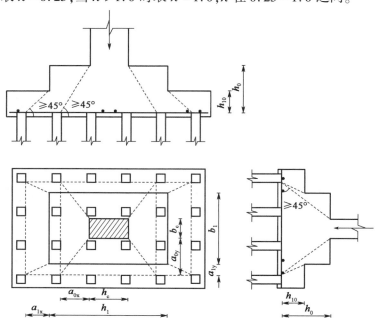

图 4-41　柱对承台的冲切计算示意图

对于圆柱及圆桩,计算时应将截面换算成方柱或方桩,取换算柱或桩截面边宽 $b_c = 0.8d_c$。柱下矩形独立承台受柱冲切时可按下列公式计算(图 4-41):

$$F_l \leqslant 2[\beta_{0x}(b_c + a_{0y}) + \beta_{0y}(h_c + a_{0x})]\beta_{hp}f_t h_0 \tag{4-59}$$

式中:$\beta_{0x}$、$\beta_{0y}$——同上文的 $\beta_0$ 计算公式,$\lambda_{0x} = a_{0x}/h_0$,$\lambda_{0y} = a_{0y}/h_0$,$\lambda_{0x}$、$\lambda_{0y}$ 均应满足 0.25 ~ 1.0 的要求;

　　　　$h_c$、$b_c$——柱截面长、短边尺寸(m);

　　　　$a_{0x}$、$a_{0y}$——自柱长边或短边到最近桩边的水平距离(m)。

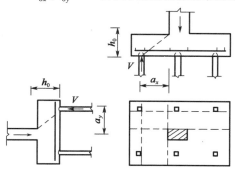

图 4-42　承台斜截面抗剪计算

对位于柱(墙)冲切破坏锥体以外的基桩,尚应考虑单桩对承台的冲切作用,并按四桩以上(含四桩)承台、三桩承台等不同情况计算受冲切承载力。

**3. 承台斜截面抗剪计算**

由于剪切破坏面通常发生在柱边(墙边)与桩边连线形成的贯通承台的斜截面处,因而受剪计算斜截面取在柱边处。当柱(墙)承台悬挑边有多排基桩时,应对多个斜截面的受剪承载力进行计算。如图 4-42所示,需验算承台通过柱边(墙边)和桩边连线形成的斜截面的抗剪承载力,其计算式如式(4-60)所示。

$$V \leqslant \beta_{hs}\alpha f_t b_0 h_0 \tag{4-60}$$

式中:$V$——不计承台及其上土重,在荷载效应基本组合下的斜截面最大剪力设计值;

$f_t$——混凝土轴心抗拉强度设计值;

$b_0$——承台计算截面处的计算宽度;

$h_0$——计算宽度处的承台有效高度;

$\alpha$——承台剪切系数,$\alpha = \dfrac{1.75}{\lambda + 1.0}$;

$\lambda$——计算截面的剪跨比,$\lambda_x = \dfrac{a_x}{h_0}$,$\lambda_y = \dfrac{a_y}{h_0}$,$a_x$、$a_y$ 为柱边或承台变阶处至 $x$、$y$ 方向计算一排桩的桩边的水平距离,当 $\lambda < 0.25$ 时取 $\lambda = 0.25$,当 $\lambda > 3$ 时取 $\lambda = 3$;

$\beta_{hs}$——受剪切承载力截面高度影响系数,$\beta_{hs} = (800/h_0)^{0.25}$,当 $h_0 < 800mm$ 时取 $800mm$,当 $h_0 > 2000mm$ 时取 $2000mm$,其间按线性内插法取值。

**4. 承台局部受压计算**

对于柱下桩基承台,当混凝土强度等级低于柱或桩的强度等级时,应验算柱下或桩上承台的局部受压承载力。

**5. 抗震验算**

当进行承台的抗震验算时,应根据现行《建筑抗震设计标准》(GB/T 50011)的规定对承台顶面的地震作用效应和承台的受弯、受冲切、受剪承载力进行抗震调整。

**6. 承台构造要求**

桩基承台的构造,除满足抗冲切、抗剪切、抗弯承载力和上部结构的需要外,尚应符合下列要求。

(1)柱下独立桩基承台的最小宽度不应小于 500mm,边桩中心至承台边缘的距离不应小于桩的直径或边长,且桩的外边缘至承台边缘的距离不应小于 150mm。对于墙下条形承台梁,桩的外边缘至承台梁边缘的距离不应小于 75mm,承台的最小厚度不应小于 300mm。高层建筑平板式和梁板式筏形承台的最小厚度不应小于 400mm,墙下布桩的剪力墙结构筏形承台的最小厚度不应小于 200mm。

(2)柱下独立桩基承台的受力钢筋应通长配置,主要是为保证桩基承台的受力性能良好,根据工程经验及承台受弯试验对矩形承台将受力钢筋双向均匀布置;对三桩的三角形承台应按三向板带均匀布置,为提高承台中部的抗裂性能,最里面的三根钢筋围成的三角形应在柱截面范围内。

(3)承台混凝土材料及其强度等级应符合结构混凝土耐久性的要求和抗渗要求,对设计使用年限为 50 年的承台不应低于 C30。承台底面钢筋的混凝土保护层厚度,当有混凝土垫层时,不应小于 50mm,无垫层时不应小于 70mm;此外尚不应小于桩头嵌入承台内的长度。

(4)桩嵌入承台内的长度对中等直径桩不宜小于 50mm;对大直径桩不宜小于 100mm。混凝土桩的桩顶纵向主筋应锚入承台内,其锚入长度不宜小于 35 倍纵向主筋直径。对于抗拔桩,桩顶纵向主筋的锚固长度应按现行《混凝土结构设计标准》(GB/T 50010)确定。对于大直径灌注桩,当采用一柱一桩时可设置承台或将桩与柱直接连接。

# 习　　题

【4-1】　表4-17给出一钻孔灌注桩试桩结果,请完成以下工作:①绘制 $Q$-$s$ 曲线;②在半对数纸上,绘制 $s$-$\lg t$ 曲线;③判定试桩的极限承载力 $Q_u$,并简要说明理由;④根据试桩曲线及桩型判别该试桩破坏模式。

钻孔灌注桩试桩沉降 $s$(mm)结果 　　　　　　　　　表4-17

| $Q$(kN) | $t$(min) | | | | | | | | | | | | | | | | | | |
|---|---|---|---|---|---|---|---|---|---|---|---|---|---|---|---|---|---|---|---|
| | 0 | 15 | 30 | 45 | 60 | 90 | 120 | 150 | 180 | 210 | 240 | 270 | 300 | 330 | 360 | 390 | 420 | 450 | 480 | 510 |
| 800 | 0 | 0.58 | 0.75 | 0.85 | 0.93 | 0.98 | 1.01 | | | | 800 | | | | | | | | | |
| 1200 | 1.01 | 1.15 | 1.22 | 1.30 | 1.38 | 1.43 | 1.49 | 1.52 | | | 1200 | | | | | | | | | |
| 1600 | 1.52 | 1.58 | 1.62 | 1.71 | 1.79 | 1.86 | 1.93 | 1.98 | 2.02 | | 1600 | | | | | | | | | |
| 2000 | 2.02 | 2.08 | 2.11 | 2.20 | 2.26 | 2.31 | 2.37 | 2.42 | 2.46 | | 2000 | | | | | | | | | |
| 2400 | 2.46 | 2.55 | 2.61 | 2.68 | 2.75 | 2.81 | 2.86 | 2.92 | 2.97 | 3.01 | 2400 | | | | | | | | | |
| 2800 | 3.01 | 3.06 | 3.11 | 3.24 | 3.28 | 3.35 | 3.41 | 3.47 | 3.53 | 3.58 | 2800 | 3.62 | | | | | | | | |
| 3200 | 3.62 | 3.73 | 3.88 | 4.01 | 4.06 | 4.10 | 4.16 | 4.22 | 4.27 | 4.33 | 3200 | 4.38 | 4.42 | | | | | | | |
| 3600 | 4.42 | 4.65 | 5.03 | 5.08 | 5.13 | 5.22 | 5.28 | 5.35 | 5.41 | 5.48 | 3600 | 5.53 | 5.59 | 5.64 | 5.68 | | | | | |
| 4000 | 5.68 | 6.02 | 6.48 | 6.78 | 6.98 | 7.32 | 7.46 | 7.58 | 7.70 | 7.80 | 4000 | 7.89 | 8.01 | 8.07 | 8.12 | 8.17 | 8.21 | | | |
| 4400 | 8.21 | 9.21 | 10.78 | 11.40 | 11.78 | 12.28 | 12.84 | 13.28 | 13.65 | 13.92 | 4400 | 14.20 | 14.48 | 14.62 | 14.81 | 14.99 | 15.08 | 15.13 | 15.18 | 15.22 |
| 4800 | 15.22 | 21.80 | 23.82 | 25.02 | 25.86 | 27.0 | 28.70 | 29.60 | 31.40 | 44.00 | 4800 | 54.20 | | | | | | | | |
| 4000 | | | 54.00 | | 53.80 | | | | | | 4000 | | | | | | | | | |
| 3200 | | | 53.40 | | 53.10 | | | | | | 3200 | | | | | | | | | |
| 2400 | | | 52.55 | | 52.30 | | | | | | 2400 | | | | | | | | | |
| 1600 | | | 51.40 | | 50.80 | | | | | | 1600 | | | | | | | | | |
| 0 | | | 48.70 | | 47.50 | 46.10 | 45.20 | | | | 0 | | | | | | | | | |

【4-2】　某工程中采用截面为 $0.4m \times 0.4m$ 混凝土预制方桩,桩长15m,承台底面位于地下2.0m处。场地的地层条件为:① $\pm 0.00 \sim -2.0m$ 为填土层;② $-2.0 \sim -8.0m$ 为粉质黏土, $\gamma = 18.0kN/m^3$ , $w = 28\%$ , $w_L = 35\%$ , $w_P = 18\%$ ;③ $-8.0 \sim -15.0m$ 为粉土层, $\gamma = 19.0$ $kN/m^3$ , $e = 0.81$ ;④ $-15.0 \sim -25.0m$ 为中砂, $\gamma = 19.5kN/m^3$ , $N = 22$ 。不考虑承台效应,求单桩竖向承载力特征值。

【4-3】　有一根悬臂钢筋混凝土预制方桩(图4-43),已知:桩的边长 $b = 40cm$ ,入土深度 $h = 10m$ ,桩的弹性模量(受弯时) $E = 2 \times 10^7 kPa$ ,桩的变形系数 $\alpha = 0.5m^{-1}$ ,桩顶 $A$ 点承受水平荷载 $Q = 30kN$ 。试求:桩顶水平位移 $x_A$ 、桩身最大弯矩 $M_{max}$ 与所在位置。如果承受水平力时,桩顶弹性嵌固(转角 $\phi = 0$ ,但水平位移不受约束),桩顶水平位移 $x_A$ 又为多少?

【4-4】　按[例4-3]所给的条件,求在横向荷载作用下,多排桩的桩顶位移和桩顶荷载及桩身的最大弯矩。

【4-5】　柱子传到地面的荷载为: $F = 2500kN$ , $M = 560kN \cdot m$ , $Q = 50kN$ 。选用预制钢筋混凝土打入桩,桩的断面为 $30cm \times 30cm$ ,桩长为11.4m,桩尖打入黄色粉质黏土内3m。承台底面在地面下1.2m处,见图4-44。地基土层的工程地质资料如表4-18所示。试进行下列计算:

（1）初步确定桩数及承台平面尺寸；

（2）进行桩顶作用效应验算；

（3）计算桩基沉降。

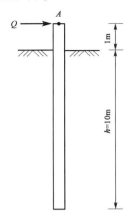
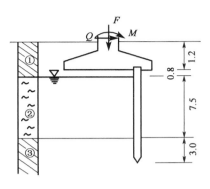

图 4-43 习题 4-3 图　　　　　图 4-44 习题 4-5 图（尺寸单位：m）

工程地质资料　　　　　　　　　　　　　　表 4-18

| 土层编号 | 土层名称 | 厚度（m） | 重度 $\gamma$（kN/m³） | 含水率 $w$（%） | 液限 $w_L$ | 塑限 $w_P$ | 孔隙比 $e$ | 压缩系数 $\alpha_{1-2}$（MPa⁻¹） | 黏聚力 $c_k$（kPa） | 内摩擦角 $\varphi_k$（°） |
|---|---|---|---|---|---|---|---|---|---|---|
| 1 | 黏土 | 2.0 | 18.2 | 41.0 | 48.0 | 23.0 | 1.09 | 0.49 | 21 | 18 |
| 2 | 淤泥 | 7.5 | 17.1 | 47.0 | 39.0 | 21.0 | 1.55 | 0.96 | 14 | 8 |
| 3 | 粉质黏土 | 未穿透 | 19.6 | 26.7 | 32.7 | 17.7 | 0.75 | 0.25 | 18 | 20 |

## 思　考　题

【4-1】　桩基础设计方案目前主要用于哪些建筑类型？

【4-2】　桩可以分为多少类？各类桩的优缺点和适用条件是什么？

【4-3】　根据承载能力极限状态和正常使用极限状态的要求，桩基需进行哪些计算和验算？

【4-4】　轴向荷载沿桩身是如何传递的？影响桩侧、桩端阻力的因素有哪些？

【4-5】　产生负摩阻力的原因有哪些？如何削减桩的负摩阻力？

【4-6】　地基土的水平向土抗力大小与哪些因素有关？

【4-7】　"m"法为什么要分多排桩和单排桩，弹性桩和刚性桩？

【4-8】　什么叫"群桩效应"？请说明单桩承载力与群桩中一根桩的承载力有什么不同。

【4-9】　请用多排桩的计算公式推导偏心竖向荷载作用下的桩顶作用效应公式。

【4-10】　承台承载力验算应包括哪些内容？

# 第五章

# 沉井基础

## 第一节  概  述

　　沉井基础是井筒状的结构物。它是从井内挖土,依靠自身重力克服井壁摩阻力后下沉到设计高程,然后经过混凝土封底并填塞井孔,使其成为桥梁墩台或其他结构物的基础(图5-1)。

　　沉井基础的特点是埋置深度可以很大,整体性强、稳定性好,有较大的承载面积,能承受较大的垂直荷载和水平荷载。沉井既是基础,又是施工时的挡土和挡水的围堰结构物。因其施工工艺并不复杂,目前已在桥梁工程中得到较广泛的应用,尤其是在河中有较大卵石不便桩基础施工以及需要承受巨大的水平力和上拔力时。如南京长江大桥9个桥墩中有6个采用了沉井基础方案;江阴长江大桥悬索桥主缆的北锚碇均采用了沉井基础方案,其中锚碇基础的长、宽、深分别为69m、51m、56m。

　　同时,沉井施工时对邻近建筑物影响较小且内部空间可以利用,因而常用作为工业建筑物的地下结构物,如矿用竖井、地下泵房、水池、油库、地下设备基础,盾构隧道、顶管、房屋纠倾的工作井和接收井等(图5-2)。

　　一般在下列情况可以采用沉井基础:①上部荷载较大,稳定性要求高,而且表层地基土的容许承载力不足。一定深度下有较好的持力层,不宜采用扩展基础,沉井基础和其他深基础相比在经济上较为合理。②在深水大河或山区河流中,土层虽然好,但河流冲刷作用大或土层内卵石较大,不利于桩基施工,此时可采用沉井基础。③岩层表面较平坦且覆盖层较薄,但河水较深,采用扩展基础围堰有困难时,可采用浮运沉井。

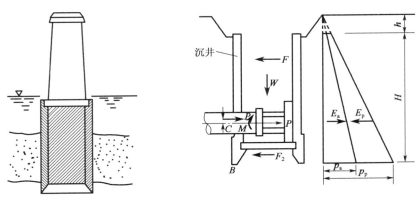

图 5-1 沉井基础示意图

图 5-2 沉井作为顶管的工作井

沉井的缺点是:施工期较长;对粉细砂类土在井内抽水易发生流沙现象,造成沉井倾斜;沉井下沉过程中若遇到大块石、树干或井底岩层表面倾斜过大时,均会给施工带来一定困难。

# 第二节 沉井基础的构造及施工工艺

## 一、沉井的构造和组成

沉井按平面形状可分为圆形沉井、矩形沉井、圆端形沉井等,根据井孔的布置方式又有单孔、双孔、多孔等类型(图 5-3),按施工方法可分为一般沉井和浮运沉井,按立面形状可分为竖直式、倾斜式和台阶式,按制作材料可分为砖石沉井、混凝土沉井、钢筋混凝土沉井、竹筋混凝土沉井和钢沉井等。沉井一般由下列各部分组成(图 5-4)。

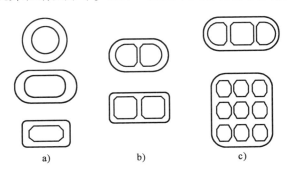

图 5-3 沉井的平面形状
a)单孔沉井;b)双孔沉井;c)多孔沉井

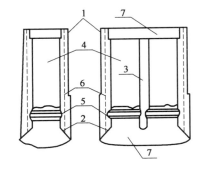

图 5-4 沉井构造示意图
1-井壁;2-刃脚;3-内隔墙;4-井孔;5-凹槽;
6-射水管;7-封底及底板

### 1. 井壁

在下沉过程中,沉井井壁必须承受水压力和土压力所引起的弯曲应力,要有足够的自重,以克服井壁摩阻力而顺利下沉到达设计高程。设计时通常先假定井壁厚度,再进行强度验算。井壁厚度一般为 0.4 ~ 1.2m。

　　井壁有等厚度的直壁式和阶梯式两种形式(图5-5)。直壁式的优点是周围土层能较好地约束井壁,易于控制垂直下沉,井壁接高时亦能多次使用模板。阶梯式的优点是根据不同高程的水、土压力受力情况,设置不同厚度的井壁,能节约建筑材料。台阶设在每节沉井的施工接缝处,其宽度一般为 $10 \sim 20\mathrm{cm}$。最下一级阶梯在 $h_1 = \left( \dfrac{1}{4} \sim \dfrac{1}{3} \right) H$ 高度处,$h_1$ 过小不能起到导向作用,容易在下沉时倾斜。在阶梯面所形成的槽孔中,施工时应灌填黄砂或护壁泥浆,以减少井壁摩阻力并防止土体破坏过大。

　　当沉井下沉深度大,穿过的土质又较好,估计下沉会产生困难时,可在井壁中预埋射水管组(图5-4中6)。射水管应均匀布置,以利于控制水压和水量来调整下沉方向,一般水压不小于 $600\mathrm{kPa}$;若使用泥浆润滑施工方法,则应有预埋的压射泥浆管路。

　　**2. 刃脚**

　　井壁刃脚底部应做成水平踏面和刀刃(图5-6)。刃脚的作用是减少下沉时的端部阻力,其应具有一定强度(用角钢加固),以免下沉时损坏。踏面宽度一般为 $10 \sim 20\mathrm{cm}$,内侧的倾角一般为 $45° \sim 60°$。刃脚的高度,当沉井湿封底时取 $1.5\mathrm{m}$ 左右,干封底时取 $0.6\mathrm{m}$ 左右。

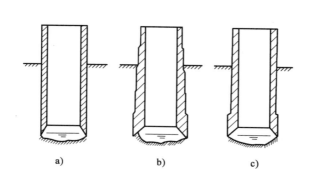

图 5-5　井壁的形式

a)直壁式;b)、c)阶梯式

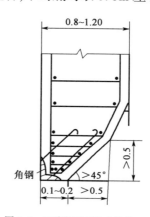

图 5-6　刃脚构造(尺寸单位:m)

　　**3. 内隔墙**

　　内隔墙的主要作用是增加下沉时的沉井刚度,减小井壁跨径以改善井壁受力条件,使沉井分隔成多个取土井后挖土和下沉可较为均衡,以及便于纠偏。内隔墙的底面一般比井壁刃脚踏面高出 $0.5 \sim 1\mathrm{m}$,以免土顶住内墙妨碍下沉。隔墙的厚度一般为 $0.5\mathrm{m}$ 左右,隔墙下部应设 $0.8\mathrm{m} \times 1.2\mathrm{m}$ 的过人孔。取土井的井孔尺寸应保证挖土机能自由升降,一般不小于 $2.5\mathrm{m}$。取土井的布置应力求简单、对称。

　　**4. 井孔**

　　井孔是挖土排土的工作场所和通道。井孔尺寸应满足施工要求,宽度(直径)不宜小于 $3\mathrm{m}$。井孔布置应对称于沉井中心轴,便于对称挖土使沉井均匀下沉。

　　**5. 封底及浇筑底板**

　　当沉井下沉到设计高程,经检验和坑底清理后即可进行封底。封底可分为干封和湿封(水下浇灌混凝土),有时需在井底设有集水井后才进行封底。待封底素混凝土达到设计强度后,再在其上浇筑钢筋混凝土底板。为了使封底混凝土和底板与井壁间更好连接和传递地基反力,可在刃脚上方的井壁设置凹槽,槽高约1m,凹入深度为0.15~0.25m。

### 6. 底梁和框架

在较大型的沉井中,若由于使用要求而不能设置内隔墙时,则可在沉井底部增设底梁,构成框架以增加沉井的整体刚度。有时因沉井高度过大,常在井壁不同高度处设置若干道由纵横大梁组成的水平框架,以减少井壁(在顶、底部间)的跨度,使沉井结构受力合理。在松软地层中下沉沉井,底梁的设置尚可防止沉井"突沉"和"超沉",便于纠偏和分格封底;但纵横底梁不宜过多,以免施工费时和增加造价。

## 二、沉井的施工和监测

沉井按施工方法一般可分为旱地沉井施工和水上沉井施工两类。

### 1. 旱地沉井施工

当在旱地上时,沉井可就地制造、挖土下沉、封底、充填井孔以及浇筑顶板。在这种情况下,一般较容易施工,其主要工序(图5-7)如下。

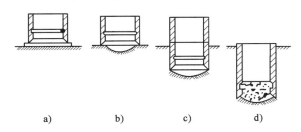

图 5-7　沉井施工顺序图
a)制造第一节沉井;b)抽垫木、挖土下沉;c)沉井接高下沉;d)封底

(1)整平场地

若天然地面土质较好,只需将地面杂物清掉并整平地面,就可在其上制造沉井。如果为了减小沉井的下沉深度也可在基础位置处挖一浅坑,然后在坑底制造沉井下沉。坑底应高出地下水面0.5~1.0m。若土质松软,应整平夯实或换土夯实。在一般情况下,应在整平场地上铺不小于0.5m厚的砂层或砂砾层。

(2)制造第一节沉井

由于沉井自重较大,刃脚踏面尺寸较小,应力集中,场地土往往承受不了如此大的压力。所以在整平场地后,应在刃脚踏面位置处对称地铺满一层垫木(可用200mm×200mm的方木),以加大支承面积,使沉井在垫木下产生的压应力不大于100kPa。垫木的位置应考虑抽除垫木方便(有时可用素混凝土垫层代替垫木)。然后在刃脚位置处放上刃脚角钢,竖立内模,绑扎钢筋,立外模,最后浇灌第一节沉井混凝土(图5-8)。模板应有较大的刚度,以免发生挠曲变形;外模板应平滑以利沉井下沉。

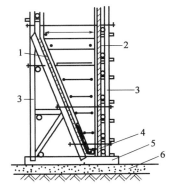

图 5-8　沉井刃脚立模
1-内模;2-外模;3-立柱;4-角钢;5-垫木;6-砂垫层

（3）拆模及抽垫

沉井混凝土达到设计强度70%时可拆除模板,强度达到设计强度后才能抽撤垫木。抽撤垫木应按一定的顺序进行,以免引起沉井开裂、移动或倾斜。其顺序是:先撤除内隔墙下的垫木,再撤除沉井短边下的垫木,最后撤除长边下的垫木。抽撤长边下的垫木时,以定位垫木(最后抽撤的垫木)为中心,对称地由远到近抽撤,最后抽除定位垫木。注意在抽垫木过程中,抽除一根垫木应立即用砂回填进去并捣实。

（4）挖土下沉

沉井下沉施工可分为排水下沉与不排水下沉。当沉井穿过的土层较稳定,不会因排水而产生大量流沙时,可采用排水下沉。排水下沉常用人工挖土,它适用于土层渗水量不大且排水时不会产生涌土或流沙的情况;人工挖土可使沉井均匀下沉和清除井下障碍物,但应采取措施,确保施工安全。排水下沉有时也用机械挖土,但不排水下沉一般都采用机械出土。挖土工具可以是抓土斗或水力吸泥机,若土质较硬,水力吸泥机则需配以水枪射水将土冲松。由于吸泥机是将水和土一起吸出井外,故需经常向井内加水以维持井内水位高出井外水位1～2m,以免发生涌土或流沙现象。

沉井下沉施工可以采用智能取土下沉技术,该技术的核心在于利用先进的设备和技术,如智能气举取土设备、电动绞吸设备、刃脚取土机器人等,来提高取土效率和精确度。其中智能气举取土设备的工作原理主要基于气举技术,这是一种利用气体(通常是空气或天然气)的动能来提升液体或固体材料的技术。在取土设备中,这种技术被用来通过高压气体将土壤、泥浆等介质从地下深处提升到地面,从而实现高效、精准的取土作业。与传统取土方法相比,智能取土下沉技术的优势主要体现在以下几个方面:①高效率和高精度:能够实现井孔内高效取土与刃脚盲区取土全覆盖,能够在较短的时间内完成更多的取土工作,能够精确控制取土的位置和深度。②自动化和智能化控制:通过引入自动化气举集群控制系统和机械臂水下定点取土机器人,智能气举取土设备能够实现远程控制和精细化管理。③适应性强:能够有效应对不同地质条件下的取土需求,无论是穿透粉质黏土层、砂质胶结层等硬质土层,还是处理节点及隔墙处的取土难题,都能够通过高压旋喷、气水复合射流破土方法等技术手段得到有效解决。④环保和节能:在操作过程中产生的噪声和振动较小,对周围环境的影响较小,能够在较短的时间内完成取土任务,减少能源消耗和环境污染。

（5）沉井接高

第一节沉井顶面下沉至距地面还剩1～2m时,应停止挖土,并接筑第二节沉井。接筑前应使第一节沉井位置正直,顶面凿毛,然后立模浇筑混凝土,待混凝土强度达到设计要求后再拆模继续挖土下沉。

（6）地基检验和处理

当沉井沉至设计高程后,应进行基底检验,检验地基土质是否与设计相符、是否平整,并对地基进行必要的处理。如果是排水下沉的沉井可以直接进行检查,不排水下沉的沉井可由潜水员进行检查或钻取土样鉴定。地基为砂土或黏性土,可在其上铺一层砾石或碎石至刃脚底面以上200mm。地基为风化岩石,应将风化岩层凿掉;岩层倾斜时,应凿成阶梯形。在不排水情况下,可由潜水员清基或用水枪及吸泥机清基。若岩层与刃脚间局部有不大的孔洞,则由潜水员清除软层并用水泥砂浆封堵,待砂浆有一定强度后再抽水清基。总之要保证井底地基尽量平整,浮土及软土清除干净,以保证封底混凝土、沉井及地基紧密连接。

（7）封底、充填井孔及浇筑井盖

地基经检验及处理符合要求后,应立即进行封底。如果封底是在不排水情况下进行,则可用导管法浇筑水下混凝土;若灌注面积大,可用多根导管,以先周围后中间、先低后高的次序进行灌注。待混凝土达到设计强度后,再抽干井孔中的水。如果沉井用以支承墩台,需在井内填筑强度较高的砖、石或混凝土等圬工材料;如果井孔中不填料或仅填以砾石,则井顶面应浇筑钢筋混凝土顶盖,以支承墩台。

2. 水上沉井施工

水上沉井施工有两种方法,如果水的流速不大,水深在 4m 以内,可用水中筑岛的方法(图 5-9)。如果水深较大,筑岛法很不经济,且施工困难,可改用浮运法施工(图 5-10)。沉井在岸边做成,利用在岸边铺成的滑道滑入水中,然后用绳索引到设计墩位。

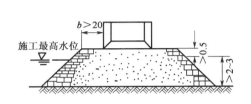

图 5-9　水中筑岛下沉沉井(尺寸单位:m)　　　　　图 5-10　浮运沉井下水

如果预计沉井下沉困难,应采取措施尽量降低井壁侧面摩阻力。其方法一般有:将沉井井壁设计成阶梯形;在井壁内埋设高压射水管组,利用高压水流冲松井壁附近的土,且水流沿井壁上升而润滑井壁,使沉井摩阻力减小;也可采用壁外喷射高压空气或触变泥浆,这同样需要在井壁中预埋管道。

3. 沉井信息化监测

沉井信息化监测主要依赖于数字化摄影测量、GPS 定位技术以及自动化监测系统等先进技术手段。这些技术能够实时监测沉井的位移、偏斜、下沉速度、结构应力、土压力等关键参数,从而实现对沉井施工过程的精确控制和管理。具体的实现方法有以下几种:

(1)数字化摄影测量:通过建立基于 PHOTOTOC 摄影测量解析系统、AutoCAD 及 Matlab 动态图形显示系统的可视化数字化摄影测量系统,实现沉井位移动态过程的测量、动画状态图形显示及量测信息的多部门、多终端共享。

(2)GPS 定位技术:利用 GPS 设备进行实时定位,结合无线局域网技术,实现对沉井状态的实时监测。在全自动实时测量的基础上,通过后处理系统对实测数据进行分析,及时反映出沉井当前的真实状态,为决策者提供正确的施工指令。

(3)自动化监测系统:结合 GNSS CORS 技术、GIS 技术、计算机网络通讯技术等,构建自动化监测系统,实现地表移动变形信息的快速采集、高精度解算、自动化处理。

# 第三节　沉井的设计与计算

沉井如果被用作结构物的基础,则应按基础的使用要求进行各项验算;如果被用作工作井,则应按工作井的使用要求进行各项验算。但不管是作为基础的沉井还是作为地下结构的工作井,在施工过程中,沉井均是下部开口的挡土、挡水结构物,因而还要对沉井本身进行施工过程中各不利工况条件下的结构设计和计算。本节着重介绍作为深基础的沉井设计与计算。

## 一、沉井作为整体深基础的设计与计算

沉井作为整体深基础设计,主要是根据上部结构特点、荷载以及水文、地质情况,结合沉井的构造要求及施工方法,拟定出沉井的平面尺寸、埋置深度,然后进行沉井基础的计算。

沉井基础的计算,根据它的埋置深度可有两种不同的计算方法。沉井在很多情况下是被用作为桥梁基础,对于桥梁基础的埋置深度,若受水流冲刷影响,由最大冲刷线算起;若没有水流冲刷,则由挖方后的地面算起。当沉井埋置深度在地面或最大冲刷线以下较浅仅数米时,这时可以不考虑基础侧面土的横向抗力影响,而按浅基础设计计算规定,分别验算地基强度、沉井基础的稳定性和沉降;当沉井基础埋置深度较大时,则不可忽略沉井周围土体的约束作用,因此在验算地基应力、变形及稳定性时,需要考虑基础侧面土体弹性抗力的影响。前者可按照第二章内容进行计算,本章将主要介绍后者。

沉井基础截面尺寸及刚度很大,在横向外力作用下只能发生转动而基本无挠曲变形,因此,可按刚性桩计算内力和土抗力,即相当于"$m$"法中 $\alpha h \leqslant 2.5$ 的情况。下面讨论这种计算方法。

1. 非岩石地基上沉井基础的计算

沉井基础受到水平力 $H$ 及偏心竖向力 $N$ 作用时[图 5-11a)],为了讨论方便,可以把这些外力转变为中心荷载和水平力的共同作用。转变后的水平力 $H$ 距离基底的作用高度 $\lambda$[图 5-11b)]为:

$$\lambda = \frac{Ne + Hl}{H} = \frac{\sum M}{H} \tag{5-1}$$

式中:$\sum M$——地面线或局部冲刷线以上所有水平力、弯矩、竖向偏心力对基础底面重心的总弯矩。

先讨论沉井在水平力 $H$ 作用下的情况。由于水平力的作用,沉井将围绕位于地面下深度 $z_0$ 处的 $A$ 点转动角 $\omega$(图 5-12)。地面下深度 $z$ 处沉井基础产生的水平位移 $\Delta x$ 和土的横向抗力 $\sigma_{zx}$ 分别为:

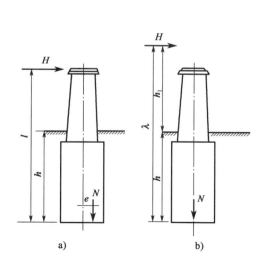

图 5-11　荷载作用情况

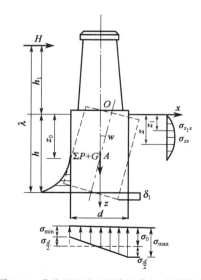

图 5-12　非岩石地基上沉井的受力、变形模式

$$\Delta x = (z_0 - z)\tan\omega \tag{5-2}$$

$$\sigma_{zx} = \Delta x \cdot C_z = m \cdot z(z_0 - z)\tan\omega \tag{5-3}$$

式中：$z_0$——转动中心 $A$ 离地面的距离（m）；

$C_z$——深度 $z$ 处水平向的地基系数（$kN/m^3$），$C_z = mz$，$m$ 为地基土的比例系数（$kN/m^4$）。

从式(5-3)可见，土的横向抗力沿深度为二次抛物线变化。

基础底面处的压应力，考虑到该水平面上的竖向地基系数 $C_0$ 不变，故其压应力图与基础竖向位移图相似，即：

$$\sigma_{\frac{d}{2}} = C_0\delta_1 = C_0\frac{d}{2}\tan\omega \tag{5-4}$$

其中，$C_0$ 不得小于 $10m_0$（见表4-9注）；$d$ 为基底宽度或直径。

在上述三个公式中，有两个未知数 $z_0$ 和 $\omega$，要求解其值，可建立两个平衡方程式。

$\sum X = 0$：

$$H - \int_0^h \sigma_z b_1 dz = H - b_1 m\tan\omega\int_0^h z(z_0 - z)dz = 0 \tag{5-5a}$$

$\sum M = 0$：

$$Hh_1 + \int_0^h \sigma_x b_1 zdz - \sigma_{\frac{d}{2}}W = 0 \tag{5-5b}$$

式中：$W$——基底的截面模量。

联解以上两式，可得：

$$z_0 = \frac{\beta b_1 h^2(4\lambda - h) + 6dW}{2\beta b_1 h(3\lambda - h)} \tag{5-6}$$

$$\tan\omega = \frac{12\beta H(2h + 3h_1)}{mh(\beta b_1 h^3 + 18Wd)} \tag{5-7a}$$

或

$$\tan\omega = \frac{6H}{Amh} = \frac{12\beta(3M - Hh)}{mh(\beta b_1 h^3 + 18Wd)} \tag{5-7b}$$

其中，$A = \dfrac{\beta b_1 h^3 + 18Wd}{2\beta(3\lambda - h)}$；$\lambda = h + h_1$；$\beta = \dfrac{C_h}{C_0} = \dfrac{mh}{C_0}$，$\beta$ 为深度 $h$ 处沉井侧面的水平向地基系数与沉井底面的竖向地基系数的比值，其中 $m$、$m_0$ 按表4-9取值。

将式(5-6)和式(5-7)代入式(5-3)及式(5-4)，得：

$$\sigma_{zx} = \frac{6H}{Ah}z(z_0 - z) \tag{5-8}$$

$$\sigma_{\frac{d}{2}} = \frac{3dH}{A\beta} \tag{5-9}$$

当有竖向荷载 $N$ 及水平力 $H$ 同时作用时（图5-12），则基底边缘处的压应力为：

$$\sigma_{\frac{max}{min}} = \frac{N}{A_0} \pm \frac{3Hd}{A\beta} \tag{5-10}$$

式中：$A_0$——基础底面积。

离地面或最大冲刷线以下 $z$ 深度处基础截面上的弯矩（图5-12）为：

$$M_z = H(\lambda - h + z) - \int_0^z \sigma_{z_1 x} b_1(z - z_1) \mathrm{d}z_1$$

$$= H(\lambda - h + z) - \int_0^z \frac{6H}{Ah^2} z_1(z_0 - z_1) \cdot b_1 \cdot (z - z_1) \mathrm{d}z_1$$

$$= H(\lambda - h + z) - \frac{Hb_1 z^3}{2hA}(2z_0 - z) \tag{5-11}$$

式中：$\sigma_{z_1 x}$——深度 $z_1$ 处的土抗力。

2. 基底嵌入基岩内沉井基础的计算

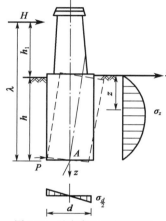

若沉井基底嵌入基岩内，在水平力和竖直偏心荷载作用下，可以认为基底不产生水平位移，则基础的旋转中心 $A$ 与基底中心相吻合，即 $z_0 = h$，为一已知值(图 5-13)。这样，在基底嵌入处便存在一水平阻力 $P$，由于 $P$ 对基底中心轴的力臂很小，一般可忽略 $P$ 对 $A$ 点的力矩。当基础有水平力 $H$ 作用时，地面下 $z$ 深度处产生的水平位移 $\Delta x$ 和土的横向抗力 $\sigma_{zx}$ 分别为：

$$\Delta x = (h - z)\tan\omega \tag{5-12}$$

$$\sigma_{zx} = mz\Delta x = mz(h - z)\tan\omega \tag{5-13}$$

基底边缘处的竖向应力为：

$$\sigma_{\frac{d}{2}} = C_0 \frac{d}{2}\tan\omega = \frac{mhd}{2\beta}\tan\omega \tag{5-14}$$

其中，岩石的 $C_0$ 值可按表 4-10 查用。

上述公式中只有一个未知数 $\omega$，故只需建立一个弯矩平衡方程便可解出值 $\omega$。

图 5-13 基底嵌入基岩沉井的
受力、变形模式

$\sum M_A = 0$：

$$H(h + h_1) - \int_0^h \sigma_{zx} b_1(h - z)\mathrm{d}z - \sigma_{\frac{d}{2}} W = 0 \tag{5-15}$$

解上式得：

$$\tan\omega = \frac{H}{mhD} = \frac{12\beta\lambda H}{mh(b_1\beta h^3 + 6Wd)} = \frac{12\beta M}{mh(b_1\beta h^3 + 6Wd)} \tag{5-16}$$

其中：

$$D = \frac{b_1\beta h^3 + 6Wd}{12\lambda\beta}$$

将 $\tan\omega$ 代入式(5-13)和式(5-14)得：

$$\sigma_{zx} = (h - z)\frac{H}{Dh} \tag{5-17}$$

$$\sigma_{\frac{d}{2}} = \frac{Hd}{2\beta D} \tag{5-18}$$

基底边缘处的应力为：

$$\sigma_{max}^{min} = \frac{N}{A_0} \pm \frac{Hd}{2\beta D} \tag{5-19}$$

根据 $\sum X = 0$，可以求出嵌入处未知的水平阻力 $P$。

$$P = \int_0^h b_1 \sigma_{zx} \mathrm{d}z - H = H\left(\frac{b_1 h^2}{6D} - 1\right) \qquad (5\text{-}20)$$

离地面或最大冲刷线以下 $z$ 深度处基础截面上的弯矩为：

$$M_z = H(\lambda - h + z) - \frac{b_1 H z^3}{12Dh}(2h - z) \qquad (5\text{-}21)$$

3. 验算

(1)基底应力验算

根据式(5-10)和式(5-19)所计算出的沉井基底最大压应力不应超过沉井底面处地基土的容许承载力 $f_h$，即：

$$\sigma_{\max} \leqslant f_h \qquad (5\text{-}22)$$

式中：$f_h$——沉井底面处地基土的容许承载力。

(2)横向抗力验算

由式(5-8)和式(5-17)所计算出的土的横向抗力 $\sigma_{zx}$ 值应小于沉井周围土的极限抗力值，其计算方法如下。

当基础在外力作用下产生位移时，在深度 $z$ 处基础一侧产生主动土压力强度 $p_a$，而被挤压一侧土就受到被动土压力强度 $p_p$，故其极限抗力以土压力差表达为：

$$\sigma_{zx} \leqslant p_p - p_a \qquad (5\text{-}23\text{a})$$

由朗金土压力理论可知：

$$\sigma_{zx} \leqslant \frac{4}{\cos\varphi}(\gamma z \tan\varphi + c) \qquad (5\text{-}23\text{b})$$

式中：$\gamma$——土的重度，地下水位以下取土的有效重度；

$\varphi$、$c$——土的内摩擦角和黏聚力。

考虑到桥梁结构性质和荷载情况，并根据试验可知出现最大的横向抗力大致在深度 $z = \frac{h}{3}$ 和 $z = h$ 处，将 $z = \frac{h}{3}$ 和 $z = h$ 代入式(5-23b)，则有下列不等式：

$$\sigma_{\frac{h}{3}x} \leqslant \eta_1 \eta_2 \frac{4}{\cos\varphi}\left(\frac{\gamma h}{3}\tan\varphi + c\right) \qquad (5\text{-}24\text{a})$$

$$\sigma_{hx} \leqslant \eta_1 \eta_2 \frac{4}{\cos\varphi}(\gamma h \tan\varphi + c) \qquad (5\text{-}24\text{b})$$

式中：$\sigma_{\frac{h}{3}x}$——相应于深度 $z = \frac{h}{3}$ 处的土横向抗力，$h$ 为基础的埋置深度；

$\sigma_{hx}$——相应于深度 $z = h$ 处的土横向抗力；

$\eta_1$——取决于上部结构形式的系数，一般 $\eta_1 = 1$，对于拱桥 $\eta_1 = 0.7$；

$\eta_2$——考虑恒载对基础底面重心所产生的弯矩 $M_g$ 在总弯矩 $M$ 中所占百分比的系数，即 $\eta_2 = 1 - 0.8\dfrac{M_g}{M}$。

(3)墩台顶面水平位移验算

基础在水平力和力矩作用下，墩台顶面会产生水平位移 $\delta$。它由地面处的水平位移

$z_0 \tan\omega$、地面到墩台顶 $h_2$ 范围内的水平位移 $h_2 \tan\omega$,以及在 $h_2$ 范围内墩台本身弹性挠曲变形引起的墩台顶水平位移 $\delta_0$ 三部分组成,即:

$$\delta = (z_0 + h_2)\tan\omega + \delta_0 \qquad (5-25)$$

考虑到沉井转角 $\omega$ 一般均很小,因此令 $\tan\omega = \omega$ 不会产生多大的误差。由于基础的实际刚度并非无穷大,上述计算结果可能略为偏小,如果沉井基底嵌入基岩内,则取 $z_0 = h$。

墩台顶面的水平位移 $\delta$ 通常应符合:$\delta \leqslant 0.5\sqrt{L}(\text{cm})$,其中 $L$ 为相邻跨中最小跨的跨度(m),当跨度 $L < 25\text{m}$ 时,$L$ 按 25m 计算。

【例5-1】 某公路桥桥墩基础,上部构造为等跨等截面悬链线双曲拱桥,下部构造为重力式墩台及沉井基础。基础的平面、剖面尺寸及土质情况如图 5-14 所示。对沉井作为整体基础进行基底应力、横向抗力验算。

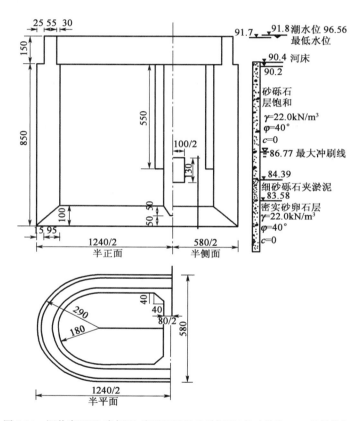

图 5-14 沉井半正面、半侧面、半平面图及地质剖面(尺寸单位:cm;高程单位:m)

设计资料:

单孔活载下传给沉井底面的纵向(汽车行进方向)附加组合荷载为:$N = 34857.62\text{kN}$,$H = 890.1\text{kN}$,$M = -15954.46\text{kN} \cdot \text{m}$($H$、$M$ 均由活载产生);最低水位高程 91.8m,潮水位 96.56m,河床高程 90.4m,最大冲刷线 86.77m;沉井底面处地基容许承载力 $[\sigma] = 920\text{kPa}$。

【解】 (1)基底应力验算

由图 5-14 可知,沉井顶高程为 91.7m,沉井高为 10m,则井底高程为 91.7 - 10 = 81.7m。沉井自最大冲刷线至井底的埋置深度为:

$$h = 86.77 - 81.7 = 5.07\text{m}$$

考虑井壁侧面土的弹性抗力,由式(5-10),基底应力计算为:

$$\sigma_{\substack{\max\\\min}} = \frac{N}{A_0} \pm \frac{3Hd}{A\beta}$$

因为:

$$N = 34857.62\text{kN}$$

$$A_0 = \pi \times 2.9^2 + (12.4 - 2 \times 2.9) \times 5.8 = 64.7\text{m}^2$$

$$d = 5.8\text{m}$$

$$H = 890.10\text{kN}$$

$$A = \frac{b_1\beta h^3 + 18\text{d}W}{2\beta(3\lambda - h)}$$

其中:

$$b_1 = \left(1 - 0.1\frac{d}{B}\right)\left(1 + \frac{1}{B}\right)B = \left(1 - 0.1 \times \frac{5.8}{12.4}\right) \times \left(1 + \frac{1}{12.4}\right) \times 12.4 = 12.77\text{m}$$

$$h = 5.07\text{m}$$

$$\beta = \frac{C_h}{C_0} = \frac{mh}{10m_0} = \frac{5.07m}{10m} \approx 0.5 \,(C_b = mh; h < 10\text{m}, C_0 = 10m_0, \text{取 } m_0 = m)$$

$$W = \frac{\pi d^3}{32} + \frac{1}{6}d^2 b = \frac{\pi}{32} \times 5.8^3 + \frac{1}{6} \times 5.8^2 \times 6.6 = 56.12\text{m}^3$$

$$\lambda = \frac{M}{H} = \frac{15954.46}{890.10} = 17.92\text{m}$$

$$A = \frac{12.77 \times 0.5 \times 5.07^3 + 18 \times 5.8 \times 56.12}{2 \times 0.5 \times (3 \times 17.92 - 5.07)} = 137.42\text{m}^2$$

所以:

$$\sigma_{\max} = \frac{N}{A_0} \pm \frac{3Hd}{A\beta} = \frac{34857.62}{64.70} \pm \frac{3 \times 890.10 \times 5.8}{137.42 \times 0.5} = 538.76 \pm 225.41$$

$$= \begin{cases} 764.71\text{kPa} < [\sigma] = 920\text{kPa} \\ 313.35\text{kPa} \end{cases}$$

如果不考虑井壁侧土的弹性抗力作用,则按浅基础计算为:

$$\sigma_{\substack{\max\\\min}} = \frac{N}{A_0} \pm \frac{M}{W} = \frac{34857.62}{64.70} \pm \frac{15954.46}{56.12} = 538.76 \pm 284.29$$

$$= \begin{cases} 823.05\text{kPa} < [\sigma] = 920\text{kPa} \\ 254.47\text{kPa} \end{cases}$$

可以看出,考虑与不考虑井壁侧土的弹性抗力作用,均满足要求;但考虑井壁侧土的弹性抗力,可明显减小偏心弯矩产生的基底反力分布不均匀现象。

(2)横向抗力验算

在地面下深度之处,由式(5-8),井壁承受的侧土横向抗力为:

$$\sigma_{zx} = \frac{6H}{Ah}z(z_0 - z)$$

已知:$H = 890.10\text{kN}$,$A = 137.42\text{m}^2$,$h = 5.07\text{m}$,则由式(5-6)得:

$$z_0 = \frac{\beta b_1 h^2 (4\lambda - h) + 6dW}{2\beta b_1 h (3\lambda - h)}$$

$$= \frac{0.5 \times 12.77 \times 5.07^2 (4 \times 17.92 - 5.07) + 6 \times 5.8 \times 56.12}{2 \times 0.5 \times 12.77 \times 5.07 \times (3 \times 17.92 - 5.07)}$$

$$= \frac{12885.39}{3152.38} = 4.09\text{m}$$

当 $z = \frac{1}{3}h = \frac{5.07}{3}$ 时,则:

$$\sigma_{\frac{h}{3}x} = \frac{6 \times 890.10}{137.42 \times 5.07} \times \frac{5.07}{3} \times \left(4.09 - \frac{5.07}{3}\right) = 31.06\text{kPa}$$

当 $z = h = 5.07\text{m}$ 时,则:

$$\sigma_{hx} = \frac{6 \times 890.10}{137.42 \times 5.07} \times 5.07 \times (4.09 - 5.07) = -38.09\text{kPa}$$

已知: $\gamma' = 22.0 - 10 = 12.00\text{kN/m}^3$, $h = 5.07\text{m}$, $\varphi = 40°$, $c = 0$。

因桥梁上部构造为拱桥,故取 $\eta_1 = 0.7$;因恒载 $M_g = 0$,故 $\eta_2 = 1 - 0.8\frac{M_g}{M} = 1.0$。

在 $z = \frac{h}{3}$ 处,地基土的极限横向抗力为:

$$\left[\sigma_{\frac{h}{3}x}\right] = \eta_1 \eta_2 \frac{4}{\cos\varphi}\left(\frac{\gamma_h}{3}\tan\varphi + c\right)$$

$$= 0.7 \times 1.0 \times \frac{4}{\cos 40°} \times \left(\frac{12.00 \times 5.07}{3} \times \tan 40°\right)$$

$$= 62.21\text{kPa} > \sigma_{\frac{h}{3}} = 31.06\text{kPa}$$

在 $z = h$ 处,地基土的极限横向抗力为:

$$\left[\sigma_{hx}\right] = \eta_1 \eta_2 \frac{4}{\cos\varphi}(\gamma h \tan\varphi + c)$$

$$= 0.7 \times 1.0 \times \frac{4}{\cos 40°} \times (12.00 \times 5.07 \times \tan 40°)$$

$$= 186.64\text{kPa} > \sigma_h = 38.09\text{kPa}$$

$\sigma_{\frac{h}{3}}$ 和 $\sigma_{hx}$ 均满足要求,故计算时可以考虑沉井侧面土的弹性抗力。

## 二、考虑施工过程的沉井结构设计

沉井也是一种预制构件,在施工过程中受到各种外力的作用,因此,沉井结构强度必须满足各阶段最不利受力情况的要求。沉井结构在施工过程中应主要进行下列验算。

### (一)确定下沉系数 $K_1$、下沉稳定系数 $K_1'$ 和抗浮安全系数 $K_2$

1. 下沉系数 $K_1$

在确定沉井主体尺寸后,即可计算出沉井自重,并应确保沉井在施工下沉时,能在自重作用下克服井壁摩阻力 $R_f$ 而顺利下沉。其下沉系数 $K_1$ 为:

$$K_1 = \frac{G - G_w}{R_f} \tag{5-26a}$$

式中: $G$——沉井在各种施工阶段时的总自重;

    $G_w$——沉井结构在下沉过程中所受的总浮力;

    $R_f$——井壁总摩阻力;

    $K_1$——下沉系数,一般为 $1.05 \sim 1.25$,对于位于淤泥质土层中的沉井宜取小值,对于位于其他土层的沉井可取较大值。

2. 下沉稳定系数 $K'_1$

在下沉过程中,沉井重力和井壁摩阻力在不断变化,因此应跟踪整个下沉过程中下沉系数的变化规律,而不仅仅是最终状态的情况。沉井在软弱土层中接高时有突沉可能,应根据施工情况进行下沉稳定验算。

$$K'_1 = \frac{G - G_w}{R_f + R_1 + R_2} \qquad (5\text{-}26\text{b})$$

式中: $K'_1$——下沉稳定系数,一般取 $0.8 \sim 0.9$;

    $R_1$——刃脚踏面及斜面下土的支承力;

    $R_2$——隔墙和底梁下土的支承力。

井壁与土的单位面积摩阻力,在缺乏可靠资料时,可参考表 5-1 取值。

井壁摩阻力值 表 5-1

| 土的名称 | 土与井壁间的摩阻力(kPa) | 土的名称 | 土与井壁间的摩阻力(kPa) |
|---|---|---|---|
| 黏性土 | $25 \sim 50$ | 砾石 | $15 \sim 20$ |
| 砂性土 | $12 \sim 25$ | 软土 | $10 \sim 12$ |
| 卵石 | $15 \sim 30$ | 泥浆 | $3 \sim 5$ |

3. 抗浮安全系数 $K_2$

当沉井沉到设计高程,在进行封底并抽除井内积水后,而内部结构及设备尚未安装,此时井外应按各个时期出现的最高地下水位验算沉井的抗浮稳定。

$$K_2 = \frac{G + R_f}{F} \qquad (5\text{-}26\text{c})$$

式中: $K_2$——抗浮安全系数,一般取 $1.05 \sim 1.1$,在不计井壁摩阻力时可取 $1.05$;

    $F$——封底后沉井所受的总浮力。

## (二) 刃脚计算

沉井刃脚根部为井壁,两侧为井壁或内隔墙,相当于是三面固定、一面自由的双向板。为简化计算,一方面刃脚可看作固定在刃脚根部处的悬臂梁,梁长等于井壁刃脚斜面部分的高度;另一方面,刃脚又可看作为一个封闭的水平框架。因此,作用在刃脚侧面上的水平外力将由悬臂梁和框架来共同承担,即部分水平外力是竖向传至刃脚根部,余下部分则由框架承担。其分配系数如下。

悬臂作用:

$$\alpha = \frac{0.1 l_1^4}{h_k^4 + 0.05 l_1^4} \qquad (\alpha\ \text{不得大于}\ 1) \qquad (5\text{-}27\text{a})$$

框架作用:

$$\beta = \frac{h_k^4}{h_k^4 + 0.05l_2^4} \tag{5-27b}$$

式中:$l_1$——沉井外壁支承于内隔墙间的最大计算跨度;

$l_2$——沉井外壁支承于内隔墙间的最小计算跨度;

$h_k$——刃脚斜面部分的高度。

上述公式只适用于当内隔墙底面高出刃脚踏面不超过0.5m,或当大于0.5m而有垂直埂肋时。悬臂部分的竖直钢筋应伸入悬臂根部以上$0.5l_1$的高度,并在悬臂全高按剪力和构造设置箍筋。

1. 刃脚竖向受力分析

由于刃脚高度较小,刃脚自重和刃脚外侧摩阻力对于刃脚根部的内力值所占比重都很小,可忽略不计。

(1)刃脚向外挠曲的计算(配置内侧竖向钢筋)假定沉井已下沉全部深度的一半,并且已接高其余各节井壁[图5-15a)],或当采用分节浇筑一次下沉的起始下沉时,并假定刃脚入土1m。此时,刃脚斜面上土向外横推力$U$产生的向外弯矩最大,用以计算内侧竖向钢筋。此时可沿井壁周边取1m宽的截条作为计算单元,计算步骤如下:

①计算井壁自重$G_i$——沿井壁单位周长上的沉井自重(按全井高度计算),不排水下沉时应扣浮力。

②计算刃脚上外侧的水压力$W$和土压力$E$(按朗金主动土压力理论计算)。

③计算刃脚下土的反力,即踏面上土反力$V_1$和斜面上土反力$R'$。假定$R'$作用方向与斜面法线成$\beta$角(即刃脚斜面与土之间的摩擦角,$\beta = 10° \sim 30°$),并将$R'$分解成竖直和水平的两个分力$V_2$和$U$(均假定为三角形分布)。

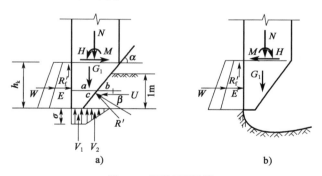

图5-15 沉井刃脚计算

此时,刃脚下的土反力:

$$V_1 + V_2 \approx G_1 - R_{f1} \tag{5-28}$$

式中:$R_{f1}$——作用于单位周长井壁上的摩擦力。

由于:

$$\frac{V_1}{V_2} = \frac{a\sigma}{\frac{1}{2}b\sigma} = \frac{2a}{b} \tag{5-29}$$

式中:$\sigma$——刃脚踏面下土的平均反力分布;

$a$——刃脚踏面宽度；

$b$——刃脚斜面的水平投影宽度。

将式(5-28)和式(5-29)联立后解得：

$$V_2 = \frac{b(G_1 - R_{\text{fl}})}{2a + b} \tag{5-30}$$

从 $V_2$ 在刃脚斜面上的作用点 $c$ 可知，$R'$ 和 $U$ 的作用点在距刃脚地面 $1/3$m 处，刃脚斜面部分土的水平反力按三角形分布，其合力的大小为：

$$U = V_2 \cdot \tan(\alpha - \beta) \tag{5-31}$$

式中：$\alpha$——刃脚斜面与水平面所成的夹角（°）。

④确定刃脚内侧竖向钢筋。

按以上求得力的大小、方向和作用点后，即可在刃脚根部 $h$ 处截面上得到轴向力 $N$、剪力 $Q$ 和力矩 $M$，从而再计算刃脚内侧的竖向钢筋。

对于圆形沉井尚应计算环向拉力。在沉井下沉途中，由于刃脚内侧的土反力的作用，使圆形沉井的刃脚产生环向拉力 $T$，其值为：

$$T = UR \tag{5-32}$$

式中：$U$——按式(5-31)计算；

$R$——圆形沉井环梁轴线的半径。

(2) 刃脚向内挠曲的计算（配置外侧竖向钢筋）。

假定沉井下沉到设计高程，刃脚下的土已被掏空且尚未浇筑混凝土。此时，井壁外侧作用着最大的水、土压力，使刃脚产生最大的向内挠曲 [图5-15b)]。

刃脚向内挠曲取决于刃脚外侧的水压力 $W$ 和土压力 $E$，由此求得刃脚根部 $N$、$Q$ 和 $M$ 值，从而计算刃脚外侧的竖向钢筋。

计算水压力时，应注意根据施工实际情况，现行的设计规范考虑到一般情况及从安全出发，要求：①不排水下沉沉井，井壁外侧水压力值以 100% 计算；内侧水压力值以 50% 计算，或按施工可能出现的水头差计算。②若为排水下沉沉井，对不透水土，可按静水压力的 70% 计算，在透水性土中，可按静水压力的 100% 计算。

若井壁刃脚附近设有槽口，而刃脚根部至槽口底的距离小于 2.5cm 时，则验算断面定在槽口底。

由于刃脚有悬臂作用及水平闭合框架的作用，故当刃脚作为悬臂考虑时，其所受水平力应乘以分配系数 $\alpha$。

### 2. 刃脚水平受力计算

刃脚水平向受力最不利的情况是沉井已下沉至设计高程，刃脚下的土已挖空，封底混凝土尚未浇筑的时候。作用于框架的水平力应乘以分配系数 $\beta$ 后，其值作为水平框架上的外力，由此求出框架的弯矩及轴向力值，然后再计算框架所需的水平钢筋用量。

### (三) 井壁计算

#### 1. 竖向挠曲计算（沉井抽承垫木时计算）

一般沉井在制作第一节时，多用承垫木支承。当第一节沉井制成后抽承垫木开始下沉时，刃脚踏面下逐渐脱空,此时井壁在自重作用下会产生较大的应力,因此需要根据不同的支承情况进行验算。验算时采用的第一节沉井的支承点位置与沉井的施工方法有关,现分别叙述如下。

(1)排水挖土下沉

由于沉井是排水挖土下沉,所以不论在抽除刃脚下垫木以及在这个挖土下沉过程中,都能很好地控制沉井的支承点。为了使井体挠曲应力尽可能小些,支点距离可以控制在最有利的位置处。对于矩形及圆端形沉井而言,是使其支点和跨中点的弯矩大致相等。如沉井长宽比大于 1.5,支点设在长边上,支点间距可采用 $0.7l$[$l$ 为沉井长度,如图 5-16a)所示],以此验算沉井井壁顶部和下部弯曲抗拉的强度,防止开裂。对于圆形沉井,4 个支点可布置在两个相互垂直线上的端点处。

(2)不排水挖土下沉

由于井孔中有水,挖土可能不均匀,支点设置也难控制,沉井下沉过程中可能会出现最不利的支承情况。对于矩形及圆端形沉井,支点在长边的中点上[图 5-16b)]或在 4 个角上[图 5-16c)];对于圆形沉井,2 个支点位于一直径上。

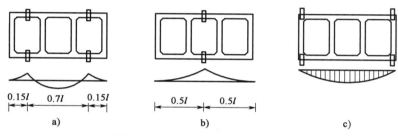

0.15l    0.7l    0.15l          0.5l    0.5l
a)                  b)                    c)

图 5-16　第一节沉井支承点布置示意图

**2. 沉井均布竖向拉力计算(井壁竖直钢筋验算)**

沉井下沉过程中,上部有可能被四周土体夹住,而刃脚下的土已被挖除。井壁阻力假定近似呈倒三角形分布,此时最危险的截面在沉井入土深度的一半处。其竖向拉力 $S_{max}$ 为:

$$S_{max} = \frac{1}{4}G \tag{5-33}$$

式中:$G$——沉井的总重。

台阶式井壁在每段变阶处均应进行验算。

**3. 沉井井壁水平应力计算(井壁水平钢筋计算)**

作用在井壁上的水、土压力沿沉井深度是变化的,因此井壁水平应力的计算也应沿沉井高度分段计算(图 5-17)。对于刃脚根部以上,高度等于该处井壁厚度的一段井壁框架(图 5-17)是刃脚悬臂梁的固端,除承受框架本身高度范围内的水、土压力外,尚需承受由刃脚部分水、土压力传来的剪力 $Q$。

对作用于圆形沉井井壁任一高程上的水平侧压力,在理论上各处是相等的。此时圆环应当只承受轴向压力,而井壁内弯矩等于 0。但实际土质是不均匀的,沉井下沉过程中也可能发生倾斜,因而井壁外侧土压力也是不均匀分布的。为简化计算,假定井圈上互成 90° 的两点处,土的内摩擦角的差值为 5°~10°。即计算 A 点土压力 $p_A$ 时的内摩擦角值采用 $\varphi - (2.5°~5°)$,计算 B 点土压力 $p_B$ 时的内摩擦角值采用 $\varphi + (2.5°~5°)$,以作为土压力的不均匀分布;

并假定其他各点的土压力 $p_a$ 按下式变化(图 5-18)。

$$p_a = p_A[1 + (\omega - 1)\sin\alpha] \tag{5-34}$$

其中,$\omega = \dfrac{p_B}{p_A}$;作用于 $A$、$B$ 截面上的轴向力和弯矩可查有关专著。

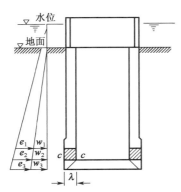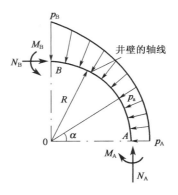

图 5-17 井壁框架承受的外力　　　　图 5-18 圆形沉井井壁土压力分布

### (四)封底混凝土的厚度计算

对于排水下沉的沉井,其基底处于不透水的黏土层中,虽可能有涌水和翻砂,但数量不大时,应力争采用干封底,以保证封底混凝土的质量。根据以往经验,封底混凝土厚度一般可取 0.6~1.2m,其顶面应高出刃脚根部(计刃脚斜面的顶点处)不小于 0.5m;当工程地质和水文地质条件极为不利时,应采用水下混凝土封底(又称湿封底)。

沉井底板及封底混凝土与井壁间的连接,宜按铰支承考虑。当底板与井壁间有可靠的整体连接措施(由井壁内预留钢筋连接等)时,底板与井壁间的连接可按弹性固定端考虑。

无论干封底还是湿封底,作用在沉井底板上荷载 $q$ 均为:

$$q = p - g \tag{5-35}$$

式中:$p$——底板下最大的静水压力(kPa);

　　　$g$——封底板自重(kPa)。

采用水下混凝土封底,虽其底板厚度已进行过静水压力的强度计算,但因水下封底混凝土质量不易保证,所以水下封底后常会出现漏水现象;再加上从井内抽水后,水下封底混凝土在持续高水头压力的作用下,其渗水情况可能较以前加剧。因此,水下封底混凝土仅作为一种临时性的施工措施。设计钢筋混凝土底板时不考虑与水下封底混凝土的共同作用,仍应按底板高程以下的最大基底压力考虑,再按单向板或双向板计算底板的配筋。

### (五)沉井下沉对周围的影响

沉井下沉过程中,不可避免会对沉井外四周土体产生不同程度的破坏,特别是在其影响范围内(即破坏棱体范围内)有建筑物或其他设施时,设计中应慎重考虑对原有建筑物及设施采取确保安全的有效措施后方能施工。

沉井下沉对周围的影响范围,一般根据可能破裂面的几何关系按下式确定:

$$L = \gamma_1 H \tan\left(45° - \frac{\varphi}{2}\right) \tag{5-36}$$

式中:$L$、$H$——沉井下沉对四周的影响距离和沉井下沉深度(m);

$\gamma_1$——影响范围内建筑物安全等级的重要性系数,一般取 $1.8 \sim 2.5$。

当沉井下沉对周围建(构)筑物影响较大时,应加强现场监测,并及时分析处理;同时,应注意采取以下措施:

(1)沉井外土层有发生流沙可能时,可采用不排水下沉;必要时,还可提高井内的水头,使井外的流沙无法涌入井内。不排水下沉沉井最好由潜水员配合,使其开挖、下沉均匀。

(2)沉井周围塌陷较严重时,应及时进行回填,以防因沉井四周土压力不均匀,引起沉井过大倾斜。

(3)沉井等地下工程施工前应做好充分准备,施工时速度要快,沉井沉至设计高程后应尽快浇筑底板,以防土体暴露面因地基应力差和时间过长而产生蠕动和失稳,使土体破坏范围扩大。

(4)沉井下沉影响范围内的重要建筑物可采取地基加固或桩基等措施。

# 习　　题

【5-1】　某桥墩矩形沉井基础如图 5-19 所示。已知:作用在基底中心的荷载 $N = 21000\text{kN}$,$H = 150\text{kN}$,$M = 2400\text{kN·m}$,$H$、$M$ 均由活载产生。沉井平面尺寸:$a = 10\text{m}$,$b = 5\text{m}$。沉井入土深度 $h = 12\text{m}$。试问:

(1)若已知基底黏土层的容许承载力 $[\sigma] = 450\text{kPa}$,试按浅基础及深基础两种方法分别验算其强度是否满足。

(2)如果已知沉井侧面粉质黏土的黏聚力 $c = 15\text{kPa}$,$\varphi = 20°$,$\gamma = 18\text{kN/m}^3$,地下水位高出地面,试验算地基的横向抗力是否满足。

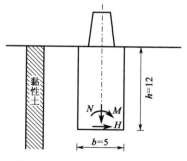

图 5-19　习题 5-1 图(尺寸单位:m)

【5-2】　水下有一直径为 8m 的圆形沉井基础,基底上作用竖直荷载为 18000kN(已扣除浮力),水平力为 500kN,弯矩为 7600kN·m(均为考虑附加组合荷载),$\eta_1 = \eta_2 = 1.0$。沉井埋深 12m,土质为中等密实的砂砾层,重度为 21kN/m³,内摩擦角 $\varphi = 35°$,黏聚力 $c = 0$,修正后的地基容许承载力 $[\sigma] = 1200\text{kPa}$,试验算该沉井基础的地基承载力及横向土抗力。

# 思 考 题

【5-1】 沉井基础有什么特点？

【5-2】 沉井基础的施工方法有哪些,各自的适用情况是什么？

【5-3】 当预计沉井基础下沉有困难时,可采取哪些措施？

【5-4】 沉井基础下沉过程中,预计什么时候容易出现突沉？

【5-5】 沉井基础的设计中,如何确定沉井的尺寸和形状？

【5-6】 刃脚验算时,应考虑哪些最不利工况？

【5-7】 请推导井壁最大拉力的计算公式。

# 第六章

# 基坑支护结构

## 第一节 概　　述

　　基坑是为进行建（构）筑物地下部分的施工而由地面向下开挖出的空间。基坑工程是为挖除建（构）筑物地下结构处的土方，保证主体地下结构的安全施工及保护基坑周边环境而采取的围护、支撑、降水、加固、挖土与回填等工程措施的总称，包括勘察、设计、施工、检测与监测。基坑周边环境是指与基坑开挖相互影响的既有周边建（构）筑物、地下设施、地下管线、道路、岩土体与地下水体的统称。

　　基坑工程作为地下工程的重要组成部分，其最基本的作用是为地下工程的顺利施工创造条件，要求具有安全性、可靠性和经济性。基坑工程的设计和施工通常应满足下列功能要求：

　　（1）保证主体地下结构的施工空间和施工安全；

　　（2）保证基坑周边环境的安全和正常使用。

　　基坑工程可分为有支护基坑工程和无支护基坑工程两大类。无支护基坑工程一般是在场地空旷、基坑开挖深度较浅、环境要求不高的情况下才能采用，如放坡开挖，这时主要应考虑边坡稳定和排水问题。但随着基坑开挖的深度和规模的不断扩大，可施工的空间越来越小，对周围环境要求越来越高，因此相应的基坑工程多需采用必要的支护措施。基坑支护是为保障地下主体结构施工和基坑周边环境的安全，而对基坑采取的临时性支挡、加固、保护与地下水控制的措施。基坑支护结构是由围护墙、截水帷幕、围檩、支撑(锚杆)、立柱(立柱桩)等组成的结构体系的总称。

实践表明,基坑工程具有明显的时空效应,即时间效应和空间效应。时间效应是指基坑支护结构的变形和周边地层的变形随时间推移而不断发展变化,受开挖面无支撑暴露时间、开挖速度、开挖顺序等因素影响很大;空间效应是指基坑开挖土层的面积大小、深度、形状等因素对基坑支护结构的变形和周边地层的变形影响也很显著。因此,在基坑支护结构设计和施工时考虑时空效应影响,对于保证基坑安全和控制基坑及其周边环境变形具有重要意义。

深基坑工程施工条件的复杂性和时空效应决定了其设计不可能一次完成,合理的支护结构设计方案应是根据实际的施工进度和工程状态不断做出调整,因此应在深基坑的设计施工中大力推广动态设计和信息化智能化施工技术,并及时根据现场情况优化设计方案,确保设计方案的合理性、实用性和经济性。

21 世纪进入了向地下要空间的时代,随着大型地下商业广场、地下车库、地下道路、地下泵房以及地铁的大规模兴建,基坑工程更多地出现在地形、地质条件及周边环境复杂的地区,特别是大、中城市高层建筑施工中深、大基坑工程的大量出现,基坑工程面临的挑战日益增多,基坑支护的设计和施工也将直接影响到工程的安全性和经济效益。此外,随着软土地区轨道交通设施等的建设增多,紧邻轨道交通设施等重要建(构)筑物的基坑工程也越来越多,基坑施工与环境保护的矛盾日益突出。为保障基坑周边设施的安全运行与维护,近年来提出了软土深基坑微变形控制和全过程自动监测等新技术和新理念。

## 一、基坑工程的特点

基坑工程是一个复杂的系统工程,一般具有如下特点。

### 1. 基坑支护属于临时性措施

基坑支护一般仅在基坑开挖和地下工程施工期间发挥作用(兼做主体结构的一部分时除外),属于临时性工程措施。相对于永久性结构而言,基坑支护在强度、变形、防渗、耐久性等方面的要求要低一些,所考虑的不利因素也较少,因此,实际的安全储备相对较小,具有较大的风险性,应尽量缩短基坑工程施工时间,同时必须要有合理的应急措施。

### 2. 计算理论不完善

基坑工程作为地下工程,地质条件复杂多变,影响因素众多,目前尚无能够全面准确反映各种因素对基坑影响的设计计算理论,尤其是在土压力计算理论和参数确定等方面都还存在问题。因此,设计人员在分析基坑问题时,应特别注意合理选择计算理论及正确确定计算参数,了解所用理论的局限性,并充分吸取当地类似基坑工程经验。同时,应进行必要的现场监测,实行信息化施工,以便及时发现问题,保证基坑工程安全。

### 3. 对综合性知识要求高

基坑工程是一个综合性很强的学科分支,设计和施工人员不仅需要岩土方面的知识,也需要结构、力学、材料、施工等方面的知识,能够根据工程需要提出基坑勘察要求,掌握各种支护结构的设计计算方法,熟悉施工工艺和检测、监测技术。

### 4. 地域性明显

基坑工程与自然条件和环境条件密切相关,影响和制约因素复杂,具有明显的地域性。我国幅员辽阔,自然和环境条件多种多样,不同地区基坑工程所采用的支护结构差异很大,即使是在同一城市,不同的场地也有差异。因此在基坑设计和施工中,必须因地制宜,全面考虑所在场地的气象、水文、地质和环境等条件及其在施工中的变化,切忌照搬照抄。

5. 要考虑时空效应影响

由于土的工程性质与时间和空间密切相关,基坑支护结构体系及周边环境的受力和变形受基坑开挖的空间几何尺寸和开挖施工时间影响很大,即具有明显的时空效应。实践证明,在基坑工程中科学地考虑时空效应,将设计与施工密切结合,制定合理的施工工艺,利用土体自身控制地层变形的潜力来达到控制基坑变形的目的,并降低基坑环境影响和工程造价。

## 二、基坑支护设计概要

1. 设计基本要求

基坑支护设计应满足如下几方面的基本要求。

(1)安全可靠

基坑支护设计必须确保基坑工程本体和基坑周边环境的安全。

(2)经济合理

在确保基坑工程和周边环境安全与变形控制要求的前提下,基坑支护设计应尽可能降低工程造价,要从技术、工期、材料、设备、人工及环境保护等多方面综合研究经济合理性。

(3)施工便利

在安全可靠、经济合理的原则下,基坑支护设计还应最大限度地满足施工便利的要求。

(4)可持续发展

基坑支护设计还要考虑可持续发展,考虑节能降耗,减少对环境的影响和污染。

2. 支护结构的安全等级

根据行业标准《建筑基坑支护技术规程》(JGJ 120—2012),基坑支护设计时,应综合考虑基坑周边环境和地质条件的复杂程度、基坑深度等因素,按表6-1采用支护结构的安全等级,对同一基坑的不同部位,可采用不同的安全等级。

支护结构的安全等级

表6-1

| 安全等级 | 破坏后果 | 适用范围 |
|---|---|---|
| 一级 | 支护结构失效、土体过大变形对基坑周边环境或主体结构施工安全的影响很严重 | 有特殊安全要求的支护结构 |
| 二级 | 支护结构失效、土体过大变形对基坑周边环境或主体结构施工安全的影响严重 | 重要的支护结构 |
| 三级 | 支护结构失效、土体过大变形对基坑周边环境或主体结构施工安全的影响不严重 | 一般的支护结构 |

3. 设计状态与设计表达式

支护结构、基坑周边建(构)筑物和地面沉降、地下水控制的计算和验算应采用下列极限状态和设计表达式。

（1）承载能力极限状态：支护结构构件或连接因超过材料强度或过度变形的承载能力极限状态设计，应符合下式

$$\gamma_0 S_d \leq R_d \tag{6-1}$$

式中：$\gamma_0$——支护结构重要性系数；安全等级为一级、二级、三级的基坑，$\gamma_0$ 取值分别不应小于 1.10、1.00 和 0.90；

$S_d$——作用基本组合的效应（轴力、弯矩）设计值；

$R_d$——支护结构构件的抗力设计值。

对临时性支护结构，作用基本组合的效应设计值应按下式确定

$$S_d = \gamma_F S_k \tag{6-2}$$

式中：$\gamma_F$——作用基本组合的综合分项系数，取值不应小于 1.25；

$S_k$——作用标准基本组合的效应（轴力、弯矩）标准值。

（2）承载能力极限状态：整体滑动、坑底隆起失稳、挡土构件嵌固段推移、锚杆与土钉拔动、支护结构倾覆与滑移、土体渗透破坏等稳定性计算和验算，应符合下式

$$\frac{R_k}{S_k} \geq K \tag{6-3}$$

式中：$R_k$——抗滑力、抗滑力矩、抗倾覆力矩、锚杆和土钉的极限抗拔承载力等土的抗力标准值；

$S_k$——滑动力、滑动力矩、倾覆力矩、锚杆和土钉的拉力等作用的效应标准值；

$K$——安全系数。

（3）由支护结构水平位移、基坑周边建（构）筑物和地面沉降等控制的正常使用极限状态设计，应符合下式

$$S_d \leq C \tag{6-4}$$

式中：$S_d$——作用标准组合的效应（水平位移、沉降等）设计值；

$C$——支护结构水平位移、基坑周边建（构）筑物和地面沉降等的限值。

### 三、基坑支护设计内容

基坑工程是一个复杂的系统工程，构成的要素较多，基坑支护设计需要在设计依据收集和资料整理基础上，根据设计计算理论，提出支护结构、地基加固、基坑降水、土方开挖、开挖支撑施工、施工监控以及施工场地总平面布置等各项设计方案。

1. 支护结构

支护结构主要包括围护墙（包括截水帷幕）和内支撑系统（或土层锚杆）两部分。

（1）围护墙（包括截水帷幕）

围护墙是指承受坑内外水、土侧压力以及内支撑反力或锚杆拉力的墙体，是保证坑壁稳定的一种临时挡土挡水结构，如图 6-1 所示。截水帷幕是指用以阻隔或减小地下水通过基坑侧壁与坑底流入基坑和控制基坑外地下水位下降的幕墙状竖向截水体，其作用是防止坑外的水渗流入坑内，并控制由于坑内外水头差造成的流砂及管涌等现象。

（2）内支撑系统

内支撑系统是由围檩、支撑杆件以及立柱（立柱桩）等组成的结构体系，其作用是和坑底

被动区土体共同平衡围护墙外的主动区侧压力（包括土压力、水压力及地面荷载引起的侧压力）。围檩是一道或几道沿着围护墙内侧设置，把围护墙所受的力相对均匀地传递给内支撑杆件的水平向梁；支撑杆件承受着围檩传来的轴力和弯矩；立柱（立柱桩）一方面是承受支撑及施工荷载的重量，另一方面增加对支撑杆件的约束，如图 6-1 所示。

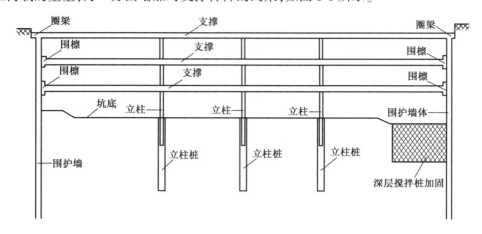

图 6-1　支护结构与地基加固

（3）土层锚杆

土层锚杆是一种一端固定在开挖基坑外的稳定地层内，另一端与围护墙相联结的受拉杆件。其作用同上述的内支撑系统，土层锚杆设置在围护墙外侧土体内，可使基坑内部有宽敞的施工作业空间。

2. 地基加固

地基加固是为提高围护墙被动侧土体的强度及模量、减少主动侧土压力以及抵抗坑底承压水等而在围护墙内外侧对地基进行加固的措施，如图 6-1 所示。

地基加固从施工工艺上分类主要有：深层搅拌桩；旋喷桩；注浆。

从加固位置来分类有：

（1）围护墙的被动侧。提高被动区土的抗力，减少围护墙侧向位移（图 6-1）。

（2）围护墙的主动侧。减少主动区土的压力，同时还可起到增强截水帷幕的作用。

（3）坑底以下。在开挖前于坑底以下、围护墙底平面以上某范围内做一不透水加固土层，并与周围墙体连成整体，利用加固土层以上的土重来平衡和抵抗承压水。

3. 基坑降水

基坑降水包括疏干降水和减压降水。疏干降水是指在基坑开挖前，在坑内土体内预先埋入一系列井管，利用抽水设备连续抽水，在井管周围形成降水漏斗，使地下水位低于开挖面的降水方法。当基坑土方分层开挖时，疏干降水深度应达到每层土方开挖面以下 0.5～1.0m。当基坑开挖深度较大且存在有影响基坑开挖安全的承压水层时，还需要进行减压降水，通过设置深井井管进行抽水来降低承压水层的水头高度，以保证基坑抗承压水稳定。

根据场地的水文地质条件、基坑面积、开挖深度、各土层渗透性等，选择合理的降水井类型、设备和方法。目前常用的降水井类型有：轻型井点、喷射井点、电渗井点、降水管井和真空降水管井等，见表 6-2。

井点类型及其适用性 表6-2

| 降水井类型 | 渗透系数（cm/s） | 降低水位深度（m） | 土质类别 |
|---|---|---|---|
| 轻型井点<br>（多级轻型井点） | $10^{-7} \sim 10^{-4}$ | ≤6（6～10） | 粉砂、砂质或黏质粉土、含薄层粉砂的粉质黏土和淤泥质粉质黏土 |
| 喷射井点 | $10^{-7} \sim 10^{-4}$ | 8～20 | 粉砂、砂质或黏质粉土、粉质黏土、含薄层粉砂夹层的黏土和淤泥质黏土 |
| 电渗井点 | $< 10^{-7}$ | 根据选用的井点确定 | 粉质黏土、淤泥质粉质黏土、黏土、淤泥质黏土 |
| 降水管井 | $> 10^{-5}$ | >6 | 粉砂、砂质或黏质粉土、粉质黏土、含薄层粉砂的粉质黏土、富含薄层粉砂的黏土和淤泥质黏土 |
| 真空降水管井 | $> 10^{-6}$ | | |

4. 土方开挖

分层分块将坑底以上土体挖除，开挖顺序应根据整个基坑体系的稳定和变形等计算确定。

（1）挖土与支撑及浇筑垫层的关系

土方开挖应遵循"开槽支撑、先撑后挖、限时支撑、分层开挖、严禁超挖"的挖土原则。应尽量缩短基坑无支撑暴露时间，每一工况下挖至设计高程后，钢支撑的安装周期不宜超过1d，钢筋混凝土支撑的完成时间不宜超过2d。

土方开挖宜分块、分区、分层、对称开挖。每次分层开挖的高度不宜过大，一般宜控制在2.5m以内。

除设计允许外，挖土机械和车辆不得直接在支撑上行走操作。采用机械挖土方式时，严禁挖土机械碰撞支撑、立柱、井点管、围护墙及工程桩。

坑底200～300mm厚的基土应采用人工挖土整平，以防止坑底土扰动。土方挖至设计高程后，立即浇筑垫层，工程桩桩头应在垫层浇筑后处理。

（2）开挖坑底高程不同时的处理

同一基坑当坑底高程有深浅不同时，土方开挖宜从浅基坑开始，待浅基坑底板浇筑后，再开始挖较深基坑的土方。对相邻两个同时施工的基坑工程，土方开挖宜首先从深基坑开始，待基坑底板浇筑后，再开始挖另一个较浅基坑的土方。

（3）开挖方式

面积很大的基坑，可根据周边环境、支撑形式等因素，采用中心岛式开挖、中心盆式开挖、分层分块开挖等开挖方式。中心盆式开挖通常在基内周边留土，先挖除基坑中间部分土方，在基坑中部支撑形成后再挖除基坑周边的土方；中心岛式开挖是指先挖除坑内周边的土方，再开挖基坑中部土方的开挖方式。

（4）其他注意事项

基坑开挖不宜采用水力机械开挖。基坑中间有局部加深的电梯井、水池等，土方开挖前应预做围护或对其边坡做必要的加固处理。

5. 施工监测

在基坑工程施工的全过程中，应对基坑支护体系及其周边环境等的受力和变形进行有效的监测。其目的主要在于确保基坑工程本身的安全；对基坑周围环境进行有效的保护；检验设计所采用参数及假定的正确性，并为改进设计和信息化施工、提高工程整体水平提供依据。

基坑监测应根据支护结构安全等级、环境保护要求和设计施工技术要求等,编制监测方案。基坑监测应从支护结构施工开始,至地下结构施工完成为止,必要时应延长监测周期。

每次现场监测的结果应及时计算整理,编成报表。报表应包括测点平、立面图,采用的测头和仪器的标定资料和型号、规格,资料整理所采用的计算公式和方法,监测期相应的工况各项测试项目的警戒值以及监测数据分析等。报表应由记录人、校核人签字后上报现场监理和有关部门。对监测值的发展及变化情况应有评述,当接近报警值时应及时通报现场监理,提请有关部门关注。

## 四、基坑支护设计依据(资料)及要求

基坑支护设计依据包括涉及的规范或规程、工程所处地质条件、周围环境条件、施工条件、主体建筑地下结构的设计资料、各种相关的规划文件、批复文件等,设计前期应全面掌握。

调研当地类似基坑工程的成功与失败的原因并吸取其经验教训。在基坑支护设计中应以此为重要设计依据。特别在进行异地设计、施工时,更需注意。

1. 场地岩土工程勘察资料

(1)工程地质资料

场地土层分布情况、层厚、土层描述、地质剖面以及土层物理、力学、渗透性等指标(表6-3)是掌握地层情况进行方案选择以及进行基坑稳定性、内力和变形计算时的依据。

**岩土测试参数、试验方法与工程应用表** 表6-3

| 试验类别 | 测试参数 | 试验方法 | 工程应用 |
| --- | --- | --- | --- |
| 物理性质 | 密度(重度)$\rho(\gamma)$ | 密度试验 | 土的基本参数计算 |
| | 含水率 $w$ | 含水率试验 | |
| | 颗粒比重 $G_s$ | 比重试验 | |
| | 不均匀系数 $C_u$ | 颗粒分析试验 | 评价流砂、管涌可能性 |
| 水理性质 | 渗透系数 $k_v$、$k_h$ | 渗透试验 | 渗透性评价、抗渗、降水计算 |
| 力学性质 | 压缩模量 $E_s$、回弹模量 $E_{ur}$、压缩系数 $a_{1-2}$、固结系数 $C_v$、压缩指数 $C_c$、回弹指数 $C_e$、超固结比 OCR | 固结试验 | 土体变形及回弹量计算、土体应力历史评价 |
| | 固快黏聚力 $c_{cq}$、内摩擦角 $\varphi_{cq}$ | 直剪固结快剪试验 | 土压力及稳定性计算 |
| | 固结不排水黏聚力 $c_{ci}$、内摩擦角 $c_{cq}$ | 三轴固结不排水试验 | |
| | 有效内聚力 $\varphi'$、有效内摩擦角 $c'$ | 三轴固结不排水(CU)试验 | |
| | 无侧限抗压强度 $q_u$、灵敏度 $S_t$ | 无侧限抗压强度试验 | |
| | 静止土压力系数 $k_0$ | 静止土压力系数试验 | |

(2)水文地质资料

场地地层中地下水文条件在设计前应查清,如地下水位、承压水等情况,因为流砂、管涌、渗流等均与水文条件有关。

2.周围环境条件

周围环境条件是选择设计和施工方案,确定围护结构位移、基坑稳定安全系数控制标准等的重要依据。

(1)邻近地上地下建(构)筑物情况

应掌握邻近建筑物分布情况,结构形式及质量,基础状况,建筑红线位置等。

(2)周围道路情况

应掌握周围道路的交通情况、路基情况、路面结构等。

(3)周围管线情况

应掌握煤气、上水、下水、电缆、电话等的使用功能、位置、埋深、材料、构造及接头等情况。

(4)浅层地下障碍物情况

特别在市区,浅层地层往往有地下障碍物,如旧建筑物的桩或基础、废弃人防、地下室、工业或建筑垃圾等,这些障碍物分布复杂,应充分掌握,以免造成停工、修改设计及事故隐患等。

3.施工条件

场地为施工提供的空间,施工允许的工期,环境对施工的噪声、振动、污染等的允许程度以及当地施工所具有的施工设备、技术等施工条件也是设计在考虑方案、确定控制标准时的依据。

4.主体建筑地下结构的设计资料

用地红线图、地形图、建筑总平面图、地下结构设计图以及桩位布置图等工程设计资料是确定围护结构类型,进行平面布置、支撑结构布置、立柱定位等必不可少的资料。

# 第二节 支护结构的类型及特点

## 一、支护结构的类型

基坑支护结构类型的划分方法较多,既可按支护结构的刚度、力平衡方式分类,也可按支锚结构的形式分类,还可按组成基坑支护结构的建筑材料以及施工方法和所处环境条件等进行分类。

1.按支护结构的刚度分类

基坑支护结构按支护结构的刚度可分为刚性支护结构和柔性支护结构。所谓刚性支护结构是指挡土结构的刚度很大,在荷载作用下主要产生刚体位移的支护结构,如重力式水泥土墙等,刚性支护结构一般以重力作为其主要的平衡力。所谓柔性支护结构是指具有一定抗弯能力,在荷载作用下支护结构变形以弹性变形为主的板式支护结构,常见的柔性支护结构有排桩和地下连续墙等。

2.按支护结构的力平衡方式分类

在支护结构中常见的力平衡方式有重力式、悬臂式及支锚式,如图6-2所示。

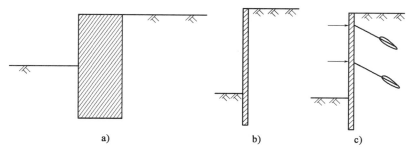

图6-2 支护结构的力平衡方式类型
a)重力式;b)悬臂式;c)支锚式

### 3. 按支锚结构的形式分类

支护结构的支锚形式有外支撑和内支撑两类。内支撑又可分为水平撑[图 6-3a)]、斜撑[图 6-3b)]及其组合形式;外支撑中常见的有锚杆式[图 6-4a)]、锚定板式[图 6-4b)]和土钉式[图 6-4c)]。

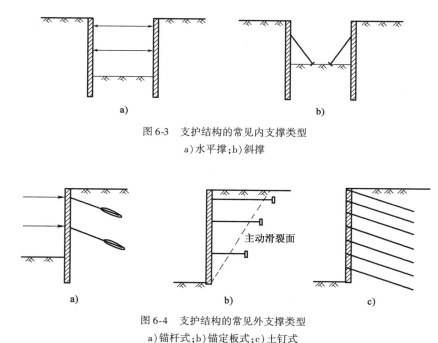

图6-3 支护结构的常见内支撑类型
a)水平撑;b)斜撑

图6-4 支护结构的常见外支撑类型
a)锚杆式;b)锚定板式;c)土钉式

## 二、重力式水泥土围护墙及其特点

重力式水泥土围护墙是以水泥系材料为固化剂,通过搅拌机械采用湿法(喷浆)施工将固化剂和原状土强行搅拌,形成连续搭接的水泥土柱状加固体围护墙,依靠墙体本身的自重来平衡坑内外土压力差。墙身通常采用双轴或三轴水泥土深层搅拌桩等(图6-5),由于墙体抗拉抗剪强度较小,因此墙身需做成厚而重的刚性墙以确保其强度及稳定。

重力式水泥土围护墙具有结构简单,施工方便,施工噪声低,振动小,速度快,止水效果好,造价低等优点。缺点是宽度大，需占用基地红线内一定面积，而且墙身位移较大。重力式水泥围护墙主要适用于软土地区，环境要求不高，开挖深度不大于 7m 的情况。

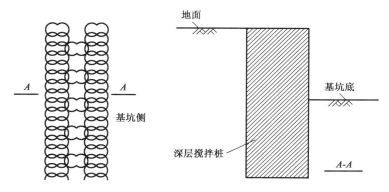

图 6-5　重力式水泥土围护墙

## 三、板式支护体系围护墙及其特点

板式支护体系主要由围护墙、内支撑与围檩或土层锚杆以及截水帷幕等组成，其围护墙包括钢板桩、钢筋混凝土板桩、钻孔灌注桩、型钢水泥土搅拌墙、地下连续墙等结构形式，墙体材料一般为型钢或钢筋混凝土，能承受较大的内力，属柔性支护结构。根据有无支撑以及支撑设置的位置，板式支护结构可分成以下三种类型。

(1)悬臂式结构：不设置内支撑或土层锚杆等，基坑内施工方便。由于墙身刚度小，所以内力和变形均较大，当环境要求较高时，不宜用于开挖较深基坑（软土地区不宜大于 5m）。

(2)内支撑式结构：设置单层或多层内支撑，可有效地减少围护墙的内力和变形，通过设置多道支撑可用于开挖很深的基坑。但设置的内支撑对土方的开挖以及地下结构的施工带来较大不便。内支撑可以是水平的，也可以是倾斜的。

(3)锚拉式结构：通过固定于稳定土层内的单层或多层土层锚杆来减少围护墙的内力与变形，设置多层锚杆，可用于开挖深度较大基坑。

### 1. 钢板桩

如图 6-6 所示，钢板桩截面形式有多种，如：拉森 U 形、H 形、Z 形、钢管等。其优点是材料质量可靠，软土中施工速度快、简单，可重复使用，占地小，结合多道支撑，可用于较深基坑。缺点是施工噪声及振动大，刚度小，变形大，需注意接头防水，拔桩容易引起土体移动，导致周围环境发生较大沉降。有些钢板桩（如 H 形钢板桩、钢管桩）需另设咬合装置以做到自防水，否则还需采取防渗措施。

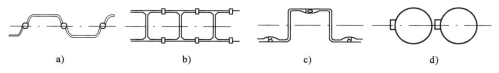

a)　　　　　　　b)　　　　　　　c)　　　　　　　d)

图 6-6　钢板桩

a)U 形钢板桩；b)H 形钢板桩；c)Z 形钢板桩；d)钢管桩

2. 钢筋混凝土板桩

如图 6-7 所示,截面有矩形榫槽结合、工字形薄壁和方形薄壁三种形式。矩形榫槽结合的截面形式厚度可以做到 50cm,长度可以做到 20m,宽度一般为 40~70cm。板桩两侧设置阴阳榫槽,打桩后可灌浆,堵塞接头以防渗漏。工字形及方形薄壁截面在 50cm×50cm 左右,壁厚8~12cm,采用预制和现浇相结合的制作方式,此外在板桩中间需结合注浆来防渗。

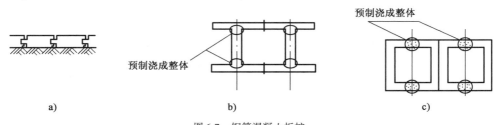

图 6-7　钢筋混凝土板桩
a)矩形榫槽结合;b)工字形薄壁;c)方形薄壁

钢筋混凝土板桩的优点是比钢板桩造价低。缺点是施工不便、工期长、施工噪声、振动大及挤土大,接头防水性能较差。不宜在建筑密集的市区内使用,也不适用于在硬土中施工。

3. 钻孔灌注桩

钻孔灌注桩作为围护墙的几种平面布置如图 6-8 所示,桩径一般在 600~1200mm。当地下水位较高时,相切搭接排列往往因施工中桩的垂直度不能保证以及桩体缩颈等原因,达不到自防水效果,因此常采用间隔排列与截水帷幕相结合的形式,可以采用深层搅拌桩、旋喷桩或注浆等作为防水措施。当地下水位较低时,包括间隔排列在内都无须采取防水措施。

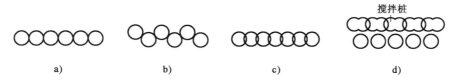

图 6-8　钻孔灌注桩
a)一字形相切排列;b)交错相切排列;c)一字形搭接排列;d)间隔排列及截水帷幕

钻孔灌注桩的优点是施工噪声低,振动小,对环境影响小,自身刚度、强度较大。缺点是施工速度慢,质量难控制,需处理泥浆,自防水差,需结合防水措施,整体刚度较差。在软土地层,开挖深度可在 5~12m(甚至更深)的基坑,但在砂砾和卵石层中施工慎用。

其他如树根桩、挖孔灌注桩等与钻孔灌注桩相似。

4. 型钢水泥土搅拌墙(SMW 工法)

在水泥土搅拌桩或水泥土搅拌墙内插入 H 型钢或其他种类的受拉材料,形成一种同时具有受力和防渗两种功能的复合结构形式,即劲性水泥土搅拌桩法,称为 SMW 工法。其平面布置形式有多种,如图 6-9 所示。优点是施工噪声低,对环境影响小,止水效果好,墙身强度高。缺点是 H 型钢不易回收,整体刚度较差,工期较长时造价较高。凡适合应用水泥土搅拌桩的场合均可采用 SMW 工法,开挖深度可较大。

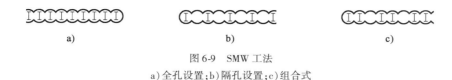

图 6-9　SMW 工法
a)全孔设置；b)隔孔设置；c)组合式

**5. 地下连续墙**

在基坑工程中,地下连续墙平面布置的几种形式如图 6-10 所示。连续墙壁厚通常有 60cm、80cm、100cm 及 120cm,深度可达 100m 左右。优点是施工噪声低,振动小,整体刚度大,能自防渗,占地少,强度大。缺点是施工工艺复杂,造价高,需处理泥浆。适用于软弱地层,在建筑密集的市区都可施工,常用于开挖 10m 以上深度的基坑,还可同时作为主体结构的组成部分。

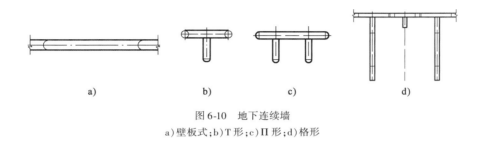

图 6-10　地下连续墙
a)壁板式；b)T 形；c)Π 形；d)格形

## 四、板式支护体系内支撑结构及其特点

**1. 按材料分类**

(1)现浇钢筋混凝土结构:截面一般为矩形。具有刚度大,强度易保证,施工方便,整体性好,节点可靠,平面布置形式灵活多变等优点。但支撑浇筑及其养护时间长,导致围护结构处于暴露状态的时间长并影响工期,此外自重大,拆除支撑有难度且对环境影响大。

(2)钢结构:截面一般为单股钢管、双股钢管；单根工字(或槽、H 型)钢；组合工字(或槽、H 型)钢等。其优点是安装、拆卸方便,施工速度快,可周转使用,可加预应力,自重小。缺点是施工工艺要求较高,构造及安装相对较复杂,节点质量不易保证,整体性较差。

此外,有的基坑支撑采用钢支撑及钢筋混凝土支撑相结合的形式,因此可各取所长。

**2. 按布置形式分类**

内支撑的布置方式有多种,如图 6-11 所示。

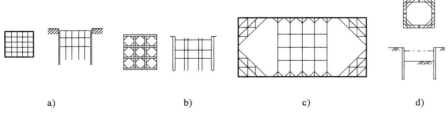

图　6-11

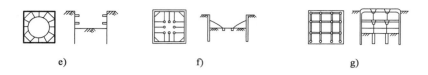

图 6-11　内支撑的布置形式

a)纵横对撑构成的井字形;b)井字形集中式;c)角撑结合对撑;d)边桁架;e)圆形环梁;f)竖直向斜撑;g)逆筑法

（1）纵横对撑构成的井字形:优点是安全稳定,整体刚度大;缺点是土方开挖及主体结构施工困难,造价高。其往往在环境要求很高、基坑范围较大时采用。

（2）井字形集中式布置:优点是挖土及主体结构施工相对较容易;缺点是整体刚度及稳定性不及井字形布置。

（3）角撑结合对撑:优点是挖土及主体结构施工较方便,是当前普遍采用的深基坑内支撑布置方式;缺点是整体刚度及稳定性不及井字形布置的支撑。基坑坑角的钝角太大时不宜采用。

（4）边桁架:优点是挖土及主体结构施工较方便,缺点是整体刚度及稳定性相对较差。基坑面积太大时宜采用。

（5）圆形环梁:优点是较经济,受力较合理,可节省钢筋混凝土用量,挖土及主体结构施工较方便。但坑周荷载不均匀、土性软硬差异大时慎用。

（6）竖直向斜撑:优点是节省立柱及支撑材料;缺点是不易控制基坑稳定及变形,与底板及地下结构外墙连接处结构和防水难处理。适用于开挖面积大而挖深小的基坑。

（7）逆筑法:优点是节省材料,基坑变形较小;缺点是对土方开挖及地下整个工程施工组织提出较高的技术要求。在施工场地受限制,或地下结构上方为重要交通道路时采用。

## 五、板式支护体系土层锚杆及其特点

如图 6-12 所示,土层锚杆体系主要由围檩、托架及锚杆三部分组成。围檩可采用工字钢、槽钢或钢筋混凝土结构。托架材料为钢材或钢筋混凝土。锚杆由锚杆头部、拉杆及锚固体三部分组成,锚杆头部将拉杆与围护墙牢固地联结起来,使围护墙承受的土侧向水土压力可靠地传递到拉杆上去并将其传递给锚固体,锚固体将来自拉杆的力通过摩阻力传递给周围稳固的地层。

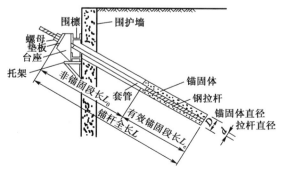

图 6-12　土层锚杆支护结构

土层锚杆的优点是基坑开敞,坑内挖土及地下主体结构施工方便,造价经济。适用于基坑周围有较好土层的场地,以利于锚杆锚固,但需要具有锚杆施工范围内无障碍物、周围环境允许打设锚杆等条件,其稳定性及变形依赖于锚固的效果。

### 六、土钉墙支护结构

土钉墙是以土钉作为主要受力构件的基坑支护技术,它由密集的土钉群、被加固的原位土体、喷射混凝土面层(或水泥土搅拌桩)和必要的防水系统组成,如图 6-13 所示。

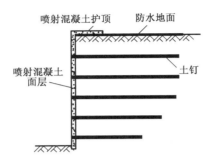

图 6-13 土钉墙支护结构

土钉是用来加固或同时锚固现场原位土体的细长杆件。通常采用土中钻孔、放入变形钢筋(即带肋钢筋)并沿孔全长注浆的方法做成。土钉依靠与土体之间的界面黏结力或摩擦力,在土体发生变形的条件下被动受力,并主要承受拉力作用。土钉也可采用钢管、角钢等作为钉体,采用直接击入的方法置入土中。

# 第三节 支护结构上的土压力计算

## 一、支护结构上土压力的主要影响因素

作用于基坑支护结构上的土压力是支护结构与土体之间相互作用的结果,其大小及分布与许多因素有关,这也是难以精确确定土压力的主要原因。这些影响因素主要有:土的类别及计算指标、计算理论、支护结构的刚度及位移、有无支锚及支锚的位置和反力大小、基坑大小及形状、地下水、施工方法和施工工序、外界的荷载与温度变化等。

### 1.土的类别及计算指标

根据土压力计算理论,土压力的大小显然受土的天然重度和类别影响。土的天然重度越大,土压力越大;土的有效内摩擦角和黏聚力越大,主动土压力越小,被动土压力越大。同时,静止土压力系数 $K_0$ 与土的有效内摩擦角密切相关。

### 2.计算理论

现工程上广泛应用的朗肯土压力理论和库仑土压力理论属于极限平衡理论,是建立在特定假设条件的基础上,这些假设条件限制了其应用范围和计算精度。由于基坑开挖后土体属于动态平衡状态,实际工程条件往往与理论假设条件相差较大,所以作用在支护结构上的土压

力需要在理论计算结果的基础上结合具体工程情况进行调整或修正。表 6-4 给出了经典土压力与支护结构上土压力的区别。

**经典土压力与支护结构上土压力的区别**　　表 6-4

| 区分项目 | 库仑、朗肯土压力 | 支护结构上的土压力 |
|---|---|---|
| 土性 | 各向同性,均质 | 非均质,土类复杂 |
| 应力状态 | 先筑墙,后填土,填土过程是土体应力增加的过程 | 先设围护墙,后开挖,开挖过程是土体应力释放的过程 |
| 结构使用要求 | 挡土墙是永久的 | 支护结构多数是临时的 |
| 土压力特性 | 挡土墙建成后,视土压力为定值 | 土压力的大小和分布随支护结构类型、刚度、支锚位置而异,且随开挖过程而动态变化 |
| 墙体和位移特性 | 挡土墙为刚体,绕墙趾转动 | 支护结构多数为柔性结构,位移形式多样 |
| 墙土间摩擦力 | 朗肯理论假设无摩擦 | 实际存在摩擦力 |
| 空间效应 | 平面问题 | 呈现空间效应 |
| 时间效应 | 静态极限平衡 | 动态平衡(坑内环境变化,土体松弛,强度下降) |
| 施工效应 | 不考虑施工效应,计算参数采用定值 | 因土体固结、围护墙施工挤土效应、施工卸荷等,基坑开挖过程中土的力学参数改变 |
| 滑裂面 | 平面 | 曲面 |

**3. 支护结构的刚度及位移**

土压力的大小和分布与支护结构的位移形式、位移方向及大小紧密相关,而支护结构的位移又受其刚度和形状影响很大。表 6-5 给出了处于极限状态的主动土压力和被动土压力所需围护墙位移的经验值。

**发生主动土压力和被动土压力时的位移**　　表 6-5

| 土类 | 应力状态 | 位移形式 | 所需位移 |
|---|---|---|---|
| 砂土 | 主动土压力 | 绕墙趾转动 | $(0.001 \sim 0.005)H$ |
| | | 平行于墙体 | $(0.0005 \sim 0.002)H$ |
| | | 绕墙顶转动 | $(0.002 \sim 0.010)H$ |
| | 被动土压力 | 绕墙趾转动 | $(0.05 \sim 0.15)H$ |
| | | 平行于墙体 | $(0.03 \sim 0.10)H$ |
| | | 绕墙顶转动 | $(0.05 \sim 0.15)H$ |
| 黏性土 | 主动土压力 | 绕墙趾转动 | $(0.004 \sim 0.010)H$ |
| | | 平行于墙体 | $(0.004 \sim 0.010)H$ |

注:$H$ 为围护墙高度,对于松散砂土和软土取表中大值。

**4. 有无支锚及支锚的位置和反力大小**

当基坑开挖深度不大时,围护墙不设支撑或锚杆,而是悬臂于基坑底;当基坑开挖深度较大时,则需要设置一道或多道支撑或锚杆。显然上述两种情况的支护结构抗侧移刚度有显著差异,支锚的多少、位置和反力大小对围护墙的土压力分布有着不可忽视的影响。

5. 基坑大小及形状

朗肯土压力理论及库仑土压力理论都是以平面应变为前提的。如长条形基坑,长边的中部较符合平面应变条件,而在边缘或基坑的短边方向,则存在着坑角效应;土压力的大小及分布与理论计算值差异较大,即土压力的大小具有显著的空间效应;许多基坑失稳实例显示,失稳多是在基坑的长边中部发生和发展的。

6. 地下水

地下水的存在一方面改变了土的重度及土的抗剪强度指标;另一方面,在土的透水性较好情况下,支护结构不仅受到土压力的作用,而且受到水压力的作用。另外,基坑开挖过程中,对地下水的防控也是设计和施工中很重要的环节。

7. 施工方法和施工工序

基坑施工方法和施工顺序会影响支锚设置的时间和基坑暴露时间,也会引起土的力学性质发生不同的变化,导致支护结构产生不同的位移,进而影响作用于围护墙上的土压力的大小与分布。

8. 外界的荷载与温度变化

施工场地受限时,基坑周围经常要堆放一些原材料,设置一些临时设施(工棚、塔吊、搅拌机等)。这些原材料、临时设施会通过土体对支护结构产生附加压力。

以上这些只是经常遇到的土压力影响因素,由于各工程现场条件、施工条件千差万别,还有很多不可忽视的其他影响因素,设计和施工中需要慎重考虑。

## 二、支护结构上的土压力分布模式

如前所述,作用于支护结构上的土压力分布模式和大小与很多因素有关。图 6-14 为有无支点及不同位移形式时支护结构上的土压力分布模式。下面分几种不同情况介绍作用在支护结构上的土压力分布模式。

1. 重力式水泥土围护墙上的土压力

重力式水泥土围护墙的特点是靠墙身自重维持稳定,墙身刚度较大,位移形式多为绕墙底端转动,接近于库仑、朗肯土压力理论对挡土墙的假设条件,其土压力随深度近似呈三角形分布,见图 6-14d),一般可按库仑理论或朗肯理论计算。

2. 悬臂式板式支护结构上的土压力

在基坑工程中,经典土压力理论计算的结果为极限值,但实际上当基坑支护结构处于正常工作状态时,墙后土体通常尚未达到主动极限状态,此时的土压力并不是极限状态的主动土压力值。因此,对于一般黏性土中的悬臂式支护结构,实测主动土压力往往小于按经典土压力理论计算的结果。如图 6-15 所示某工程实测土压力与朗肯理论计算结果的对比情况。可见,非挖土侧的主动土压力的合力值小于朗肯理论计算值,并且前者的合力作用点也下移;被动区的上半段的土压力略大于朗肯理论计算值,下半段的土压力则明显小于朗肯理论计算的结果。

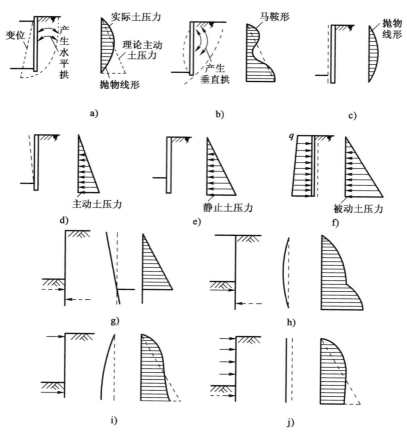

图 6-14　有无支点及不同位移形式时支护结构上的土压力

a)上端固定,下端向外移动;b)上、下两端固定;c)平行外移;d)绕下端向外倾斜;e)完全不移动;f)向内倾斜或内移;
g)悬臂式(下端固定);h)单道顶撑(下端固定);i)单道顶撑(下端插入深度较浅);j)多支点支撑

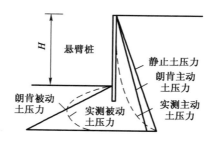

图 6-15　实测土压力与朗肯理论计算对比

　　悬臂式板式支护结构的位移形式多为绕墙底端转动,根据一些模型试验和工程实测结果,悬臂式板式支护结构上的主动土压力近似呈三角形分布,见图 6-14g)。虽然作用于悬臂式板式支护结构上的土压力按经典土压力理论计算存在一定误差,但通常仍按经典土压力理论公式进行估计,再根据实践经验进行适当的修正。

**3. 具有支撑的支护结构上的土压力**

**(1) 单支点支护结构上的土压力**

单支点包括锚定板型单支点和锚杆型单支点。锚定板型单支点支护结构,其主动土压力由锚定板拉杆和入土部分的被动土压力共同承担。锚定板的拉杆和入土部分的被动土压力合力对支护结构构成两个支点。实测的主动土压力分布如图 6-16a) 中的实线所示,虚线表示按理论计算的土压力分布。由图可见,实线所构成的图形面积与虚线所构成的图形面积大致相等只是分布不同,为简化起见仍可按三角形分布来计算。这样,总主动土压力的作用点比按朗肯、库仑理论计算的作用点略向上移动,即锚定板型单支点支护结构的实际弯矩比按朗肯、库仑理论的计算结果小一些,而锚定板拉杆的实际拉力则要大一些。

锚杆型单支点支护结构的主动土压力分布如图 6-16b) 所示,锚杆以上部分(ab 段) 的土压力基本与理论计算结果一致;而在锚杆以下部分(bd 段) 的土压力分布则与锚定板型单支点支护结构相似。锚杆型单支点支护结构的实际弯矩与按朗肯、库仑理论计算的弯矩值相比也是偏于安全的,而锚杆拉力则偏小。

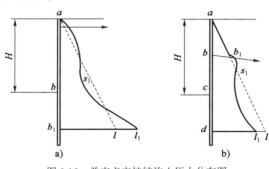

图 6-16　单支点支护结构土压力分布图
a) 锚定板型;b) 锚杆型

**(2) 多支点板式支护结构上的土压力**

对于开挖深度较大的基坑,常常需要设置多层锚杆或多层支撑。在一般的施工过程中,往往是开挖一定深度后,设置第一道锚杆或支撑;之后再开挖下一层,设置第二道锚杆或支撑,以此类推。在这些锚杆或支撑设置以前,围护墙已经产生了一定量的位移,而要用锚杆或支撑使已经移位(变形) 的围护墙恢复到原来的位置,则需要很大的锚固力或支撑力,这样将引起土压力的增加。因此,土压力的大小受设计采用的每道锚杆的锚固力或支撑力以及围护墙的实际变形大小影响。由此可见,多支点板式支护结构上的土压力的计算十分复杂和困难,目前多采用经验方法。

① 太沙基(Terzaghi) 和皮克(Peck) 模式。

太沙基和皮克在柏林地铁工程进行的开挖实测结果如图 6-17 所示。该工程基坑深11.5m,坑壁为细砂,设置 4 道支撑。

美国西雅图的哥伦比亚大厦深基坑工程深 34m,上半部分为黏性土,下半部分为砂、砾石、冰碛黏土及粉土与黏土互层。围护墙为 2 根 36m 宽翼钢梁组合结构型钢板,间距 4m,桩间用钢筋混凝土挡板,支护结构为 20 ~ 30 层锚杆,锚杆直径为 310mm。该工程 E-10 号围护墙上土压力实测值如图 6-18 所示。

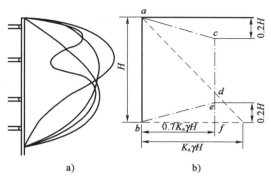

图6-17　柏林地铁开挖实测及设计土压力图形
a)基坑实测土压力包络图;b)假定为梯形的土压力分布图

图6-18　哥伦比亚大厦E-10号围护墙土压力实测图

太沙基和皮克根据理论计算及大量的工程实践于1967年提出了建议的土压力分布图,如图6-19所示。

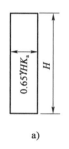
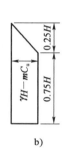
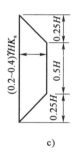

图6-19　太沙基和皮克建议的土压力分布
(m为修正系数,一般取1,当基底下为软土时取0.4)
a)砂土;b)软-中等黏土;c)硬-裂隙黏土

②崔勃泰里奥夫(Tschebotarioff)模式。

崔勃泰里奥夫于1973年提出如图6-20所示的土压力模式(适用于开挖深度 $H > 16m$ 的基坑工程)。

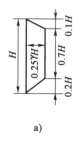
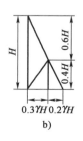
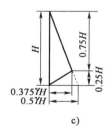

图6-20　崔勃泰里奥夫建议的土压力分布
a)砂土;b)硬黏土中的临时支撑;c)中等黏土中的永久支撑

③日本铃木音彦模式。

日本的铃木音彦提出了如图6-21所示的土压力分布模式。

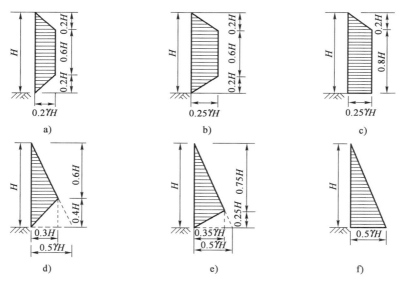

图 6-21 铃木音彦建议的土压力分布

a)密实砂土;b)中密砂土;c)松散砂土;d)坚硬黏土;e)中密黏土;f)软黏土

值得说明的是,图 6-19 ~ 图 6-21 建议的土压力分布模式并非表示某一工况的分布,而是实测资料中最大土压力的包络线图。按这些土压力分布模式,对于多支点支护结构的支撑或锚杆设计是偏于安全的。试图提出一个对各类支护结构、各类土体都适用的统一的土压力分布图是不现实的,对不同刚度、不同变形条件和不同土类的支护结构应根据实际工程条件采用各自相应的土压力分布模式。

## 三、作用于支护结构上的水平荷载计算

作用于支护结构上的水平荷载计算是个比较复杂的问题,由于朗肯土压力理论的假定概念明确,与库仑土压力理论相比具有直接得出土压力分布,从而适合结构计算的优点,受到工程设计人员的普遍接受,目前《建筑基坑支护技术规范》(JGJ 120—2012)主要采用朗肯土压力理论计算水平荷载。下面根据《建筑基坑支护技术规范》(JGJ 120—2012),介绍作用于支护结构上的水平荷载计算方法,假设围护墙上的土压力分布模式如图 6-22 所示。

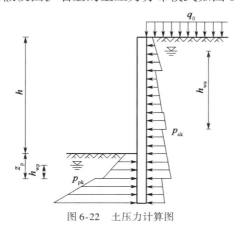

图 6-22 土压力计算图

1. 对于地下水位以上或水土合算土层的土压力强度标准值

当计算土层位于地下水位以上,或者为位于地下水位以下的黏质粉土、黏性土等低渗透性土层,一般采用总应力分析法,作用在支护结构外侧的主动土压力强度标准值 $p_{ak}$ 和支护结构内侧的被动土压力强度标准值 $p_{pk}$ 宜按下列公式计算:

$$p_{ak} = \sigma_{ak} K_{a,i} - 2c_i \sqrt{K_{a,i}} \qquad (6\text{-}5)$$

$$K_{a,i} = \tan^2\left(45° - \frac{\varphi_i}{2}\right) \qquad (6\text{-}6)$$

$$p_{pk} = \sigma_{pk} K_{p,i} + 2c_i \sqrt{K_{p,i}} \qquad (6\text{-}7)$$

$$K_{p,i} = \tan^2\left(45° + \frac{\varphi_i}{2}\right) \qquad (6\text{-}8)$$

式中:$p_{ak}$——支护结构外侧,第 $i$ 层土中计算点的主动土压力强度标准值(kPa);当计算的 $p_{ak} < 0$ 时,应取 $p_{ak} = 0$;

$\sigma_{ak}$、$\sigma_{pk}$——支护结构外侧、内侧计算点的土中竖向应力标准值(kPa),可分别按式(6-13)和式(6-14)计算;

$K_{a,i}$、$K_{p,i}$——第 $i$ 层土的主动土压力系数、被动土压力系数;

$\varphi_i$——第 $i$ 层土的内摩擦角标准值(°),应采用三轴固结不排水抗剪强度指标 $\varphi_{cu}$ 或直剪固结快剪强度指标 $\varphi_{cq}$;

$c_i$——第 $i$ 层土的黏聚力标准值(kPa),应采用三轴固结不排水抗剪强度指标 $c_{cu}$ 或直剪固结快剪强度指标 $c_{cq}$。

2. 对于水土分算土层的土压力强度标准值

当计算土层位于地下水位以下时,对于砂质粉土、砂土、碎石土等高渗透性土层,一般采用有效应力分析法,作用在支护结构外侧的主动土压力强度标准值 $p_{ak}$ 和支护结构内侧的被动土压力强度标准值 $p_{pk}$ 宜按下列公式计算

$$p_{ak} = (\sigma_{ak} - u_a) K_{a,i} - 2c_i \sqrt{K_{a,i}} + u_a \qquad (6\text{-}9)$$

$$u_a = \gamma_w h_{wa} \qquad (6\text{-}10)$$

$$p_{pk} = (\sigma_{pk} - u_p) K_{p,i} + 2c_i \sqrt{K_{p,i}} + u_p \qquad (6\text{-}11)$$

$$u_p = \gamma_w h_{wp} \qquad (6\text{-}12)$$

式中:$u_a$、$u_p$——支护结构外侧、内侧计算点的水压力(kPa);对于静止地下水的水压力,可分别按式(6-10)和式(6-12)计算;当采用悬挂式截水帷幕时,应考虑地下水从帷幕底向基坑内的渗流对水压力的影响;

$h_{wa}$——基坑外侧静止地下水位至主动土压力强度计算点的垂直距离(m);对承压水,地下水位取测压管水位;当有多个含水层时,应以计算点所在含水层的地下水位为准;

$h_{wp}$——基坑内侧静止地下水位至被动土压力强度计算点的垂直距离(m);对承压水,地下水位取测压管水位;

$c_i$——支护结构外侧第 $i$ 层土的黏聚力标准值(kPa),应采用有效应力强度指标 $c'$;

$\gamma_w$——地下水的重度(kN/m³),一般可取 $\gamma_w = 10$kN/m³。

3. 土中竖向应力标准值

对于基坑外侧土中竖向应力标准值 $\sigma_{ak}$、内侧土中竖向应力标准值 $\sigma_{pk}$ 可按下列公式计算:

$$\sigma_{ak} = \sigma_{ac} + \sum \Delta \sigma_{k,j} \tag{6-13}$$

$$\sigma_{pk} = \sigma_{pc} \tag{6-14}$$

式中:$\sigma_{ac}$、$\sigma_{pc}$——支护结构外侧、内侧计算点处由土的自重产生的竖向总应力标准值(kPa);

$\Delta \sigma_{k,j}$——支护结构外侧第 $j$ 个附加荷载作用下计算点的土中附加竖向应力标准值(kPa),应根据附加荷载类型,按式(6-15)、式(6-16)或式(6-17)计算。

当支护结构外侧地面作用大面积均布附加荷载 $q_0$ 时(图6-23),土中附加竖向应力标准值 $\Delta \sigma_{k,j}$ 可按下式取值:

$$\sigma_{k,j} = q_0 \tag{6-15}$$

当支护结构外侧作用有局部附加荷载 $p_0$(图6-24),$d$ 为基础埋置深度,且计算点位置满足 $d + a/\tan\theta \leq z_a \leq d + (3a + b)/\tan\theta$ 时,土中附加竖向应力标准值 $\Delta \sigma_{k,j}$ 可按式(6-16)或式(6-17)取值;当 $z_a < d + a/\tan\theta$ 或 $z_a > d + (3a + b)/\tan\theta$ 时,取 $\Delta \sigma_{k,j} = 0$。

$$\Delta \sigma_{k,j} = \frac{p_0 b}{b + 2a} \tag{6-16}$$

$$\Delta \sigma_{k,j} = \frac{p_0 b l}{(b + 2a)(l + 2a)} \tag{6-17}$$

式中:$p_0$——条形或矩形基础底面附加压力标准值(kPa);

$b$——条形基础的基础宽度(m)或与基坑边垂直方向上的矩形基础尺寸(m);

$l$——与基坑边平行方向上的矩形基础尺寸(m);

$a$——支护结构外边缘至基础的水平距离(m);

$\theta$——附加荷载的扩散角(°),宜取 $\theta = 45°$;

$z_a$——支护结构顶面至土中附加竖向应力计算点的竖向距离(m)。

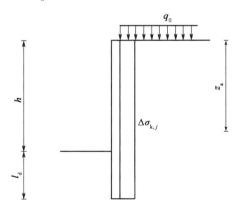

图6-23 均布竖向附加荷载作用下的土中附加
竖向应力计算

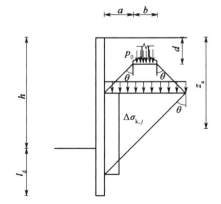

图6-24 局部附加荷载作用下的土中
附加竖向应力计算

当支护结构顶部低于地面,其上方采用放坡或土钉墙时,支护结构顶面以上土体对支护结构的作用宜按库仑土压力理论计算,也可将其视作附加荷载按下列公式计算(图6-25)。对于

计算点位置满足 $a/\tan\theta \leqslant z_a \leqslant (a+b_1)/\tan\theta$($\theta$ 为扩散角,宜取 $\theta=45°$)时,土中附加竖向应力标准值 $\Delta\sigma_{k,j}$ 可按式(6-18)取值;当 $z_a > (a+b_1)/\tan\theta$ 时,取 $\Delta\sigma_{k,j} = \gamma h_1$。当 $z_a < a/\tan\theta$ 时,取 $\Delta\sigma_{k,j} = 0$。

$$\Delta\sigma_{k,j} = \frac{\gamma h_1}{b_1}(z_a - a) + \frac{E_{ak1}(a + b_1 - z_a)}{K_a b_1^2} \tag{6-18}$$

$$E_{ak1} = \frac{1}{2}\gamma h_1^2 K_a - 2ch_1\sqrt{K_a} + \frac{2c^2}{\gamma} \tag{6-19}$$

式中:$z_a$——支护结构顶面至土中附加竖向应力计算点的竖向距离(m);

$a$——支护结构外边缘至放坡坡脚的水平距离(m);

$b_1$——放坡坡面的水平尺寸(m);

$h_1$——地面至支护结构顶面的竖向距离(m);

$\gamma$——支护结构顶面以上土的天然重度(kN/m³);对多层土取各层土按厚度加权平均值;

$c$——支护结构顶面以上土的黏聚力(kPa);

$K_a$——支护结构顶面以上土的主动土压力系数;对多层土取各层土按厚度加权平均值;

$E_{ak1}$——支护结构顶面以上土体自重所产生的单位宽度主动土压力标准值(kN/m)。

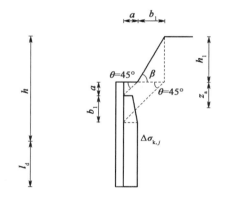

图 6-25  支护结构顶部以上放坡时土中附加竖向应力计算

### 4.地下水和支护结构位移对水平荷载的影响

当地下水位较高时,支护结构除受土压力作用外,还受水压力的作用。总压力的考虑方法有两种,即"水土合算"和"水土分算"。《建筑基坑支护技术规范》(JGJ 120—2012)采用了简便的方法考虑这一问题,即对粗颗粒土采用"分算",而对于细颗粒土采用"合算"的方法。

分算原则适用于土孔隙中存在自由的重力水或土的渗透性较好的情况,如砂质粉土、砂土、碎石土等粗颗粒土。分算时,地下水位以下的土压力宜采用有效重度和有效应力指标。合算原则适用于低渗透性的黏质粉土、黏性土层,土中存在较多结合水,结合水很难传递水压力,地下水对土粒也不易形成浮力。合算时,地下水位以下的土压力采用天然重度和三轴固结不排水总应力强度指标或直剪固结快剪强度指标。由于水土分算得到的墙上水平荷载比水土合算的大,因此设计的工程费用偏高,若有些土层一时难以确定其透水性时,则需从安全使用和投资费用两方面考虑采用哪种计算方法。

值得说明的是,水压力实质上是孔隙水压力,而非静水压力。实测资料表明,黏性土中孔隙水压力比静水压力要小,但从偏于安全的角度考虑,工程上目前仍多用静水压力计算。

在设计计算水压力时,应按围护墙体的隔水条件和土层的渗流条件,先对地下水的渗流情况作出判断,区分地下水是处于静止无渗流状态还是地下水发生绕截水帷幕底的稳定渗流状态,不同的状态应采用不同的水压力分布模式,即当土体内存在地下水渗流时,应考虑地下水渗流对水压力的影响。

支护结构水平位移对作用在其上的水平荷载影响很大,当对支护结构水平位移有严格限制时,支护结构外侧的土压力宜采用静止土压力或提高的主动土压力值,提高后的主动土压力强度标准值在主动土压力强度标准值 $p_{ak}$ 与静止土压力强度标准值 $p_{0k}$ 之间。当有可靠经验时,也可采用支护结构与土相互作用的方法计算作用在支护结构上的水平荷载。

# 第四节 重力式水泥土围护墙设计

## 一、基本设计内容

### 1. 墙体的宽度和深度

墙体宽度和深度的确定与基坑开挖深度、面积、地质条件、周围环境、地面荷载以及支护结构安全等级等有关。初步设计时可按地区经验确定,如上海地区一般墙宽可取为开挖深度的 0.6 ~ 0.8 倍,坑底以下插入深度可取为开挖深度的 0.8 ~ 1.2 倍。

初步确定墙体宽度和深度后,要进行整体稳定性、抗滑移、抗倾覆、抗渗流等稳定性验算以及墙体结构强度(正截面承载力)、格栅面积验算和墙顶侧向位移计算,以验证支护结构是否满足要求。

### 2. 宽度方向的布桩形式

最简单的布置形式就是不留空当,打成实体,但较浪费;为节约工程量,工程上水泥土围护墙常做成格栅状。水泥土搅拌桩采用格栅布置时,水泥土的置换率对于淤泥不宜小于 0.8,淤泥质土不宜小于 0.7,一般黏性土及砂土不宜小于 0.6;格栅内侧的长宽比不宜大于 2。

### 3. 墙体强度

水泥土围护墙的强度取决于水泥掺入比和龄期。水泥掺入比是指施工中每立方米加固体所掺加的水泥重量与被加固软土的湿重量之比,双轴水泥土搅拌桩水泥掺入比宜取 13% ~ 15%,三轴水泥土搅拌桩水泥掺入比宜取 20% ~ 22%,一般采用 P·O42.5 级普通硅酸盐水泥。水泥土围护墙的设计强度一般要求 28d 龄期的无侧限抗压强度不小于 0.8MPa。为改善水泥土加固体的性能和提高早期强度,可掺入适量的外掺剂(如早强剂、减水剂)等。

### 4. 其他加强措施

(1)墙顶现浇混凝土压顶:厚度不小于 150mm,内配双向钢筋网片,混凝土压顶不但便于施工现场交通,也有利于加强墙体整体性,并防止雨水从墙顶渗入墙体格栅而损坏墙体。

(2)墙身插毛竹或钢筋:插毛竹或钢筋能减少墙体位移,增强墙体整体性。插毛竹时,毛竹的小头直径不宜小于 5mm,长度不宜小于开挖深度。插钢筋时,钢筋长度一般为 1 ~ 2mm,

由于钢筋与水泥土接触面积小,所能提供的握裹力有限,但施工方便。

（3）坑底加固:有的场地基坑边与建筑红线之间距离有限,不能满足正常的搅拌桩宽度要求。这时可考虑减小坑底以上搅拌桩宽度,加宽坑底以下搅拌桩宽度。因为这部分搅拌桩可设置于底板以下,从而增强了稳定性,同时也能提高被动区抗力和控制围护墙体变形。

## 二、围护墙上的水平荷载计算

重力式水泥土围护墙依靠墙身自重维持平衡,基坑开挖过程中的位移形式多为绕墙底端转动,作用于其上的水平荷载随深度近似呈三角形分布,可按第三节介绍的有关方法进行计算。

## 三、设计验算

初步确定了墙体的宽度、深度、平面布置之后,应进行下列计算,以验算设计是否满足变形、强度及稳定性等要求。

水泥土围护墙的验算主要有以下一些内容:

（1）抗滑移稳定性验算;

（2）抗倾覆稳定性验算;

（3）圆弧滑动整体稳定性验算;

（4）抗渗流稳定性验算;

（5）墙体结构强度验算;

（6）墙顶水平位移估算。

组成围护墙的水泥土搅拌桩是一种具有一定刚度的脆性材料。它的抗压强度比抗拉强度大得多,受力性能类似于刚性挡土结构,其变形规律又介于刚性挡土墙和柔性支护结构之间。为了确保水泥土围护墙围护结构的安全稳定,可以沿用重力式挡土墙的方法验算其抗滑移、抗倾覆稳定性及整体稳定性,用类似计算柔性支护结构变形的方法估算其位移和变形。

### 1. 抗滑移稳定性验算

抗滑移稳定性验算是指沿围护墙底面的抗滑动验算,根据图6-26,验算公式为:

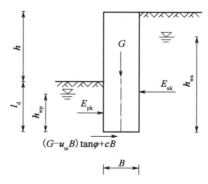

图6-26　抗滑移稳定性验算

$$K_{sl} = \frac{E_{pk} + (G - u_m B)\tan\varphi + cB}{E_{ak}} \tag{6-20}$$

式中:$K_{sl}$——墙底抗滑移安全系数,一般要求不小于1.2;

$E_{ak}$、$E_{pk}$——水泥土墙上的主动土压力、被动土压力合力标准值(kN/m);

$G$——水泥土墙的自重(kN/m);

$u_m$——水泥土墙底面上的水压力(kPa);水泥土墙底面在地下水位以下时,可取 $u_m = \gamma_w$ $(h_{wa} + h_{wp})/2$,在地下水位以上时,取 $u_m = 0$,此处,$h_{wa}$ 为基坑外侧水泥土墙底处的压力水头(m),$h_{wp}$ 为基坑内侧水泥土墙底处的压力水头(m);

$c$、$\varphi$——水泥土墙底面下土层的黏聚力(kPa)、内摩擦角(°);

$B$——水泥土墙的底面宽度(m)。

注意不宜采用式(6-21)计算抗滑移安全系数。

$$K_{sl} = \frac{(G - u_m B)\tan\varphi + cB}{E_{pk} - E_{ak}} \tag{6-21}$$

这是因为当水泥土搅拌桩插入深度较大时,$E_{pk}$ 常接近于 $E_{ak}$,计算得到的安全系数 $K_{sl}$ 偏大,不安全。

**2. 抗倾覆稳定性验算**

抗倾覆验稳定性验算常以绕墙趾 $A$ 点的转动来分析,根据图6-27,验算公式为:

$$K_{ov} = \frac{E_{pk}a_p + (G - u_m B)a_G}{E_{ak}a_a} \tag{6-22}$$

式中:$K_{ov}$——抗倾覆安全系数,一般要求不小于1.3;

$a_a$——水泥土墙外侧主动土压力合力作用点至墙趾的竖向距离(m);

$a_p$——水泥土墙内侧被动土压力合力作用点至墙趾的竖向距离(m);

$a_G$——水泥土墙自重与墙底水压力合力作用点至墙趾的水平距离(m)。

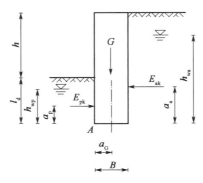

图6-27 抗倾覆稳定性验算

**3. 圆弧滑动整体稳定性验算**

水泥土围护墙围护结构常用于软土地基。其整体稳定性验算是设计中的一项重要内容,可采用瑞典条分法,按圆弧滑动面考虑,见图6-28,可以采用下式进行计算:

$$K_{s,i} = \frac{\sum_{j=1}^{n}\{c_j l_j + [(q_j b_j + \Delta G_j)\cos\theta_j - u_j l_j]\tan\varphi_j\}}{\sum_{i=1}^{n}(q_j b_j + \Delta G_j)\sin\theta_j} \tag{6-23}$$

$$\min\{K_{s,1}, K_{s,2}, K_{s,3}, \cdots, K_{s,i}, \cdots\} \geqslant K_s \tag{6-24}$$

式中:$K_s$——圆弧滑动稳定安全系数,一般可取1.3;

$K_{s,i}$——第$i$个圆弧滑动体的抗滑力矩与滑动力矩的比值;抗滑力矩与滑动力矩之比的最小值宜通过搜索不同圆心及半径的所有潜在滑动圆弧确定;

$c_j$、$\varphi_j$——第$j$土条滑弧面处土的黏聚力(kPa)、内摩擦角(°);

$b_j$——第$j$土条的宽度(m);

$\theta_j$——第$j$土条滑弧面中点处的法线与垂直面的夹角(°);

$l_j$——第$j$土条的滑弧长度(m);取$l_j = b_j/\cos\theta_j$;

$q_j$——作用在第$j$土条上的附加分布荷载标准值(kPa);

$\Delta G_j$——第$j$土条的自重(kN),按天然重度计算;分条时,水泥土墙可按土体考虑;

$u_j$——第$j$条滑弧面上的孔隙水压力(kPa);对地下水位以下的砂土、碎石土、砂质粉土,当地下水是静止的或渗流水力梯度可忽略不计时,在基坑外侧,可取$u_j = \gamma_w h_{wa,j}$,在基坑内侧,可取$u_j = \gamma_w h_{wp,j}$;对地下水位以上的各类土和地下水位以下的黏性土,取$u_j = 0$;

$h_{wa,j}$——基坑外侧第$j$土条滑弧面中点的压力水头(m);

$h_{wp,j}$——基坑内侧第$j$土条滑弧面中点的压力水头(m)。

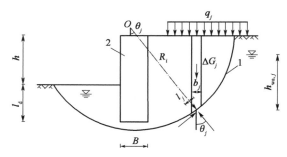

图6-28　整体圆弧滑动稳定性验算

土体抗剪强度指标可采用总应力指标计算,指标的选用可参考第三节土压力计算中强度指标的选用方法。

一般最危险滑动面取在墙底以下$0.5\sim1.0$m,滑动圆心位置多在墙上方,靠近基坑内侧。按式(6-23)通过试算找出安全系数最小的最危险滑动面,相应的安全系数即为圆弧滑动稳定安全系数。前述计算一般可通过编制程序来实现。

验算切墙圆弧滑动安全系数时,可取墙体强度指标$\varphi = 0$,$c = (1/15\sim1/10)q_u$;当水泥土无侧限抗压强度$q_u > 1$MPa时,可不计算切墙滑弧安全系数。

4. 抗渗流稳定性验算

由于基坑开挖时要求坑内无积水,坑内外将存在水头差。悬挂式截水帷幕底端位于碎石土、砂土或粉土含水层时,对均质含水层,需验算墙角渗流向上溢出处的渗流坡降,以防止出现流土现象;当坑底为黏性土层而其下有承压含水层时,也需进行抗渗流稳定性验算。

为便于计算,且又能满足工程要求,可采用以下方法进行抗渗流稳定性验算(图6-29)。

$$K_f = \frac{i_c}{i} = \frac{(2l_d + 0.8D_1 + B)\gamma'}{\Delta h\gamma_w} \tag{6-25}$$

式中:$K_f$——抗渗流稳定安全系数;安全等级为一、二、三级的支护结构,$K_f$分别不应小于1.6、

1.5、1.4；

$i_c$——坑底土的临界水力梯度，$i_c = \gamma'/\gamma_w$；

$i$——坑底土的渗流水力梯度；

$l_d$——截水帷幕底面至坑底的土层厚度(m)；

$D_1$——潜水水面或承压水含水层顶面至基坑底面的土层厚度(m)；

$B$——围护墙的底面宽度(m)；

$\gamma'$——土的浮重度($kN/m^3$)；

$\Delta h$——基坑内外的水头差(m)；

$\gamma_w$——水的重度($kN/m^3$)。

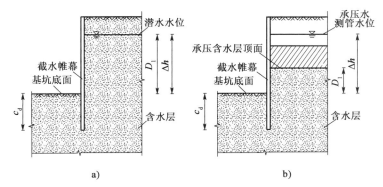

图 6-29 采用悬挂式帷幕截水时的抗渗流稳定性验算

a)潜水；b)承压水

**5. 墙体结构强度验算**

（1）拉应力验算

$$\frac{6M_i}{B^2} - \gamma_{cs}z \leqslant 0.15f_{cs} \tag{6-26}$$

（2）压应力验算

$$\gamma_0 \gamma_F \gamma_{cs}z + \frac{6M_i}{B^2} \leqslant f_{cs} \tag{6-27}$$

（3）剪应力验算

$$\frac{E_{aki} - \mu G_i - E_{pki}}{B} \leqslant \frac{1}{6}f_{cs} \tag{6-28}$$

式中：$\gamma_0$——支护结构重要性系数；对安全等级为一、二、三级的支护结构，取值分别不应小于 1.1、1.0、0.9；

$\gamma_F$——荷载综合分项系数；支护结构构件按承载能力极限状态设计时，作用基本组合的综合分项系数$\gamma_F$ 不应小于 1.25；

$\gamma_{cs}$——水泥土墙的重度($kN/m^3$)；

$z$——验算截面至水泥土墙顶的垂直距离(m)；

$M_i$——单位长度水泥土墙验算截面的弯矩设计值($kN \cdot m/m$)；

$B$——验算截面水泥土墙的宽度(m)；

$f_{cs}$——水泥土开挖龄期时的轴心抗压强度设计值(kPa)，应根据现场试验或工程经验确定；

$E_{aki}$、$E_{pki}$——验算截面以上的主动土压力标准值、被动土压力标准值(kN/m);验算截面在基底
以上时,取 $E_{pki}=0$;

$G_i$——验算截面以上的墙体自重(kN/m);

$\mu$——墙体材料的抗剪断系数,取 $0.4 \sim 0.5$。

6. 墙顶水平位移估算

水泥土墙墙顶水平位移计算是比较复杂的问题,实用上,一般将桩墙在基坑开挖面处分为
上下两段。如图 6-30 所示开挖面以上的墙身视为柔性结构,按悬臂梁计算其弹性挠曲变形
$\delta_e$;开挖面以下的结构则视为完全埋置桩,桩头(开挖面处)作用有水平力 $H_0$ 及力矩 $M_0$,计算桩
头水平位移 $y_0$ 及转角 $\theta_0$ 时,可将墙身视为刚性桩,计算原理见第五章沉井计算。墙顶总水平
位移 $\delta$ 为:

$$\delta = \delta_e + y_0 + \theta_0 h \tag{6-29}$$

式中:$\delta$——墙顶水平位移(mm);

$\delta_e$——开挖面以上悬臂段的弹性变形(mm);

$y_0$——开挖面处墙身水平位移(mm);

$\theta_0$——开挖面处墙身转角(°);

$h$——开挖面以上墙身高度(mm)。

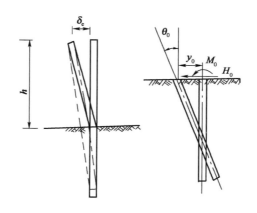

图 6-30 墙顶位移估算

另外,实践中还可采用规范建议的经验公式估算墙顶的水平位移量。如《上海市基坑工程
技术规范》(DG/T J08-61—2018)建议,当水泥土围护结构符合 $D = (0.8 \sim 1.2)h,B = (0.8 \sim 1.0)h$($h$ 为基坑开挖深度)时,墙顶的水平位移量可按下式估算:

$$\delta_{OH} = \frac{0.18\zeta \cdot K_a \cdot L \cdot h^2}{D \cdot B} \tag{6-30}$$

式中:$\delta_{OH}$——墙顶估算水平位移(cm);

$K_a$——主动土压力系数;

$L$——开挖基坑的最大边长(m),超过 100m 时取 100m 计算;

$\zeta$——施工质量影响系数,取 $0.8 \sim 1.5$。

【例 6-1】 某基坑开挖深度 5m,采用重力式水泥土墙支护。坑外水位在地表以下 1.0m,

坑内水位在坑底以下 $1.0\text{m}$，水泥土墙宽度 $B = 4.2\text{m}$，嵌固深度 $l_d = 5\text{m}$，水泥土重度为 $18\text{kN/m}^3$，抗压强度设计值 $f_{cs} = 400\text{kPa}$，场地土层为粉质黏土，饱和重度为 $18.5\text{kN/m}^3$，其黏聚力 $c = 10\text{kPa}$，内摩擦角 $\varphi = 20°$，假设已知基坑外侧主动土压力标准值 $E_{ak} = 420\text{kN/m}$，作用点至墙底的距离 $a_a = 2.5\text{m}$；基坑内侧被动土压力标准值 $E_{pk} = 330\text{kN/m}$，作用点至墙底的距离 $a_p = 1.2\text{m}$，试计算该水泥土围护墙的抗倾覆安全系数、抗滑移安全系数和抗渗流安全系数。

**【解】** ①抗倾覆安全系数计算。

根据抗倾覆安全系数公式：$\quad K_{ov} = \dfrac{E_{pk} a_p + (G - u_m B) a_G}{E_{ak} a_a}$

可得：

$$K_{ov} = \frac{330 \times 1.2 + [18 \times 4.2 \times 10 - 10 \times 4.2 \times (9+4)/2] \times 4.2/2}{420 \times 2.5} = \frac{1410.3}{1050} = 1.34$$

②抗滑移安全系数计算。

根据抗滑移安全系数公式：$K_{sl} = \dfrac{E_{pk} + (G - u_m B)\tan\varphi + cB}{E_{ak}}$

可得：

$$K_{sl} = \frac{330 + [18 \times 4.2 \times 10 - 10 \times 4.2 \times (9+4)/2]\tan 20° + 10 \times 4.2}{420} = \frac{547.8}{420} = 1.30$$

③抗渗流安全系数计算。

根据抗渗流安全系数公式：$K_f = \dfrac{i_c}{i} = \dfrac{(2l_d + 0.8D_1 + B)\gamma'}{\Delta h \gamma_w}$

可得：

$$K_f = \frac{(2 \times 5 + 0.8 \times 5 + 4.2) \times (18.5 - 10)}{5 \times 10} = \frac{154.7}{50} = 3.09$$

# 第五节　板式支护结构设计

板式支护结构属柔性支护结构，主要包括排桩支护结构和地下连续墙支护结构。下面将从构成排桩或地下连续墙支护结构的围护墙、内支撑结构两方面介绍这种支护结构的设计计算原理。

板式支护结构的围护墙计算内容包括稳定性验算和内力、变形计算。

## 一、围护墙的稳定性验算

围护墙稳定性验算的内容有整体稳定性验算、坑底抗隆起稳定性验算、抗倾覆稳定性验算、抗渗流稳定性验算、抗承压水稳定性验算等。

1. 整体稳定性验算

可采用瑞典条分法，按圆弧滑动面考虑，具体计算方法见重力式水泥土围护墙相应部分。

2. 坑底抗隆起稳定性验算

以围护墙底部的平面作为地基极限承载力验算的基准面，参照普朗特尔和太沙基计算地

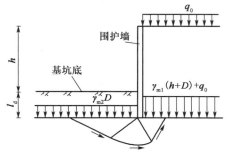

图 6-31 坑底抗隆起稳定性验算

基极限承载力的公式,滑移线形状如图 6-31 所示。该法未考虑墙底以上土体的抗剪强度对坑底抗隆起的影响,也未考虑滑动土体体积力对坑底抗隆起的影响。计算公式为:

$$K_b = \frac{\gamma_{m2} l_d N_q + c N_c}{\gamma_{m1}(h + l_d) + q_0} \tag{6-31}$$

式中:$K_b$——坑底抗隆起安全系数,安全等级为一、二、三级的支护结构,取值分别不应小于 1.8、1.6、1.4;

$\gamma_{m1}$、$\gamma_{m2}$——基坑外、基坑内围护墙底面以上土天然重度($kN/m^3$);对地下水位以下的粉土、砂土、碎石土取浮重度;对多层土取各层土按厚度加权的平均重度;

$h$——基坑开挖深度(m);

$l_d$——围护墙的嵌固深度(m);

$q_0$——坑外地面均布荷载;

$N_q$、$N_c$——地基承载力系数;一般可按下列普朗特尔-雷斯诺公式进行计算。

$$\begin{cases} N_q = e^{\pi \cdot \tan\varphi} \tan^2\left(45° + \dfrac{\varphi}{2}\right) \\ N_c = \dfrac{N_q - 1}{\tan\varphi} \end{cases} \tag{6-32}$$

$N_q$ 和 $N_c$ 也可按下列太沙基公式进行计算:

$$\begin{cases} N_q = \dfrac{1}{2}\left[\dfrac{e^{\left(\frac{3}{4}\pi - \frac{\varphi}{2}\right)\tan\varphi}}{\cos\left(\dfrac{\pi}{4} + \dfrac{\varphi}{2}\right)}\right]^2 \\ N_c = \dfrac{N_q - 1}{\tan\varphi} \end{cases} \tag{6-33}$$

式中:$\varphi$——围护墙底面以下滑移线场影响范围内地基土的内摩擦角(°)。

式(6-31)中的分子部分没有考虑地基极限承载力公式中的 $\gamma B N_r / 2$,一方面是由于板式支护结构围护墙体宽度比较小,对地基承载力的贡献有限,另一方面是由于这部分地基承载力的准确确定十分困难,不考虑这部分地基承载力时计算公式比较简单,而且偏于安全。

3. 抗倾覆稳定性验算

为避免板式支护结构发生倾覆失稳,基坑设计时,围护墙的嵌固深度需要满足抗倾覆稳定性要求。对于悬臂式板式支护结构,验算墙体绕墙底的抗倾覆稳定性[图 6-32a)];对于支锚式板式支护结构,验算绕最下道支撑或锚拉点的抗倾覆稳定性[图 6-32b)]。

根据图 6-32,验算公式为:

$$K_e = \frac{E_{pk} a_p}{E_{ak} a_a} \tag{6-34}$$

式中:$K_e$——抗倾覆安全系数,安全等级为一、二、三级的支护结构,取值分别不应小于 1.25、1.20、1.15。

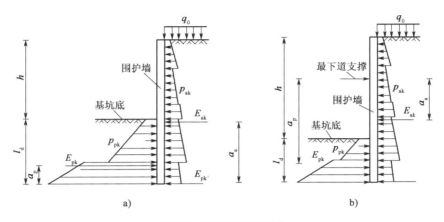

图 6-32 抗倾覆稳定性验算
a)悬臂式;b)支锚式

4. 抗渗流稳定性验算

当围护墙外设截水帷幕时,抗渗流稳定性验算应计算至防渗帷幕底;当采用围护墙自防水时,抗渗验算应计算至围护墙底。板式支护结构的抗渗流稳定性验算可以采用重力式水泥土围护墙相应部分介绍的抗渗流稳定性计算方法和计算公式。

5. 抗承压水稳定性验算

基坑坑底以下有水头高于坑底的承压水含水层,且未用截水帷幕隔断其基坑内外的水力联系时,应按式(6-35)验算坑底土抗承压水稳定性,见图 6-33。验算公式中未考虑上覆土层与围护墙之间的摩擦力影响。

$$K_h = \frac{D\gamma}{h_w \gamma_w} \tag{6-35}$$

式中:$K_h$——坑底土抗承压水稳定安全系数,一般不应小于 1.1;

$D$——承压水含水层顶面至坑底的土层厚度(m);

$\gamma$——承压水含水层顶面至坑底土层的天然重度(kN/m³);对多层土,取按土层厚度加权的平均天然重度;

$h_w$——承压水含水层顶面的压力水头高度(m)。

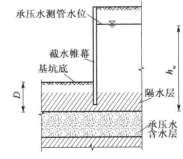

图 6-33 抗承压水稳定性验算

## 二、围护墙的内力和变形计算

围护墙结构的内力和变形计算可按平面问题来简化计算,排桩计算宽度可取排桩的中心距,地下连续墙计算宽度可取单位宽度。目前,在工程实践中板式围护墙结构内力和变形计算,应用较多的是极限平衡法[图 6-34a)]和平面杆系结构弹性支点法[图 6-34b)]。

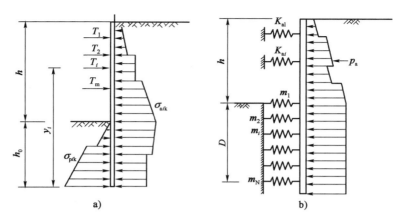

图 6-34　围护墙内力和变形计算图式
a)极限平衡法;b)弹性支点法

**1.极限平衡法**

极限平衡法一般假定作用于围护墙前后的土压力达到被动土压力和主动土压力,在此基础上进行力学简化,将超静定问题简化为静定问题求解。属于这种类型方法包括静力平衡法、等值梁法、太沙基塑性铰法、等弯矩法和等轴力法等。

极限平衡法有下面三个基本假定:①主动土压力和被动土压力均为与支护结构变形无关的已知值,用朗肯或库仑理论计算;②支护结构刚度为无限大,且不考虑支撑(或拉锚)的压缩或拉伸变形;③支护结构的横向抗力按极限平衡条件求得。

**1)悬臂式支护结构的设计计算**

悬臂式支护结构主要依靠嵌入坑底内的深度平衡上部地面超载、主动土压力及水压力所形成的侧压力。因此,对于悬臂式支护结构,嵌固深度至关重要。同时需计算支护结构所承受的最大弯矩,以便进行支护结构的断面设计和构造。

如图 6-35a)所示,无黏性土中嵌入基坑底面的支护结构在主动土压力 $E_a$ 推动下,支护结构下部土体中产生一种阻力,其大小等于被动土压力与主动土压力之差,可按土的深度成线性增加的主动土压力强度 $p_a$ 和被动土压力强度 $p_p$ 计算。

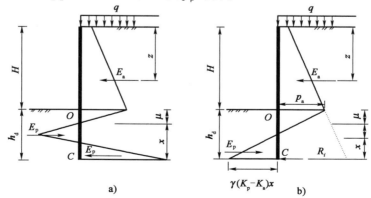

图 6-35　悬臂式支护结构计算模式
a)简化前的土压力分布;b)简化后的土压力分布

布鲁姆（Blum）建议如图6-35a)所示的土压力分布模式可简化为图6-35b)所示计算模式，即原来出现在图6-35a)中另一面的阻力以一个单力 $R_i$ 代替，且需满足平衡条件：$\sum M_c = 0$，$\sum H = 0$。由于土体阻力是逐渐向下增加的，用 $\sum M_c = 0$ 计算出的深度 $x$ 较小，因此，布鲁姆建议嵌固深度 $h_d = 1.2x + \mu$。

开挖侧土压力的合力 $E_p$ 为：

$$E_p = \gamma (K_p - K_a) x \cdot \frac{x}{2} \tag{6-36}$$

对 $C$ 点取矩，并令 $\sum M_c = 0$，则：

$$E_a (H + \mu + x - z) - E_p \cdot \frac{x}{3} = 0 \tag{6-37}$$

由式(6-36)、式(6-37)得：

$$x^3 - \frac{6E_a}{\gamma (K_p - K_a)} x - \frac{6E_a (H + \mu - z)}{\gamma (K_p - K_a)} = 0 \tag{6-38}$$

$\mu$ 为土压力零点距坑底的距离，由图6-35b)可得：

$$\mu = \frac{p_a}{\gamma (K_p - K_a)} \tag{6-39}$$

式中：$\gamma$——基坑底至围护墙底之间土层的重度加权平均值（$kN/m^3$）。

解三次方程式(6-38)可得 $x$，则嵌固深度 $h_d = 1.2x + \mu$。

图6-35b)的最大弯矩应在剪应力为零处。设在 $O$ 点下 $x_m$ 处剪力为0（主动土压力等于被动土压力），则由图可得：

$$E_a - \gamma (K_p - K_a) x_m \cdot \frac{x_m}{2} = 0$$

即：

$$x_m = \sqrt{\frac{2E_a}{\gamma (K_p - K_a)}} \tag{6-40}$$

最大弯矩为：

$$M_{max} = E_a (H + \mu + x_m - z) - \frac{\gamma (K_p - K_a)}{6} x_m^3 \tag{6-41}$$

2）单支点支护结构顶部支撑（或拉锚）计算

如图6-36所示，假定 $A$ 点为铰接，支护结构和 $A$ 点不发生移动。

对 $A$ 点取矩，并令 $\sum M_a = 0$，则：

$$E_a z_a - E_p \cdot (H + z_p) = 0 \tag{6-42}$$

式中：$E_a$——深度 $(H + h_d)$ 内的主动土压力的合力（$kN/m$）；

$E_p$——深度 $h_d$ 内的被动土压力的合力（$kN/m$）。

由式(6-42)可解得支护结构嵌固深度 $h_d$，如果土质较差，施工时尚应乘以 $1.1 \sim 1.2$。

对 $C$ 点取矩，并令 $\sum M_c = 0$，则：

$$T_A (H + h_d) + E_p (h_d - z_p) - E_a (H + h_d - z_a) = 0 \tag{6-43}$$

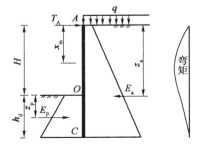

图6-36 支护结构顶部支点计算简图

可得支撑(或拉锚)力:

$$T_A = \frac{E_a(H + h_d - z_p) - E_p(h_d - z_p)}{H + h_d} \qquad (6\text{-}44)$$

图 6-36 所示围护墙体的最大弯矩应在剪力为零处,设在地面以下 $x_m$ 处剪力为 0,则由图可得:

$$E_{ma} - T_A = 0 \qquad (6\text{-}45)$$

式中:$E_{ma}$——深度 $x_m$ 内的主动土压力的合力(kN/m)。

由式(6-45)可求得 $x_m$。

最大弯矩为:

$$M_{max} = T_A x_m - E_{ma} z_{ma} \qquad (6\text{-}46)$$

式中:$z_{ma}$——$E_{ma}$ 作用位置距剪力为零处的距离(m)。

【**例 6-2**】 某工程开挖深度 8m,坑顶均布荷载为 20kPa,采用支护结构顶部拉锚。土层情况:深度 $0 \sim 3$m 为填土,$\gamma_1 = 17$kN/m$^3$,$c_1 = 10$kPa,$\varphi_1 = 20°$;深度 $3 \sim 20$m 为粉质黏土,$\gamma_2 = 18$kN/m$^3$,$c_2 = 15$kPa,$\varphi_2 = 20°$。试求支护结构的嵌固深度、拉锚力及最大弯矩。

【**解**】 ①土压力系数和土压力。

按朗肯土压力理论计算:

$$K_{a1} = K_{a2} = \tan^2\left(45° - \frac{\varphi_1}{2}\right) = 0.49$$

$$K_{p2} = \tan^2\left(45° + \frac{\varphi_2}{2}\right) = 2.04$$

支护结构深度范围内的主动土压力强度和主动土压力分别如下。

第一层土:

$$p_{a10} = qK_{a1} - 2c_1\sqrt{K_{a1}} = 20 \times 0.49 - 2 \times 10 \times \sqrt{0.49} = -4.2\text{kPa}$$

$$p_{a11} = (q + \gamma_1 h_1)K_{a1} - 2c_1\sqrt{K_{a1}} = (20 + 17 \times 3) \times 0.49 - 2 \times 10 \times \sqrt{0.49} = 20.79\text{kPa}$$

主动土压力强度为零点的位置:

$$z_0 = \frac{2c_1 - q\sqrt{K_{a1}}}{\gamma_1\sqrt{K_{a1}}} = \frac{2 \times 10 - 20 \times \sqrt{0.49}}{17 \times \sqrt{0.49}} = 0.5\text{m}$$

$$E_{a1} = \frac{1}{2}p_{a11}(h_1 - z_0) = \frac{1}{2} \times 20.79 \times (3 - 0.5) = 25.99\text{kN/m}$$

第一层土的主动土压力合力作用点位置(距地表的距离):

$$z_{a1} = h_1 - \frac{1}{3}(h_1 - z_0) = 3 - \frac{1}{3} \times (3 - 0.5) = 2.17\text{m}$$

第二层土:

$$p_{a20} = (q + \gamma_1 h_1)K_{a2} - 2c_2\sqrt{K_{a2}} = (20 + 17 \times 3) \times 0.49 - 2 \times 15 \times \sqrt{0.49} = 13.79\text{kPa}$$

$$p_{a21} = [q + \gamma_1 h_1 + \gamma_2(H + h_d - h_1)]K_{a2} - 2c_2\sqrt{K_{a2}}$$

$$= [20 + 17 \times 3 + 18 \times (8 + h_d - 3)] \times 0.49 - 2 \times 15 \times \sqrt{0.49}$$

$$= 57.89 + 8.82h_d$$

第二层土的主动土压力合力作用点位置(距地表的距离):

$$z_{a2} = H + h_d - \frac{2p_{a20} + p_{a21}}{3(p_{a20} + p_{a21})}(H + h_d - h_1)$$

$$= 8 + h_d - \frac{2 \times 13.79 + 57.89 + 8.82h_d}{215.04 + 26.46h_d}(8 + h_d - 3)$$

$$= 8 + h_d - \frac{85.47 + 8.82h_d}{215.04 + 26.46h_d}(5 + h_d)$$

②嵌固深度计算。

对支护结构顶端取矩,并令$\sum M = 0$,则:

$$E_{a1}z_{a1} + E_{a2}z_{a2} - E_p z_{p2} = 0$$

解得:

$$h_d = 3.7\text{m}$$

③支撑(或拉锚)力计算。

对支护结构底端取矩,并令$\sum M = 0$,则:

$$E_{a1}(H + h_d - h_1 + z_{a1}) + E_{a2}(H + h_d - z_{a2}) - E_p(H + h_d - z_{p2}) - T_A(H + h_d) = 0$$

$$T_A = \frac{E_{a1}(H + h_d - h_1 + z_{a1}) + E_{a2}(H + h_d - z_{a2}) - E_p(H + h_d - z_p)}{H + h_d} = 96.6\text{kN/m}$$

④最大弯矩计算。

最大弯矩应在剪力为零处,设在地面以下$x_m$处剪力为0,则可得:

$$p_{a21m} = [q + \gamma_1 h_1 + \gamma_2(x_m - h_1)]K_{a2} - 2c_2\sqrt{K_{a2}}$$

$$= [20 + 17 \times 3 + 18 \times (x_m - 3)] \times 0.49 - 2 \times 15 \times \sqrt{0.49}$$

$$= 8.82x_m - 12.67$$

$$E_{a21m} = \frac{1}{2}(p_{a21} + p_{a21m})(x_m - h_1)$$

$$= \frac{1}{2}(13.79 + 8.82x_m - 12.67)(x_m - 3)$$

$$= -1.68 - 12.67x_m + 4.41x_m^2$$

$$E_{a1} + E_{a21m} - T_A = 0$$

解得:

$$x_m = 5.8\text{m}$$

$$p_{a21m} = 8.82 \times 5.8 - 12.67 = 38.5\text{kPa}$$

$$E_{a21m} = -1.68 - 12.67 \times 5.8 + 4.41 \times 5.8^2 = 73.2\text{kN/m}$$

$$z_{a21m} = x_m - \frac{2p_{a20} + p_{a21m}}{3(p_{a20} + p_{a21m})}(x_m - h_1) = 5.8 - \frac{2 \times 13.79 + 38.5}{3 \times (13.79 + 38.5)} \times (5.8 - 3) = 4.7\text{m}$$

最大弯矩为:

$$M_{max} = T_A x_m - E_{a1}(x_m - z_{a1}) - E_{a2m}(x_m - z_{a2m})$$

$$= 96.6 \times 5.8 - 25.99 \times (5.8 - 2.17) - 73.2 \times (5.8 - 4.7)$$

$$= 385.4\text{kN} \cdot \text{m/m}$$

3)单支点支护结构任意位置支撑(或拉锚)计算

单支点支护结构在任意位置处支撑(或拉锚)的计算分两种情况进行,即支护结构嵌固深

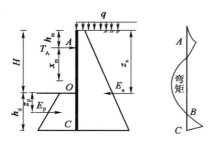

图6-37 支护结构任意位置单支点计算简图

度较浅和支护结构嵌固深度较深两种情况。

（1）支护结构嵌固深度较浅

如图6-37所示，当单支点支护结构嵌固深度较浅时，支护结构只有一个方向的弯矩，假定支点位置 $A$ 为铰接，支护结构和 $A$ 点不发生移动。

①支护结构嵌固深度。

对 $A$ 点取矩，并令 $\sum M_A = 0$，则：

$$E_a(z_a - h_m) - E_p(H - h_m + z_p) = 0 \quad (6\text{-}47)$$

由式(6-47)可解得支护结构嵌固深度 $h_d$。

②支护结构的最大弯矩。

支护结构所受最大弯矩应在剪力为零处，设在 $A$ 点以下 $x_m$ 处剪力为0，则由图6-37可得：

$$E_{ma} - T_A = 0 \quad (6\text{-}48)$$

由式(6-48)可求得最大弯矩出现位置 $x_m$。

最大弯矩为：

$$M_{max} = T_A x_m - E_{ma}(x_m + h_m - z_{am}) \quad (6\text{-}49)$$

（2）支护结构嵌固深度较深

如图6-37所示，支护结构底部出现反弯矩，下部位移较小，可将支护结构底端作为固定端，而支点 $A$ 铰接，采用等值梁法（亦称假想支点法）进行计算。图中 $B$ 点为零弯矩点，则为假想支点，$AB$ 为等值简支梁，通过简支梁分析求 $A$、$B$ 支点的弯矩和支点反力，$A$ 点支反力 $T_A$ 则为支撑（或拉锚）力。$B$ 点以下通过被动土压力和 $B$ 点支反力 $P_B$ 的平衡条件，确定支护结构所需嵌固深度。由于零弯矩点 $B$ 与土压力强度零点很接近，所以，工程中一般将主动土压力强度与被动土压力强度相等位置看作零弯矩点 $B$。

①$B$ 点位置。

根据主动土压力强度和被动土压力强度相等原则，得：

$$\gamma K_p y = K_a[\gamma(H + y) + q] + \gamma y K_a = p_a + \gamma y K_a$$

则：

$$y = \frac{p_a}{\gamma(K_p - K_a)} \quad (6\text{-}50)$$

式中：$p_a$——基坑开挖面处的主动土压力强度(kPa)；

$y$——零弯矩点距离开挖面的深度(m)。

②支反力。

对 $B$ 点取矩，并令 $\sum M_B = 0$，则：

$$T_A(H - h_m + y) - E_a(H - z_m + y) = 0$$

$$T_A = \frac{E_a(H - z_m + y)}{H - h_m + y} \quad (6\text{-}51)$$

$$P_B = E_a - T_A \quad (6\text{-}52)$$

式中：$E_a$——深度($H + y$)范围内的主动土压力(kN/m)；

$z_m$——$E_a$ 作用点距离地表的深度(m)。

③嵌固深度。

考察 $BC$ 段,对 $C$ 点取矩,并令 $\sum M_C = 0$,此时,$B$ 点力与 $P_B$ 大小相等,则:

$$E_p \cdot \frac{x}{3} - P_B x = 0$$

$$E_p = \frac{1}{2}\gamma(K_p - K_a) \cdot x \cdot x$$

$$x = \sqrt{\frac{6 P_B}{\gamma(K_p - K_a)}} \tag{6-53}$$

嵌固深度 $t_0 = x + y$,如果土质较差,则需乘以 $1.1 \sim 1.2$,即 $h_d = (1.1 \sim 1.2)x$。

④最大弯矩。

考察 $AB$ 简支梁,最大弯矩应在剪力为零处,设在 $A$ 点以下 $x_m$ 处剪力为 $0$,则由图可得:

$$E_{ma} - T_A = 0 \tag{6-54}$$

由上式可求得 $x_m$。

最大弯矩为:

$$M_{max} = T_A x_m - E_{ma}(x_m + h_m - z_{am}) \tag{6-55}$$

对于多支撑板式支护结构,也可按上述等值梁法的原理进行简化计算。计算时,假定围护墙在相邻两支撑之间为简支梁,然后根据分层挖土深度与每层支点设置的施工情况分层计算,并假定下层挖土不影响上层支点的计算水平力,由此即可计算围护墙的弯矩和支撑作用力。

值得注意的是,极限平衡法在力学上的缺陷比较明显,不能考虑开挖及地下结构施工过程的不同工况对内力的影响,只是一种近似的计算方法,支撑层数越多、土层越软、墙体刚度越大,则计算结果与实际的差别越大。在使用极限平衡法时,需要结合工程经验对土压力和计算结果进行修正。同时,这种计算方法不考虑、也不能计算围护墙的变形。

**2. 弹性支点法**

图 6-38 是分析计算围护结构内力和变形的平面杆系结构弹性支点法采用的计算简图,该法基本假定如下。

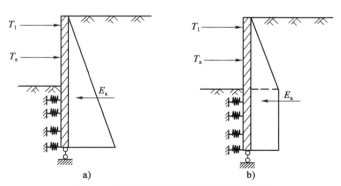

图 6-38 平面杆系结构弹性支点法计算简图
a)三角形分布土压力模式;b)矩形分布土压力模式

(1)墙后的荷载既可直接按朗肯主动土压力理论计算[即三角形分布土压力模式,见图 6-38a)],也可按矩形分布的经验土压力模式计算[图 6-38b)],即开挖面以上土压力仍按朗肯主动土压力公式计算,但在开挖面以下假定为矩形分布。这种经验土压力模式在我国基坑支护结构设计中被广泛采用。

(2)基坑开挖面以下围护结构受到的土体抗力用弹簧模拟,通常按"$m$"法来考虑。$m$的取值可参见表6-6。

**地基土水平抗力比例系数 $m$ 值**　　　　　　　　　　　　　表6-6

| 地基土分类 | | $m(kN/m^4)$ |
|---|---|---|
| 流塑的黏性土 | | 1000～2000 |
| 软塑的黏性土、松散的粉土和砂土 | | 2000～4000 |
| 可塑的黏性土、稍密～中密的粉土和砂土 | | 4000～6000 |
| 坚硬的黏性土、密实的粉土、砂土 | | 6000～10000 |
| 水泥土搅拌桩加固,置换率>25% | 水泥掺量<8% | 2000～4000 |
| | 水泥掺量>12% | 4000～6000 |

$$\sigma_x = ky = mzy \tag{6-56}$$

式中:$k$——地基土的水平基床系数($kN/m^3$);

$\quad y$——土体的水平变形(m)。

(3)支撑点(或锚定点)按刚度系数为 $K_s$ 的弹簧进行模拟。

以"$m$"法为例,基坑开挖面以下围护结构的基本挠曲方程为:

$$EI\frac{d^4y}{dz^4} + m \cdot z \cdot b \cdot y - p_a \cdot b_a = 0 \tag{6-57}$$

式中:$EI$——围护结构的抗弯刚度($kN \cdot m^2$);

$\quad y$——围护结构的水平挠曲变形(m);

$\quad z$——竖向坐标(m);

$\quad b$——围护结构宽度(m);

$\quad p_a$——主动侧土压力强度(kPa);

$\quad m$——地基土的水平抗力系数 $k$ 的比例系数($kN/m^4$);

$\quad b_a$——主动侧荷载宽度(m),排桩取桩间距,地下连续墙取单位宽度。

求解式(6-57)即可得到围护结构的内力和变形。通常可用杆系有限元法求解式(6-57)。首先将围护结构进行离散化,围护结构采用梁单元,支撑或锚杆用弹性支撑单元,外荷载为围护结构后侧的主动土压力和水压力,视具体情况采用水土分算或水土合算模式;但需注意的是,水土分算和水土合算应采用的土体抗剪强度指标不同。

土的水平抗力比例系数在没有相关经验时,可参考表6-6所列数值。

弹性支点法能根据开挖及地下结构施工过程的不同工况进行内力与变形计算,是目前工程设计计算中较为常用的一种计算方法,也是《建筑基坑支护技术规范》(JGJ 120—2012)推荐的一种计算方法。

**3. 有限单元法**

随着我国岩土工程建设的发展,有限单元法在实际工程中得到了大量的应用,软件使用者需要根据拟解决问题选择合适的岩土工程软件,以提高数值模拟的效率。数值模拟初期只能分析简单的单一物理场问题,但岩土工程的复杂性要求数值分析不能仅进行单一物理场的简化求解。随着数值模拟技术的不断发展,更加能够反映实际的多物理场和多相耦合求解开始得到重视,其能够处理更为复杂的多物理场多相耦合岩土工程问题。

土的应力-应变关系与应力路径、加荷速率、应力水平,以及土的成分、结构、状态等有关,土还具有剪胀性、各向异性等,因此,土体的本构关系十分复杂。至今人们已经提出了上百种土体的本构模型,但每种本构模型都反映土的某一类或几类现象,有其应用范围和局限性。虽然土的本构模型有很多种,但广泛应用于工程实践的并不多,目前工程设计中主要有如下几类常用模型:

(1)弹性类模型,如线弹性模型(如分层地基模型和文克勒地基模型等)、非线性弹性模型(如 Duncan-Chang 模型等);

(2)弹性-理想塑性类模型,如摩尔-库仑(Mohr-Coulomb,MC)模型、Drucker-Prager(DP)模型;

(3)硬化类弹塑性本构模型,如修正剑桥(MCC)模型、硬化土(HS)模型等;

(4)小应变模型,如 MIT-E3 模型、HSS 模型等。

基坑开挖是典型的卸载问题,开挖会引起应力状态和应力路径的改变,所选择的本构模型应能反映开挖过程中土体应力应变变化特征。上述模型中的摩尔-库仑模型所采用的卸载及加载模量相同,并没有考虑基坑开挖中的卸载问题,所以在应用中往往会导致不合理的坑底回弹。修正剑桥模型和硬化土模型的刚度依赖于应力水平和应力路径,应用于基坑开挖分析时能得到较好的模拟效果。另外,大量的实际监测数据表明,在变形控制较为严格的深基坑工程施工中,基坑周围土体大部分处于小应变状态,因此,在分析中,采用考虑土体小应变特性的本构模型(如 HSS 模型等),能使模拟结果与实测结果更加接近。在此不作详述。

### 三、内支撑结构的内力计算

作用于内支撑上的荷载主要由以下几部分构成:水平荷载,主要包括围护墙将坑外水土压力沿围檩作用于支撑系统上的分布力,对于钢支撑还有给主撑施加的预加轴力以及温度变化等引起的水平荷载;竖向荷载,主要包括支撑自重以及支撑顶面的施工活荷载等。

1. 水平支撑结构的内力、变形计算

对于水平支撑结构的内力和变形计算,目前采用的计算方法主要有多跨连续梁法和平面框架法。

(1)多跨连续梁法

当基坑平面形状较为规则,采用的围护支撑体系传力明确时,支撑结构的内力可按如下简化方法计算。围檩的内力近似按多跨连续梁计算,计算跨度取相邻支撑点的中心距;斜支撑、水平支撑近似按两端铰接的轴向力构件计算,其轴向力的大小近似等于挡土结构沿围檩长度方向分布的水平反力在支撑长度方向上的投影乘以支撑中心距。这种简化计算方法简单、方便,适合于手算。

多跨连续梁法只能求出支撑结构中围檩上的弯矩和支撑的轴力,不能准确求得整体结构的变形,对于基坑形状规则、采用的围护支撑结构传力明确时较为适用。

(2)平面框架法

若不考虑土体和围护结构与内支撑结构之间的整体相互作用,仅将其作为水平反力均匀作用在各层水平支撑周边(图 6-39),这样水平支撑体系在水平荷载作用下,其结构的受力特性类似于平面封闭框架,可运用有限单元法对其进行结构分析计算。

平面框架法可求出任意形式支撑结构的所有构件的内力及支撑结构的整体变形,比多跨连续梁法仅能近似计算内力前进了一步,在基坑平面较为规则时计算结果与多跨连续梁法比较接

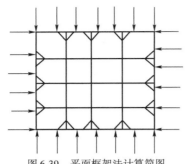

图 6-39　平面框架法计算简图

近;但其未考虑土体、围护墙和内支撑结构之间的相互作用,对于个别支撑结构,其计算结果与实际工程情况有些不符。

如果考虑土体、围护墙及内支撑结构之间的相互作用,并且仍将围护墙与水平支撑结构分别进行计算,那么可将围护墙对支撑结构的作用简化为弹性支座,加在支撑结构的周边,弹性支座的弹簧刚度等于围护墙体系的侧向刚度;同时将土体与围护体系之间的作用体现在水平荷载 $q(x)$ 沿支撑结构周边变化分布上。这种计算模型较为准确地反映了内支撑结构的实际受力状况。特别对于传力较为复杂的支撑结构,采用考虑围护墙与内支撑结构之间相互作用的平面框架法计算后,结果将更加合理准确。但一方面,由于采用试算法,反复迭代,使计算工作量较大;另一方面,在计算时确定水平荷载 $q(x)$ 分布状态却是十分复杂的,因为作用在围护体系上由水、土压力等组成的水平荷载 $q(x)$ 是与围护墙和内支撑结构的整体刚度及周围环境等诸多因素有关的量。

2. 立柱的内力、变形计算

除了水平支撑的计算外,还有竖向立柱的计算。一般情况下,竖向立柱可按偏心受压构件或中心受压构件计算。计算荷载包括竖向荷载(立柱自重和交汇该立柱的各支撑的自重)及下列荷载引起的弯矩:

(1)竖向荷载对立柱断面形心的弯矩;

(2)支撑结构在立柱节点上产生的节点弯矩;

(3)土方开挖时引起的侧向土压力对立柱产生的弯矩。

立柱的受压计算长度按各层水平支撑垂直中心距确定,在最下层水平支撑以下的立柱受压计算长度,则可从基坑开挖面以下 5 倍立柱直径(或边长)处算起。

## 四、板式支护结构设计应注意的几个问题

前面讨论了板式支护结构体系中围护墙和内支撑结构内力计算的几种方法,在求得了内力以后可以根据钢筋混凝土结构设计的相应设计表达式进行截面和配筋的设计,但还应注意下面的几个重要问题。

(1)计算内力时,将围护墙或锚固土体都作为平面应变问题考虑,取 1m 的截条进行分析计算。因此,所求得的弯矩、剪力等内力都是对应 1m 长度的围护墙或 1m 长度的锚固土体而言的。

(2)对于连续墙,按弯矩求得的钢筋应布置在 1m 长度的墙体内。

(3)对于排桩,计算的内力必须乘以排桩的中心距后才能作为计算一根桩的桩体截面及钢筋截面的依据。

(4)必须注意结构设计表达式两边的作用与抗力取值的一致性。围护墙、桩体和锚杆的内力都是在土压力作用下产生的,土压力则是用土体的抗剪强度指标的标准值计算得到的,因此这些内力的性质都是标准值。如果计算混凝土截面和钢筋截面时所用的材料强度是设计值,则设计表达式两边物理量的取值就不一致了。解决的方法是,要么用材料强度的标准值设计,要么将内力换算成为设计值。

(5)对于支撑和立柱的设计,情况可能比较复杂,但同样需要按上述原则折算为一根支撑的轴力,也同样需要考虑设计表达式两边物理量取值的统一。

# 第六节　土钉墙支护结构设计

## 一、土钉墙的支护机理

土钉墙是由较小间距的土钉来加强土体,形成一个原位复合的重力式结构,用以提高整个原位土体的强度并限制其位移。这种技术实质是奥地利学者拉布西维兹(Rabcewicz)教授于 20 世纪 50 年代提出的"新奥隧道法"(New Austrian Tunnelling Method)的延伸,它结合了钢丝网喷射混凝土和岩石锚杆的特点,对边坡提供柔性支挡。其加固机理主要表现在以下几个方面。

### 1. 提高原位土体强度

由于土体的抗剪强度较小,因而自然土坡只能以较小的临界高度保持直立。而当土坡直立高度超过临界高度,或坡面有较大超载以及环境因素等改变,都会引起土坡的失稳。为此,过去常采用挡土墙等支护结构承受侧压力并限制其变形发展,这属于常规的被动制约机制的支护结构。土钉墙则是在土体内增设一定长度与分布密度的土钉锚固体。它与土体牢固结合而共同工作,以弥补土体自身强度的不足,增强土坡坡体自身的稳定性,属于主动制约机制的支护体系。工程实践和试验研究表明,土钉在其加强的复合土体中起着箍束骨架作用,提高了土坡的整体刚度与稳定性;土钉墙在超载作用下的变形特征,表现为持续的渐进性破坏。即使在土体内已出现局部剪切面和张拉裂缝,并随着超载集度的增加而扩展,但仍可持续很长时间不发生整体塌滑,表明其仍具有一定的强度。然而,素土(未加筋)边坡在坡顶超载作用下,当其产生的水平位移远低于土钉加固的土坡时,就可能出现快速的整体滑裂和塌落(图 6-40)。

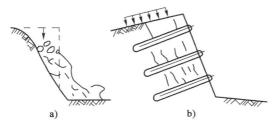

图 6-40　素土边坡和土钉加筋边坡的破坏形式
a)素土边坡;b)土钉加筋边坡

此外,在地层中常有裂隙发育,当向土钉孔中进行压力注浆时,会使浆液顺着裂隙扩渗,形成网状胶结。当采用一次压力注浆工艺时,对宽度为 1～2mm 的裂隙,注浆可扩成 5mm 的浆脉,如图 6-41 所示。它必然会增强土钉与周围土体的黏结和整体作用。

### 2. 土与土钉间相互作用

类似于加筋土挡墙内拉筋与土的相互作用,土钉与土间的摩阻力的发挥,主要是由于土钉与土间相对位移而产生的。在土钉加筋的边坡内,同样存在着主动区和被动区(图 6-42)。主动区和被动区内土体与土钉间摩阻力发挥方向相反,而被动区内土钉可起到锚固作用。土钉与周围土体间的极限界面摩阻力取决于土的类型、上覆压力和土钉的设置技术。通过在试验室所做的密砂中土钉的抗拔试验,表明加筋土挡墙内拉筋与土钉的设置方法不同,它的极限界面摩阻力也不相同。因此,加筋土挡墙的设计原则不能完全用来设计土钉结构,应对土钉做抗拔试验为最后设计提供可靠数据。目前,土钉的极限界面摩阻力问题尚有待进行更深入的理论和试验研究。

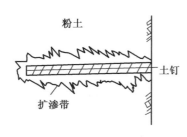

图6-41　土钉浆液的扩渗图

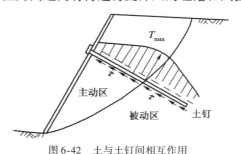

图6-42　土与土钉间相互作用

### 3.面层土压力分布

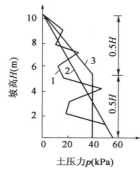

图6-43　土钉面层土压力分布

1-实测土压力;2-主动土压力;3-简化

面层不是土钉墙支护结构的主要受力构件,而是面层土压力传力体系的构件,同时起保证各土钉不被侵蚀风化的作用。由于它采用的是与常规支挡体系不同的施工顺序,因而面层上土压力分布与一般重力式水泥土围护墙不同。山西某黄土边坡土钉工程进行的原位观测(图6-43)表明,实测面层土压力随着土钉及面层的分阶段设置,而产生不断变化,其分布形式不同于主动土压力,可将其简化为图6-43中曲线3所示的形式。

## 二、土钉墙与加筋土挡墙、土层锚杆的比较

### 1.土钉墙与加筋土挡墙比较

尽管土钉墙与加筋土挡墙技术有一定的相似之处,但仍有一些根本的差别需要重视。

主要相同之处为:

(1)加筋体(拉筋或土钉)均处于无预应力状态,只有在土体与加筋体产生相对位移后,才能发挥作用。

(2)加筋体抗力都是由加筋体与土之间产生的界面摩阻力提供的,加筋土体内部本身处于稳定状态,它们承受着墙后外部土体的推力,类似于重力式挡墙的作用。

(3)面层(加筋土挡墙面板为预制构件,土钉面层是现场喷射混凝土或水泥土搅拌桩)都较薄,在支护结构的整体稳定中基本不起主要作用。

主要不同之处为:

(1)虽然竣工后两种结构外观相似,但其施工程度却截然不同。土钉施工是"自上而下"分步施工,而加筋土挡墙的施工则是"自下而上"分步施工(图6-44)。这对筋体应力分布有重要影响,施工期间尤甚。

(2)土钉是一种原位加筋技术,是用来改良天然土层的,不像加筋土挡墙那样,能够控制加筋土的性质。

(3)土钉技术通常包含使用灌浆技术,使筋体和其周围土层黏结起来,荷载通过浆体传递给土层。在加筋土挡墙中,摩阻力直接产生于筋条和土层间。

（4）土钉既可水平布置,也可倾斜布置。当其垂直于潜在滑裂面设置时,将会充分发挥其抗力。而加筋土挡墙内的拉筋一般为水平设置(或很小角度的倾斜布置)。

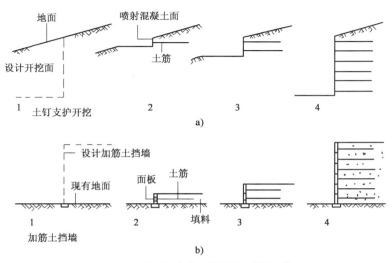

图 6-44 土钉墙与加筋土挡墙施工顺序比较

a)"自上而下"土钉墙结构;b)"自下而上"加筋土挡墙

**2. 土钉墙与土层锚杆比较**

直观上来看,当用于边坡加固和开挖支护时,土钉和预应力锚杆间有一些相似之处。的确,人们很想将土钉仅仅当作一种"被动式"的小尺寸土层锚杆。尽管如此,两者仍有较多的功能差别,如:

（1）土层锚杆在安装后需要通过张拉施加预应力,因此在运行时能理想地防止结构发生各种位移。相比之下,土钉则不予张拉,在发生一定位移后才可发挥作用。

（2）土钉长度(一般为 3 ~ 10m)的绝大部分和土层相接触,而土层锚杆则是通过末端固定的长度传递荷载,其直接后果是在支护土体内产生的应力分布不同。

（3）由于土钉安装密度很高(一般每 0.5 ~ 4.0m² 一根),因此单筋破坏的后果未必严重。另外,土钉的施工精度要求不高,它们以相互作用的方式形成一个整体。锚杆安装密度较低,即使单根锚杆破坏也可能产生严重的后果。

（4）因锚杆承受荷载很大,在锚杆的顶部需安装适当的承载装置,以减小出现穿过挡土结构面发生"刺入"破坏的可能性。而土钉则不需要安装坚固的承载装置,其顶部承担的荷载小,可由安装在喷射混凝土表面的钢垫来承担。

（5）锚杆往往较长(一般为 15 ~ 45m),因此需要用大型设备来安装。锚杆体系常与围护墙结合组成支护结构用于开挖深度较大的基坑工程,如结合地下连续墙和钻孔灌注桩围护墙等,这些结构本身也需要大型施工设备。

## 三、土钉墙的设计与计算

如同重力式水泥土围护墙的设计一样,土钉墙结构的稳定必须经受外力和内力的作用。

对于外部稳定方面的要求如下:①加筋区必须能抵抗其后面的非加筋区的外推力而不能滑动;②在加筋区自重及其所承受侧向土压力共同作用下,不能引起地基失稳;③挡土结构的稳定,必须考虑防止深层整体失稳。

对于内部稳定,土钉必须安装紧固,以保证加筋区土钉与土有效地相互作用。土钉应具有足够的长度和能力以保证加筋区的稳定。因此,设计时必须考虑:①单根土钉必须能维持其周围土体的平衡,这一局部稳定条件控制着土钉的间距;②为防止土钉与土间结合力不足,或土钉断裂而引起加筋区整体滑动破坏,应要求控制土钉所需的长度。

为此,土钉墙支护结构的设计一般应包括以下步骤:①根据土坡的几何尺寸(深度、放坡倾角)、土性和超载情况,估算潜在破裂面的位置;②选择土钉的形式、截面积、长度、设置倾角和间距;③验算土钉结构的内、外部稳定性。

### 1. 土钉几何尺寸设计

在初步设计阶段,首先应根据土坡的设计几何尺寸及可能潜在破裂面的位置等做初步选择,包括选择孔径、长度与间距等基本参数。

(1)土钉长度 $L$:抗拔试验表明,对高度小于 12m 的土坡,在采用相同的施工工艺和同类土质条件下,当土钉长度达到 1 倍土坡垂直高度时,再增加长度对承载力提高不明显。实际上,已有工程的土钉实际长度均不超过土坡的垂直高度。当土坡倾斜时,倾斜面使侧向土压力降低,这就能使土钉的长度比垂直加筋土结构拉筋的长度短。因此,土坡倾斜时常采用土钉的长度为坡面垂直高度的 60% ~70% 。

(2)土钉钻孔直径 $d_h$:可根据成孔机械选定。国外钻孔注浆型的土钉钻孔直径一般为 76 ~150mm,国内采用的土钉钻孔直径一般为 100 ~200mm。

(3)土钉间距:包括水平间距(行距)和垂直间距(列距)。对钻孔注浆型土钉,一般可按 $6d_h$ ~ $8d_h$($d_h$ 为土钉钻孔直径)选定土钉行距和列距,且应满足:

$$S_x S_y = K d_h L \tag{6-58}$$

式中:$S_x$、$S_y$——土钉的行距和列距;

$K$——注浆工艺系数,对一次性压力注浆工艺,取 1.5 ~2.5。

(4)土钉主筋直径 $d_b$:为了增强土钉中筋材与砂浆(细石混凝土)的握裹力和抗拉强度,打入型土钉一般采用低碳角钢;钻孔注浆型土钉一般采用高强度实心钢筋,筋材也可采用多根钢绞线组成的钢绞索。土钉的主筋直径 $d_b$,可按式(6-59)估算。

$$d_b = (20 \sim 25) \times 10^{-3} \sqrt{S_x S_y} \tag{6-59}$$

有关统计资料表明,对钻孔注浆型土钉,用于粒状土陡坡时,其布筋率 $d_b^2/(S_x S_y)$ 为 $0.4 \times 10^{-3}$ ~ $0.8 \times 10^{-3}$;用于冰碛物和泥灰岩时,其布筋率为 $0.10 \times 10^{-3}$ ~ $0.25 \times 10^{-3}$;对打入型土钉,用于粒状土陡坡时,其布筋率为 $1.3 \times 10^{-3}$ ~ $1.9 \times 10^{-3}$。

### 2. 内部稳定性分析

对于土钉结构内部稳定性分析,国内外有几种不同的设计计算方法,国外主要有美国的戴维斯(Davis)方法、英国的布莱德(Bridle)方法、德国的斯托克(Stocker)方法及法国的施洛瑟(Schlosser)方法。国内主要有行业标准《建筑基坑支护技术规程》(JGJ 120—2012)提出的单根土钉极限抗拔承载力法和土钉杆体受拉承载力法等。这些方法的设计计算原理都是考虑单根土钉被拔出或被拔断。下面主要介绍《建筑基坑支护技术规程》(JGJ 120—2012)中提出的方法。

(1)土钉杆体的受拉承载力验算

在基坑外侧水土压力作用下,土钉将承受拉应力。为保证土钉结构内部的稳定性,应使

土钉主筋具有一定安全系数的受拉承载力。为此,土钉主筋的直径$d_b$应满足:

$$\frac{\pi \, d_b^2 \, f_y}{4 \, N_{k,j}} \geqslant 1.5 \tag{6-60}$$

式中:$N_{k,j}$——第$j$层单根土钉的轴向拉力设计值(kN),$N_{k,j} = q_j S_x S_y$;

$q_j$——第$j$层土钉处的主动土压力强度标准值(kPa),可按式(6-61)计算:

$$q_j = m_c K \gamma \, h_j \tag{6-61}$$

$h_j$——土压力作用点至坡顶的距离(m),当$h_j > H/2$,$h_j$取$0.5H$;

$H$——土坡垂直高度(m);

$\gamma$——土的重度(kN/m³);

$m_c$——工作条件系数,对使用期不超过两年的临时性工程,$m_c = 1.0$;对使用期超过两年的永久性工程,$m_c = 1.2$;

$K$——土压力系数,取$1/2(K_0 + K_a)$,其中$K_0$、$K_a$分别是静止、主动土压力系数;

$f_y$——土钉杆体的抗拉强度设计值(MPa)。

(2)土钉极限抗拔承载力验算

在基坑外侧水土压力作用下,土钉内部潜在滑裂面的有效锚固段应具有足够的黏结强度而不被拔出,为此应满足:

$$\frac{R_{k,j}}{N_{k,j}} \geqslant K_t \tag{6-62}$$

式中:$R_{k,j}$——第$j$层单根土钉的极限抗拔承载力标准值(kN),应通过单根土钉的抗拔试验确定,在无实测资料时也可按公式$R_{k,j} = \pi \, d_j \sum q_{sk,i} l_i$估算;

$d_j$——第$j$层土钉的锚固直径(m)。对成孔注浆土钉,按成孔直径计算;对打入钢管土钉,按钢管直径计算;

$l_i$——第$j$层土钉滑动面以外的部分在第$i$土层中的长度(m);

$q_{sk,i}$——第$j$层土钉与第$i$土层的极限黏结强度标准值(kPa),根据工程经验并结合表6-7取值;

$K_t$——安全系数,安全等级为二级、三级的土钉墙,$K_t$分别不应小于1.6、1.4。

不同土质中土钉的极限黏结强度标准值      表6-7

| 土的名称 | 土的状态 | 土钉极限黏结强度标准值$q_{sk}$(kPa) | |
|---|---|---|---|
| | | 成孔注浆土钉 | 打入钢管土钉 |
| 素填土 | | 15 ~ 30 | 20 ~ 35 |
| 淤泥质土 | | 10 ~ 20 | 15 ~ 25 |
| 黏性土 | $0.75 < I_L \leqslant 1$ | 20 ~ 30 | 20 ~ 40 |
| | $0.25 < I_L \leqslant 0.75$ | 30 ~ 45 | 40 ~ 55 |
| | $0 < I_L \leqslant 0.25$ | 45 ~ 60 | 55 ~ 70 |
| | $I_L \leqslant 0$ | 60 ~ 70 | 70 ~ 80 |
| 粉土 | | 40 ~ 80 | 50 ~ 90 |
| 砂土 | 松散 | 35 ~ 50 | 50 ~ 65 |
| | 稍密 | 50 ~ 65 | 65 ~ 80 |
| | 中密 | 65 ~ 80 | 80 ~ 100 |
| | 密实 | 80 ~ 100 | 100 ~ 120 |

3. 外部稳定性分析

土钉加筋土体形成的结构可看作一个整体。为此,其外部稳定性分析可采用本章第三节重力式水泥土围护墙的稳定性验算方法，包括土钉结构的抗倾覆稳定、抗滑移稳定、整体圆弧滑动稳定以及抗渗流稳定等验算。

**【例 6-3】** 某工程的办公楼南侧有一高于建筑物室外高程 3.5m 的黄土陡坡，在其下再开挖基坑深度 4.0m，即整个边坡高度为 7.5m，边坡坡度 $\alpha = 80°$。边坡土质为黄土状粉质黏土，天然重度 $\gamma = 17.6kN/m^3$，黏聚力 $c = 30kPa$，内摩擦角 $\varphi = 27°$。计算表明，天然边坡不能满足稳定性要求，请设计土钉墙支护结构。

**【解】** （1）选取各设计参数

土钉的长度取边坡高度的 70%，即 5.25m，选取为 6m。

土钉钻孔直径 $d_h$，由施工机械而定，本工程 $d_h$ 取 120mm。

土钉间距可由式（6-58）确定，本工程中采用一次灌浆工艺，取 $K = 1.5$，并选用 $S_x = S_y = 1.0$m。

土钉主筋直径 $d_b$，可按式（6-59）确定，本例 $d_b$ 选用 22mm。

（2）土钉结构的内部稳定性验算

根据原位抗拔试验的结果，土钉与土间的极限黏结强度标准值 $q_{sk} = 30kPa$。

土钉结构面层上的土压力分布可由式（6-61）计算求得，其结果如图 6-45 所示。

土钉结构内部潜在破裂面简化形式如图 6-46 所示。

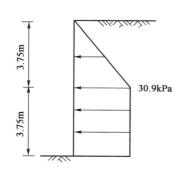

图 6-45 土钉结构面上的土压力值

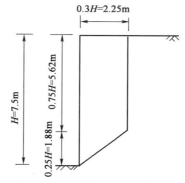

图 6-46 土钉结构破裂面计算简图

土钉锚固按最危险情况验算：

$$F_i = \pi \tau d_h L_i = 30 \times 3.14 \times 0.12 \times (6 - 2.25) = 42.38kN$$
$$E_i = q S_x S_y = 30.9 \times 1.0 \times 1.0 = 30.9kN$$

抗拔安全系数为：$F_i / E_i = 1.37 > 1.30$（满足要求）

土钉主筋选用热轧带肋钢筋 HRB335，其抗拉强度 $f_y$ 设计值为 310MPa。为此，在最危险情况时，土钉抗拉安全系数为：

$$\frac{\pi d_b^2 f_y}{4 E_i} = \frac{3.14 \times 0.022^2 \times 310 \times 10^3}{4 \times 30.9} = 3.8 > 1.5（满足要求）$$

经验算，土钉结构的抗倾覆稳定性、抗滑移稳定性以及地基强度均满足要求（计算从略）。

# 习　　题

**【6-1】** 按水土合算计算如图 6-47 所示的水泥土搅拌桩挡墙的抗倾覆安全系数和抗滑移安全系数，并验算 3.8m 深度处墙体强度是否满足要求。取水泥土的无侧限抗压强度 $q_u$ 为

800kPa，水泥土重度为 18kN/m³，抗压强度设计值 $f_{cs} = q_u/2$，重要性系数 $\gamma_0 = 1.0$，荷载综合分项系数 $\gamma_F = 1.25$，水泥土搅拌桩格栅的面积置换率为 0.8，坑外水位在地表以下 0.5m，坑内水位在坑底以下 0.5m。

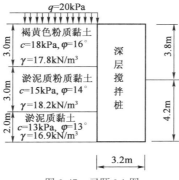

图 6-47 习题 6-1 图

**【6-2】** 计算如图 6-48 所示的钻孔灌注桩及深层搅拌桩加支撑支护结构的坑底抗隆起及抗渗流稳定安全系数。已知基坑开挖深度 3.8m，坑底土的相对密度 $d_s = 2.82$，孔隙比 $e = 1.15$。（坑外水位在地表以下 0.5m，坑内水位在坑底以下 0.5m，深层搅拌桩防渗帷幕宽度 $B = 1.2m$，不考虑钻孔灌注桩的抗渗作用）。

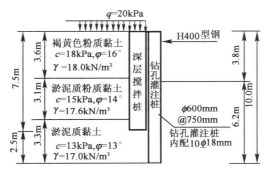

图 6-48 习题 6-2 图

**【6-3】** 基坑开挖深度 7.5m，周围土层重度为 18.5kN/m³，内摩擦角为 30°，黏聚力为 0。采用下端自由支承、上部有一锚杆的板桩支护结构，锚定拉杆距地面的距离 1.2m，水平间距 2.0m。试根据极限平衡法计算板桩的最小长度，并求出锚杆拉力和板桩的最大弯矩值。

**【6-4】** 有一开挖深度 $h = 6.0m$ 的基坑，采用一道锚杆的板桩支护结构，锚杆距离地面 1.5m，水平间距 $a = 2.0m$。基坑周围土层重度为 19kN/m³，内摩擦角为 $\varphi = 25°$，黏聚力为 0。根据等值梁法计算板桩的最小长度、锚杆拉力和最大弯矩值。

**【6-5】** 某基坑尺寸为 150m×60m，开挖深度 12.6m。建筑场地为冲洪积地层。据岩土工程勘察报告，地层从地表自上而下依次为：(1) 杂填土，厚度 2.5m，以黏性土为主，稍湿，呈松散状态，重度为 19.6kN/m³；(2) 黏质粉土，湿，稍密，厚度 4.0m，内摩擦角 $\varphi = 25.7°$，黏聚力 $c = 25kPa$，重度为 19.9kN/m³；(3) 砂质粉土，湿，饱和，厚度 4.0m，内摩擦角 $\varphi = 33.2°$，黏聚力 $c = 21kPa$，重度 19.2kN/m³；(4) 粉质黏土，饱和，可塑，厚度 18.0m，内摩擦角 $\varphi = 18.3°$，黏聚力 $c = 37kPa$，重度为 18.5kN/m³。

初步设计的土钉墙如下:土钉直径250mm,水平设置,共8排,土钉水平间距1.3m,垂直间距1.5m,各排长度依次为12.0m、12.0m、11.0m、10.5m、10.5m、10.0m、9.0m、8.5m。请验算:(1)每排土钉的内部稳定性;(2)土钉墙的外部稳定性。

【提示】 土层参数平均取值:内摩擦角 $\varphi=22.9°$,黏聚力 $c=29kPa$,重度19.5kN/m³。黏结强度对不同土层取不同的数值:杂填土 $\tau=25kPa$,黏质粉土 $\tau=35kPa$,砂质粉土 $\tau=30kPa$,粉质黏土 $\tau=20kPa$。

# 思 考 题

【6-1】 重力式水泥土围护墙在什么条件下发生绕墙趾的倾覆破坏?墙底土体的性质是否对墙体的抗倾覆稳定有影响?有何影响?

【6-2】 试简述支护结构的类型及其各自主要特点。

【6-3】 进行重力式水泥土围护墙设计时需进行哪些基本验算?水泥土围护墙支护结构的抗倾覆稳定和抗滑移稳定,哪个更容易得到满足?条件是什么?

【6-4】 排桩或地下连续墙支护结构进行坑底抗隆起稳定验算时应采用什么土层的 $c$ 值和 $\varphi$ 值?

【6-5】 如何确定悬臂式板式支护结构的嵌固深度?

【6-6】 在对内支撑系统进行布置时应注意哪些事项?

【6-7】 土层锚杆与土钉墙的主要区别体现在哪些方面?

【6-8】 土钉墙中的土压力有什么特点?与加筋土挡墙有哪些异同点?

# 第七章
# 地基处理

## 第一节　概　　述

### 一、地基处理的对象和目的

地基处理是指为提高地基承载力，改善其变形性能或渗透性能而采取的技术措施。地基处理的对象主要是工程性质无法满足工程建设要求的软弱地基和特殊土地基。

软弱地基是指主要由软土、冲填土、杂填土或其他高压缩性土层构成的地基。

1. 软土

软土一般是指天然含水率大于液限、天然孔隙比不小于 1.0 的高压缩性饱和细粒土的总称，多为淤泥及淤泥质土。软土的特性是天然含水率高、孔隙比大、渗透系数小、压缩性高、抗剪强度低。软土地基承载力低，具有明显的结构性和流变性，在外荷载作用下，地基变形大，不均匀变形也大，且变形稳定历时较长，在深厚的软土层上，建筑物基础的沉降往往持续数年甚至数十年之久。软土地基是在工程实践中最需要人工处理的地基。

2. 冲填土

冲填土是通过泥浆泵或其他水力方式将含大量水分的流态泥砂吹到江河两岸或特定场地

245

而形成的沉积土,亦称吹填土。冲填土的工程性质主要取决于颗粒组成、均匀性和排水固结条件,如以黏性土为主的冲填土往往是欠固结的,其强度较低且压缩性较高,一般需经过人工处理才能作为建筑物地基;如以砂性土或其他粗颗粒土所组成的冲填土,其性质基本上与砂性土相类似,可按砂性土考虑是否需要进行地基处理。

### 3. 杂填土

杂填土是由人类活动所形成的无规则堆填物。杂填土的成分复杂,性质也不相同,分布极不均匀,结构松散且无规律性。杂填土的主要特性是强度低、压缩性高和均匀性差,即使在同一建筑场地的不同位置,其地基承载力和压缩性也有较大的差异。杂填土未经人工处理一般不宜作为持力层。

### 4. 松散土

饱和松散粉细砂及部分粉土等松散土,在机械振动、车辆、波浪或地震等动力荷载作用下,有可能会产生液化或较大的振陷变形,另外,在基坑开挖时,也可能会产生流砂或管涌,因此,对于这类地基土,往往需要进行地基处理。

### 5. 特殊土

特殊土主要包括湿陷性土、膨胀土、盐渍土、红黏土和冻土等,大部分特殊土带有明显的区域性特点。

选择适当的方法对软弱土和特殊土进行地基处理,其目的就是为了提高地基承载力和保证地基稳定,降低地基土体压缩性以减少地基沉降和不均匀沉降,改善地基渗透性以防止动力荷载作用下地基土振动液化和振陷以及消除特殊土的湿陷性、胀缩性或冻胀性等不良工程性质。

## 二、地基处理方法的分类及适用范围

根据不同的分类原则,地基处理方法的分类可有多种方式,按时间可分为临时处理和永久处理;按处理深度可分为浅层处理和深层处理;按处理土性对象可分为砂性土处理和黏性土处理、饱和土处理和非饱和土处理;按加固原理可分为置换、预压、密实、胶结、加筋和冷热等处理方法。其中最本质的是根据地基处理的加固原理进行分类,其具体分类及其加固原理、适用范围见表7-1。

常用地基处理方法的分类及其原理和作用、适用范围 表7-1

| 分类 | 处理方法 | 简要加固原理 | 适用范围 |
|---|---|---|---|
| 置换 | 换填垫层法 | 全部或部分挖除浅层软弱土或不良土,回填工程性质较好的岩土材料,并分层压实或夯实或振实。按回填的材料可分为砂垫层、碎石垫层、粉煤灰垫层、干渣垫层、灰土垫层、素土垫层、聚苯乙烯板块(EPS)超轻质材料垫层等。换填后多可形成双层地基,能有效扩散基底附加应力,提高地基承载力,减小沉降和差异沉降 | 适用于淤泥、淤泥质土、素填土、杂填土、湿陷性黄土、膨胀土、季节性冻土等软弱或不良地基的浅层处理及暗沟、暗塘等的局部处理 |
| | 砂石桩置换法 | 利用振动沉管技术或振冲器水平振动和高压水冲技术或其他方法,在软弱土层中成孔,然后回填砂石等粗粒料形成桩体,并与原地基土组成复合地基,以提高地基承载力,减小沉降和差异沉降 | 适用于处理不排水且抗剪强度不小于20kPa的淤泥、淤泥质土、黏性土、粉土和饱和黄土等地基 |

续上表

| 分类 | 处理方法 | 简要加固原理 | 适用范围 |
|---|---|---|---|
| 置换 | 强夯置换法 | 将重锤提到高处使其自由落下形成夯坑,并不断夯击坑内回填的砂石、钢渣等工程性质较好的粗粒料,使其形成密实的桩柱或墩体,并与周围土体形成复合地基,以提高地基承载力,减小沉降和差异沉降 | 适用于人工填土、砂土、黏性土、黄土、淤泥和淤泥质土等地基上对变形要求不严格的工程 |
| | 石灰桩置换法 | 采用洛阳铲或钢套管成孔,填入新鲜生石灰块或生石灰与粉煤灰等的混合料(配合比可取8:2或7:3),在孔内分层夯实,生石灰可以吸取桩周土体中水分而硬化形成桩体,并与桩间土组成复合地基,以提高地基承载力,减小沉降和差异沉降 | 适用于处理饱和黏性土、淤泥、淤泥质土、人工填土等地基 |
| | 水泥粉煤灰碎石桩(CFG)法或素混凝土桩法 | 通过振动沉管、长螺旋钻孔等法成孔,回填水泥、粉煤灰、碎石或砂等混合料或素混凝土形成高黏结强度桩,并由桩、桩间土和褥垫层一起组成复合地基,以提高地基承载力,减小沉降和差异沉降 | 适用于处理一般黏性土、粉土、砂土、黄土和已自重固结的软土等地基 |
| 预压 | 堆载预压法 真空预压法 降水预压法 电渗排水法 | 在建造构筑物以前,通过增设竖向或水平向排水体,改善地基的排水条件,并采取堆载、抽气、抽水或电渗等措施对地基施加预压荷载,以加速地基土的排水固结和强度增长,提高地基土的稳定性,并使沉降提前完成 | 适用于处理厚度较大的淤泥、淤泥质土和冲填土等饱和黏性土地基,对于厚度较大的泥炭土要慎重对待 |
| 密实 | 表层压实法 | 采用人工或机械对土体进行压实、夯实或振实。加固范围较浅,常用于分层填土加固 | 适用于低饱和黏性土、湿陷性黄土、人工填土等地基的浅层处理 |
| | 强夯法 | 采用很重的夯锤从高处自由落下,地基土在强夯的冲击力和振动力作用下密实,可提高地基承载力,减小沉降和差异沉降 | 适用于处理碎石土、砂土、粉土、低饱和度黏性土、湿陷性黄土、素填土和杂填土等地基 |
| | 振冲密实法 | 在振冲器水平振动和高压水的共同作用下,松砂土层被振密和挤密,从而提高地基承载力,减小沉降,并提高地基土抗液化能力。该法可加回填料也可不加回填料,加回填料又称振冲挤密碎石桩法 | 适用于处理饱和疏松砂性土地基,其中不加填料振冲法适用于处理黏粒含量不大于10%的砂土地基 |
| | 爆破密实法 | 利用在地基中爆破产生的振动力和挤压力使地基土密实,以提高地基承载力,减小沉降和差异沉降 | 适用于处理饱和净砂、粉土、湿陷性黄土等地基 |
| | 灰土、土挤密桩法 | 利用横向挤压成孔设备成孔,使桩间土得以挤密。用灰土或素土填入桩孔内分层夯实形成桩体,并与桩间土组成复合地基,从而提高地基承载力,减小沉降和差异沉降 | 适用于处理地下水位以上的湿陷性黄土、素填土和杂填土等地基 |

续上表

| 分类 | 处理方法 | 简要加固原理 | 适用范围 |
|---|---|---|---|
| 密实 | 挤密砂石桩法 | 通过振动沉管或冲击等方法在地基中成孔并设置砂桩、碎石桩等,在制桩过程中对周围土体产生振密挤密作用。被振密挤密的桩间土和密实的桩体一起组成复合地基,从而提高地基承载力,减小沉降和差异沉降 | 适用于挤密松散砂土、粉土、黏性土、素填土、杂填土、粉煤灰等可挤密地基 |
| | 夯实水泥土桩法 | 采用沉管、冲击等挤土法成孔,将水泥和土搅拌均匀后在孔内夯实成桩,由挤密后的桩间土和水泥土桩一起组成复合地基,从而提高地基承载力,减小沉降和差异沉降 | 适用于处理地下水位以上为黏性土、粉土、粉细砂、素填土、杂填土等适合成桩并可挤密地基 |
| 胶结 | 注浆法 | 通过注入水泥浆液或其他化学浆液,或将水泥等浆液进行喷射或机械搅拌等措施,使土粒胶结,用以提高地基承载力,增加地基稳定性,减小沉降,防止渗漏,防止砂土液化 | 适用于处理岩基、砂土、粉性土、黏性土和一般填土 |
| | 高压喷射注浆法 | | 适用于处理淤泥、淤泥质土、一般黏性土、粉土、砂土、黄土、素填土和碎石土等地基 |
| | 深层搅拌法 | | 适用于处理淤泥与淤泥质土、粉土、饱和黄土、素填土、黏性土以及无流动地下水的饱和松散砂土等地基 |
| 其他 | 加筋法 | 在地基中铺设加筋材料(如土工织物、土工格栅、金属板条、土钉等)形成加筋土垫层,以增大压力扩散角,提高地基承载力和稳定性 | 适用于人工填土的路堤、挡墙结构和土坡加固 |
| | 冻结法 | 冻结土体,改善地基土截水性能,提高土体抗剪强度,形成挡土结构或止水帷幕 | 饱和砂土或软黏土,作施工临时措施 |
| | 焙烧法 | 钻孔加热或焙烧,减少土体含水率,减少压缩性,提高土强度 | 软黏土、湿陷性黄土,适用于有富裕热源的地区 |
| | 纠偏法 | 通过加载、掏土、顶升等纠偏方法来调整地面不均匀沉降,达到纠偏目的 | 各类不良地基 |

## 三、地基处理的原则

地基处理是一门技术性和经验性很强的应用学科。我国地域广大,土类繁多,不同的建筑物对地基的要求也不同。因此,在选择地基处理方法之前,必须认真研究上部结构、基础和地基的特点,并结合当地的经验,选择经济有效的处理方法。进行地基处理时,必须掌握以下几条原则。

1. 针对地质条件和工程特点选用合适的地基处理方法

地基处理的方法很多,但各种处理方法都有它的适用范围,没有一种方法是万能的。具体工程很复杂,工程地质条件千变万化,因此,对每一具体工程都要进行具体细致的分析,应根据处理要求、加固原理、地基条件、材料来源、施工机械、工期要求、地区经验、环境影响和可持续发展等方面综合考虑,通过技术经济比较,确定合适的处理方法。

2. 所选用的处理方法必须符合土力学的基本原理

地基处理的目的是改善地基土的工程性质或受力条件。如果选择不当,非但不能达到预期效果,反而会造成相反的结果。例如,对饱和低渗透性的软土地基,在没有改善排水条件下,采用强夯法处理,显然达不到应有的效果。这是因为渗透性很低的结构性软土,不可能在瞬时荷载作用下将孔隙水快速排出而完成固结。又如,黄土和红土,这两种土的孔隙比都很大,强夯法可以有效地消除黄土的湿陷性而进行有效加固,但却破坏了红土内由非亲水性胶结物胶结形成的结构强度,强夯后红土的地基承载力反而有可能降低。

3. 根据地基处理的时效特点进行工程设计与控制

地基处理的时效问题常被人们所忽视。大部分地基处理方法的加固效果并非在施工结束后就能全部发挥出来,而需要经过一段时间后才能体现。例如,采用压密注浆或深层搅拌等有施工挤土问题的胶结法时,应充分估计施工过程中对地基土的破坏作用以及胶结物固化的时效问题,特别是将这种技术运用于已有建筑物的地基加固时,施工期有可能会增加沉降,在处理边坡时有可能使安全系数降低;水泥浆或水泥土的强度在地下环境养护期要比地上环境长得多,特别是目前建筑上部结构的施工速度很快,地基土的强度还没有恢复或明显增长,荷载已全部施加完毕,反而会增加建筑物的不均匀沉降。此外,不同部位施工进度不同,先施工的部位已达到较高的强度,后施工部位的强度尚未恢复,地基土在水平方向上存在相对不均匀性,这也会造成建筑物的不均匀沉降。

4. 加强管理、严格计量、智能监控

地基处理的效果受人为因素的影响非常突出,与管理的水平、工人的素质都有直接关系。例如,材料的计量问题、施工的配合和操作问题,技术控制的手段和监测检测的方法等都还不够完善。因此,应结合当前人工智能技术,加强管理、严格计量、智能监控,减少人为因素的干扰。

5. 重视地基处理案例的大数据分析和工程经验

在众多的地基处理方法中,加固机理、理论分析和计算方法等都还不太成熟,具有较强的经验性。所以在进行地基处理时,还必须基于不同地区的工程案例,重视大数据分析,不断研究和总结,因地制宜地选择地基处理方法,切忌盲目机械地搬用。

# 第二节　复合地基设计原理

复合地基是指天然地基在地基处理过程中,部分土体得到增强,或被置换,或在天然地基中设置加筋材料,加固区是由基体(天然地基土体或被改良的人工地基土体)和增强体两部分组成的人工地基,增强体和基体共同直接承担荷载作用。

根据地基中增强体的布置方向,复合地基可以分为竖向增强体复合地基和水平向增强体复合地基两大类。竖向增强体复合地基习惯上称为桩体复合地基,是以桩作为地基中的竖向增强体并与地基土共同承担荷载的人工地基。根据桩体材料性质,竖向增强体复合地基又可分为散体材料桩复合地基和黏结材料桩复合地基两类。黏结材料桩复合地基根据桩体刚度大小又可分为柔性桩复合地基和刚性桩复合地基。水平向增强体复合地基主要指各种水平向加筋体复合地基。复合地基分类如图7-1所示。

$$复合地基 \begin{cases} 竖向增强体 \begin{cases} 散体材料桩:如砂桩、碎石桩等 \\ 黏结材料桩 \begin{cases} 柔性桩复合地基,如水泥土搅拌桩、旋喷桩等 \\ 刚性桩复合地基,如 CFG 桩、素混凝土桩等 \end{cases} \end{cases} \\ 水平向增强体,如各种水平向加筋体复合地基等 \end{cases}$$

图7-1　复合地基分类

复合地基与天然地基虽同属地基范畴,但由于人工增强体的存在,其受力和变形不同于相对均匀的天然地基。竖向增强体复合地基与桩基中都存在竖向增强体,但复合地基属于地基范畴,而桩基属于基础范畴,复合地基中竖向增强体与基体共同直接承担荷载,其竖向增强体与基础往往不直接相连,而是通过垫层(碎石或砂石垫层)来过渡;而桩基中基体一般不直接承受荷载或承受很少的荷载,其竖向增强体与承台直接相连,两者形成一个整体来传递荷载。只有在保证满足基体和增强体共同直接承担荷载的条件下,才能形成复合地基并按照复合地基的设计理论进行设计。实际工程中如果不能满足形成复合地基的条件,而以复合地基进行设计是不安全的,因为在这种情况下往往会因高估桩间土的承载能力而使复合地基的安全度降低。

对于竖向增强体复合地基,除了增强体和基体外,通常在增强体顶部和基础底面之间还设置有一定厚度的水平垫层,如图7-2所示。在竖向增强体复合地基中,增强体一般具备以下一种或多种作用:①桩体作用;②垫层作用;③加速固结作用;④挤密振密作用;⑤加筋作用。水平垫层的作用主要有:①协调桩土变形,保证增强体与桩周土体共同承担荷载;②减小增强体对基础底面的应力集中;③调整桩土荷载分担比例,并减小增强体上部所受剪力。

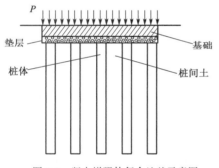

图7-2　竖向增强体复合地基示意图

复合地基尽管在我国土木工程建设中已得到广泛应用,但因其组成和受力的复杂性,相对于天然地基和桩基础,其设计理论和计算方法仍在不断发展完善之中。参考现行国家标准《复合地基技术规范》(GB/T 50783)中的有关规定,下面主要介绍相对较成熟的竖向增强体(习惯上称为桩,如碎石桩、砂桩、灰土桩、深层搅拌桩、高压旋喷桩、CFG 桩、各种低强度素混凝土桩等)复合地基的基本设计原理和有关计算方法。

## 一、竖向增强体复合地基承载力特征值计算

竖向增强体复合地基的承载力特征值,应通过现场复合地基竖向抗压载荷试验或综合桩体竖向抗压载荷试验和桩间土地基竖向抗压载荷试验,并结合工程实践经验综合确定。在初步设计阶段,也可根据以下思路进行估算:首先将增强体和基体分开考虑,分别确定各自的承载力特征值,然后再结合经验根据一定原理进行叠加,从而得到复合地基承载力特征值。根据这种思路,基于增强体材料特性和增强体与桩间土通过变形协调共同直接承担上部荷载的基本要求,在初步设计时,复合地基的承载力特征值可按式(7-1)面积加权平均法进行计算:

$$f_{spk} = \beta_p m \frac{R_a}{A_p} + \beta_s (1 - m) f_{sk} \qquad (7\text{-}1)$$

式中：$f_{spk}$——复合地基竖向抗压承载力特征值（kPa）；

$R_a$——单桩竖向抗压承载力特征值（kN）；

$f_{sk}$——处理后桩间土承载力特征值（kPa），宜考虑桩施工对桩间土的影响并参考当地经验取值，如缺少经验时，可取桩间土天然地基承载力特征值；

$m$——复合地基桩土面积置换率，$m = A_p/A_e = d^2/d_e^2$，其中 $A_p$ 为单根桩的桩身平均截面积（$m^2$），$d$ 为单根桩的桩身平均直径（m），$A_e$ 为单根桩分担的地基处理面积（$m^2$），$d_e$ 为单根桩分担的地基处理面积的等效圆直径（m）；等边三角形布桩 $d_e = 1.05s$，正方形布桩 $d_e = 1.13s$，矩形布桩 $d_e = 1.13\sqrt{s_1 s_2}$，$s$、$s_1$、$s_2$ 分别为桩间距、纵向桩间距（m）和横向桩间距（m），如图 7-3 所示；

$\beta_p$——桩体竖向抗压承载力折减系数，宜综合复合地基中桩体实际竖向抗压承载力和复合地基破坏时桩体的竖向抗压承载力发挥度，结合工程经验取值，如无经验时可按表 7-2 取值；

$\beta_s$——桩间土地基承载力折减系数，宜综合复合地基中桩间土地基实际承载力和复合地基破坏时桩间土地基承载力发挥度，结合工程经验取值，如无经验时可按表 7-2 取值。

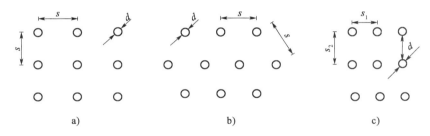

图 7-3 竖向增强体常见布置形式

a）正方形布置；b）等边三角形布置；c）矩形布置

**复合地基承载力计算中各折减系数经验值**　　　　　　表 7-2

| 折减系数 | 碎石桩 | 深层搅拌桩 | 高压旋喷桩 | 夯实水泥土桩 | 刚性桩 |
|---|---|---|---|---|---|
| $\beta_p$ | 1.0 | 0.85～1.00（设垫层时取低值） | 1.00 | 1.00 | 0.90～1.00 |
| $\beta_s$ | 1.0 | 0.10～0.40（$q_p > q_s$） | 0.10～0.50（承载力高时取低值） | 0.80～1.00（非挤土成孔） | 0.65～0.90 |
| | | 0.50～0.95（$q_p \leqslant q_s$） | | 0.95～1.10（挤土成孔） | |
| $\alpha$ | — | 0.40～0.60 | 1.00 | 1.00 | 1.00 |
| $\eta$ | — | 0.20～0.30（喷干粉） | 0.33 | 0.25～0.33 | 0.33～0.36 |
| | | 0.25～0.33（喷浆液） | | | |

注：表中 $q_p$ 为桩端土未经修正处理的地基承载力特征值，$q_s$ 为桩周土地基承载力特征值的平均值。

在初步设计时,根据行业标准《建筑地基处理技术规范》(JGJ 79—2012),对于散体材料桩复合地基的承载力特征值也可采用下式进行计算:

$$f_{spk} = [1 + m(n-1)]f_{sk} \qquad (7\text{-}2)$$

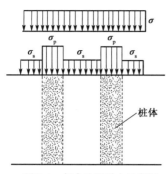

图7-4 复合地基受力示意图

式中:$n$——复合地基桩土应力比,$n = \sigma_p / \sigma_s$,即复合地基受力时桩体分担的平均竖向应力 $\sigma_p$ 与桩间土分担的平均竖向应力 $\sigma_s$ 之比(图7-4),宜采用现场实测法确定,如无实测资料时,对于黏性土可取 2.0 ~ 4.0,对于砂土、粉土可取 1.5 ~ 3.0,原地基土强度低时宜取大值,原地基土强度高时宜取小值。

复合地基中桩体竖向抗压承载力特征值,应通过现场单桩竖向抗压载荷试验确定。在初步设计阶段,当无单桩载荷试验资料时,对于黏结材料桩复合地基,桩体承载力特征值可按式(7-3)估算,增强体桩身材料强度同时应满足式(7-4)的要求。

$$R_a = u_p \sum_{i=1}^{n} q_{si} l_i + \alpha q_p A_p \qquad (7\text{-}3)$$

$$R_a = \eta f_{cu} A_p \qquad (7\text{-}4)$$

$$f_{spa} = f_{spk} + \gamma_m (d - 0.5) \qquad (7\text{-}5)$$

以上式中:$u_p$——单桩的截面周长(m);

$n$——桩长范围内所划分的土层数;

$q_{si}$——桩周第 $i$ 层土的侧摩阻力特征值(kPa),可按地区经验取值;

$q_p$——桩端土地基承载力特征值(kPa),可按地区经验取值;对于水泥土搅拌桩、高压旋喷桩应取未经修正的桩端地基土承载力特征值(kPa);

$l_i$——桩长范围内第 $i$ 层土的厚度(m);

$\alpha$——桩端土地基承载力折减系数,可按地区经验取值;

$f_{cu}$——桩体抗压强度平均值,可采用与桩体材料配比相同的标准尺寸(水泥土搅拌桩立方体试块边长取 70.7mm,其余桩型取 150mm)室内试块在标准养护条件下规定龄期(水泥土搅拌桩标准龄期取 90d,其余桩型取 28d)的立方体抗压强度平均值(kPa);

$f_{spa}$——修正后的复合地基承载力特征值(kPa);复合地基承载力特征值 $f_{spk}$ 的基础宽度承载力修正系数应取 0;基础埋深的承载力修正系数应取 1,可按式(7-5)计算;

$\eta$——桩身材料强度折减系数;

$\gamma_m$——基础底面以上土的加权平均重度(kN/m³),地下水位以下取有效重度;

$d$——基础埋置深度(m)。

对于散体材料桩复合地基,在荷载作用下桩体易发生鼓胀,桩周土进入塑性状态,桩体极限承载力主要取决于桩侧土体所能提供的最大侧限力。初步设计时,散体材料桩复合地基的桩体竖向抗压承载力特征值可通过计算桩周土所能提供的最大侧限力来计算,其一般表达式为:

$$R_a = \sigma_{ru} K_p A_p \tag{7-6}$$

式中：$R_a$——散体材料桩单桩竖向抗压承载力特征值（kPa）；

$\sigma_{ru}$——桩周土所能提供的最大侧限力（kPa）；

$K_p$——桩体材料的被动土压力系数。

## 二、竖向增强体复合地基稳定性分析

对位于坡地或岸边的复合地基、用于填土路堤和柔性面层堆场等工程的复合地基通常还应进行稳定性分析。

当对复合地基进行稳定性分析时，一般是将增强体和基体组成的复合地基作为一个整体进行考虑，首先求出复合地基的综合抗剪强度指标，然后采用常规的圆弧稳定分析法或其他稳定分析方法进行分析。圆弧稳定分析法的计算原理如图 7-5 所示，假设地基土的滑动面呈圆弧形，记滑动面上的总抗滑力矩为 $M_s$，记滑动面上的总滑动力矩为 $M_t$，则沿该圆弧滑动面发生滑动破坏的安全系数为 $K = M_s/M_t$。取不同的圆弧滑动面，可得到不同的安全系数值。通过试算可以找到最危险的圆弧滑动面，并可确定相应的最小抗滑稳定安全系数。

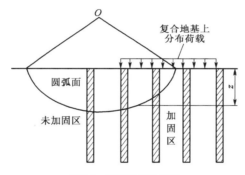

图 7-5　圆弧稳定分析法

在采用圆弧稳定分析法计算时，假设的圆弧滑动面往往要经过复合地基加固区和未加固区，相应的地基土抗剪强度指标应分别确定，即加固区和未加固区土体应采用不同的抗剪强度指标。未加固区采用天然地基土的抗剪强度指标；加固区既可采用复合地基的综合抗剪强度指标，也可分别采用桩体和桩间土的抗剪强度指标进行计算。

初步设计时，复合地基中加固区的综合抗剪强度指标可采用面积比法确定，其中复合地基加固区的综合黏聚力 $c_{sp}$ 和综合内摩擦角 $\varphi_{sp}$ 可分别采用下面公式进行计算：

$$c_{sp} = m c_p + (1 - m) c_s \tag{7-7}$$

$$\varphi_{sp} = m \varphi_p + (1 - m) \varphi_s \tag{7-8}$$

式中：$c_p$、$c_s$——桩体和桩间土的黏聚力（kPa）；

$\varphi_p$、$\varphi_s$——桩体和桩间土的内摩擦角（°）。

在复合地基稳定分析中，所采用的稳定分析方法、计算参数、计算参数的测定方法和稳定安全系数取值应相互匹配。复合地基竖向增强体应深入设计要求安全度对应的危险滑动面下至少 2m。

### 三、复合地基的沉降计算

复合地基的沉降由垫层压缩变形量、加固区复合土层压缩变形量($s_1$)和加固区下卧土层压缩变形量($s_2$)三部分组成。当垫层压缩变形量小,且在施工期已基本完成时,可忽略不计。复合地基的沉降可按下式计算:

$$s = s_1 + s_2 \tag{7-9}$$

复合地基沉降的计算深度应大于加固区复合土层的深度。

#### (一)加固区复合土层压缩变形量 $s_1$ 的计算

复合地基加固区复合土层压缩变形量 $s_1$ 的计算方法主要有复合模量法、应力修正法和桩身压缩量法等。

1. 复合模量法

复合地基加固区是由竖向增强体和基体两部分组成的,是非均质的。在复合地基设计时,为了简化计算,可将复合地基加固区中增强体和基体两部分视为均匀复合土体,采用复合压缩模量 $E_{sp}$ 来评价复合土体的压缩性,并采用分层总和法计算加固区土层的竖向压缩变形量。加固区竖向压缩量 $s_1$ 的计算公式为:

$$s_1 = \varPsi_{s1} \sum_{i=1}^{n} \frac{\Delta p_i}{E_{spi}} l_i \tag{7-10}$$

式中:$\Delta p_i$——相应于作用的准永久组合值时第 $i$ 层土的平均附加应力增量(kPa);

$\quad\quad l_i$——复合地基加固区第 $i$ 层土的厚度(m);

$\quad\quad E_{spi}$——第 $i$ 层复合土层的复合压缩模量(MPa);

$\quad\quad \varPsi_{s1}$——复合地基加固区复合土层压缩变形量计算经验系数,根据复合地基类型、地区实测资料及经验确定;无地区经验时,刚性桩复合地基可根据变形计算深度范围内压缩模量的当量值$\overline{E}_s$采用表7-3中的数据。

刚性桩复合地基沉降计算经验系数 $\varPsi_{s1}$      表 7-3

| $\overline{E}_s$(MPa) | 4.0 | 7.0 | 15.0 | 20.0 | 35.0 |
|---|---|---|---|---|---|
| $\varPsi_{s1}$ | 1.0 | 0.7 | 0.4 | 0.25 | 0.2 |

基于荷载作用下竖向增强体和基体的变形协调条件,竖向增强体复合地基各复合土层的复合压缩模量 $E_{spi}$,一般可按面积加权平均法公式进行计算:

$$E_{spi} = mE_{pi} + (1 - m)E_{si} \tag{7-11}$$

式中:$E_{pi}$——第 $i$ 层土内桩体压缩模量(MPa);

$\quad\quad E_{si}$——第 $i$ 层桩间土体的压缩模量(MPa),宜按当地经验取值,如无经验,可取第 $i$ 层原天然地基压缩模量。

当竖向增强体为 CFG 桩或素混凝土桩等刚性桩时,根据国家标准《建筑地基基础设计规范》(GB 50007—2011)中的规定,复合压缩模量 $E_{spi}$ 也可按式(7-12)进行计算,即取复合压缩模量 $E_{spi}$ 为该层天然地基土体压缩模量的 $\zeta$ 倍:

$$E_{spi} = \zeta E_{si} \tag{7-12}$$

$$\zeta = \frac{f_{spk}}{f_{ak}} \tag{7-13}$$

式中: $f_{ak}$ ——基础底面下天然地基承载力特征值(kPa)。

当竖向增强体为散体材料桩时,复合压缩模量 $E_{spi}$ 也可按下式进行计算:

$$E_{spi} = [1 + m(n-1)]E_{si} \tag{7-14}$$

$\overline{E}_s$ 为沉降计算深度范围内压缩模量的当量值,应按下式计算:

$$\overline{E}_s = \frac{\sum\limits_{i=1}^{n} A_i + \sum\limits_{j=1}^{m} A_j}{\sum\limits_{i=1}^{n} \dfrac{A_i}{E_{spi}} + \sum\limits_{j=1}^{m} \dfrac{A_j}{E_{sj}}} \tag{7-15}$$

式中: $A_i$ ——加固土层第 $i$ 层土附加应力系数沿土层厚度的积分值;

$A_j$ ——加固土层下第 $j$ 层土附加应力系数沿土层厚度的积分值;

$n$、$m$ ——复合地基沉降计算深度范围内加固区和下卧层所划分的土层数。

复合模量法中加固区复合模量 $E_{sp}$ 的计算简单,使用方便,目前在地基加固设计中应用较为广泛,特别是在散体材料桩复合地基和柔性桩复合地基。

2. 应力修正法

在竖向增强体复合地基中,增强体的存在使实际作用在桩间土上的应力比作用在复合地基上的平均应力要小,根据桩间土实际承担的荷载 $p_s$,按照桩间土的压缩模量 $E_s$,采用分层总和法计算加固区土层的压缩变形量 $s_1$,在计算分析中忽略增强体的存在,计算公式为:

$$s_1 = \sum\limits_{i=1}^{n} \frac{\Delta p_{si}}{E_{si}} H_i = \mu_s \sum\limits_{i=1}^{n} \frac{\Delta p_i}{E_s} H_i = \mu_s s_{1s} \tag{7-16}$$

$$\mu_s = \frac{1}{1 + m(n+1)} \tag{7-17}$$

式中: $\Delta p_i$ ——未加固地基(天然地基)在荷载 $p$ 作用下第 $i$ 层土上的附加应力增量(kPa);

$\Delta p_{si}$ ——复合地基在荷载 $p$ 作用下第 $i$ 层桩间土上的附加应力增量(kPa);

$s_{1s}$ ——未加固地基(天然地基)在荷载 $p$ 作用下相应厚度内的压缩量(mm);

$\mu_s$ ——桩间土应力修正系数。

应力修正法中桩土应力比 $n$ 的影响因素复杂,特别是当桩土相对刚度较大时,$n$ 值的变化范围较大,桩间土应力修正系数 $\mu_s$ 很难合理确定;另外,计算中忽略增强体的存在将使计算值大于实际压缩量,采用该法计算的加固区压缩量往往偏大。

3. 桩身压缩量法

由于荷载作用下复合地基中桩土变形协调,在荷载作用下复合地基加固区的压缩量也可通过计算桩体压缩量进行计算,则加固区土层的压缩量 $s_1$ 可表示为:

$$s_1 = \Psi_p s_p = \Psi_p \frac{Ql}{E_p A_p} \tag{7-18}$$

式中: $s_p$ ——刚性桩桩体压缩量(mm);

$Q$ ——刚性桩桩顶附加荷载(kN);

$l$ ——桩身长度(m),即等于加固区厚度 $h$;

$E_p$ ——桩身材料变形模量(MPa);

$\Psi_p$ ——刚性桩桩体压缩经验系数,宜综合考虑刚性桩长细比、桩端刺入量,根据地区实测资料及经验确定。

桩身压缩量法公式简单,应用方便,但 $\Psi_p$ 和 $E_p$ 受桩身材料和刚度影响较大,实测数据积累有限,目前多用于刚性桩复合地基加固区复合土层压缩变形量计算。

### (二)加固区下卧土层压缩变形量 $s_2$ 的计算

复合地基加固区下卧土层压缩变形量 $s_2$ 通常采用传统分层总和法计算。在分层总和法计算中,作用在下卧层土体上的荷载或土体中附加压力是难以精确计算的。目前在工程应用上,常见的方法是将加固区底面的附加压力 $p_z$ 首先算出,再采用 Boussenessq 弹性理论求解下卧土层中的附加压力。加固区底面的附加压力 $p_z$ 的计算以压力扩散法和等效实体法最具代表性,计算简图如图 7-6 所示。

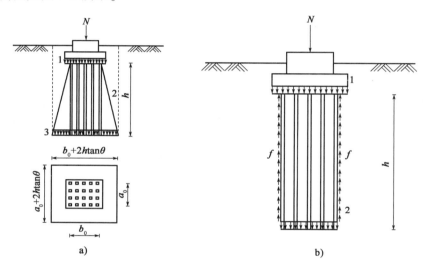

图 7-6　压力扩散法和等效实体法计算简图
a)压力扩散法($1-p_0$;$2-\theta$;$3-p_z$);b)等效实体法($1-p_0$;$2-p_z$)

根据图 7-6a),压力扩散法计算作用在复合地基加固区下卧土层顶部的附加压力 $p_z$ 的公式为:

$$p_z = \frac{LBp_0}{(a_0 + 2h\tan\theta)(b_0 + 2h\tan\theta)} \tag{7-19}$$

式中:$p_z$——复合地基加固区下卧土层顶面处的附加压力值(kPa);

$L$——矩形基础底面的长度(m);

$B$——矩形基础或条形基础底面的宽度(m);

$p_0$——复合地基加固区顶部的附加压力(kPa);

$a_0$——矩形基础长度方向桩的外包尺寸(m);

$b_0$——矩形基础宽度方向桩的外包尺寸(m);

$h$——复合地基加固区的深度(m);

$\theta$——压力扩散角(°),受加固区刚度影响较大,宜通过试验确定。

根据图 7-6b),等效实体法计算作用在复合地基加固区下卧土层顶部的附加压力 $p_z$ 的公式为:

$$p_z = \frac{LBp_0 - (2a_0 + 2b_0)hf}{LB} \qquad (7-20)$$

式中:$f$——复合地基加固区桩侧摩阻力(kPa)。

采用压力扩散法计算作用在加固区下卧土层上的附加压力 $p_z$ 时,困难之处在于压力扩散角的合理选用。要注意复合地基中压力扩散角一般小于同厚度双层地基中压力扩散角,将复合地基认为双层地基,会低估加固区下面深层土层中的附加压力值,在工程上是偏不安全的,因此,计算时应根据复合地基类型和刚度大小正确选择压力扩散角。而采用等效实体法计算时,误差主要来自侧摩阻力 $f$ 的合理选用,当桩土相对刚度较大时,选用误差相对较小。因此,在实际地基加固设计计算时,作用在复合地基加固区下卧土层顶部的附加压力 $p_z$ 宜根据复合地基类型合理选择相应的计算方法。对散体材料桩复合地基宜采用压力扩散法计算,对刚性桩复合地基宜采用等效实体法计算,对柔性桩复合地基,可根据桩土应力比大小分别采用等效实体法或压力扩散法计算。此外,有限单元法等数值计算方法,目前也开始广泛应用在较为复杂条件下复合地基的沉降计算。

【例 7-1】 已知某柱下正方形独立基础埋深 2.5m,边长 3.5m,上部结构传至基础顶面的竖向力标准值为 1340kN,地基土层条件:第一层填土,层厚 2.5m,重度 18.0kN/m³(假设地下水位上下重度不变);第二层淤泥质黏土,层厚 8.0m,重度 19.0kN/m³,地基承载力特征值为 70kPa(假设搅拌桩施工后该层土地基承载力不变),压缩模量 3MPa,平均侧摩阻力特征值 10kPa;第三层粉质黏土,层厚不小于 9.0m,重度 19.5kN/m³,地基承载力特征值为 200kPa。地下水位在地面下 1.25m。地基采用深层搅拌桩复合地基加固,搅拌桩直径 0.5m,桩长 8m,桩身压缩模量 150MPa,桩身试块立方体抗压强度平均值 1800kPa,桩身强度折减系数 0.3,桩端土地基承载力折减系数 0.5,桩体竖向抗压承载力折减系数 1.0,桩间土地基承载力折减系数 0.3。试计算该基础下深层搅拌桩的面积置换率及搅拌桩的桩数,并基于置换率公式计算地基加固区的复合压缩模量。

【解】 根据式(7-3),由桩周土和桩端土抗力提供的单桩承载力特征值为:

$$R_a = u_p \sum_{i=1}^{n} q_{si} l_i + \alpha q_p A_p = 3.14 \times 0.5 \times 10 \times 8 + 0.5 \times 200 \times 3.14 \times 0.25^2 = 145.2\text{kN}$$

根据式(7-4),由桩身材料强度计算的单桩承载力特征值为:

$$R_a = \eta f_{cu} A_p = 0.5 \times 1800 \times 3.14 \times 0.25^2 = 105.84\text{kN}$$

取两者中的小值作为计算复合地基承载力特征值的单桩承载力特征值,即取 $R_a = 105.84$kN

根据持力层地基承载力要求,则修正后的复合地基承载力特征值为:

$$f_{spa} = \frac{F_k + G_k}{A} = \frac{1340 + 3.5 \times 3.5 \times 1.25 \times 20 + 3.5 \times 3.5 \times 1.25 \times 10}{3.5 \times 3.5} = 146.9\text{kPa}$$

基础埋深范围内土层的平均重度为:

$$\gamma_m = \frac{1.25 \times 18 + 1.25 \times 8}{2.5} = 13\text{kN/m}^3$$

则没有修正的复合地基承载力特征值为:

$$f_{spk} = f_{spa} - \gamma_m (d - 0.5) = 146.9 - 13 \times (2.5 - 0.5) = 120.9\text{kPa}$$

代入复合地基承载力特征值计算公式(7-1),即

$120.9 = 1.0 \times m \times \dfrac{105.84}{3.14 \times 0.25^2} + 0.3 \times (1 - m) \times 70,$ 可得：$m = 0.192$

单根桩承担的处理面积为：$A_e = \dfrac{A_p}{m} = \dfrac{3.14 \times 0.25^2}{0.192} = 1.021 \, m^2$

所以，深层搅拌桩桩数为：$n \geqslant \dfrac{3.5 \times 3.5}{1.021} = 12$，布置 12 根能满足地基承载力要求。

根据式（7-11），地基加固区的复合压缩模量为：

$$E_{spi} = m E_{pi} + (1 - m) E_{si} = 0.192 \times 150 + (1 - 0.192) \times 3 = 31 \, MPa$$

# 第三节　换填垫层法

换填垫层法就是将基础底面下一定深度范围内的软弱土层部分或全部挖去，然后换填工程性质较好的砂、碎石、素土、灰土、粉煤灰和矿渣等性能稳定且无侵蚀性的工业废渣材料或者聚苯乙烯板块（EPS）超轻质材料等土工合成材料，并分层处理至要求的密实度。换填垫层法可有效地处理局部软弱土体或荷载不大的建筑物地基问题，常可用作为局部处理或不良地基浅层处理的方法。

换填垫层法处理地基时换填材料所形成的垫层，按其材料的不同，可分为砂垫层、碎石垫层、素土垫层、灰土垫层、粉煤灰垫层、矿渣垫层、聚苯乙烯板块（EPS）垫层等。对于不同材料的垫层，虽然其应力分布有所差异，但测试结果表明，其极限承载力还是比较接近的，并且不同材料垫层上建筑物的沉降特点也基本相似，故各种材料垫层的设计都可参照砂垫层方法进行。

## 一、换填垫层法的作用和适用范围

换填垫层法处理地基的作用主要有以下几个方面：

### 1. 提高地基承载力，增强地基稳定性

地基中的剪切破坏一般是从基础底面边缘处开始的，并随着基底压力的增大而逐渐向纵深发展。因此，若以工程性质较好的砂或其他填筑材料代替软弱土层，就可提高地基承载力，从而避免地基破坏。

### 2. 减少地基沉降和不均匀沉降

基础下地基浅层部分所受的应力较大，其沉降量在地基总沉降中所占的比例也较大，所以若以密实的砂或密实填筑材料代替浅层软弱土，就可减少地基的大部分沉降量。另外，由于换填后密实垫层对基底附加压力的扩散作用，使作用在下卧土层上的附加应力较换填前小，因此也相应减少了下卧土层的沉降量。

### 3. 加速软弱土层的排水固结

由于砂或碎石等垫层材料的透水性大，当软弱土层受压后，垫层可作为良好的排水面，使基础下面的超静孔隙水压力得以迅速消散，加速垫层下软弱土层的固结，从而提高地基土强度。

### 4. 防止地基土冻胀

由于粗颗粒垫层材料的孔隙较大，不易产生毛细现象，因此垫层可以防止寒冷地区土中结

冰所造成的冻胀问题,此时,垫层底面尚应满足当地冻结深度的要求。

5. 其他作用

对于湿陷性黄土、膨胀土等特殊土,根据具体加固对象的不同,换填垫层法还有消除湿陷性黄土的湿陷性或消除膨胀土胀缩性的作用。

在各类工程中,垫层所起的主要作用有时也是不同的,如建筑物基础下的垫层主要起提高地基承载力和减小沉降的作用;而在路堤和土坝等工程中,垫层主要起排水固结作用。

换填垫层法的主要优点是可就地取材、施工简单、不需要特殊的机械设备和施工费用低等,但也存在施工土方量大、弃土多等缺点。目前换填垫层法主要适用于淤泥、淤泥质土、素填土、杂填土、湿陷性黄土、膨胀土、季节性冻土地基等软弱地基及暗沟、暗塘等不均匀地基的浅层处理,其具体适用范围见表7-4。

**换填垫层法的适用范围** 表7-4

| 垫层种类 | 适用范围 |
|---|---|
| 砂(碎石)垫层 | 适用于浜、塘、沟等局部处理和饱和、非饱和的软弱土和水下黄土地基处理。不宜用于湿陷性黄土地基,也不宜用于大面积堆载、密集基础和动力基础下的软土地基处理,砂垫层不宜用于地下水流速快和流量大地区的地基处理 |
| 素土垫层 | 宜选用粉质黏土,适用于浜、塘、沟等局部处理和地坪、堆场及道路等大面积回填土、湿陷性黄土和膨胀土等场地的地基处理 |
| 灰土垫层 | 土料宜选用粉质黏土,体积配合比宜为2:8或3:7,适用于中小型工程,尤其是湿陷性黄土和膨胀土的地基处理 |
| 粉煤灰垫层 | 适用于厂房、道路、机场、港区陆域和堆场等工程的大面积填筑,大量填筑粉煤灰时,应考虑对地下水和土壤的环境影响 |
| 矿渣垫层 | 适用于中小型工程,尤其是适用于地坪、堆场和道路等工程的大面积地基处理和场地平整,大量填筑矿渣时,应考虑对地下水和土壤的环境影响。对于易受酸、碱影响的基础或地下管网不得采用矿渣垫层 |
| 聚苯乙烯板块(EPS)超轻质材料 | 适用于下部有地铁隧道等需要保护设施的工程项目或者对沉降和差异沉降要求特别严格的填土工程,比如路堤扩宽、桥头路堤连接部位、F1赛车道等 |

## 二、换填垫层法的设计与计算

换填垫层法处理软弱地基和特殊土地基的设计内容主要是确定垫层的厚度和宽度。当换填垫层作为基础下持力层时,根据建筑物对地基承载力和沉降的要求,既要求垫层有足够的厚度以置换可能发生承载力破坏或整体失稳的软弱土层,又要求垫层有足够的宽度以防止垫层向两侧挤出;而对于排水垫层,则主要是在基础底面下设置厚度为 $30 \sim 50 \text{cm}$ 的砂、砂石或碎石等透水性大的垫层,以形成一个排水层,从而加速软弱土层的排水固结。

1. 垫层厚度的确定

垫层厚度 $z$(图7-7)应根据需置换软弱土层的深度或垫层底面处下卧软弱土层的承载力来确定,要求作用在垫层底面处土的自重压力与荷载作用下产生的附加压力之和不大于同一高程处下卧软弱土层的地基承载力特征值,即应满足式(7-21)要求:

$$p_z + p_{cz} \leqslant f_{az} \tag{7-21}$$

式中：$p_z$——相应于作用的标准组合时，垫层底面处的附加压力值(kPa)；

　　　$p_{cz}$——垫层底面处土的自重压力值(kPa)；

　　　$f_{az}$——垫层底面处经深度修正后的下卧土层地基承载力特征值(kPa)。

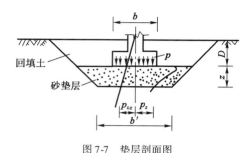

图 7-7　垫层剖面图

垫层底面处的附加压力值 $p_z$，除了可用弹性理论的土中附加应力公式进行计算外，常用的是按压力扩散角的方法进行简化计算。具体如下：

条形基础：

$$p_z = \frac{b(p_k - p_c)}{b + 2z\tan\theta} \tag{7-22}$$

矩形基础：

$$p_z = \frac{bl(p_k - p_c)}{(b + 2z\tan\theta)(l + 2z\tan\theta)} \tag{7-23}$$

以上式中：$b$——矩形基础或条形基础底面的宽度(m)；

　　　　　$l$——矩形基础底面的长度(m)；

　　　　　$p_k$——相对于作用的标准组合时，基础底面处的平均压力值(kPa)；

　　　　　$p_c$——基础底面处土的自重压力值(kPa)；

　　　　　$z$——基础底面下垫层的厚度(m)；

　　　　　$\theta$——垫层(材料)的压力扩散角(°)，宜通过试验确定，当缺乏试验资料时，可按表 7-5 采用。

垫层的压力扩散角 $\theta$(°)　　　　　　　　　　　　　　　表 7-5

| $z/b$ | 换填材料 | | |
|---|---|---|---|
| | 中砂、粗砂、砾砂、圆砾、角砾、卵石、碎石、石屑、矿渣 | 粉质黏土、粉煤灰 | 灰土 |
| 0.25 | 20 | 6 | 28 |
| ≥0.50 | 30 | 23 | 28 |

注：1. 当 $z/b < 0.25$ 时，除灰土取 $\theta = 28°$ 外，其余材料均取 $\theta = 0°$，必要时，宜由试验确定。

　　2. 当 $0.25 < z/b < 0.50$ 时，$\theta$ 值可由内插法求得。

具体设计时，可根据下卧土层的地基承载力，先假设一个垫层的厚度，然后按式(7-21)进行验算；若不符合要求，则改变厚度，重新再验算，直至满足要求为止。一般情况下，垫层厚度不宜小于 0.5m，也不宜大于 3m，因为垫层太厚，处理费用高且施工比较困难，垫层效用并不随垫层厚度线性增大；垫层太薄，则换土垫层的作用就不明显了。

2. 垫层宽度的确定

确定垫层宽度时,应满足基础底面压力扩散的要求,同时还应考虑到垫层应有足够的宽度及垫层侧面土的强度条件,以防止垫层材料向两侧挤出而增加垫层的竖向变形量。

垫层的宽度可按式(7-24)压力扩散角的方法进行计算,或根据当地经验确定。

$$b' \geq b + 2z\text{tg}\theta \qquad (7-24)$$

式中:$b'$——垫层底面宽度(m);

$\theta$——垫层压力扩散角(°),可按表 7-5 采用,但当 $z/b < 0.25$ 时,仍按表中 $z/b = 0.25$ 取值。

整片垫层底面的宽度可根据施工的要求适当加宽,垫层顶面宽度可从垫层底面两侧向上,按基坑开挖期间保持边坡稳定的当地经验放坡确定,垫层顶面每边超出基础底边不宜小于 300mm。

3. 垫层承载力的确定

垫层承载力取决于垫层材料的性质、施工机具能量的大小以及施工质量的优劣等因素。由于理论计算方法不够完善,同时还由于较难选取有代表性的计算参数,目前还难以通过计算准确地确定垫层的承载力,一般宜通过现场载荷试验确定,并应进行下卧层承载力的验算。

4. 地基变形计算

采用换填垫层法对地基进行处理后,由于垫层下软弱土层的变形,建筑物地基往往仍将产生一定的沉降量及差异沉降量,因此,在垫层的厚度和宽度确定后,对于重要的建筑物或垫层下存在软弱下卧层的建筑物,还应进行地基的变形计算。对于超出原地面高程的垫层或换填材料的重度高于天然土层重度的垫层,应及早换填,并应考虑其附加荷载对建筑物及邻近建筑物的影响。

换土垫层后的建筑物地基沉降由垫层自身的变形量和下卧土层的变形量两部分所构成,即

$$s = s_1 + s_2 \qquad (7-25)$$

式中:$s$——基础沉降量(cm);

$s_1$——垫层自身变形量(cm);

$s_2$——压缩层厚度范围内,自垫层底面算起的各土层压缩变形量之和(cm)。

垫层自身的变形量 $s_1$ 可按式(7-26)进行计算:

$$s_1 = \left( \frac{p_k + \alpha p_k}{2} \cdot z \right) \Big/ E_s \qquad (7-26)$$

式中:$p_k$——相对于作用的准永久组合时,基础底面处的平均压力值(kPa);

$z$——基础底面下垫层厚度(cm);

$E_s$——垫层压缩模量,宜通过静载荷试验确定;当无试验资料时,可选用 15 ~ 25MPa;

$\alpha$——压力扩散系数,可按式(7-27)式(7-28)计算。

条形基础:

$$\alpha = \frac{b}{b + 2z\tan\theta} \qquad (7-27)$$

矩形基础:

$$\alpha = \frac{bl}{(b + 2z\tan\theta)(l + 2z\tan\theta)} \tag{7-28}$$

式中各符号意义同式(7-22)和式(7-23)。

下卧土层的变形量 $s_2$ 可用分层总和法按式(7-29)计算

$$s_2 = \Psi_s \sum_{i=1}^{n} \frac{p_0}{E_{si}}(z_i \bar{\alpha}_i - z_{i-1} \bar{\alpha}_{i-1}) \tag{7-29}$$

式中：$\Psi_s$——沉降计算经验系数，根据地区沉降观测整理及经验确定；

$\quad p_0$——相应于作用的准永久组合时垫层底面处的附加应力(kPa)；

$\quad E_{si}$——垫层底面下第 $i$ 层土的压缩模量(MPa)；

$z_i$、$z_{i-1}$——垫层底面至第 $i$ 层土、第 $i-1$ 层土底面的距离(m)；

$\bar{\alpha}_i$、$\bar{\alpha}_{i-1}$——垫层底面计算点至第 $i$ 层土、第 $i-1$ 层土底面范围内平均附加应力系数。

### 三、换填垫层法的垫层施工要点

对于垫层的施工,应注意以下几方面:

(1)对于砂石垫层,垫层的砂石料必须具有良好的压实性。宜选用级配良好的碎石、卵石、角砾、圆砾、砾砂、粗砂、中砂或石屑(粒径小于 2mm 的部分不应超过总重的 45%),并应级配良好,不含植物残体、垃圾等杂质。当使用粉细砂或石粉(粒径小于 0.075mm 的部分不超过总重的 9%)时,应掺入不少于总重 30% 的碎石或卵石。砂石的最大粒径不宜大于 50mm。对于湿陷性黄土地基或膨胀土地基,不得选用砂石等透水材料。对于素土垫层,当采用粉质黏土时,其有机质含量不得超过 5%,也不得含有冻土或膨胀土。对于灰土垫层,土料宜用粉质黏土,不宜使用块状黏土,土料颗粒不得大于 15mm,石灰宜用新鲜的消石灰,颗粒不得大于 5mm,灰土体积配合比宜为 2:8 或 3:7。对于粉煤灰垫层,上面宜覆土 0.3~0.5m。对于矿渣,其松散重度不应小于 11kN/m³,有机质及含泥总量不得超过 5%。

(2)垫层的质量关键是如何把垫层压实到设计要求的密实度。施工时应根据不同的换填材料选择施工机具。粉质黏土、灰土宜采用平碾、振动碾或羊足碾,中小型工程也可采用蛙式夯、柴油夯。砂石等宜用振动碾。粉煤灰宜采用平碾、振动碾、平板振动器、蛙式夯。矿渣宜采用平板振动器或平碾,也可采用振动碾。

(3)垫层的施工方法、分层铺填厚度、每层压实遍数等宜通过现场试验确定。一般情况下垫层的分层铺填厚度可取 300~500mm。垫层的施工含水率,对于粉质黏土和灰土宜控制在最优含水率 $w_{op} \pm 2\%$ 的范围内,对于粉煤灰宜控制在最优含水率 $w_{op} \pm 4\%$ 的范围内。施工时应严格控制铺填厚度、施工含水率、机械碾压速度,并及时进行质量检查。

(4)开挖基坑铺设垫层时,应避免对坑底软土层的扰动,可保留约 200mm 厚的土层暂不挖去,待铺填垫层前再挖至设计高程。当采用碎石垫层时,最好在基坑底面先铺一层 150~300mm 厚的砂垫层,然后再铺填碎石或卵石。

(5)作好基坑的排水工作,除采用水撼法施工砂垫层外,不得在浸水条件下施工,必要时应采取降低地下水位的措施。

可用作垫层的材料很多,除砂和碎石外,还有素土、灰土垫层,以及粉煤灰垫层等。目前国内外还在垫层中铺设耐久性好、抗腐蚀的土工格栅、土工格室、土工垫或土工织物、EPS 超轻质材料等土工合成材料来提高垫层的强度或减轻垫层的重量。

【例7-2】　某三层砖混结构住宅楼,承重墙下为钢筋混凝土条形基础,基础宽度1.2m,埋深1.2m,上部结构作用于基础的荷载标准组合值为110kN/m。根据现场勘探资料,该场地有一条暗浜穿过,暗浜深度为2.5m,建筑物基础大部分落在暗浜中,地下水位埋深为0.8m。场地土质条件,第一层浜填土,层厚2.5m,重度18.5kN/m³;暗浜所经之处,第二层褐黄色粉质黏土层缺失;第三层淤泥质粉质黏土,层厚6.3m,重度18.0kN/m³,地基承载力特征值为65kPa;第四层淤泥质黏土,层厚8.6m,重度17.3kN/m³;第五层粉质黏土。试设计砂垫层处理方案。

【解】　(1)确定砂垫层厚度

本工程由于暗浜深度为2.5m,而基础埋深为1.2m,因此,砂垫层厚度先设定为$h_s = 1.3$m,其干密度要求大于1.6t/m³。

①基础底面的平均压力$p_k$。

$$p_k = \frac{F_k + G_k}{A} = \frac{F_k + \gamma_G bd}{A} = \frac{110}{1.2} + 20 \times 0.8 + (20 - 9.8) \times 0.4 = 111.7\text{kPa}$$

其中,$\gamma_G$为基础及回填土的平均重度(地下水位以下应扣浮力),可取20kN/m³。

②基础底面处土的自重压力值$p_c$。

$$p_c = 18.5 \times 0.8 + (18.5 - 9.8) \times 0.4 = 18.3\text{kPa}$$

③垫层底面处土的自重压力$p_{cz}$。

$$p_{cz} = 18.5 \times 0.8 + (18.5 - 9.8) \times 1.7 = 29.6\text{kPa}$$

④垫层底面处的附加压力$p_z$。

对于条形基础,垫层底面处的附加压力$p_z$按式(7-22)压力扩散角的方法进行计算,其中垫层的压力扩散角$\theta$可按表7-5采用,由于$z/b = 1.3/1.2 = 1.08 > 0.5$,查表可得$\theta = 30°$。

$$p_z = \frac{b(p_k - p_c)}{b + 2z\tan\theta} = \frac{1.2 \times (111.7 - 18.3)}{1.2 + 2 \times 1.3 \times \tan 30°} = 41.5\text{kPa}$$

⑤垫层底面处经深度修正后的地基承载力特征值$f_{az}$。

砂垫层底面处淤泥质粉质黏土的地基承载力特征值$f_{ak} = 65$kPa,再经深度修正可得下卧层经深度修正后的地基承载力特征值为(修正系数$\eta_d$取1.0):

$$f_{az} = f_{ak} + \eta_d \cdot \gamma_0 (d + z - 0.5)$$

$$= 65 + 1.0 \times \frac{18.5 \times 0.8 + (18.5 - 9.8) \times 1.7}{2.5} \times (2.5 - 0.5)$$

$$= 88.7\text{kPa}$$

⑥下卧层承载力验算。

砂垫层的厚度$z$应满足作用在垫层底面处土的自重压力与附加压力之和不大于下卧层地基承载力的要求,按式(7-21)验算,即

$$p_z + p_{cz} = 41.5 + 29.6 = 71.1\text{kPa} < f_{az} = 88.7\text{kPa}$$

满足设计要求,故砂垫层厚度确定为1.3m。

(2)确定砂垫层宽度

垫层的宽度按式(7-24)压力扩散角的方法进行确定,即

$$b' = b + 2z\tan\theta = 1.2 + 2 \times 1.3 \times \tan 30° = 2.7\text{m}$$

取垫层宽度为2.7m。

（3）沉降计算

略。

# 第四节　预　压　法

预压法（又称排水固结法）是在建（构）筑物建造之前,利用天然地基土层本身的透水性或先在地基中设置水平向和竖向排水体,然后在场地上进行加载预压,使地基发生排水固结,土体中部分孔隙水逐渐排出,孔隙比减小,强度提高,沉降提前完成的方法。该法常用于解决各类淤泥、淤泥质土和冲填土等饱和黏性土地基的沉降和稳定问题,可使地基的沉降在加载预压期间基本完成或大部分完成,使建筑物在使用期间不致产生过大的沉降和沉降差。同时,可增加地基土的抗剪强度,从而提高地基的承载力和稳定性。

## 一、加固原理

根据饱和土体固结理论,地基土的排水固结与它的排水条件密切相关。饱和土体固结所需的时间近似与最大排水距离的平方成正比,可以有效缩短最大排水距离,大大缩短地基土固结所需的时间。图7-8a)是一种典型的单向一维固结情况,当土层较薄或土层厚度相对荷载宽度较小时,土中孔隙水可以由竖向渗流经上下透水层排出而使土层固结。但当软土层很厚时,一维固结所需的时间很长。为了满足工程建设的工期要求,加速土层固结最有效的方法就是在地基中增加竖向排水通道。图7-8b)所示是目前常用的由砂井(袋装砂井)或塑料排水带构成的竖向排水系统以及由砂垫层构成的水平向排水系统,在荷载作用下促使孔隙水由水平向流入砂井,再由砂井竖向流入砂垫层,从而大大缩短固结时间。

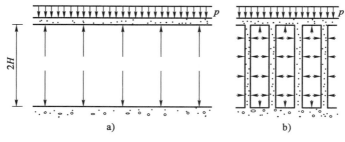

图7-8　预压法原理
a)竖向排水情况;b)砂井地基排水情况

要使土体发生排水固结,必须对土体施加预压荷载,即必须配有加载系统。加载系统的形式和方法很多,目前常用的方法有:堆载法、真空法、降水法、电渗法和联合法等。

预压法处理地基根据预压荷载的大小可以分为以下两种情况,即等载预压和超载预压。

1. 等载预压

图7-9表示预压荷载与永久荷载相等的情况,即等载预压。地基的最终沉降量$s_\infty$由两部分组成:

$$s_\infty = s_t + s_r \tag{7-30}$$

式中：$s_t$——预压期内所产生的沉降或被消除的沉降(cm)；

　$s_r$——残余沉降(cm)。

从图 7-9 中不难看出，预压加固的效果与预压时间有关，预压时间越长，消除的沉降 $s_t$ 越大，残余沉降 $s_r$ 越小。因此，预压时间完全取决于建(构)筑物对残余沉降 $s_r$ 的要求。

2. 超载预压

超载预压是指预压荷载大于永久荷载的情况，如图 7-10 所示。如果在永久荷载作用下，地基的最终沉降量为 $s_\infty$，则预压加固效果与超载 $\Delta p$ 大小和预压时间有关，当预压时间相同时，超载 $\Delta p$ 越大，预压消除的沉降越多，效果越好。超载预压的最大优点，除可以大大缩短预压时间外，还可以达到基本消除残余沉降的目的，亦即在永久荷载使用期几乎没有沉降发生。

超载预压地基处理的效果比较好，根据经验，超载 $\Delta p$ 为 20% 永久荷载时最为经济。

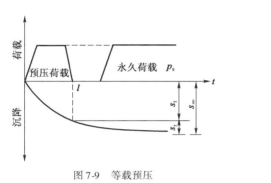

图 7-9 等载预压

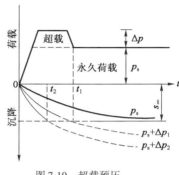

图 7-10 超载预压

## 二、预压法的计算

预压法设计的核心是地基固结度、地基最终竖向变形量和地基强度增长值的计算。

1. 地基固结度计算

地基固结度计算主要根据图 7-8 所示的两种边界条件进行计算。

(1) 瞬时加载条件下地基竖向固结度计算

如图 7-8a) 所示，对于土层为双面排水条件及土层中的附加压力为均匀分布时，根据太沙基(K. Terzaghi)一维固结理论，土层在某一时刻 $t$ 的竖向平均固结度为

$$\bar{U}_z = 1 - \frac{8}{\pi^2}\sum_{m=1,3,\cdots}^{m=\infty}\frac{1}{m^2}\exp\left(-\frac{m^2\pi^2}{4}T_v\right) \tag{7-31}$$

$$T_v = \frac{c_v t}{H^2} \tag{7-32}$$

$$c_v = \frac{k_v(1+e)}{a\gamma_w} \tag{7-33}$$

当 $\bar{U}_z > 30\%$ 时，可采用下式计算：

$$\bar{U}_z = 1 - \frac{8}{\pi^2}\exp\left(-\frac{\pi^2}{4}T_v\right) \tag{7-34}$$

式中：$m$——取正奇整数(1,3,5 等)；

　$T_v$——竖向固结时间因数；

$H$——竖向最大排水距离(m);

$c_v$——竖向固结系数(m²/s);

$t$——固结时间(s);

$a$、$e$、$k_v$——土的压缩系数(kPa$^{-1}$)、孔隙比和竖向渗透系数(m/s);

$\gamma_w$——水的重度(kN/m³)。

为了便于计算,式(7-34)已制成如图7-11所示$\bar{U}_z - T_v$的关系曲线。如果地基只有单面排水边界,而且附加应力分布又为非矩形的情况,则固结度$\bar{U}_z$与时间因数$T_v$的关系可查图7-12所示各曲线。

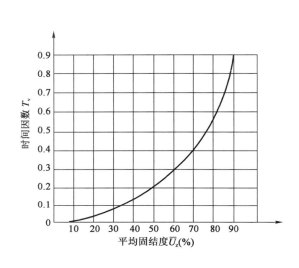

图7-11 双面排水条件下$\bar{U}_z$与$T_v$的关系

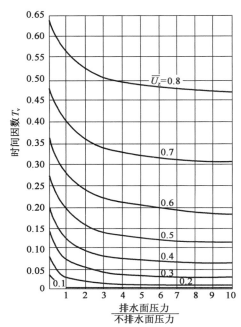

图7-12 各种边界条件下$\bar{U}_z$与$T_v$的关系

(2)瞬时加载条件下地基径向固结度计算

砂井地基的排水条件如图7-8b)所示,土层中的孔隙水既可以竖向又可以水平向排走。砂井的边界排水条件与砂井的平面布置形式有关,砂井的布置通常可按等边三角形或正方形排列布置,如图7-13a)、b)所示。假设每一个砂井的有效排水范围如图中虚线所示,并可用一个等效圆来代替,则认为在该范围内的孔隙水是通过位于其中的砂井排出。这样,排水边界可以看作等效直径为$d_e$的圆柱体,也即砂井的有效排水直径为$d_e$,如图7-13c)。圆柱体的侧面为一个不透水边界。等效圆直径$d_e$与砂井排列间距$l$的关系如下:

等边三角形排列:

$$d_e = \sqrt{\frac{2\sqrt{3}}{\pi}}l = 1.05l \tag{7-35}$$

正方形排列:

$$d_e = \sqrt{\frac{4}{\pi}}l = 1.13l \tag{7-36}$$

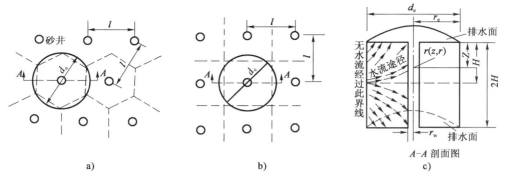

图 7-13 砂井平面布置及影响范围土柱体剖面

根据巴伦(Barron)提出的砂井固结理论,假设地表各点的竖向变形相同,无不均匀沉降发生,结合图7-13c)的边界条件建立超静孔隙水压力消散微分方程,则可得径向平均固结度 $\overline{U}_r$ 的计算公式为:

$$\overline{U}_r = 1 - \exp\left(-\frac{8}{F(n)}T_h\right) \tag{7-37}$$

$$F(n) = \frac{n^2}{n^2-1}\ln n - \frac{3n^2-1}{4n^2} \tag{7-38}$$

$$T_h = \frac{c_h t}{d_e^2} \tag{7-39}$$

$$c_h = \frac{k_h(1+e)}{a\gamma_w} \tag{7-40}$$

式中:$n$——井径比,$n = d_e/d_w$,对普通砂井可取 $n = 6 \sim 8$,对袋装砂井和塑料排水带可取 $n = 15 \sim 22$;

$d_e$、$d_w$——砂井有效影响范围的直径(m)和砂井的直径(m);

$T_h$——径向排水固结时间因数;

$c_h$——径向排水固结系数($m^2/s$);

$\gamma_w$——水的重度($kN/m^3$);

$k_h$——水平向渗透系数(m/s)。

竖向排水体有普通砂井、袋装砂井和塑料排水带,普通砂井直径不小于200mm,袋装砂井直径不小于70mm,塑料排水带的宽度不小于100mm,厚度不小于3.5mm,其当量直径可按式(7-41)计算:

$$d_p = \alpha\frac{2(b+\delta)}{\pi} \tag{7-41}$$

式中:$d_p$——塑料排水带当量直径(mm);

$\alpha$——换算系数,无试验资料时可取 $\alpha = 0.75 \sim 1.00$;

$b$——塑料排水带宽度(mm);

$\delta$——塑料排水带厚度(mm)。

当采用塑料排水带作为竖向排水体并利用式(7-37)计算地基固结度时,$d_w$ 应采用塑料排水带当量直径 $d_p$。

砂井地基的径向平均固结度 $\overline{U}_r$ 与时间因数 $T_h$、井径比 $n$ 之间的关系见图 7-14。

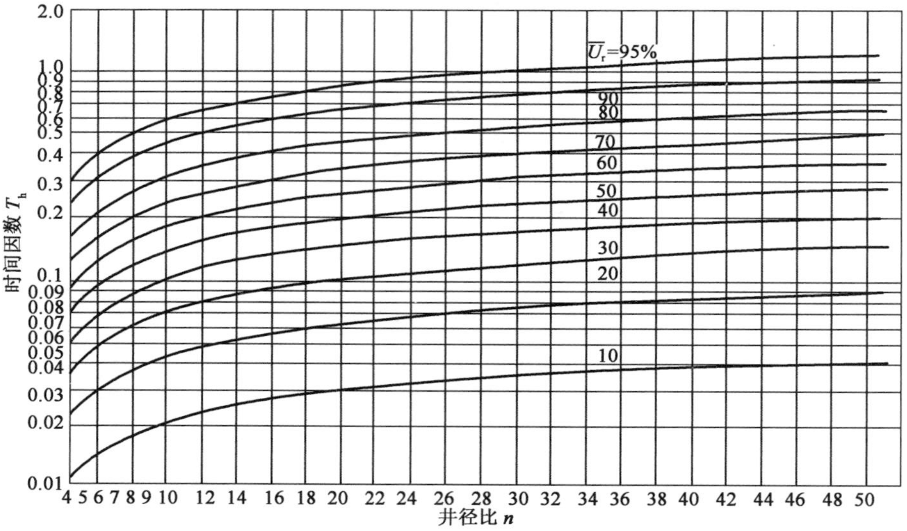

图 7-14 径向平均固结度 $\overline{U}_r$ 与时间因数 $T_h$ 及井径比 $n$ 的关系

（3）瞬时加载条件下地基平均固结度计算

砂井地基的固结通常是通过竖向排水和径向排水来完成的。根据卡里洛（N. Carrillo）理论，砂井地基的平均总固结度 $\overline{U}_{rz}$ 可按下式计算：

$$\overline{U}_{rz} = 1 - (1 - \overline{U}_z)(1 - \overline{U}_r) \tag{7-42}$$

式中：$\overline{U}_z$——仅考虑竖向排水的平均固结度；

$\overline{U}_r$——仅考虑径向排水的平均固结度。

在实际工程中，通常软黏土层的厚度总比砂井的间距大得多，所以地基的固结以水平向排水为主，故可忽略竖向固结，直接按公式(7-37)计算地基的平均固结度。

（4）一级或多级等速加载条件下地基固结度计算

上面计算固结度的理论公式都是假设荷载是一次瞬间施加的，然而在实际工程中，荷载总是分级逐渐施加的。对于一级或多级等速加载条件下，根据改进的高木俊介理论，当固结时间为 $t$ 时，对应总荷载的地基平均固结度可按下式计算：

$$\overline{U}_t = \sum_{i=1}^{n} \frac{\dot{q}_i}{\sum \Delta p} \Big[ (T_i - T_{i-1}) - \frac{\alpha}{\beta} e^{-\beta t} (e^{\beta T_i} - e^{\beta T_{i-1}}) \Big] \tag{7-43}$$

式中：$\overline{U}_t$——$t$ 时间地基的平均固结度；

$\dot{q}_i$——第 $i$ 级荷载的加载速率（kPa/d）；

$\sum \Delta p$——各级荷载的累加值（kPa）；

$T_{i-1}$、$T_i$——第 $i$ 级荷载加载的起始和终止时间（从零点起算）（d），当计算第 $i$ 级荷载加载过程中某时间 $t$ 的固结度时，$T_i$ 改为 $t$；

$\alpha$、$\beta$——参数，根据地基土排水固结条件按表7-6采用。对砂井地基，表中所列 $\beta$ 为不考虑涂抹和井阻影响的参数值。

$\alpha$、$\beta$ 值　　表 7-6

| 参数 | 排水固结条件 | | | |
|---|---|---|---|---|
| | 竖向排水固结 $\overline{U}_z > 30\%$ | 向内径向排水固结 | 竖向和向内径向排水固结(砂井贯穿受压土层) | 砂井未贯穿受压土层的平均固结度 |
| $\alpha$ | $\dfrac{8}{\pi^2}$ | 1 | $\dfrac{8}{\pi^2}$ | $\dfrac{8}{\pi^2}Q$ |
| $\beta$ | $\dfrac{\pi^2 c_v}{4H^2}$ | $\dfrac{8c_h}{F(n)d_e^2}$ | $\dfrac{8c_h}{F(n)d_e^2} + \dfrac{\pi^2 c_v}{4H^2}$ | $\dfrac{8c_h}{F(n)d_e^2}$ |

注:1. 表中 $F(n)$ 由式(7-38)计算。

2. $Q = H_1 / (H_1 + H_2)$，$H_1$ 为砂井深度，$H_2$ 为砂井以下压缩土层厚度,表中其余符号意义同前。

当排水砂井采用挤土方式施工时,应考虑涂抹和扰动对土体固结的影响。当砂井的纵向通水量与天然土层水平向渗透系数的比值较小,且砂井长度又较长时,尚应考虑井阻影响。考虑井阻、涂抹和扰动影响后,按式(7-43)计算的平均固结度应乘以折减系数,折减系数通常可取 $0.80 \sim 0.95$。

**2. 地基最终竖向变形量的计算**

预压荷载作用下地基最终竖向变形量的计算,可取附加应力与土体自重应力比值为 0.1 的深度作为压缩层的计算深度,按式(7-44)进行计算:

$$s_f = \xi s_c \tag{7-44}$$

$$s_c = \sum_{i=1}^{n} \frac{e_{0i} - e_{1i}}{1 + e_{0i}} h_i \tag{7-45}$$

式中:$s_f$——最终竖向变形量(m);

$e_{0i}$——第 $i$ 层中点土自重压力所对应的孔隙比,由室内固结试验所得的孔隙比 $e$ 和固结压力 $p$(即 $e$-$p$)关系曲线查得;

$e_{1i}$——第 $i$ 层中点土自重压力和附加压力之和所对应的孔隙比,由室内固结试验所得的 $e$-$p$ 关系曲线查得;

$h_i$——第 $i$ 层土层厚度(m);

$\xi$——变形计算经验系数,可按地区经验确定。无经验时,对正常固结饱和黏性土,堆载预压可取 $\xi = 1.1 \sim 1.4$,真空预压可取 $\xi = 1.0 \sim 1.3$。当荷载较大,地基土较软弱时,$\xi$ 取较大值,否则取较小值。

**3. 地基强度增长值的计算**

在预压荷载作用下,随着软土的排水固结,抗剪强度逐渐增长。当对软土地基施加的荷载过大过快,地基土得不到充分固结,土中应力达到其不排水抗剪强度时,就可能导致地基破坏。

地基中某点任意时间 $t$ 的抗剪强度 $\tau_{ft}$ 可按式(7-46)计算:

$$\tau_{ft} = \eta(\tau_0 + \Delta\tau_{ft}) \tag{7-46}$$

对欠固结土　　$$\Delta\tau_{ft} = (\Delta\sigma_z + u_0)U_t \tan\varphi_{cu} \tag{7-47}$$

对正常固结土　　$$\Delta\tau_{ft} = \Delta\sigma_z U_t \tan\varphi_{cu} \tag{7-48}$$

对超固结土　　$$\Delta\tau_{ft} = (\Delta\sigma_z - \sigma_c)U_t \tan\varphi_{cu} \tag{7-49}$$

式中:$\tau_{ft}$——$t$ 时刻该点土的抗剪强度(kPa);

$\tau_0$——地基土的天然抗剪强度,由十字板剪切试验或其他原位测试试验测定(kPa);

$\Delta\tau_{ft}$——$t$ 时刻该点土由于固结而增长的抗剪强度值(kPa);

$\Delta\sigma_z$——预压荷载引起的该点的附加竖向压力(kPa);

$U_t$——$t$ 时刻该点土的固结度(%);

$\varphi_{cu}$——三轴固结不排水剪切试验求得的土的内摩擦角(°);

$\eta$——土体由于剪切蠕动等因素而引起强度衰减的折减系数;可取 0.90 ~ 0.95,剪应力大取小值;反之则取大值;

$u_0$——自重下该点的孔隙水压力(kPa),$u_0 = \sigma_s - p_c$;

$\sigma_c$——该点的超固结压力(kPa),$\sigma_c = p_c - \sigma_s$;

$p_c$——先期固结压力(kPa);

$\sigma_s$——现有自重压力(kPa)。

## 三、预压法的设计

预压法通常由排水系统和加载系统两部分组成。预压法的设计,实际上在于合理安排排水系统和加载系统的关系,使地基在受压过程中排水固结,增加一部分强度,以确保逐级加载条件下地基的稳定性,并加速地基的沉降,以满足建筑物对工后沉降的要求。

1. 排水系统设计

预压法的排水系统,主要用来改变地基原有的排水边界条件,增加孔隙水排出的途径,缩短排水距离,加速土体固结。该系统由水平向排水系统和竖向排水系统两部分构成。

(1)水平向排水系统

水平向排水系统是指软土层顶面的排水垫层,目的是创造一个竖向渗流的排水边界。预压法处理地基应在地表铺设与竖向排水体相连的排水垫层,排水垫层的材料一般采用透水性好的中粗砂,其干密度应大于 $1.5 \times 10^3 kg/m^3$,渗透系数应大于 $10^{-2} cm/s$,能起到一定的反滤作用,黏粒含量不应大于 3%,砂料中可混有少量粒径不大于 50mm 的砾石。

砂垫层厚度不应小于 50cm,在没有砂井的情况下,通常采用满铺的形式;对于有砂井的情况,可采用排水砂沟的形式,从而将每一个砂井连在一起。当软土地基表面很软,施工有困难时,可先在地基表面铺一层塑料编织网或土工布,然后再在上面铺排水砂垫层。预压区中心部位砂垫层底高程应高于周边的砂垫层底高程,其差值应根据中心和周边的差异沉降来决定。

(2)竖向排水系统

当软土层大于 5m 时,常需要设置竖向排水系统。设置竖向排水系统的目的是创造一个水平向渗流边界。国内的实际工程通常多采用以下几种形式:30 ~ 50cm 直径的普通砂井;7 ~ 12cm 直径的袋装砂井;各种类型的塑料排水带等。

竖向排水系统的设计(以砂井为例)包括确定砂井的深度、直径、间距和范围,可根据工程对固结时间的要求,通过前述的固结理论经计算确定。

砂井的深度应根据建筑物对地基的稳定和变形的要求确定。以地基稳定性控制的工程,砂井深度应超过潜在滑动面至少 2m。以沉降控制的工程,如压缩土层较薄,砂井宜贯穿压缩土层;对压缩土层较厚,砂井的深度根据限定时间内应消除的沉降量确定。当采用真空预压时,必须打设砂井,且砂井宜穿透软土层,但不应进入下卧透水层。

根据工程经验,缩短砂井间距比增大井径对加速固结的效果更好。因此,采用"细而密"的原则选择砂井的直径和间距是比较合理的。

对砂井的布置,有时为了防止地基产生过大的侧向变形和防止基础周边附近地基的剪切破坏,其布置范围可自预压荷载底面范围基础的轮廓线向外扩大 2~3m。

2. 加载系统设计

预压过程中土体内的孔隙水排出和孔隙减小是由于外加荷载所产生的超静孔隙水压力消散即土体固结导致的,所以加载系统的设计和选择直接关系到预压排水固结的效果。根据预压荷载不同,加载系统主要有以下几种类型:

(1)堆载预压法

堆载预压法是加载系统中最常用的一种预压荷载施加方法。根据永久荷载的大小,可在软土表面堆置相应重量的砂石料、钢锭等预压荷载。高速公路、铁路及机场跑道形成的填料是很好的堆载材料,因此在沪宁、沪嘉高速公路及宁波、厦门机场的建设中即采用了这种方法。堆载法的最大优点是计量明确,施工技术简单,适应性广。但这种方法的工程量大,投资高,特别是当堆载用料来源有困难或者运输距离过远时,则更不经济。

堆载预压法在施加预压荷载的过程中,任何时刻作用于地基上的荷载不得超过地基极限承载力,以免地基失稳破坏。如需施加较大荷载时,应采取分级加载的方式,并严格控制加载速率,使之与地基的强度增长相适应,待地基在前一级荷载作用下达到一定的固结度后再施加下一级荷载。

(2)真空预压法

真空预压法是在砂井地基上覆盖一层不透气的密封膜使地基与大气隔绝,通过埋设于砂垫层中的排水管道,用真空装置抽气,将膜内空气排出,如此在膜内外产生一个大气压差的负压($-U_s$),这部分压力差相当于作用在地基上的预压荷载。真空预压法中,土中有效应力的变化见图 7-15,抽真空前,土中的总应力为 1 线,孔隙水压力为 2 线,初始有效应力为 1 线和 2 线之间的面积;抽真空后,孔隙水压力线变为 4 线,土层内增加的有效应力为 2 线与 4 线之间的面积。如果考虑真空设备的效率损失,有效应力应为 2 线与 3 线之间的面积,这部分附加应力促使土体排水固结。真空预压的膜下真空度应稳定地保持在 86.7kPa(650mmHg)以上,且均匀分布。

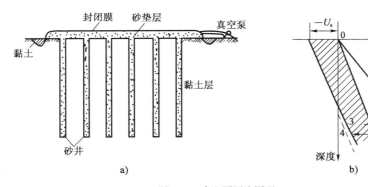

图 7-15 真空预压法原理

a)真空法;b)用真空法增加的有效应力

1-总应力线;2-原来的水压线;3-降低后的水压线;4-不考虑排水井内水头损失时的水压力线

真空预压法一般适用于饱和软黏土地基,特别是超软地基的加固,但当在加固深度范围内遇到黏性土层与有充足水源补给的透水层相间的情况时,地下水大量流入就不可能得到预计的负压($-U_s$),因此往往达不到预期的加固效果。此种情况下,就需要在加固区外围打设两排水泥土搅拌桩或者黏土搅拌桩等作为隔水帷幕,切断外围水的补给,保证加固区土层内的负压能够达到预期要求。真空预压加固区设置的排水竖井,除了起到竖向排水的作用外,还起着使抽真空产生的负压能够顺利传递到土体内部的作用。不过,砂井虽然能使负压迅速传递到土层下部,加速土层的排水固结,但真空压力能达到多大的有效深度目前尚不清楚,所以不应盲目增加砂井的深度,对于重要工程应事先由现场试验确定。

(3)联合预压法

堆载预压法的最大优点是不受荷载大小的限制,因此可以进行超载预压,但缺点是堆载的工程量太大,所需投资高,而且当土层比较差时,常需要分级堆载,加固时间比较长。真空预压法虽比较经济,但所形成的预压荷载不可能很大(真空预压法膜下真空度一般只可达85kPa左右),技术要求也比较复杂,因此,当地基预压荷载比较大时,在工程实践中可采用真空-堆载联合预压法。联合预压法就是综合两者的优点,先进行抽真空,当真空压力达到设计要求并稳定后,再进行堆载,并继续抽气,两者的加固效果互相叠加,这样就可以取得更为理想的结果。

(4)降水预压法

降水预压法的原理是通过降低地基中的地下水位,使地基中的软弱土层承受相当于水位下降高度范围内孔隙水自重产生的附加压力而固结,这是一种直接增加土骨架应力的方法。降水预压法常常与堆载预压法结合应用,既可以减少预压荷载,又可以缩短预压时间。但降水预压法有一定的局限性,它与土层分布和渗透性有很大的关系。此外各种井点的降水深度也有一定的限度,详见表7-7,井点降水的计算可参照有关水文地质学理论进行,但由于实际工程的影响因素很多,仅仅采用经过简化的图式进行计算是难于求出可靠结果的,因此还必须与经验结合起来。

各类井点的适用范围  表7-7

| 井点类别 | 土层渗透系数(cm/s) | 降低水位深度(m) |
|---|---|---|
| 单层轻型井点 | $10^{-7} \sim 10^{-4}$ | $\leqslant 6$ |
| 多层轻型井点 | $10^{-7} \sim 10^{-4}$ | $6 \sim 10$ |
| 喷射井点 | $10^{-7} \sim 10^{-4}$ | $8 \sim 20$ |
| 电渗井点 | $< 10^{-7}$ | 根据选用的井点确定 |
| 降水管井 | $> 10^{-5}$ | $> 6$ |
| 真空降水管井 | $> 10^{-6}$ | $> 6$ |

(5)各种预压法的适用范围

前述各种加载方法中,堆载预压法特别适用于存在连续薄砂层的地基。但等载预压法只能加速主固结而不能减少次固结,对有机质土和泥炭等次固结土,不宜只采用等载预压法,克服次固结可采用超载预压的方法。真空预压法适用于能在加固区形成(包括采取措施后形成)稳定负压边界条件的软土地基。降水预压法、真空预压法和电渗法由于不增加剪应力,地基不会产生剪切破坏,所以它可适用于很软弱的黏性土地基。

加载系统的设计在于确定预压荷载的大小、施加方式、预压范围和预压时间。预压荷载的大小通常不宜小于建筑物基础底面压力,堆载预压荷载顶面的范围应不小于建筑物基础外缘包围的范围,真空预压区边缘应大于建筑物基础轮廓线,每边增加量不得小于3.0m。对于堆载预压,当天然地基的强度满足预压荷载下地基的稳定性时可一次加载,否则应分级加载。第一级荷载根据土的天然强度确定,以后各级荷载根据前期荷载下增长的抗剪强度,通过稳定性分析确定。分级加荷时应控制加荷速率,使之与地基的强度增长相适应;待地基在前一级荷载作用下达到一定的固结度后,再施加下一级荷载,特别是在加荷后期,更需要严格控制加荷速率。加荷速率和预压时间可通过理论计算确定,但更为直接而可靠的方法是通过各种现场的位移和变形观测来控制。真空预压时,地基不会失稳,等效荷载可一次施加。

## 四、预压法的施工要点

### 1. 堆载预压法

(1)塑料排水带的性能指标应符合设计要求,并应在现场妥善存放,防止阳光照射、破损或污染。破损或污染的塑料排水带不得在工程中使用。

(2)砂井的灌砂量,应按井孔的体积和砂在中密状态时的干密度计算。其实际灌砂量不得小于计算值的 95%。灌入砂袋中的砂宜用干砂,并应灌制密实。

(3)塑料排水带和袋装砂井在施工时,宜配备能检测其深度的仪器。

(4)塑料排水带施工所用套管应保证插入地基中的板子不扭曲。塑料排水带需接长时,应采用滤膜内芯板平搭接的连接方法,搭接长度宜大于 200mm。袋装砂井施工所用套管内径宜略大于砂井直径。塑料排水带和袋装砂井施工时,平面井距偏差不应大于井径,垂直度偏差不应大于 1.5%,深度不得小于设计要求。塑料排水带和袋装砂井的砂袋埋入砂垫层中的长度不应小于 500mm。

(5)对堆载预压工程,在加载过程中应进行竖向变形、边桩水平位移及孔隙水压力等项目的监测,并根据监测资料控制加载速率。对竖井地基,最大竖向变形量每天不应超过 15mm;对天然地基,最大竖向变形量每天不应超过 10mm。边桩水平位移每天不应超过 5mm,并且应根据上述观察资料综合分析、判断地基的稳定性。

### 2. 真空预压法

(1)真空预压的抽气设备宜采用射流真空泵,真空泵空抽吸力不应低于 95kPa。真空泵的设置应根据预压面积大小和形状、真空泵效率和工程经验确定,每块预压区至少应设置 2 台真空泵。

(2)真空管路的连接应严格密封,在真空管路中应设置止回阀和截门。水平向分布滤水管可采用条状、梳齿状及羽毛状等形式,滤水管布置宜形成回路。滤水管应设在砂垫层中,其上覆盖厚度为 100~200mm 的砂层。滤水管可采用钢管或塑料管,外包尼龙纱或土工织物等滤水材料。

(3)密封膜应采用抗老化性能好、韧性好、抗穿刺性能强的不透气材料。密封膜宜采用双热合的平搭接缝,搭接宽度应大于 15mm。密封膜宜铺设三层,膜周边可采用挖沟埋膜、平铺并用黏土覆盖压边、围埝沟内及膜上覆水等方法进行密封。

(4)采用真空-堆载联合预压时,先抽真空,当真空压力达到设计要求并稳定后,再进行堆载,并继续抽气。堆载时需在膜上铺设土工编织布等保护材料。

对于所有排水系统,应做到:

(1)保证上下连续、密实,砂井不能出现缩颈现象;

(2)施工时尽量减少对周围土体的扰动;

(3)施工后的长度、直径、间距应满足设计要求。

【例 7-3】 已知:地基为淤泥质黏土层,固结系数 $c_h = c_v = 1.8 \times 10^{-3} \text{cm}^2/\text{s}$,采用堆载预压

法进行加固，受压土层厚 20m，袋装砂井直径 $d_w = 70mm$，袋装砂井为等边三角形排列，间距 $l = 1.4m$，深度 $H = 20m$，砂井底部为不透水层，砂井打穿受压土层。预压荷载总压力 $p = 100kPa$，分两级等速加载，如图 7-16 所示。求：加荷开始后 120d 受压土层的平均固结度（不考虑砂井井阻和涂抹影响）。

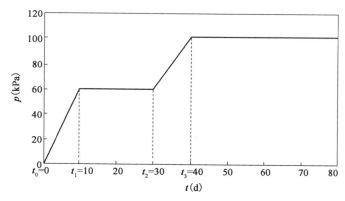

图 7-16　堆载预压法加载过程

【解】　受压土层平均固结度包括两部分：径向排水平均固结度和向上竖向排水平均固结度。按公式（7-43）计算，其中 $\alpha$、$\beta$ 由表 7-6 可知：

$\alpha = \dfrac{8}{\pi^2} = 0.81$，根据砂井的有效排水圆柱体直径 $d_e = 1.05l = 1.05 \times 1.4 = 1.47m$，径井比 $n = d_e/d_w = 1.47/0.07 = 21$，则：

$$F(n) = \frac{n^2}{n^2-1}\ln n - \frac{3n^2-1}{4n^2} = \frac{21^2}{21^2-1}\ln 21 - \frac{3 \times 21^2 - 1}{4 \times 21^2} = 2.3$$

$$\beta = \frac{8c_h}{F_n d_e^2} + \frac{\pi^2 c_v}{4H^2} = \frac{8 \times 1.8 \times 10^{-3}}{2.3 \times 147^2} + \frac{3.14^2 \times 1.8 \times 10^{-3}}{4 \times 2000^2} = 0.0251(1/d)$$

第一级荷载的加荷速率 $\dot{q}_1 = 60/10 = 6kPa/d$，第二级荷载的加荷速率 $\dot{q}_2 = 40/10 = 4kPa/d$。

则加荷开始后 120d 受压土层的平均固结度为：

$$\overline{U_t} = \sum_{i=1}^{n} \frac{\dot{q}_i}{\sum \Delta p}\left[(T_i - T_{i-1}) - \frac{\alpha}{\beta}e^{-\beta t}(e^{\beta T_i} - e^{\beta T_{i-1}})\right]$$

$$= \frac{6}{100}\left[(10-0) - \frac{0.81}{0.0251}e^{-0.0251 \times 120}(e^{0.0251 \times 10} - e^0)\right] +$$

$$\frac{4}{100}\left[(40-30) - \frac{0.81}{0.0251}e^{-0.0251 \times 120}(e^{0.0251 \times 40} - e^{0.0251 \times 30})\right] = 0.93$$

# 第五节　密　实　法

密实法是利用人工或机械的手段从地基表面或内部对土体施加机械能量，在短时间内促使土颗粒重新排列，孔隙比减小，密实度增加，从而达到增加地基承载力、减少沉降的目的。密实法主要适用于人工填土、非饱和黏性土以及饱和或非饱和的砂性土地基。利用密实原理处理地基的方法主要有压实、夯实、挤密和振密等四类。

## 一、密实法加固原理

### 1. 压实法

压实法是利用各种压实机械自身的重量或振动作用从土体表面施加机械能量对土体进行压实。由于压实机械的重量和激振力有限,压实功能小,压实的影响深度很浅,所以压实法主要用于地下水位以上大面积填土(如土坝、路堤等工程)的压实以及非饱和黏性土和杂填土等地基的浅层处理。对于厚度较大的回填材料,需采用分层压实的方法来达到密实的效果。压实法可分为静力压实法和振动压实法。

静力压实法(又称碾压法)是利用压路机、铲运机、羊足碾或其他碾压机械在土体表面来回开动,利用机械自身的重量把松散土体压实。振动压实法是利用振动压路机、平板式振动器等振动压实机械在地基表面施加振动荷载以振实浅层松散土体。实践证明,振动压实法处理砂土以及碎石、矿渣等无黏性土或黏粒含量少、透水性较好的松散填土效果良好,振密后的地基具有良好的抗震能力。

压实法的加固效果与填土成分、机械功率以及振动时间等因素有关。由于土的基本性质复杂多变,同一压实能量下对于不同土类、不同含水率土体的压实效果可以完全不同。压实法施工时应根据压实机械的压实能量和地基土的性质,控制土体的含水率接近最优含水率,并选择适当的碾压分层厚度和碾压遍数等施工参数。初步设计时可按表7-8选用。

**填土每层铺填厚度及压实遍数** 表 7-8

| 施工设备 | 每层铺填厚度(mm) | 每层压实遍数 |
| --- | --- | --- |
| 平碾(8~12t) | 200~300 | 6~8 |
| 羊足碾(5~16t) | 200~350 | 8~16 |
| 振动碾(8~15t) | 500~1200 | 6~8 |
| 冲击碾压(冲击势能15~25kJ) | 500~1500 | 20~40 |

### 2. 夯实法

夯实法是利用一定重量的重锤从一定高度落下产生的冲击能量来夯实地基。根据冲击能量的大小和夯击方式的不同,夯实法可分为重锤夯实法和强夯法两类。

(1)重锤夯实法

重锤夯实法用起重机械将夯锤提高到一定的高度后,然后将其自由下落,利用冲击能量将浅层地基夯实。重锤夯实法的夯击能量随着夯锤的重力和落距的增加而增加,夯锤的重量一般为15~30kN,锤底单位面积静压力宜为15~20kPa,落距一般为2.5~4.5m。夯击时一般采用锤印互相搭接,一夯挨一夯顺序进行。连续夯击一定击数后,夯实的影响深度一般能达到锤底直径的一倍左右。

重锤夯实法一般适用于处理浅层非饱和黏性土、砂性土、湿陷性黄土、杂填土和分层填筑的素填土,但若在影响深度范围内,地下水位高且存在有低渗透性饱和软土时,软土结构很可能被破坏,而水又无法排出,从而形成所谓"橡皮土"。在这种情况下,土层则不可能达到密实的效果,应特别注意。

（2）强夯法

强夯法（图7-17）是在极短的时间内对地基施加一个巨大的冲击能量，加荷历时一般只有几十毫秒，这种突然释放的巨大能量，转化为各种振动波和动应力向土中传播，使土体产生密实或动力固结，从而提高地基土的强度，降低土的压缩性，改善砂土的抗液化条件，消除湿陷性黄土的湿陷性等。

图7-17　强夯法

强夯法是法国梅那（Menard）技术公司于1969年首创的一种深层地基加固技术。与重锤夯实法比较，强夯法的主要特点是夯击能量特别大，锤重一般为100~500kN，落距为6~40m，国外最大的夯击能曾达到50000kN·m，最大加固深度可达30m以上。强夯法最初是用以加固各类松散砂土和碎石土，因其具有效果明显、设备简单、施工方便、节省劳力、施工期短、节省材料、施工文明和施工费用低等优点，目前已扩展应用到处理各类低饱和度的粉土与黏性土、湿陷性黄土、杂填土和素填土等地基。如果往夯坑内回填碎石、块石、矿渣等工程性质稳定的粗颗粒材料或者设置合理的排水系统，强夯法还可适用于高饱和度的粉土与软塑~流塑的黏性土等地基上对变形控制要求不严的加固工程，但应在设计前通过现场试验确定其适用性和处理效果。强夯法的主要缺点是夯击会产生较大的振动和噪声，因此当强夯施工所产生的振动和噪声对临近建筑物或设备产生有害影响或影响到周围居民的工作和生活时，则该法的应用会受到限制。

根据地基土的类别和强夯施工工艺，强夯法加固地基有三种不同的加固机理：动力密实、动力固结和动力置换。

①动力密实机理。强夯加固粗粒土或非饱和细粒土是基于动力密实机理，即用强大的冲击荷载，强制使土粒发生移动，孔隙体积减小，土体变得密实，从而提高地基土强度。

②动力固结机理。强夯加固饱和细粒土是基于动力固结机理，即用强大的冲击能与冲击波，在不过度破坏土体原有结构前提下，使土体内产生超静孔隙水压力，并使夯锤附近土体内产生许多微裂隙，增加孔隙水的排水通道，使土体加速排水固结，此后，由于细粒土的触变性，强度继续提高。

③动力置换机理。动力置换可分为整式置换和桩式置换。整式置换是采用强夯将碎石整体挤入淤泥中，其作用机理类似于换填垫层；桩式置换是通过强夯将碎石填筑土体中，部分碎石以柱状或墩状被间隔地夯入土体中，形成桩式（或墩式）的碎石桩（或墩），并与桩（或墩）间土一起形成复合地基。

3. 挤密法

挤密法是指在软弱土层中挤土成孔，从侧向将土挤密，然后再将碎石、砂、灰土、石灰或矿渣等填料充填密实成柔性的桩体，并与原地基形成一种复合地基，从而改善地基的工程性能。

挤密法成桩根据施工方法和灌入材料不同，可分为沉管挤密砂（或碎石）桩、振冲碎石桩、石灰桩、灰土桩、渣土桩、柱锤冲扩桩、夯实水泥土桩等。挤密法一般适用于加固松散砂土、粉土、黏性土、素填土、杂填土等地基，以及用于处理可液化地基。饱和黏性土地基，无法进行挤密，但如果对变形控制不严格，可采用碎石桩置换处理。

图7-18a）为沉管挤密桩的成桩过程，该法是采用带有桩靴的钢管，用打入或振入的方法

成孔,灌入填料后,边振动边将钢管拔出,拔管时桩靴活瓣张开,填料从管内流出填充桩孔,然后再通过钢管自身振动将填料密实成桩。图7-18b)为柱锤挤密桩的冲击成桩过程,首先由柱锤冲击成孔,然后将填料分次填入,用柱锤再将孔内填料冲击密实成桩。图7-18c)表示振冲挤密桩的施工顺序,第一步是用带有高压喷嘴的振冲器喷射成孔,第二步、第三步是将填料分段灌入并用振冲器将填料振冲密实,第四步是振冲器完成振密成桩。

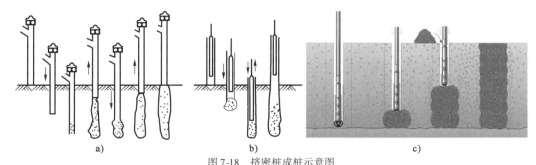

图7-18 挤密桩成桩示意图

a)沉管成桩;b)冲击成桩;c)振冲成桩

挤密法加固地基的作用,可以从挤密和置换两个方面分析。首先在成孔过程中,由于挤土排土作用使在成孔有效影响范围内土的孔隙比减小,密实度增加;然后用工程性质稳定的填料填入孔内振密成桩。这种桩的性质比原土要好得多,在某种意义上讲,桩体本身是一种置换作用。置换桩可以与挤密的桩间土一起构成复合地基,共同承担外部荷载作用。

4.振密法

振密法是依靠振冲器或振动杆等的强力振动,在不加外部填料的前提下,使原位饱和砂土在高频强迫振动下产生液化,砂颗粒重新排列,由不稳定状态向稳定状态移动,孔隙减小,密实度和强度提高,抗液化能力增强。振密法可分为干振法和振冲法两类。其中干振法主要利用振动杆的竖向强力振动对饱和砂土进行振动液化密实。振冲法在利用振冲器对土体施加水平激振的同时,还通过振冲器端部的出水孔对土体施加水冲作用。不加填料的振密法一般适用于加固细粒含量不超过10%的饱和砂土地基。

## 二、强夯法的设计与计算

根据强夯加固深度和加固效果的要求,强夯法的主要设计参数包括有效加固深度、单击夯击能、单位夯击能、夯击次数、夯击遍数、间隔时间、夯击点布置和处理范围等。强夯置换法还需要确定置换的深度和材料。

(1)有效加固深度。强夯法的有效加固深度既是反映处理效果的重要参数,又是确定夯击设计参数和施工工艺的重要依据。目前,对于强夯法的有效加固深度,国内外尚无确切的定义,一般可理解为:经强夯加固后,强度和变形等指标能满足设计要求的土层深度范围。梅那(Menard)曾提出用以下经验公式估算强夯法的有效加固深度 $H(\text{m})$。

$$H = \alpha \sqrt{\frac{W \cdot h}{10}} \qquad (7\text{-}50)$$

式中:$W$——夯锤的锤重(kN);

$h$——夯锤的有效落距(m);

$\alpha$——修正系数,根据实践经验为 $0.3 \sim 0.8$,宜根据不同土类和加固深度选择不同修正系数。单击夯击能量越大,修正系数越小。

实际上,影响强夯有效加固深度的因素很多,除了锤重和落距外,还有地基土的性质、不同土层的埋藏顺序和厚度、地下水位以及其他强夯参数如锤底面积、锤底单位压力、夯击次数、加固深度等,因此,强夯的有效加固深度应根据现场试夯或当地经验确定。在缺少试验资料或者经验时,可按表7-9进行预估。

强夯的有效加固深度(m) 表7-9

| 单击夯击能量(kN·m) | 碎石土、砂土等粗粒土 | 粉土、粉质粘土、湿陷性黄土等细粒土 |
|---|---|---|
| 1000 | 4.0~5.0 | 3.0~4.0 |
| 2000 | 5.0~6.0 | 4.0~5.0 |
| 3000 | 6.0~7.0 | 5.0~6.0 |
| 4000 | 7.0~8.0 | 6.0~7.0 |
| 5000 | 8.0~8.5 | 7.5~8.0 |
| 6000 | 8.5~9.0 | 8.0~8.5 |
| 8000 | 9.0~9.5 | 8.5~9.0 |
| 10000 | 9.5~10.0 | 9.0~9.5 |
| 12000 | 10.0~11.0 | 9.5~10.0 |

(2)单击夯击能。单击夯击能(即夯锤重和落距的乘积)是决定有效加固深度的关键因素,如果夯能过小则达不到预期的加固深度和夯实效果,但在一定的夯能下,如果夯锤底面积选择不恰当,也可能达不到预期的目的,一般可取单位面积静压力 $25 \sim 80$ kPa 来选定锤底面积。单击夯击能高时,取高值,单击夯击能低时,取低值,对于细粒土宜取低值。

(3)单位夯击能。单位夯击能是指加固区单位面积上施加的总夯击能,主要影响强夯的加固效果。单位夯击能的大小与地基土的类别有关,在相同条件下,粗粒土的单位夯击能要比细颗粒土适当大些,对粗颗粒土可取 $1000 \sim 3000$ kN·m/m$^2$,对细粒土可取 $1500 \sim 4000$ kN·m/m$^2$。此外,结构类型、荷载大小和要求处理的深度也是选择单位夯击能的重要因素。单位夯击能宜通过现场试验确定。

(4)夯击次数。单点的夯击次数是强夯设计中的一个重要参数,一般通过现场试夯的夯击次数、夯坑夯沉量和夯坑周围地面隆起量关系曲线确定,常以夯坑的夯沉量最大、夯坑周围地面隆起量最小为原则,且不因夯坑过深而发生提锤困难,并满足最后两击的平均夯沉量不大于下列数据:当单击夯击能小于4000kN·m时为50mm;当单击夯击能为 $4000 \sim 6000$kN·m时为100mm;当单击夯击能为 $6000 \sim 8000$kN·m时为150mm;当单击夯击能为 $8000 \sim 12000$kN·m时为200mm。

(5)夯击遍数。夯击遍数应根据单位夯击能和地基土的性质确定。一般来说,由粗颗粒土组成的渗透性强的地基,夯击遍数可少些。反之,由细颗粒土组成的渗透性弱的地基,夯击遍数要求多些。对于碎石、砂砾、砂质土,点夯的夯击遍数一般为 $2 \sim 3$ 遍;黏性土为 $2 \sim 8$ 遍。最后再对全部场地进行 $1 \sim 2$ 遍低能量夯击(俗称满夯,夯击时锤印搭接长度约为四分之一夯锤底面直径),使表层 $1 \sim 2$m 范围的土层得以夯实。

(6)间隔时间。两遍夯击之间应有一定的间隔时间,以利于土中超静孔隙水压力的消散和土体结构恢复。当缺少实测资料时,可根据地基土的渗透性确定,对于渗透性较差的黏性土地基的间隔时间,一般不应少于3~4周;对于渗透性好的地基,则可连续夯击。

(7)夯击点布置。夯击点的布置包括夯击点位置和间距。夯击点布置是否合理与夯实效果和施工费用之间有密切的关系。夯击点位置可根据建筑结构基础底面形状进行布置,一般采用等边三角形、等腰三角形或正方形布点。夯击点的间距,一般根据地基土的性质和要求加固的深度而定,根据国内经验,第一遍夯击点间距可取夯锤直径的2.0~3.5倍,第二遍夯击点位于第一遍夯击点之间,以后各遍夯击点间距可根据单点夯击能适当减小。对处理深度较深或单击夯击能较大的工程,第一遍夯击点间距宜适当增大。

(8)处理范围。由于地基内附加应力扩散作用,强夯处理的范围应大于建筑物基础的范围,具体放大范围可根据建筑结构类型和重要性等因素考虑确定。根据经验,对于一般建筑物,每边超出基础外缘的宽度宜为基础底面下设计处理深度的1/2~2/3,不宜小于3m。对可液化地基,超出基础边缘的处理宽度,不应小于5m。

在进行强夯法处理后的地基竣工验收时,承载力检验应采用载荷试验、标准贯入试验或静力触探试验等原位测试手段和室内土工试验,承载力检验应在施工结束后间隔一定时间方能进行,对于碎石土和砂土地基,其间隔时间可取7~14d,粉土和黏性土地基可取14~28d。

### 三、挤密法的设计和计算

挤密法的设计包括施工方法、桩体材料、桩长、桩径、桩距、加固范围、桩位布置、桩孔填料量以及处理后地基的承载力、变形和稳定性验算等。

挤密桩的施工方法可选择振动或锤击沉管法、振冲法、孔内强夯法、柱锤冲扩法、爆夯法、取土成孔夯实法(如钻孔、洛阳铲取土成孔)等。桩体可以选择砂桩、砂石桩、碎石桩、素土桩、灰土桩、石灰桩、二灰桩、矿渣桩、水泥土桩等。下面以挤密砂石桩为例,介绍挤密桩的设计和计算。

(1)挤密砂石桩可根据工程需要选择振动沉管法、振冲法或锤击夯扩法等进行施工。

(2)桩长主要取决于需要加固土层的厚度,一般视建(构)筑物的设计要求和地质条件确定,应满足地基承载力、变形和稳定性的要求。在通过计算确定桩长时还应符合下列规定:

①对松散砂土或其他软土层,当其厚度不大时,桩长应穿透软弱土层至较好持力层上;当厚度较大而挤密砂石桩不能穿透时,桩长应根据建筑地基的允许变形值确定。

②处理可液化土层时,桩长应穿透可液化土层。

③对按稳定性控制的工程,桩长应不小于最危险滑动面以下2.0m的深度。

④桩长一般不宜小于4m。

(3)挤密砂石桩的桩径可根据地基土质条件、成桩方式和成桩设备等因素确定,桩的平均直径可按每根桩所用填料量计算。振冲碎石桩桩径宜为800~1200mm;沉管砂石桩桩径宜为300~800mm。

(4)挤密砂石桩的桩距应根据场地土层情况、上部结构荷载形式和大小,通过现场试验确定。采用振冲法成孔的挤密砂石桩,桩距宜结合所采用的振冲器功率大小确定,30kW振冲器布桩间距可采用1.3~2.0m;55kW振冲器布桩间距可采用1.4~2.5m;75kW振冲器布桩间距可采用1.5~3.0m;不加填料振冲挤密孔距可为2~3m。上部荷载大时,宜采用较小的间距;上部荷载小时,宜采用较大的间距。挤密砂石桩的桩间距,对于粉土和砂土地基,桩距不宜大于砂石桩直径的 4.5 倍；对黏性土地基，不宜大于砂石桩直径的 3 倍。

桩间土的挤密效果与挤密桩的桩径、桩距和桩位布置形式有关，挤密桩桩位宜采用等边三角形或正方形布置。假定在松散土体中打入砂石桩能起到 100% 的挤密效果，即假定成桩过程中地面没有隆起或沉降，被加固土体也没有流失，原位松散土体被径向挤密后所形成的圆柱形孔洞被填入的桩体材料完全填充，若桩位按图 7-19 所示布置，则可得挤密桩直径 $d(\mathrm{m})$、桩间距 $s(\mathrm{m})$、加固前后土体孔隙比 $e_0$ 和 $e_1$ 之间的关系，见式（7-51）和式（7-52）。

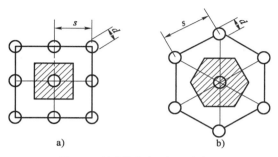

图 7-19　挤密桩的布置与影响范围
a) 正方形布置；b) 三角形布置

对于松散粉土和砂土地基，应根据挤密后要求达到的孔隙比 $e_1$ 来确定砂石桩间距 $s$，可以按下式估算：

等边三角形布置
$$s = 0.95\xi d \sqrt{\frac{1+e_1}{e_0-e_1}} \tag{7-51}$$

正方形布置
$$s = 0.89\xi d \sqrt{\frac{1+e_0}{e_0-e_1}} \tag{7-52}$$

$$e_1 = e_{\max} - D_{r1}(e_{\max} - e_{\min}) \tag{7-53}$$

式中：　$s$——挤密砂石桩间距（m）；

　　　　$\xi$——修正系数，当考虑振动下沉密实作用时，可取 1.1～1.2；不考虑振动下沉密实作用时，可取 1.0；

　　　　$d$——挤密砂石桩直径（m），可根据地基土质情况和成桩设备等因素确定，对饱和黏性土地基宜选用较大的直径；

　　$e_0$、$e_1$——加固前原土的孔隙比和挤密后要求达到的孔隙比；

$e_{\max}$、$e_{\min}$——砂土的最大和最小孔隙比，由室内试验确定；

　　　　$D_{r1}$——地基挤密后要求砂土达到的相对密实度，可取 0.70～0.85。

对于黏性土地基，以满足复合地基承载力和变形量为主要依据，挤密桩间距 $s$ 可根据面积置换率按下式进行计算：

等边三角形排列
$$s = 1.08\sqrt{A_e} \tag{7-54}$$

正方形排列
$$s = \sqrt{A_e} \tag{7-55}$$

式中：$A_e$——单根挤密砂石桩承担的处理面积（$\mathrm{m}^2$），$A_e = A_p/m$，$A_p$ 为单根砂石桩的截面积，$m$ 为面积置换率。

（5）挤密砂石桩的加固范围应根据建筑物重要性、基础形式及尺寸大小、荷载条件及场地条件而定。地基的加固范围应大于荷载作用面范围，宜在基础外缘扩大 1～3 排桩。对于可液化地基,在基础外缘扩大宽度不应小于基底下可液化土层厚度的1/2,并不小于5m;当可液化土层上覆盖有厚度大于3m 的非液化土层时,基础外缘每边放宽不小于基底下可液化土层厚度的1/2,并不小于3m。

(6)桩位的布置形式应根据基础形式确定。对于大面积满堂处理,桩位宜采用等边三角形或正方形布置;对于独立基础,桩位宜采用三角形、正方形或矩形布置;对于条形基础,桩位可沿基础轴线采用单排布置或对称轴线多排布置;对于圆形或环形基础,宜采用放射形布置。

(7)挤密砂石桩桩孔内的填料量应通过现场试验确定,初步设计时,可按设计桩孔体积乘以适当的增大系数,即可按式(7-56)进行估算。

$$q = Kh\frac{\pi d^2}{4} \tag{7-56}$$

式中:$q$——每根桩填料体积($m^3$);

$h$——桩长(m);

$K$——充盈系数,一般为1.2~1.4;

$d$——桩径(m)。

挤密砂石桩填料量也可按式(7-57)计算。

$$q' = \frac{A_p h \rho_s}{1+e}(1+w) \tag{7-57}$$

式中:$q'$——每根桩填料质量(kg);

$A_p$——砂石桩的截面面积($m^2$);

$\rho_s$——砂石料的颗粒相对密度($kg/m^3$);

$e$——砂石料密实后的孔隙比;

$w$——砂石料的初始含水率(%)。

(8)挤密砂石桩顶部宜铺设一层厚度为300~500mm 的碎石垫层。

# 第六节 胶 结 法

胶结法是将固化剂浆液或干粉,采用压力注入或机械拌入或高压喷入的施工方法注入土体孔隙或裂隙,利用固化剂与水和土粒之间的化学反应,将生成物填充于土体孔隙或将土颗粒胶结起来,从而改善地基土物理力学性质的加固方法。根据固化剂掺入土体的施工方法,胶结法可以分为注浆法、深层搅拌法和高压喷射注浆法等。

## 一、胶结法加固原理

### 1. 注浆法

注浆法亦称灌浆法,是利用液压、气压或电化学的方法,通过注浆管把某些固化剂的浆液均匀地注入地层中,浆液以充填、渗透和挤密等方式,进入土颗粒之间的孔隙或裂隙中,将原来松散的土体胶结成一个整体,从而形成强度高、防渗和化学稳定性好的"结石体"。注浆法可用于防渗堵漏、提高地基土的强度和变形模量、充填空隙、进行既有地基基础加固和控制变形等。

注入浆液中的固化剂材料包括粒状浆材和化学浆材,其中粒状浆材主要有水泥浆、水泥砂浆、水泥黏土浆和黏土浆等;化学浆材主要包括硅酸钠、氯化钙、氢氧化钠等无机浆材以及聚氨酯类、环氧树脂类、甲基丙烯酸酯类、丙烯酰胺类等有机浆材。

根据浆液注入过程所依据的理论,注浆法可分为渗透注浆、劈裂注浆、压密注浆和电动化学注浆四类。

(1)渗透注浆

渗透注浆是指在注浆压力作用下,浆液排挤出土体孔隙或岩石裂隙中存在的自由水和气体,克服各种阻力充填入土体孔隙或岩石裂隙。渗透注浆所用注浆压力相对较小,基本上不会改变原状土体或岩石的结构和体积。这类注浆一般只适用于孔隙比较大的中砂以上的粗粒土和有裂隙的岩石。代表性的渗透注浆理论有球形扩散理论、柱形扩散理论和袖套管法理论。

(2)劈裂注浆

劈裂注浆是指在注浆压力作用下,浆液克服地基中的初始应力和岩土体抗拉强度,引起岩石和土体结构的破坏和扰动,使其沿垂直于小主应力的平面或强度最弱的平面上发生劈裂,使地层中原有的裂隙或孔隙张开,形成新的脉状或带状裂隙,浆液的可灌性和扩散距离增大,见图7-20。该法适用于存在隐裂隙或细裂缝的岩石、砂砾石层、粉土及黏性土地基。在劈裂注浆中,新增劈裂缝的发展走向一般难以预估,形成树枝状或带状的浆脉,地基加固的均匀性较差。

劈裂注浆的注浆压力不宜过大,在保证可注的前提下应尽量减小注浆压力,以克服天然地层的初始应力和抗拉强度为宜。注浆压力的选用应根据土层的性质及其埋深确定,在砂土中的经验数值为0.2~0.5MPa,在黏性土中的经验数值为0.2~0.3MPa。当采用水泥水玻璃双液快凝浆液时,注浆压力不应大于1MPa。

(3)压密注浆

压密注浆是采用很稠的浆液注入在地基土内钻进的注浆孔内,在注浆点使土体压密,并在注浆管端部附近形成"浆泡",见图7-21。当浆泡的直径较小时,注浆压力基本上沿钻孔的径向扩展。随着浆泡尺寸的逐渐增大,便产生较大的上抬力而使地面隆起。经研究证明,向外扩张的浆泡将在土体中引起复杂的径向和切向应力体系。紧靠浆泡处的土体将遭受严重破坏和剪切,并形成塑性变形区;离浆泡较远的土则主要发生弹性变形。浆泡的形状一般为球形或圆柱形。在均质土中的浆泡形状相当规则,而在非均质土中则很不规则。

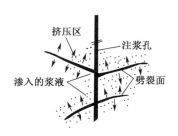

图7-20 劈裂注浆示意图

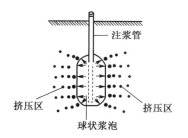

图7-21 压密注浆示意图

压密注浆除可以在土体内形成球形或圆柱形浆泡外,还可对离浆泡界面0.3~2.0m范围内的土体产生明显的压密作用,一般适用于加固颗粒较大的中砂和粉细砂地基,也适用于加固有充分排水条件的饱和黏性土和非饱和黏性土地基,此外还可用来调整地基的不均匀沉降,对已有建筑物进行纠偏托换等,但在加固深度小于1~2m时,除非其上原有建筑物能提供约束,否则加固质量很难保证。

对压密注浆,注浆压力主要取决于浆液材料的稠度。当采用水泥砂浆时,坍落度宜控制在 25 ~ 75mm,注浆压力宜为 1 ~ 7MPa,坍落度较小时,注浆压力可取上限值。

(4)电动化学注浆

若地基土的渗透系数 $k < 10^{-4}$ cm/s,只靠一般静压力难以使浆液注入土的孔隙,此时需用电渗的作用使浆液进入土中。

电动化学注浆是指在施工时将带孔的注浆管作为阳极,用滤水管作为阴极,将溶液由阳极压入土中,并通以直流电(两电极间电压梯度一般采用 0.3 ~ 1.0V/cm),在电渗作用下,孔隙水由阳极流向阴极,促使通电区域中土的含水率降低,并形成渗浆通路,化学浆液也随之流入土的孔隙中,并在土中硬结。因而电动化学注浆是在电渗排水和注浆法的基础上发展起来的一种加固方法。但由于电渗排水作用,可能会引起邻近既有建筑物基础的附加下沉,当临近有对变形敏感的建(构)筑物或设施时,采用电动化学注浆加固要慎重。

2. 深层搅拌法

深层搅拌法是利用水泥(或石灰)等材料作为固化剂,通过特制的深层搅拌或喷粉机械,就地将土体和固化剂(浆液或干粉)强制搅拌混合,由固化剂和土体间所产生的一系列物理化学反应,使土体硬结成具有一定整体性、水稳定性和强度的水泥土桩或石灰土桩,与天然地基形成复合地基,共同承担建筑物的荷载,或筑成壁状、格栅状或块状深层加固体作为地基或作为开挖基坑的围护止水结构。深层搅拌法可以最大限度利用原土、施工过程无振动、无噪声、不排污、对临近已有建筑物和地下设施影响很小,在工程中应用十分广泛。

根据掺入固化剂的施工方法不同,深层搅拌法可分为浆液搅拌法(湿法)和粉体喷射搅拌法(干法)两种。前者是用水泥浆和地基土搅拌,后者是用水泥粉或石灰粉和地基土搅拌。

目前我国自主制造的桩形水泥土深层搅拌机械有单轴、双轴、三轴和四轴搅拌机。水泥土深层搅拌桩法施工工艺见图 7-22。单轴机械的搅拌片长 50 ~ 70cm,可以最终形成一根直径为 50 ~ 70cm 的深层搅拌桩;双轴搅拌机为两把上下交错20cm 的刀片,刀片长70cm,因此可以形成一根截面为"8"字形的双轴水泥土桩,横截面面积为 0.71m²,周长为 3.35m,由两根直径为 0.7m 的圆重叠搭接 20cm 构成,见图 7-23。三轴和四轴搅拌机是在单轴和双有搅拌机基础上研制开发出来的,它具有双动力驱动设备,转动扭矩增加,功率更大,既可采用一般直径钻头,也可采用较大直径钻头,成桩质量可靠,可大大提高在砂土和老黏土地基的施工效率。湿法中单、双轴搅拌桩的加固深度不宜大于20m;三轴搅拌桩的加固深度不宜大于35m;干法的加固深度不宜大于15m。

干法喷射搅拌桩大都为单轴形式。它通过喷粉装置,用压缩空气直接将干的水泥粉或石灰粉喷入土中,通过搅拌刀片将水泥粉或石灰粉与土混合。干法施工由于成桩过程中喷灰量的计量很困难,只能用人工测量罐中料面的变化,因此每根桩的水泥或石灰用量误差较大,桩体上下的均匀性也较差,质量控制比较困难。

水泥土搅拌桩法适用于处理正常固结的淤泥及淤泥质土、软塑 ~ 可塑黏性土、稍密 ~ 中密粉土、松散 ~ 中密粉细砂、松散 ~ 稍密中粗砂、素填土和饱和黄土等地基。不适用于含大孤石或障碍物较多且不易清除的杂填土、欠固结的淤泥和淤泥质土、硬塑及坚硬的黏性土、密实的砂类土,以及地下水渗流影响成桩质量的土层。当地基土的天然含水率小于 30%(黄土含水率小于 25%)时不宜采用干法。对泥炭土、有机质土、pH 值小于 4 的酸性土、塑性指数大于 25 的黏土或在腐蚀性环境中以及无工程经验的地区,宜通过现场和室内试验确定其适用性。

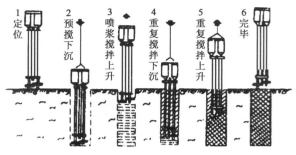

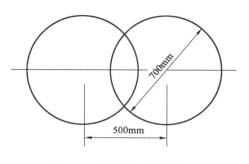

图 7-22　深层搅拌桩施工顺序

图 7-23　双轴水泥土搅拌桩截面

　　等厚度水泥土搅拌墙技术是近些年为满足深大地下空间开发和深层复杂地层加固而发展起来的一种新型深层搅拌技术。根据搅拌成墙施工工艺不同,等厚度水泥土搅拌墙技术可分为铣削深搅水泥土搅拌墙技术(Cutter Soil Mixing Method,简称 CSM 工法)和渠式切割水泥土搅拌墙技术(TrenchCutting Re-Mixing Deep Wall Method,简称 TRD 工法)两种。CSM 工法结合了液压铣槽机和深层搅拌技术的特点,通过配置在钻具底端的两组铣轮[图 7-24a)]水平轴向旋转下沉掘削原位土体至设计深度后,提升喷浆旋转搅拌形成矩形水泥土槽段,对已施工槽段的接力铣削作业将一幅幅水泥土槽段连接构筑成等厚度水泥土搅拌墙。TRD 工法是一种利用锯链式切削箱[图 7-24b)]连续施工等厚水泥土搅拌墙的施工技术,该法施工时先将锯链型切削刀具插入地基,待掘削至墙体设计深度后注入固化剂,在整个设计深度范围内与原位土体充分混合搅拌,并持续横向掘削、搅拌,水平推进,构筑成上下强度均一、连续的等厚度水泥土搅拌墙体,其切削成槽、混合搅拌、成墙为连续作业,避免了常规施工方法分槽段施工、槽孔搭接处产生薄弱环节的缺点。TRD 工法构建的水泥土搅拌墙在整个墙深范围水泥土均匀质量高,抗渗性能好。等厚度水泥土墙体最大实施深度达到 80 多米,适用于软土、硬土、卵砾石和软岩等多种复杂地层处理。

a)

b)

图 7-24　等厚度深层搅拌墙设备
a)CSM 铣削轮;b)TRD 锯链式切削箱

水泥与土就地搅拌加工而成的水泥土固结体的强度形成与混凝土的硬化机理是不同的。混凝土的硬化主要是水泥在粗集料中进行水解和水化作用,凝结速度较快;水泥土中的水泥是在土介质中水解和水化,其过程是在具有一定活性的介质——土颗粒的围绕下进行的,所以硬凝的速度缓慢而且复杂。水泥土的强度随着龄期而增长,从图7-25可以明显看出,水泥土的强度与掺入比 $a_w$ 以及龄期的关系。以水泥掺入比 $a_w = 12\%$ 为例,180d 的强度为28d 的1.83 倍。龄期超过90d 后,强度增长速度才减缓。因此,水泥土的强度常以90d 龄期强度作为标准强度。

水泥土的无侧限抗压强度 $q_u$ 一般为 0.3 ~ 4.0MPa,比天然软土大几十倍至数百倍,强度大于 2.0MPa 的水泥土呈脆性破坏,小于 2.0MPa 的则多呈塑性破坏。

水泥土的抗拉强度随抗压强度增加而提高,为 $(0.06 \sim 0.30)q_u$。水泥土的抗剪强度约为抗压强度 $q_u$ 的20% ~ 30%,当水泥土 $q_u = 0.3 \sim 4.0$MPa 时,黏聚力 $c = 0.1 \sim 1.1$MPa,内摩擦角 $\varphi$ 在20° ~ 30°之间。

水泥土的变形模量 $E_{50}$(当垂直应力达水泥土无侧限抗压强度 $q_u$ 的50% 时,水泥土的应力与应变之比)一般为$(120 \sim 150)q_u$,为 40 ~ 600MPa,压

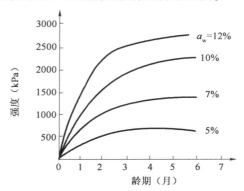

图 7-25 水泥土龄期与强度的关系

缩模量 $E_{s1-2}$ 为 60 ~ 100MPa;压缩系数 $a_{1-2}$ 为$(2.0 \sim 3.5) \times 10^{-2}$MPa$^{-1}$。

**3. 高压喷射注浆法**

高压喷射注浆法是在高压喷射采煤技术上发展起来的一项技术,它是利用钻机把带有喷嘴的注浆管钻进至土层的预定位置,然后以高压设备使浆液或水或气形成 20 ~ 70MPa 左右的高压流从旋转钻杆的喷嘴中喷射出来,冲击切割破坏土体,使土颗粒从土体中剥落下来,一部分细颗粒随着浆液冒出地面,与此同时钻杆以一定速度渐渐向上提升,将浆液与余下的土粒强制搅拌混合,重新排列,浆液凝固后在土中形成一个强度高且渗透性低的固结体。喷嘴随着钻杆边喷射边转动边提升,喷射流移动方向可以人为控制,可以 360°旋转喷射(旋喷),可以固定方向不变喷射(定喷),也可以按某一角度摆动喷射(摆喷)。高压旋喷桩的施工工艺如图7-26 所示。

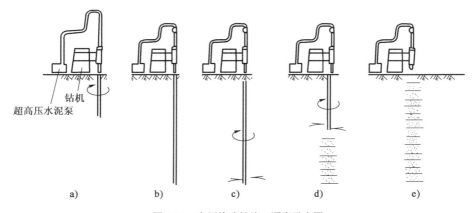

图 7-26 高压旋喷桩施工顺序示意图

a)低压水流成孔;b)成孔结束;c)高压旋喷开始;d)边旋转边提升;e)喷射完毕,桩体形成

高压喷射注浆法主要适用于处理淤泥、淤泥质土、软塑～可塑黏性土、粉土、砂土、黄土、素填土和碎石土等地基,但对于土中含有较多的大直径块石、大量植物根茎和高含量的有机质,以及地下水流速较大的工程,应通过试验确定其适用性。高压喷射注浆形成固结体的形状取决于喷射流移动方向,旋喷法形成的固结体呈圆柱状,主要用于加固地基,提高地基的抗剪强度、改善土的变形性质,也可组成闭合的帷幕,用于截阻地下水流和治理流砂。定喷法的固结体为板状或壁状,摆喷法的固结体多呈扇状或厚墙状,定喷及摆喷两种方法通常用于基坑防渗、改善地基土的水流性质和稳定边坡等工程。

高压喷射注浆法的基本工艺类型常见的有单管法、双重管法、三重管法和多重管法等方法。单管法的注浆管为单管[图7-27a)],其注浆喷射流为单一的大于20MPa的高压水泥浆喷射流,可形成直径为0.4～1.0m的桩体;双重管法使用双通道二重注浆管[图7-27b)],其喷射流为大于20MPa的高压水泥浆液喷射流与外部环绕的0.7MPa左右的圆筒状压缩空气喷射流组成的同轴复合式高压喷射流,可形成直径为0.7～1.4m的桩体;三重管法使用三通道的三重注浆管[图7-27c)],由大于20MPa的高压水喷射流与其外部环绕的0.7MPa左右的圆筒状压缩空气喷射流组成的同轴复合式高压喷射流喷射冲切土体,再注入2～5MPa的低压水泥浆液喷射流与冲切剥落的土体搅拌混合凝固形成固结体,它喷射注浆的能量明显增大,可使加固体的直径达到0.9～2.0m,加固效果更好。

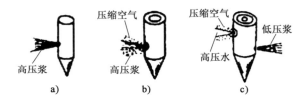

图7-27 传统单管法、双重管法和三重管法示意图
a)单管法;b)双重管法;c)三重管法

RJP法,即双高压喷射工法,是一种改进的三重管法[图7-28a)]。该法不但喷射水流的压力增大到40MPa左右,而且用40MPa的高压水泥浆喷射流和其外围环绕的1.0MPa空气流组成的同轴复合式高压喷射流代替传统三重管法的低压水泥浆喷射流,进行第二次冲击切削土体,实现大口径化、高效化并适应复杂的地质和环境条件,该法施工效率更高,成桩直径更大,可以达到1.6～2.3m。

MJS法,即全方位高压喷射多重管工法[图7-28b)]。该工法在传统高压旋喷工艺的基础上,开发了独特的多孔管和前端感知装置,实现了孔内强制排浆和地内压力监测。其设备的钻头上装有地层内部压力传感器和排泥阀,并且能够自由控制排泥阀门大小,当喷浆过程中地层内部压力显示异常时,可以及时调整排泥阀门的大小顺利排浆,通过排浆量大小来控制地内压力,以防止因地层内部压力过大而导致较大的地基土体变形,从而大幅度减少施工对环境的影响。该法可用于地铁等变形敏感设施附近的土层加固。MJS法可以实现水平、倾斜、垂直等任意角度的喷射施工,喷浆压力达40MPa以上,喷射流能量大,作用时间长,再加上稳定的同轴压缩空气保护和对地内压力的调整,使得其成桩直径可达2.5m左右,成桩质量好,最大成桩深度可达100m以上。

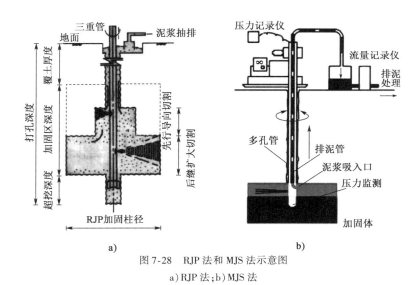

图 7-28 RJP 法和 MJS 法示意图
a）RJP 法；b）MJS 法

## 二、注浆法的设计

1. 方案设计

在决定采用注浆法对地基进行加固前,应对各种地基处理方案进行比选,以确保所采用的方案是最优的选择。选择合理的地基处理方案是一项系统工程,必须综合考虑土质状况、施工条件、环保影响、设计方法、费用和工期等因素。此处所介绍的评分优化法为岩土工程师在选择方案时提供了一个有效的工具。

（1）评分优化法简介

评分优化法是选择合理的指标体系,根据对各单项逐个评分加权来决定最优方案的一种系统工程方法（表 7-10）。

评分优化法的指标体系表

表 7-10

|  |  | 分数 | $a_1, a_2, \cdots, a_m$ |
| --- | --- | --- | --- |
|  |  | 权数 | $W_1, W_2, \cdots, W_m$ |
| 方案 |  | $b_1$ | $\sum W_i a_{1i}$ |
|  |  | $b_1$ | $\sum W_i a_{2i}$ |
|  |  | ... | ... |
|  |  | $b_1$ | $\sum W_i a_{mi}$ |

（2）对分数和权数的说明

分数表明各方案单项因素之间的比较,可设在 1 ~ 5 之间,也可设在 1 ~ 10 之间,分数越细,要求评分者对因素的了解也越详细。权数表明各个单项因素之间的相对重要性。对一些关键的因素,如安全、费用和工期等往往要加以较大的权数。

（3）评分优化法的特点

评分优化法有助于岩土工程师在选择方案时综合考虑各种因素,为选择合理注浆方案提供了科学的依据。但是,由于分数和权数的确定仍然带有主观的意向,因此评分优化法的评选宜由经验较丰富的岩土工程师参加;此外,集体讨论也有助于获得各因素合理的分数和权数。

2. 工艺设计

注浆工艺设计前必须调查分析。工艺设计应包括下述内容:①注浆有效范围;②注浆材料的选择(包括外掺剂)和浆液配比;③胶凝时间;④注浆量;⑤注浆压力;⑥注浆孔布置;⑦注浆顺序;⑧注浆浆液流量。

(1)注浆工艺和有效范围应根据工程的不同要求,必须充分满足防渗堵漏、提高土体强度和模量、充填空隙等要求通过现场试验或按工程经验确定。注浆点的覆盖土厚度一般应大于2m。

(2)浆液材料及其配比的设计,必须考虑注浆目的、地质情况、地基土的孔隙大小、地下水的状态等,在满足要求范围内选定最佳材料及配比。

(3)注浆法处理软弱地基或充填空隙时,浆液材料可选用以水泥为主剂的悬浊液,也可选用水泥和水玻璃的双液型混合液,对有地下水流动的软弱地基,不应采用单液水泥浆液。注浆孔间距宜取1~2m。压密注浆在选用坍落度较小的水泥砂浆时,注浆孔间距可按理论球状浆体直径的2~5倍设计。

(4)用作防渗的注浆至少应设置3排注浆孔,注浆孔间距可按0.8~1.2m。堵漏注浆宜采用柱状布袋注浆或双液注浆或胶凝时间短的速凝配方。用作防渗堵漏的浆液可选用水玻璃或水玻璃与水泥的混合液或化学浆液。化学浆液中的丙凝具有凝结时间短的特点,聚氨酯有吸水膨胀的特性,但价格昂贵,易污染环境,选用时应慎重考虑。

(5)胶凝时间必须根据地基条件和注浆目的决定。在砂土地基中,一般使用的浆液初凝时间为5~20min;在黏性土地基中,浆液初凝时间一般为1~2h。

(6)注浆量取决于地基土性质、浆液渗透性以及对周围环境影响等因素,故必须在充分掌握地基条件的基础上才能确定。进行大规模注浆施工时,宜在施工现场进行试验性注浆以决定注浆量。一般情况下,黏性土地基中的浆液注入率宜为15%~20%。

(7)对于劈裂注浆,在保证浆液可注入的前提下应尽量减少注浆压力,注浆压力的选用应根据土层的性质和其埋深确定。对于压密注浆,还要考虑浆液材料的稠度。当注浆压力因地基条件、环境影响、施工目的等不同而不能确定时,也可参考类似条件下成功的工程实例来确定。

(8)注浆孔的布置原则,应能使被加固土体在平面和深度范围内连成一个整体。

(9)注浆顺序应根据地基条件、现场环境、周边排水条件及注浆目的等确定,一般应采用先外围后内部跳孔间隔的注浆施工方式,以防止浆液流失和窜浆,提高注浆孔随时间增长的约束性。不宜采用自注浆地带某一端开始单向推进的压注方式。对有地下动水流的特殊情况,应考虑浆液在动水流下的迁移效应,自水头高的一端开始注浆;如注浆范围以外有边界约束条件时,也可采用自边界约束远端开始顺次往近侧注浆的方法;施工场地附近存在对变形控制有较严格要求的建筑物、管线等时,可采用由建筑物或管线的近端向远端推进的施工顺序,同时必须加强对建筑物、管线等的监测。

3. 质量检验

(1)对注浆效果的检查,应根据设计提出的注浆要求进行,可参考采用以下方法:

①统计计算浆量,对注浆效果进行判断;

②标准贯入或静力触探测试加固前后土体强度指标的变化,以确定加固效果;

③抽水试验测定加固土的渗透系数;

④钻孔弹性波试验测定加固土体的动弹性模量和剪切模量;

⑤电探法或放射法同位素测定浆液的注入范围。

(2)注浆工程结束后,施工单位应整理编制出以下图表及文字说明。

①注浆竣工图,应包括注浆孔的实际位置、编号和深度;

②注浆成果统计表;

③施工测试成果表及分析报告;

④注浆竣工报告,应说明工程概况、完成情况、施工方法和过程、施工控制、效果分析及结论等。

(3)竣工后质量检测标准。

①以控制地基沉降和提高强度为目的的加固工程,其质量检测应在注浆结束28d后进行。对于设计明确提出承载力要求的工程,应采用静载荷试验进行检验;若无特殊要求时可选用标准贯入、轻型动力触探或静力触探等方法对加固地层均匀性进行检测,也可按加固土体深度范围每间隔1m取样进行室内强度和压缩性试验。对注浆效果的评定应注重注浆前后数据的比较,以综合评价注浆效果。

②在以抗渗为目的的加固工程中,可在注浆结束28d后按加固土体深度范围每间隔1m取样进行渗透性试验或现场注水试验。

③有特殊要求的工程,其检测标准应根据具体情况而定,例如建筑物纠偏范围、加固后的固结沉降量等。

### 三、深层搅拌法的设计

深层搅拌法的设计,主要包括确定固化剂材料及配比、搅拌桩的加固形式、加固范围、桩长、桩径、桩距、垫层材料及厚度等内容。

1. 固化剂材料及配比

设计前应根据地基土层性质、加固目的和技术要求,选择合适的固化剂、外掺剂及其配比。固化剂及外掺剂掺入比应根据设计要求的固化土强度经室内配比试验确定,目前国内大部分均采用水泥作为固化剂材料。

湿法水泥土深层搅拌桩是将固化剂水泥(强度等级42.5级及以上),按0.45~0.65水灰比制成水泥浆液,搅拌机边搅拌、边提升、边喷水泥浆与土混合。通常采用水泥的总掺量为加固天然土质量的12%~22%。块状加固时水泥掺量不应小于加固天然土质量的7%。为了改善水泥土的性能,还可以选用具有早强、缓凝、减水等作用的外掺剂。外掺剂的类型和用量视工程要求和土质条件而定,常用的早强(速凝)剂有三乙醇胺、氯化钠、碳酸钠、水玻璃等,掺入量宜分别取水泥质量的0.05%、2.00%、0.50%、2.00%。缓凝剂有石膏(兼有早强作用)、磷石膏等,掺入量宜分别取水泥质量的2.00%、5.00%。减水剂有木质素磺酸钙,其掺入量宜取水泥质量的0.20%。可节省水泥的掺料有粉煤灰和高炉矿渣等工业废料,当掺入适量的粉煤灰后,还可以提高水泥土强度。

2. 搅拌桩的加固形式和加固范围

搅拌桩可布置成柱状、壁状、块状和格栅状(图7-29)。每隔一定的距离打设一根搅拌桩即为柱状加固形式,将相邻搅拌桩部分重叠搭接就成为壁状加固形式,将纵横两个方向的相邻搅拌桩部分重叠搭接就成为块状或格栅状加固形式。柱状搅拌桩适用于道路、单层工业厂房独立柱基础和多层房屋条形基础下的软弱地基加固。壁状搅拌桩除了适用于作为深基坑开挖时的挡土结构和止水帷幕外,也适用于建筑物长高比较大、刚度较小、对不均匀沉降比较敏感的多层砖混结构房屋条形基础的地基加固。块状或格栅状搅拌桩适用于上部结构单位面积荷载大、对不均匀沉降严格控制的构筑物地基加固或深基坑工程的坑底和坑侧土体加固。

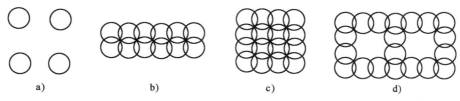

图 7-29  深层搅拌桩法布置形式
a)柱状;b)壁状;c)块状;d)格栅状

深层搅拌桩是强度和刚度介于散体材料桩和刚性桩之间的一种黏结材料桩,其承载性能与刚性桩相似,因此在设计搅拌桩时,可仅在上部结构基础范围内布桩,不必像散体材料桩一样在基础以外设置保护桩。

3. 桩长、桩径和桩距

深层搅拌桩的桩长、桩径和桩距,应根据上部结构对地基承载力和变形的要求确定,桩长一般宜穿透软弱土层到达地基承载力相对较高的土层或以地基变形控制;当设置的搅拌桩同时为提高地基稳定性时,其桩长应超过危险滑弧以下不少于 2.0m。

从承载力角度看提高置换率比增加桩长的效果更好,但增加桩长有利于减少沉降。

(1)单桩承载力计算

单桩竖向承载力特征值应通过现场竖向抗压荷载试验确定,初步设计时也可按式(7-3)、式(7-4)进行计算,为了充分发挥桩间土的承载力和复合地基的潜力,应使由桩周土和桩间土抗力确定的单桩竖向抗压承载力与由桩体材料强度所确定的单桩竖向抗压承载力接近,并使后者略大于前者较为安全和经济。

(2)复合地基承载力计算

搅拌桩复合地基承载力应通过现场复合地基荷载试验确定,也可按式(7-1)计算。

(3)复合地基沉降验算

搅拌桩复合地基变形量为搅拌桩群体的压缩变形 $s_1$ 和桩端下未加固土层的压缩变形 $s_2$ 之和。具体计算可采用本章第二节复合地基沉降计算部分介绍的方法。

4. 垫层材料及厚度

在混凝土基础和深层搅拌桩之间宜设置垫层,以调整搅拌桩和桩间土之间的荷载分担作用,充分发挥桩间土的地基承载力。垫层厚度可取 150 ~ 300mm。垫层材料可选用中砂、粗砂、级配砂石等,最大粒径不宜大于 20mm。填土路堤和柔性面层堆场下垫层中宜设置一层或多层水平加筋体。在桩头的抗压强度大于基底的压应力而不至于被压坏时,桩顶面积范围内可不铺设垫层,使混凝土基础直接与搅拌桩接触,有利于桩侧摩阻力的发挥。

5.设计计算步骤

根据土质条件、固化剂掺量、室内配比试验资料和现场工程经验,选择桩身材料强度值、固化剂及其配比、施工设备和有关施工参数;根据桩身材料强度的大小及桩径,计算单桩承载力;根据单桩承载力及土质条件,计算有效桩长;根据单桩承载力、有效桩长和上部结构要达到的复合地基承载力,计算桩土面积置换率,并确定桩距;结合地基土层条件,根据初步确定的有效桩长和置换率,采用适当的方法进行沉降计算,由建筑物对变形的要求确定加固深度,即选择施工桩长;确定垫层材料及厚度;最后根据桩土面积置换率和基础形式进行布桩,绘制施工图。

## 四、高压喷射注浆法的设计

高压喷射注浆法在工程应用时,应根据喷射注浆加固体不同的工程目的,在对地层条件、环境、场地和当地同类工程经验等较全面掌握的基础上进行设计。具体设计内容包括喷射体直径和强度的估计、单桩承载力、复合地基承载力、加固体强度设计、变形计算、布孔形式和孔距、浆液材料和配比等。

1.喷浆方式、喷射体直径和强度

对喷浆体直径和强度估计得正确与否,不但关系到工程经济效益的高低,而且还可能关系到整个工程的成败。对于地基加固和堵水防渗工程,如果估计直径偏小,就会增加喷射注浆孔数;如果估计偏大,就会出现地基强度不足或渗漏,造成工程失败。因此,对于大型或重要工程,喷浆体直径和强度应根据现场试验确定;对于小型或不重要的工程,在没有现成的经验资料的情况下,可以参考表7-11中的值进行设计。

旋喷加固体直径(m)　　　　　　　　表7-11

| 土质 | | 单管 | 双重管 | 三重管 |
|---|---|---|---|---|
| 黏性土 | 0 < N < 5 | 0.5~0.8 | 0.8~1.2 | 1.2~1.8 |
| | 6 < N < 10 | 0.4~0.7 | 0.7~1.1 | 1.0~1.6 |
| 砂土 | 0 < N < 10 | 0.6~1.0 | 1.0~1.4 | 1.5~2.0 |
| | 11 < N < 20 | 0.5~0.9 | 0.9~1.3 | 1.2~1.8 |
| | 21 < N < 30 | 0.4~0.8 | 0.8~1.2 | 0.9~1.5 |

注:表中 $N$ 为标准贯入试验击数。

2.单桩承载力

单桩承载力应经过现场试验来确定;在无条件进行单桩承载力试验的场合,可按式(7-3)、式(7-4)估计,并取其中的较小值。

3.复合地基承载力

复合地基承载力应通过现场复合地基承载力试验加以确定;当对加固体的性质有较全面的把握时,可以通过式(7-1)确定。

4.加固体强度设计

根据设计直径和总桩数来确定加固体的强度 $f_{cu}$。一般情况下,黏性土的加固体的强度为 1~5MPa。通过选用高强度等级的硅酸盐水泥(一般要求水泥强度等级42.5级及以上)和适当的外加剂,可以提高加固体的强度。

### 5. 沉降计算

可以采用本章第二节复合地基沉降计算方法。

### 6. 布孔形式和孔距

对于堵水防渗工程宜按照等边三角形布置孔位,喷射加固体应形成连续的帷幕,间距应为 $0.866R_0$($R_0$ 为喷射加固体的直径),排距为 $0.75R_0$ 最为经济。对于地基加固工程,桩间距可取为桩身直径的 $2 \sim 3$ 倍。

### 7. 浆液材料和配比

喷射浆液的主要固化剂是水泥。水泥价格便宜,材料来源容易保证。喷射浆液根据不同的工程目的可分为普通型、速凝早强型、高强型、充填型和抗冻型。普通型浆液无任何外加剂,浆液材料为普通硅酸盐水泥浆,一般水灰比为 $1.0 : 1 \sim 1.5 : 1$。浆液的水灰比越大,凝固时间也越长。其他类型的喷射浆液只是添加不同类型的外加剂。

# 第七节　土工合成材料在加筋法中的应用

土工合成材料是指用于土木工程中以化学合成沥青和高分子聚合物为原料的材料的总称,是岩土工程领域中的一种新型建筑材料。土工合成材料是将由煤、石油、天然气等原材料制成的沥青和高分子聚合物通过纺丝和后处理制成纤维,再加工而成。常见的这类纤维有:聚酰胺纤维(PA,如尼龙、锦纶)、聚酯纤维(PET,如涤纶)、聚丙烯纤维(PP,如腈纶)、聚乙烯纤维(PE,如维纶)以及聚氯乙烯纤维(PVC,如氯纶)等。土工合成材料具有造价低廉、施工简便、整体性好、重量轻、抗拉强度高、耐磨和耐化学腐蚀、不霉烂、不缩水、不怕虫蛀等良好性能,能明显改善和增强岩土体性质,但要注意其耐紫外线辐射能力与自然老化性能。目前土体合成材料已广泛应用在铁路、公路、水利、港口、机场、城建、林业、环保等领域。

土工合成材料根据加工制造和工作性能不同,可分为土工织物、土工膜、复合土工材料和特种土工合成材料四大类,其中土工织物又可分为有纺型、编织型和无纺型三类,复合土工材料又可分为复合土工膜、复合土工织物和复合防排水材料三类,特种土工合成材料包括土工格栅、土工网、土工垫、土工模袋、土工塑料排水带和 EPS 轻质材料等。

## 一、土工合成材料的主要功能

土工合成材料应用在工程上主要有反滤、排水、防渗、隔离、加筋和防护等作用。一种土工合成材料往往具有多种功能,但实际应用中往往是以一种功能起主导作用,而其他功能也不同程度地发挥作用。

### 1. 反滤作用

在渗流出口区铺设一定规格的土工合成材料作为反滤层,可起到一般砂砾石滤层的作用,在保证排水通畅的前提下保护土颗粒不被流失,提高被保护土的抗渗强度,有效防止发生流土、管涌和堵塞等对工程不利的现象。具有相同孔径尺寸的无纺土工织物和砂的渗透性大致相同,但孔隙率比砂高得多,密度约为砂的 1/10,因而在二者具有相同反滤特征条件下,所需土工织物的质量要比砂少90%,土工织物滤层厚度为砂砾反滤层的1/1000~1/100。

**2. 排水作用**

工程建设中往往需要排除地基土体内和地下构筑物本身的渗流和地下水,常需采取排水措施。某些具有一定厚度且内部有排水通道的土工合成材料具有良好的三维透水性,利用这一特性除了可作透水反滤层外,还可使水经过土工合成材料内的排水通道迅速排走,且不易被堵塞,构成良好的水平向或竖向排水层。例如塑料排水带可代替砂井起到加速深层土体排水固结作用。

**3. 防渗作用**

工程建设中为了防止水或其他液体的大量渗漏,如水库、堤岸、卫生填埋场等工程建设,常需采取防渗措施。过去工程中常用的防渗材料是黏土。黏土防渗体虽具有良好的防渗性能,但也有工程量大、工程质量不易保证、易发生裂缝和边界连接易渗漏等缺点。与黏土防渗体相比,土工膜和复合土工膜因具有质量轻、施工简单、造价低廉、性能可靠等优点,目前已在水利、环保、国防等领域广泛应用。

**4. 隔离作用**

为了避免不同材料间互相混杂产生不良效果,可将土工合成材料设置在两种不同的材料之间,从而使两种材料即可互相隔开又能发挥各自的作用。例如铁路或公路工程中,利用土工织物作为道渣或碎石路基与地基土之间的隔离层,可防止软弱土层侵入路基的道渣或碎石层,避免发生翻浆冒泥等问题。用作隔离的土工合成材料,其渗透性应大于所隔离土的渗透性,并不宜被淤堵;在承受动荷载作用时,土工合成材料还应有足够的耐磨性。当被隔离材料或土层间无水流作用时,也可用不透水土工膜。

**5. 加筋作用**

利用土工合成材料的抗拉强度高和韧性大等特性,在工程中可用来分散荷载或作为加筋材料,增大土体的模量和强度,从而改善土体的工程性质。其应用范围主要有土坡、地基、挡土墙等。

(1)用于加固土坡和堤坝。通过土工合成材料的加筋作用可使边坡变陡,节省占地面积;防止滑动圆弧通过路堤和地基土;防止路堤下面发生承载力不足而破坏;跨越可能的局部沉陷区等。

(2)用于加固地基。在地基中铺设一层或多层高强度的土工合成材料可增强地基的整体性和刚度,调整不均匀沉降;扩散地基所承受的应力,使应力均匀分布;限制和减小下卧软土地基的侧向变形和剪应变;增大地基抵抗水平拉力和剪应力水平,提高地基承载力和抗滑稳定性。

(3)用于加筋土挡墙。通过土与拉筋之间的摩擦力使之成为一个整体,提供锚固作用保证支挡建(构)物的稳定。对于短期或临时性挡墙,有时可只用土工合成材料包裹着土、砂来填筑,既简化了施工、又节省了面板材料。

**6. 防护作用**

工程建设中为了消除或减轻自然现象、环境作用或人类活动等因素造成的危害,如水流冲蚀、冻胀等,常需采取防护措施。土工合成材料在土与水流之间形成隔离层,可以避免水流直接冲刷,消减其能量;它们既能渗水,又可不让土粒被水流带走;或直接封堵水流通道,消除冲蚀动力,从而为防护工程开辟了一条新途径。土工合成材料因其具有质轻、强度高、耐腐、柔性强、价廉、施工简便等优点,目前已在防护工程中得到了广泛应用。

## 二、土工合成材料在应用中的问题

土工合成材料在应用中应注意以下几方面的问题:

1. 施工方面

应用土工合成材料的工程,其施工要求除遵守一般的常规施工程序和有关规定外,还应着重考虑由于铺设土工合成材料带来的特殊要求,并保证设计断面及质量要求,注意现场检测,具体如下:

(1)铺设土工合成材料时应注意均匀和平整;在斜坡上施工时应保持一定的松紧度;在护岸工程上铺设时,上坡段土工合成材料应搭接在下坡段土工合成材料之上。

(2)对土工合成材料的局部地方,不要加过重的局部应力。

(3)土工合成材料用于反滤层作用时,要求保证连续性,不使出现扭曲、折皱和重叠。

(4)在存放和铺设过程中,应尽量避免长时间的曝晒而使材料劣化。

(5)土工合成材料的端部要先铺填,中间后填,端部锚固必须精心施工。

(6)当土工合成材料用作软土地基上的加筋加固时,须清除底部的树根、植物及草根等,基底面要求平整,否则会影响土工合成材料的加筋效果。

2. 连接方面

土工合成材料是按一定规格的面积和长度在工厂进行定型生产,因此这些材料运到现场后需进行连接。为保证土工合成材料的整体性,必须注意其连接。连接时可采用搭接、缝接、黏接或 U 形钉连接等方法,对于土工纤维一般多采用搭接法和缝接法。

采用搭接法时,搭接必须保持足够的长度,一般在 300～900mm,视受力和基层土质条件而定,土质好且受力小时取小值。另外,在搭接处应尽量避免受力,以防土工合成材料移动。搭接法施工简便,但用料较多。

缝接法可采用尼龙线或涤纶线用移动式缝合机缝合,可缝成单道线,也可缝成双道线,缝合方法分对面缝和折叠缝,一般多用前者。缝合处的强度一般可达纤维强度的 80%。缝接法节省材料,但施工费时。

黏接法是指使用合适的黏合剂将两块土工合成材料黏合在一起,最少的搭接长度为100mm,黏合在一起的接头应放置2h,以便增强接缝处强度。施工时可先将黏合剂很好地涂于下层的土工合成材料上,再放上第二块土工合成材料与其搭接,最后在其上进行滚碾,使两层紧密地压在一起,这种连接可使接缝处强度与土工合成材料的原强度相同。

采用 U 形钉连接时,U 形钉应能防锈,但其强度低于用缝接法或黏接法。

3. 材料方面

不同的土工合成材料常具有不同的功能,在具体应用时应根据不同的用途合理选择土工合成材料,并在运输和使用中尽量避免暴晒和被污染。

# 习 题

【7-1】 某 4 层砖混结构住宅,承重墙下为条形基础,宽 1.2m,埋深为 1.0m,上部建筑物作用于基础地表上荷载标准组合值为 $120kN/m^2$。场地土质条件为第一层粉质黏土,层厚 1.0m,重度为 $17.5kN/m^3$;第二层淤泥质黏土,层厚 15.0m,重度为 $17.8kN/m^3$,含水率为 65%,承载力特征值为 45kPa;第三层密实砂砾石层,地下水距地表为 1.0m。试进行砂垫层设计。

【7-2】 在致密黏土层(不透水面)上有厚度为 10m 的饱和高压缩性土层,土层压缩系数 $a = 5 \times 10^{-4} kPa^{-1}$,渗透系数 $k = 5 \times 10^{-9} m/s$,初始孔隙比 $e_0 = 1.0$。如果采用堆载预压固结法进行地基加固,试估计固结度达到 94% 所需要的时间。如果采用排水砂井,砂井直径 250mm,有效井距 2.5m,井径比 $n = 10$,求 20d 时的固结度。

【7-3】 松散砂土地基加固前地基承载力特征值为 100kPa,采用振冲碎石桩加固,碎石桩直径 400mm,桩间距 1.2m,正三角形排列。经振冲后地基土的承载力特征值提高了 50%,桩土应力比 $n = 3$,求复合地基的承载力特征值。

【7-4】 某软土地基上拟建 6 层住宅楼,天然地基承载力特征值为 70kPa,采用搅拌桩进行加固。设计桩长 10m,桩径 0.5m,正方形布置,桩间距 1.1m。桩周土平均摩擦力特征值为 15kPa,桩端土天然地基承载力特征值为 60kPa,桩端土的承载力折减系数取 0.5,桩间土承载力折减系数取 0.85,水泥搅拌桩试块的无侧限抗压强度平均值为 1.2MPa,强度折减系数可取 0.25。试问这种布桩形式的复合地基承载力特征值应有多少。

【7-5】 某工程采用复合地基处理,处理后桩间土的承载力特征值为 339kPa,碎石桩的承载力特征值为 910kPa,桩径为 2m,桩中心距为 3.6m,三角形布置。桩、土共同工作时的强度发挥系数均为 1,试求处理后复合地基的承载力特征值。

# 思 考 题

【7-1】 地基处理方法的选择应考虑哪些原则问题?

【7-2】 简述复合地基的定义和分类。

【7-3】 试述竖向增强体复合地基承载力的计算思路。

【7-4】 试从基础底面的应力状态来说明换土垫层法处理地基的原理。

【7-5】 换土垫层的厚度和宽度是如何确定的?并应验算哪些问题?

【7-6】 试述预压法加固地基的机理。

【7-7】 采用真空预压法处理地基时,为什么要设置排水系统?

【7-8】 简述超载预压法的基本概念以及如何合理地确定超载量的大小。

【7-9】 密实法处理地基的方法有哪几种?为什么密实法对饱和软土的效果没有非饱和土好?

【7-10】 试比较压实法、重锤夯实法和强夯法的特点。为什么强夯法在有些情况下又称

为动力固结法？

【7-11】 挤密桩的作用机理是什么？其设计计算包括哪些内容？

【7-12】 试比较注浆法、深层搅拌法和高压喷射注浆法的特点及其适用范围。

【7-13】 深层搅拌法是如何加固地基的？其桩长一般如何确定？

【7-14】 土工合成材料的主要功能有那些？

# 第八章

# 动力机器基础与地基基础抗震

## 第一节　概　　述

　　动力机器是指运转时会产生较大动荷载(不平衡惯性力)的一类机器。一般的动力机器在运行时都会产生振动,而振动引起的动荷载又将对机器的基础带来动力效应。当机器的动力作用不大时(如一般的金属切削机床),其基础可按一般静荷载下的基础进行设计并做适当的构造处理。当机器的动力作用较大时,应根据荷载特点进行动力机器基础设计;否则,若基础动力效应超过一定限度将产生一系列的危害,如使地基土的强度降低并增加基础的沉降量,使机器零件易于磨损乃至影响机器本身的正常运行,或带来重大环境问题,包括对相邻设备、建筑物产生危害,对附近人员的生活与身体产生不利影响等。

　　一方面,动力机器基础应按照考虑动力作用的条件进行设计与施工;另一方面,对于一些要求高精度的加工机床,则应考虑基础的隔振问题。动力机器基础的设计与施工是一项专门而复杂的课题,它涉及土建与机械两个专业,设计前需要了解各种动力机器的荷载形式、常用动力机器基础的结构特点及其设计基本要求。

　　本章将着重介绍动力机器基础的基本设计步骤、大块式基础的振动计算理论和锻锤基础设计原理,并简述曲柄连杆机器基础和旋转式机器基础的设计方法以及动力机器基础的隔振设计原理等。最后,本章还对地基基础抗震问题中的地基基础的震害现象以及地基基础抗震设计与措施做了简介。

## 一、动力机器基础的荷载类型

动力机器基础除了承受机器设备自重等形成的静力荷载以外,还将要承受其工作时的运动质量形成的动荷载。常见的动荷载作用形式主要有冲击作用、旋转作用和往复作用等。

### 1. 冲击作用

冲击作用常见于锻锤基础和落锤基础中。它是集中质量(锤)以一定加速度下落,与固定在基础上方的质量(加工件)碰撞而产生的脉冲荷载。冲击荷载大小由冲击质量和冲击加速度决定。

### 2. 旋转作用

旋转作用常见于电机(电动机、发电机)、汽轮机组(汽轮发电机、汽轮压缩机)及鼓风机等机器中。它是在机器旋转时由于旋转中心与质量中心存在的偏心距而产生的谐和扰力。这类机器的特点一般是工作频率高、平衡性能好而振幅较小。旋转作用产生的谐和扰力常用下式表示:

$$P = m_e e \omega^2 \sin\omega t \tag{8-1}$$

式中:$P$——谐和扰力(N);

$m_e$——旋转质量(kg);

$e$——偏心距(m);

$\omega$——旋转圆频率(rad/s);

$t$——作用时间(s)。

### 3. 往复作用

往复作用常见于活塞式压缩机、柴油机及破碎机等机器中。它是往复运动质量(活塞和部分连杆质量)作往复直线运动时产生的惯性力,如图 8-1 所示。往复作用的特点是平衡性差、振幅大,而且常由于转速低(一般不超过 $500 \sim 600$ r/min),有可能引起附近建筑物或其中部分构件的共振。往复作用的惯性力通常由按频率 $\omega$ 变化的一谐波扰力和按频率 $2\omega$ 变化的二谐波扰力组成。其值可用下式近似表示:

$$P = mr\omega^2 \cos\omega t + \lambda mr\omega^2 \cos2\omega t \tag{8-2}$$

式中:$P$——往复作用的惯性力(N);

$m$——往复运动质量(kg);

$r$——曲柄半径(m);

$\omega$——曲柄旋转圆频率(rad/s);

$\lambda$——连杆比,$\lambda = r/l$;

$l$——连杆长度(m)。

## 二、动力机器基础的结构形式

常用的动力机器基础结构形式有大块式、框架式和墙式,如图 8-2 所示。

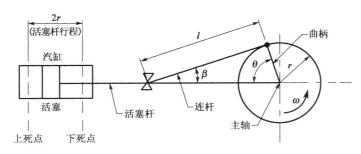

图 8-1　曲柄连杆机构工作示意图

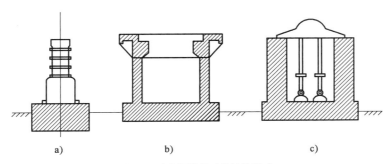

图 8-2　动力机器基础的结构形式
a)大块式基础;b)框架式基础;c)墙式基础

大块式基础常做成刚度很大的钢筋混凝土块体[图 8-2a)],其质量集中,整体刚度也大,对平衡机器振动非常有效。当机器的附属设备、管道较少且布置较简单时(如锻锤、活塞式压缩机等),一般采用这种基础。大块式基础在动力分析中通常可简化成弹性地基上的刚体进行振动计算。

框架式基础通常由固定在一块连续底板或可靠基岩上的立柱以及与立柱上端刚性连接的纵、横梁构成[图 8-2b)]。它留给设备布置的空间较大,但其结构刚度相对较小,在高频扰力作用下往往产生多自由度的振动,常用于管道多而复杂的机器设备基础,如汽轮发电机或汽轮压缩机等平衡性较好的高频机器基础。框架式基础可按框架结构进行动力分析。

墙式基础通常由固定在底板上的纵横墙构成[图 8-2c)],其结构刚度介于大块式与框架基础之间,常用于破碎机、研磨机和低转速电机基础。其动力分析方法与墙体高度有关,当墙的净高不超过墙厚的 4 倍时,可按刚体计算,否则按弹性体计算。

### 三、动力机器基础的设计基本要求

动力机器基础的设计应满足强度、变形和使用功能的要求,主要包括:

(1)基础的外形、尺寸及预留坑、洞和螺栓孔等应按照厂商提供的机器安装图布置,以保证机器的准确安装和正常使用、维修;

(2)地基应满足承载能力要求并控制基础的沉降和倾斜,保证地基承载安全并不出现影响机器正常使用的变形;

(3)基础振动应限制在容许的范围内,保证机器的正常使用和操作人员的正常工作条件,并保证不对附近的精密设备、仪表以及相邻建筑物和管线等产生有害影响;

（4）基础结构应具有足够的强度、刚度和耐久性等。

因此，在进行动力机器基础设计时，主要应从满足工艺与建筑构造要求、验算地基承载力与基础变形、计算与控制基础动力响应等方面着手。

1. 一般构造要求

动力机器基础应满足下列一般构造要求。

（1）动力机器基础不宜与建筑物基础或混凝土地坪连接。与机器相连接的管道也不宜直接固定在建筑物上。

（2）动力机器底座的边缘至基础边缘的净距不宜小于100mm。除锻锤基础外，在机器底座下应预留厚度不小于25mm的二次灌浆层。

（3）基组（包括机器、基础和基础上的回填土）的总重心与基础底面的形心宜位于同一铅垂线上；当不在同一铅垂线上时，两者之间的偏心距和平行偏心方向基底边长的比值 $\eta$ 应符合如下要求：

①对汽轮机组和电机基础，$\eta \leqslant 3\%$。

②对金属切削机床以外的一般机器基础，当地基承载力标准值 $f_k \leqslant 150\text{kPa}$ 时，$\eta \leqslant 3\%$；当地基承载力标准值 $f_k > 150\text{kPa}$ 时，$\eta \leqslant 5\%$。

（4）动力机器基础宜采用整体式或装配整体式混凝土结构。混凝土的强度等级一般不低于 C15；对按构造要求设计的或不直接承受冲击力的大块式或墙式基础，混凝土的强度等级可采用 C10。

（5）动力机器基础的钢筋一般采用Ⅰ级或Ⅱ级钢筋，不宜采用冷轧钢筋。受冲击力较大的部位应尽量采用热轧变形钢筋，并避免焊接接头。框架式基础和墙式基础的部分构件须做静荷载与动荷载作用下的强度计算，并作为配筋依据。一般块体基础和墙式基础的大部分构件均可按构造要求配筋。

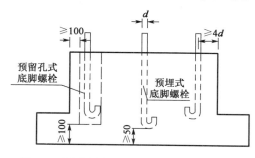

图8-3 底脚螺栓布置的构造要求（尺寸单位：mm）

（6）动力机器基础的底脚螺栓除了应严格按照机器安装图布置以外，尚应符合以下要求：混凝土强度等级不小于 C15 时，带弯钩底脚螺栓埋置深度不小于 $20d$（$d$ 为螺栓直径），锚板底脚螺栓埋置深度不小于 $25d$。螺栓或预留螺栓孔离基础侧面边缘和基础底面的最小距离应符合图8-3的要求；当无法满足要求时，应采取加强措施。

2. 一般计算规定

（1）地基承载力验算

基础底面地基的静压力由基础自重、基础上回填土重、机器自重以及传至基础上的其他荷载产生。基础底面地基的平均静压力设计值 $p(\text{kPa})$ 应符合下式要求：

$$p \leqslant \alpha_f f \tag{8-3}$$

式中：$f$——地基承载力设计值（kPa），其值可按第二章天然地基承载力计算方法确定；

$\alpha_f$——地基承载力的动力折减系数，其值与基础形式有关：旋转式机器基础 $\alpha_f = 0.8$，锻锤

基础 $\alpha_{\mathrm{f}} = \dfrac{1}{1 + \beta \dfrac{a}{g}}$，其余机器基础 $\alpha_{\mathrm{f}} = 1.0$；

$a$——基础的振动加速度（$\mathrm{m/s^2}$）；

$\beta$——地基土的动沉陷影响系数，其值与地基土类别有关，如表 8-1 所示。表 8-1 中的地基土是指天然地基，对桩基可按桩尖土层的类别选用；动力机器基础的地基土类别见表 8-2。

地基土的动沉陷影响系数 $\beta$ 值 表 8-1

| 地基土类别 | $\beta$ 值 | 地基土类别 | $\beta$ 值 |
|---|---|---|---|
| 一类土 | 1.0 | 三类土 | 2.0 |
| 二类土 | 1.3 | 四类土 | 3.0 |

动力机器基础的地基土类别 表 8-2

| 土的名称 | 地基承载力标准值 $f_{\mathrm{k}}$（kPa） | 地基土类别 |
|---|---|---|
| 碎石土 | $f_{\mathrm{k}} > 500$ | 一类土 |
| 黏性土 | $f_{\mathrm{k}} > 250$ | |
| 碎石土 | $300 < f_{\mathrm{k}} \leqslant 500$ | 二类土 |
| 粉土、砂土 | $250 < f_{\mathrm{k}} \leqslant 400$ | |
| 黏性土 | $180 < f_{\mathrm{k}} \leqslant 250$ | |
| 碎石土 | $180 < f_{\mathrm{k}} \leqslant 300$ | 三类土 |
| 粉土、砂土 | $160 < f_{\mathrm{k}} \leqslant 250$ | |
| 黏性土 | $130 < f_{\mathrm{k}} \leqslant 180$ | |
| 粉土、砂土 | $120 < f_{\mathrm{k}} \leqslant 160$ | 四类土 |
| 黏性土 | $80 < f_{\mathrm{k}} \leqslant 130$ | |

（2）动力验算

动力机器基础的振动大小通常用振幅、振动速度幅和振动加速度幅来计量。其值可以通过动力计算确定。在进行动力计算时，荷载均采用标准值。

动力机器基础的振幅 $A_{\mathrm{f}}$（m）、振动速度幅值 $v_{\mathrm{f}}$（m/s）和振动加速度幅值 $a_{\mathrm{f}}$（$\mathrm{m/s^2}$）应满足下列要求：

$$\begin{cases} A_{\mathrm{f}} \leqslant [A] \\ v_{\mathrm{f}} \leqslant [v] \\ a_{\mathrm{f}} \leqslant [a] \end{cases} \tag{8-4}$$

其中，$[A]$、$[v]$ 和 $[a]$ 分别为基础的允许振幅值（m）、允许振动速度幅值（m/s）和允许振动加速度幅值（$\mathrm{m/s^2}$）。上述允许值与机器的动荷载及基础的形式等有关，其值将在各动力机器基础设计内容中分别介绍。

## 四、动力机器基础设计的基本步骤

动力机器基础一般可按如下步骤进行设计：

（1）收集设计资料，主要包括机器的型号、转速、功率、轮廓尺寸图、机器底座外轮廓图、安装辅助设备与管道的预留孔洞尺寸和位置、灌浆层厚度、底脚螺栓和预埋件的位置、机器自重与重心位置、机器的扰力、扰力矩及其方向、机器本身及周围环境对振动的要求、工程地质勘察资料与动力试验资料等。

（2）根据机器的振动特点确定基础的结构形式。

（3）按机器布置要求和地基承载力要求等确定基础的外形尺寸与埋深，必要时提出合理的地基处理方案。

（4）进行地基沉降计算。

（5）根据地基动力试验资料或规范提供的方法确定地基土的动力特性参数，并进行基础的动力计算与动力验算。

（6）根据基础的结构形式进行结构强度验算与配筋。

# 第二节　大块式基础的振动计算理论

## 一、大块式基础的振动计算模型

大块式基础的动力计算通常是将基础作为刚体，将地基土作为弹性支承体来进行的。而地基土的力学模型则又可分为弹性半空间体系和采用质量-弹簧-阻尼器模型的集总参数体系两大类。

集总参数体系是将实际的机器、基础和地基体系的振动问题简化为放在无质量的弹簧上的刚体的振动问题，其中基组（包括基础、基础上的机器和附属设备，以及基础台阶上的土）假定为刚体，地基土的弹性作用以无质量弹簧的反力表示，振动时体系所受的地基阻尼作用则用具有黏滞阻尼力的阻尼器来反映，由此形成质量-弹簧-阻尼器模型。在集总参数体系中，正确确定振动体系的质量 $m$、刚度 $K$ 及阻尼系数 $\zeta_z$ 是其动力计算的关键。

弹性半空间体系的计算模型是把地基视为弹性半空间（半无限连续体），而将基础作为半空间上的刚体的一种模型。利用这个模型，可以引入动力弹性理论分析地基中波的传播，进而求出基础与半空间接触面（即基底）上的动力响应（动应力、动位移等），由此可进一步写出基础的运动方程并确定基础的振动响应；实用上也可以采用"比拟法"或"方程对等法"等方法，将半空间问题转换成等效的质量-弹簧-阻尼器模型来计算。理想弹性半空间体系（匀质、各向同性的弹性半无限体）所需的地基土参数主要是泊松比 $\mu$、剪切模量 $G$ 及质量密度 $\rho$。

目前，工程中常用的计算模型是集总参数体系，下面将主要介绍这种模型的计算方法。

## 二、集总参数体系的振动计算

在大块式动力基础的设计中一般都尽量做到"对心"，即质量中心与弹性中心在同一铅垂线上。此时，基组的振动一般可分解为竖向振动、水平回转耦合振动和扭转振动三种相互独立的运动，且各自可以按单自由度体系进行分析。

1. 竖向振动

单自由度体系的竖向振动计算简图如图 8-4 所示。在简谐扰力作用下，其平衡方程为：

$$m \frac{\mathrm{d}^2 z}{\mathrm{d}t^2} + c_z \frac{\mathrm{d}z}{\mathrm{d}t} + K_z z = Q_0 \sin \omega t \qquad (8\text{-}5)$$

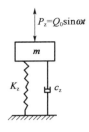

图 8-4  单自由度体系的
计算模型

式中:$m$——体系的集中质量($\mathrm{kN \cdot s^2/m}$),$m = \dfrac{W}{g}$;

$\qquad W$——基组的总重力($\mathrm{kN}$);

$\qquad c_z$——地基土的竖向阻尼系数($\mathrm{kN \cdot s/m}$),在实际使用中通常采
$\qquad\quad$ 用阻尼比 $\zeta_z$,$\zeta_z$ 与 $c_z$ 的关系为:

$$\zeta_z = \frac{c_z}{2\sqrt{K_z m}} \qquad (8\text{-}6)$$

$\qquad K_z$——地基土的竖向刚度($\mathrm{kN/m}$);

$\qquad Q_0$——扰力的幅值($\mathrm{kN}$);

$\qquad \omega$——扰力的圆频率($\mathrm{rad/s}$)。

平衡方程式(8-5)的特解为:

$$z(t) = \frac{Q_0}{K_z} M_{\mathrm{d}} \sin(\omega t + \theta) \qquad (8\text{-}7)$$

其中,$M_{\mathrm{d}}$ 为动力放大系数:

$$M_{\mathrm{d}} = \frac{1}{\sqrt{\left(1 - \dfrac{\omega^2}{\omega_{\mathrm{nz}}^2}\right)^2 + 4\zeta^{2z} \dfrac{\omega^2}{\omega_{\mathrm{nz}}^2}}}$$

振幅 $A_z$、自振圆频率 $\omega_{\mathrm{nz}}$ 以及力与位移之间的相位角 $\theta$ 分别为:

$$A_z = \frac{Q_0}{K_z} M_{\mathrm{d}}; \quad \omega_{\mathrm{nz}} = \sqrt{\frac{K_z}{m}}; \quad \theta = \arctan\left(\frac{2\zeta_z \dfrac{\omega}{\omega_{\mathrm{nz}}}}{1 - \dfrac{\omega^2}{\omega_{\mathrm{nz}}^2}}\right) \qquad (8\text{-}8)$$

而基础的振动速度幅值 $v$ 和振动加速度幅值 $a$ 可进一步求得如下:

$$v = \frac{Q_0}{\sqrt{K_z m}} \cdot \frac{\omega}{\omega_{\mathrm{nz}}} M_{\mathrm{d}}; \quad a = \frac{Q_0}{m}\left(\frac{\omega}{\omega_{\mathrm{nz}}}\right)^2 M_{\mathrm{d}} \qquad (8\text{-}9)$$

当扰力 $Q_0 = 0$ 时,体系将作自由振动。此时可根据体系的阻尼情况分为无阻尼自由振动
和有阻尼自由振动。

(1)无阻尼自由振动($\zeta_z = 0$)

无阻尼自由振动的平衡方程如下:

$$m \frac{\mathrm{d}^2 z}{\mathrm{d}t^2} + K_z z = 0 \qquad (8\text{-}10)$$

引入初始条件 $t = 0$ 时,$z = 0$ 及 $\dfrac{\mathrm{d}z}{\mathrm{d}t}\bigg|_{t=0} = v_0$(这里 $v_0$ 为初始振动速度),动位移解答为:

$$z(t) = \frac{v_0}{\omega_{\mathrm{nz}}} \sin \omega_{\mathrm{nz}} t \qquad (8\text{-}11)$$

上式表示的是一种简谐运动,其振幅为:

$$A_z = \frac{v_0}{\omega_{\mathrm{nz}}} \qquad (8\text{-}12)$$

（2）有阻尼自由振动（$\zeta_z \neq 0$）

有阻尼自由振动的平衡方程如下：

$$m \frac{\mathrm{d}^2 z}{\mathrm{d}t^2} + c_z \frac{\mathrm{d}z}{\mathrm{d}t} + K_z z = 0 \tag{8-13}$$

地基土的阻尼比 $\zeta_z$ 一般小于 1.0，故上述方程的解可表示为：

$$z(t) = A_1 \mathrm{e}^{-\zeta_z \omega_{nz} t} \sin(\omega_{nd} t + \theta_1) \tag{8-14}$$

其中，$A_1$、$\theta_1$ 为由初始条件确定的常数；$\omega_{nd}$ 为有阻尼竖向自由振动的圆频率，它与无阻尼竖向自由振动圆频率 $\omega_{nz}$ 的关系为：

$$\omega_{nd} = \omega_{nz} \sqrt{1 - \zeta_z^2} \tag{8-15}$$

式(8-14)表示了一种振幅随时间增加而减小的减幅振动，且 $\omega_{nd} < \omega_{nz}$，即地基阻尼的作用降低了基础的自振频率。但从实测资料分析，$\omega_{nd}$ 与 $\omega_{nz}$ 相差不大，一般相差不超过 2%，故实用上在计算自振频率时可不计阻尼的影响，即取 $\omega_{nd} \approx \omega_{nz}$。

2. 水平回转耦合振动

在实际的基础-地基系统中，由于机器和基础的总质心总是在其底面以上一定距离，体系在作水平向振动时，通过基组质心的水平惯性力和通过基础底面形心的水平弹簧力必然形成一对力偶，导致水平滑移和回转的耦合振动，如图 8-5 所示。水平回转耦合振动的动力平衡方程式如下：

$$\begin{cases} m \dfrac{\mathrm{d}^2 x}{\mathrm{d}t^2} + c_x \left( \dfrac{\mathrm{d}x}{\mathrm{d}t} + h_0 \dfrac{\mathrm{d}\phi}{\mathrm{d}t} \right) + k_x (x + h_0 \phi) = Q_0 \mathrm{e}^{i\omega t} \\[2mm] I_m \dfrac{\mathrm{d}^2 \phi}{\mathrm{d}t^2} + c_\phi \dfrac{\mathrm{d}\phi}{\mathrm{d}t} + c_x \left( \dfrac{\mathrm{d}^2 x}{\mathrm{d}t^2} + h_0 \dfrac{\mathrm{d}\phi}{\mathrm{d}t} \right) h_0 + k_\phi \phi + k_x (x + h_0 \phi) h_0 = M_0 \mathrm{e}^{i\omega t} \end{cases} \tag{8-16}$$

其中，$I_m$ 为基组对通过重心的回转轴（$y$ 轴）的质量惯性矩（$\mathrm{kg \cdot m^2}$）；其余各量见图 8-5。

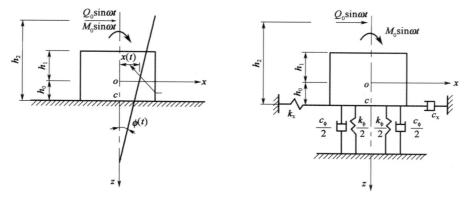

图 8-5　水平回转耦合振动计算模型

上述平衡方程的解可用如下复数形式表示：

$$\begin{cases} x = (x_{01} + i x_{02}) \mathrm{e}^{i\omega t} \\ \phi = (\phi_{01} + i \phi_{02}) \mathrm{e}^{i\omega t} \end{cases} \tag{8-17}$$

将其代入平衡方程式(8-16)，分离实部和虚部，可得到下列联立方程组：

$$\begin{cases} (k_x - m\omega^2)x_{01} - \omega c_x x_{02} + h_0 k_x \phi_{01} - \omega c_x h_0 \phi_{02} = Q_0 \\ \omega c_x x_{01} + (k_x - m\omega^2)\phi_{01} + h_0 k_x \phi_{02} + \omega c_x h_0 \phi_{01} = 0 \\ h_0 k_x x_{01} - \omega c_x h_0 x_{02} + (-I_m + k_\phi + k_x h_0^2)\phi_{01} + (-\omega c_\phi - \omega c_x h_0^2)\phi_{02} = M_0 \\ \omega c_x h_0 x_{01} + h_0 k_x x_{02} + (\omega c_\phi + \omega c_x h_0^2)\phi_{01} + (-I_m + k_\phi + k_x h_0^2)\phi_{02} = 0 \end{cases} \tag{8-18}$$

由上述方程组即可以求出 $x_{01}$、$x_{02}$、$\phi_{01}$、$\phi_{02}$,再由下式可求得水平振幅 $A_x$ 和回转振幅 $A_\phi$。

$$\begin{cases} A_x = \sqrt{x_{01}^2 + x_{02}^2} \\ A_\phi = \sqrt{\phi_{01}^2 + \phi_{02}^2} \end{cases} \tag{8-19}$$

位移与扰力之间的相位差 $\theta_x$、$\theta_\phi$ 可由下式求得:

$$\begin{cases} \tan\theta_x = x_{02}/x_{01} \\ \tan\theta_\phi = \phi_{02}/\phi_{01} \end{cases} \tag{8-20}$$

扭转振动的平衡方程及其解答与竖向振动非常相似,只需将各自相应的变量与参数代入其中即可,在此不再赘述。

# 第三节　地基土动力参数及其应用

## 一、天然地基动力参数

天然地基的动力参数主要有地基土的刚度系数和地基土的阻尼比。地基土的刚度系数包括抗压刚度系数 $C_z(kN/m^3)$、抗弯刚度系数 $C_\varphi(kN/m^3)$、抗剪刚度系数 $C_x(kN/m^3)$ 和抗扭刚度系数 $C_\psi(kN/m^3)$,地基土的阻尼比包括竖向阻尼比 $\zeta_z$、水平回转向阻尼比 $\zeta_{x\varphi1}$ 与 $\zeta_{x\varphi2}$ 以及扭转向阻尼比 $\zeta_\psi$。这些参数一般可通过基础块体现场振动试验资料反算确定,试验方法可详见《地基动力特性测试规范》(GB/T 50269—2015);当无现场振动试验资料,并有一定设计经验时,可按如下方法确定。

1. 天然地基的抗压刚度系数 $C_z$

当基础底面积 $A \geqslant 20m^2$ 时,天然地基的抗压刚度系数 $C_z$ 可根据地基承载力标准值 $f_k$ 从表8-3中查取。当基础底面积 $A < 20m^2$ 时,$C_z$ 可采用表8-3中相应的数值乘以底面积修正系数 $\beta_r$。修正系数 $\beta_r$ 值按下式计算:

$$\beta_r = \sqrt[3]{\frac{20}{A}} \tag{8-21}$$

当基底以下为分层土地基时,可先由基底面积 $A$ 计算振动影响深度 $h_d(m)$,即:

$$h_d = 2\sqrt{A} \tag{8-22}$$

在基础振动影响深度范围内的抗压刚度系数 $C_z$ 按下式计算:

$$C_z = \frac{\dfrac{2}{3}}{\sum\limits_{i=1}^{n} \dfrac{1}{C_{zi}}\left( \dfrac{1}{1 + \dfrac{2h_{i-1}}{h_d}} - \dfrac{1}{1 + \dfrac{2h_i}{h_d}} \right)}$$ (8-23)

式中：$C_{zi}$——第 $i$ 层土的抗压刚度系数（$kN/m^3$）；

$h_i$——从基础底面至第 $i$ 层土底面的深度（m）；

$h_{i-1}$——从基础底面至第 $i-1$ 层土底面的深度（m）。

**天然地基的抗压刚度系数 $C_z$（$kN/m^3$）** 表8-3

| 地基承载力标准值 $f_k$ (kPa) | 土的名称 | | | |
|---|---|---|---|---|
| | 岩石、碎石土 | 黏性土 | 粉土 | 砂土 |
| 1000 | 176000 | | | |
| 800 | 135000 | | | |
| 700 | 117000 | | | |
| 600 | 102000 | | | |
| 500 | 88000 | 88000 | | |
| 400 | 75000 | 75000 | | |
| 300 | 66000 | 66000 | 59000 | 52000 |
| 250 | | 55000 | 49000 | 44000 |
| 200 | | 45000 | 40000 | 36000 |
| 150 | | 35000 | 31000 | 18000 |
| 100 | | 25000 | 22000 | |
| 80 | | 18000 | 16000 | |

2. 天然地基的抗弯刚度系数 $C_\varphi$、抗剪刚度系数 $C_x$ 和抗扭刚度系数 $C_\psi$

在求得了抗压刚度系数 $C_z$ 以后，抗弯、抗剪和抗扭刚度系数可按下列半经验公式计算：

$$C_\varphi = 2.15C_z, C_x = 0.70C_z, C_\psi = 1.05C_z$$ (8-24)

3. 天然地基的抗压刚度 $K_z$、抗弯刚度 $K_\varphi$、抗剪刚度 $K_x$ 和抗扭刚度 $K_\psi$

天然地基的抗压、抗弯、抗剪和抗扭刚度可由其相应的刚度系数求得。

$$K_z = C_z A, K_\varphi = C_\varphi I, K_x = C_x A, K_\psi = C_\psi J_z$$ (8-25)

式中：$I$——基础底面通过其形心水平轴的抗弯惯性矩（$m^4$）；

$J_z$——基础底面通过其形心竖向轴的抗扭惯性矩（极惯性矩）（$m^4$）。

在具体应用中，考虑到基础埋深对地基刚度的提高作用，抗压刚度可乘以提高系数 $\alpha_z$，抗弯、抗剪和抗扭刚度可分别乘以提高系数 $\alpha_{x\varphi}$。提高系数 $\alpha_z$、$\alpha_{x\varphi}$ 由下式计算：

$$\alpha_z = (1 + 0.4\delta_b)^2, \alpha_{x\varphi} = (1 + 1.2\delta_b)^2$$ (8-26)

式中：$\delta_b$——基础埋深比，$\delta_b = \dfrac{h_t}{\sqrt{A}}$，当 $\delta_b$ 计算值大于 0.6 时取 0.6；

$h_t$——基础埋置深度（m）。

当基础与刚性地面相连时，地基抗弯、抗剪和抗扭刚度可分别乘以提高系数 $\alpha_1$。$\alpha_1$ 的值可根据地基土条件取 1.0～1.4。

4.天然地基阻尼比

天然地基的阻尼比一般均通过现场试验资料反算得到;当无试验资料时,竖向阻尼比 $\zeta_z$ 也可由土质条件确定。

黏性土

$$\zeta_z = \frac{0.16}{\sqrt{\overline{m}}} \tag{8-27a}$$

砂土、粉土

$$\zeta_z = \frac{0.11}{\sqrt{\overline{m}}} \tag{8-27b}$$

式中: $\overline{m}$——基组的质量比, $\overline{m} = m/(\rho A \cdot \sqrt{A})$;

　　$m$——基组的质量(kg);

　　$\rho$——地基土的密度(kg/m³)。

水平回转向阻尼比 $\zeta_{x\varphi1}$、$\zeta_{x\varphi2}$ 以及扭转向阻尼比 $\zeta_\psi$ 可通过竖向阻尼比 $\zeta_z$ 求得,即:

$$\zeta_{x\varphi1} = \zeta_{x\varphi2} = \zeta_\psi = 0.5\zeta_z \tag{8-28}$$

考虑到基础埋深对地基土阻尼比的提高作用,在埋置基础中竖向阻尼比可乘以提高系数 $\beta_z$,水平回转向阻尼比和扭转向阻尼比可分别乘以提高系数 $\beta_{x\varphi}$。提高系数 $\beta_z$、$\beta_{x\varphi}$ 由下式计算:

$$\beta_z = 1 + \delta_b,\beta_{x\varphi} = 1 + 2\delta_b \tag{8-29}$$

在采用上述计算得到的动力参数进行大块式基础的动力计算时,除冲击机器和热模锻压力基础外,计算所得的竖向振幅值应乘以折减系数 0.7,水平向振幅值应乘以折减系数 0.85。

## 二、桩基动力参数

桩基的基本动力参数一般由现场试验确定,试验方法可按《地基动力特性测试规范》(GB/T 50269—2015)中的有关规定进行;当无条件进行试验并有经验时,可按下列方法确定。

1.抗压刚度

预制桩桩基的抗压刚度 $K_{pz}$(kN/m)可按下列公式计算:

$$K_{pz} = n_p k_{pz} \tag{8-30}$$

$$k_{pz} = \sum C_{p\tau} A_{p\tau} + C_{pz} A_p \tag{8-31}$$

式中: $k_{pz}$——单桩的抗压刚度(kN/m);

　　$n_p$——桩数;

　　$C_{p\tau}$——桩周各层土的当量抗剪刚度系数(kN/m³),可由表 8-4 查取;

　　$A_{p\tau}$——各层土中的桩周表面积(m²);

　　$C_{pz}$——桩尖土的当量抗压刚度系数(kN/m³),可由表 8-5 查取;

　　$A_p$——桩的截面积(m²)。

桩周土的当量抗剪刚度系数 $C_{p\tau}$(kN/m³)　　　　表 8-4

| 土的名称 | 土的状态 | 当量抗剪刚度系数 $C_{p\tau}$ |
|---|---|---|
| 淤泥 | 饱和 | 6000 ~ 7000 |
| 淤泥质土 | 天然含水率45% ~ 50% | 8000 |

| 土的名称 | 土的状态 | 当量抗剪刚度系数 $C_{p\tau}$ |
|---|---|---|
| 黏性土、粉土 | 软塑 | 7000～10000 |
| | 可塑 | 10000～15000 |
| | 硬塑 | 15000～25000 |
| 粉砂、细砂 | 稍密～中密 | 10000～15000 |
| 中砂、粗砂、砾砂 | 稍密～中密 | 20000～25000 |
| 圆砾、卵石 | 稍密 | 15000～20000 |
| | 中密 | 20000～30000 |

**桩尖土的当量抗压刚度系数 $C_{pz}$ (kN/m³)**　　　　　　表 8-5

| 土的名称 | 土的状态 | 桩尖埋置深度(m) | 当量抗压刚度系数 $C_{pz}$ |
|---|---|---|---|
| 黏性土、粉土 | 软塑、可塑 | 10～20 | 500000～800000 |
| | 软塑、可塑 | 20～30 | 800000～1300000 |
| | 硬塑 | 20～30 | 1300000～1600000 |
| 粉砂、细砂 | 中密、密实 | 20～30 | 1000000～1300000 |
| 中砂、粗砂、砾砂、圆砾、卵石 | 中密<br>密实 | 7～15 | 1000000～1300000<br>1300000～2000000 |
| 页岩 | 中等风化 | | 1500000～2000000 |

**2. 抗弯刚度**

预制桩桩基的抗弯刚度 $K_{p\varphi}$ (kN·m)可按下式计算:

$$K_{p\varphi} = k_{pz}\sum_{i=1}^{n} r_i^2 \tag{8-32}$$

式中: $r_i$——第 $i$ 根桩的轴线至基础底面形心回转轴的距离(m)。

**3. 抗剪刚度和抗扭刚度**

预制桩桩基的抗剪刚度 $K'_{px}$ (kN/m)和抗扭刚度 $K'_{p\psi}$ (kN/m)可按下列规定采用。

(1)抗剪刚度和抗扭刚度可采用相应的天然地基抗剪刚度和抗扭刚度的 1.4 倍。

(2)当考虑基础埋深和刚性地面作用对桩基刚度提高作用时,桩基抗剪刚度可按下式计算:

$$K'_{px} = K_x(0.4 + \alpha_{x\varphi}\alpha_1) \tag{8-33}$$

式中: $K'_{px}$——基础埋深和刚性地面对桩基刚度提高作用后的桩基抗剪刚度(kN/m);

　　　$K_x$——天然地基抗剪刚度(kN/m);

　　　$\alpha_{x\varphi}$——基础埋深作用对地基抗剪、抗弯和抗扭刚度的提高系数,见式(8-26);

　　　$\alpha_1$——基础与刚性地面相连对地基抗弯、抗剪和抗扭刚度的提高系数,可取 1.0～1.4。

此时桩基抗扭刚度则可按下式计算:

$$K'_{p\psi} = K_\psi(0.4 + \alpha_{x\varphi}\alpha_1) \tag{8-34}$$

式中: $K'_{p\psi}$——基础埋深和刚性地面对桩基刚度提高作用后的桩基抗扭刚度(kN/m);

　　　$K_\psi$——天然地基抗扭刚度(kN/m);

其余符号意义同式(8-33)。

（3）当采用端承桩或桩上部土层的地基承载力标准值 $f_k$ 大于或等于 200kPa 时，桩基的抗剪和抗扭刚度不应大于相应的天然地基抗剪和抗扭刚度。

4. 竖向阻尼比

桩基竖向阻尼比 $\zeta_{pz}$ 可根据桩基的支承条件确定：对端承桩或当承台底与地基土脱空时，取 $\zeta_{pz} = 0.1/\sqrt{m}$；对一般摩擦桩，当承台底下为黏性土时，取 $\zeta_{pz} = 0.2/\sqrt{m}$，当承台底下为砂土、粉土时，取 $\zeta_{pz} = 0.14/\sqrt{m}$。

5. 水平回转向、扭转向阻尼比

桩基水平回转向阻尼比与扭转向阻尼比可根据其竖向阻尼比推算：水平回转耦合振动第一振型阻尼比 $\zeta_{px\phi1}$、第二振型阻尼比 $\zeta_{px\phi2}$ 及扭转向阻尼比 $\zeta_{p\psi}$ 均可取为 $0.5\zeta_{pz}$。

计算桩基阻尼比时，当考虑承台埋置深度的作用时，还可将其值做适当的提高。

6. 桩基的振动质量与惯性矩

桩基的振动质量与惯性矩包括竖向振动总质量 $\sum m_z$（kg）、水平回转振动总质量 $\sum m_x$（kg）、水平回转振动总质量惯性矩 $\sum I_m$（kg·m²）和扭转振动总质量惯性矩 $\sum J_m$（kg·m²）。它们由基组的振动参数适当考虑桩间土体的惯性后求得。

$$\begin{cases} \sum m_z = m + m_0 \\ \sum m_x = m + 0.4m_0 \\ \sum I_m = I_m(1 + 0.4m_0/m) \\ \sum J_m = J_m(1 + 0.4m_0/m) \end{cases} \tag{8-35}$$

式中：$m$——基组的质量（kg）；

$m_0$——竖向振动时桩和桩间土的当量质量（kg），$m_0 = l_t bd\rho$；

$I_m$——桩基水平回转振动质量惯性矩（kg·m²）；

$J_m$——桩基扭转振动质量惯性矩（kg·m²）；

$l_t$——桩的折算长度（m），当桩长不大于 10m 时取 1.8m，当桩长大于等于 15m 时取 2.4m，中间值可内插；

$b$——基础底面宽度（m）；

$d$——基础底面长度（m）；

$\rho$——桩土混合质量密度（kg/m³）。

# 第四节　锻锤基础设计

## 一、锻锤基础的类型与工作特点

锻锤按加工性质可分为自由锻锤和模锻锤两大类。锻锤一般都由锤头、砧座及机架三部分组成。自由锻锤的机架和砧座一般分开安装在基础上（砧座与基础之间设有木垫层或橡胶垫层)。模锻锤的砧座与机座一般连成一个刚性整体后通过垫层固定在基础上。对于自由锻锤,其锤下落部分的重力一般为 6.5 ~ 50kN;对于模锻锤,其锤下落部分的重力一般为 10 ~ 160kN。锻锤的动力是蒸汽或压缩空气,锤头下落时除了有重力加速度,还存在进气压力带来的附加加速度。

## 二、锻锤基础的设计要求

锻锤基础设计时除应满足其构造要求外,主要应进行下列验算。

(1)地基承载力验算

地基承载力验算是指基础底面地基的平均静压力设计值 $p$(kPa)要满足式(8-3)的验算要求。

(2)基础的动力验算

锻锤基础的动力验算内容主要是验算其振幅和振动加速度,应使基础的计算振幅和振动加速度满足允许值的要求。各类地基土对应的振幅和振动加速度允许值如表8-6所示。表中数值仅适用于锤下落部分的重力在 20 ~ 50kN 的锻锤;当锤下落部分的重力小于 20kN 时,可将表中数值乘以 1.15;当锤下落部分的重力大于 50kN 时,可将表中数值乘以 0.80。

**锻锤基础允许振幅及允许振动加速度**　　　　表 8-6

| 土的类别 | 允许振幅(mm) | 允许振动加速度( m/s² ) |
|---|---|---|
| 一类土 | 0.80 ~ 1.20 | $0.85g$ ~ $1.30g$ |
| 二类土 | 0.65 ~ 0.80 | $0.65g$ ~ $0.85g$ |
| 三类土 | 0.40 ~ 0.65 | $0.45g$ ~ $0.65g$ |
| 四类土 | <0.40 | <$0.45g$ |

当采用天然地基,但计算振幅和振动加速度难于满足允许值的要求,或锤下落部分的重力在 10kN 以上的锻锤基础,建于土质较差的四类土上时,宜采用桩基础。

(3)砧座竖向振幅验算

砧座的竖向计算振幅应满足允许值的要求。对不隔振锻锤基础,其竖向允许振幅可按表8-7采用;当砧座下采取隔振装置时,砧座竖向允许振幅的取值不宜大于 20mm。

**砧座的竖向允许振幅**　　　　表 8-7

| 下落部分的重力<br>(kN) | 竖向允许振幅<br>(mm) | 下落部分的重力<br>(kN) | 竖向允许振幅<br>(mm) |
|---|---|---|---|
| ≤10 | 1.7 | 50 | 4.0 |
| 20 | 2.0 | 100 | 4.5 |
| 30 | 3.0 | 160 | 5.0 |

## 三、锻锤基础的动力计算

大块式锻锤基础的动力计算主要包括基础的振幅和振动加速度计算、砧座的竖向振幅计算、垫层的动应力验算等。

在进行锻锤基础和砧座的动力计算时,实用上一般可采用如图8-6所示的单自由度无阻尼自由振动模型。在计算基础振动时,将砧座下弹簧刚度 $K_{z1}$ 视作无穷大,计算总质量 $m$ 为砧座质量 $m_1$ 与基础质量 $m_2$ 之和。在计算砧座振动时则只考虑 $m_1$ 和 $K_{z1}$ 的作用,而将基础质量

$m_2$ 与基础下弹簧刚度 $K_z$ 视作无穷大。

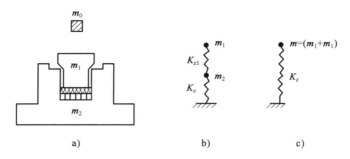

图 8-6 锻锤基础动力计算模型

a) 锻锤基础的构成；b) 基础计算模型；c) 砧座计算模型

（1）锻锤锤头的最大打击速度 $v_0$（m/s）

对单动自由下落锤：

$$v_0 = 0.9\sqrt{2gH} \tag{8-36a}$$

对双动锤：

$$v_0 = 0.65\sqrt{2gH\frac{p_0A_0 + W_0}{W_0}} \tag{8-36b}$$

当仅已知锤击能量时：

$$v_0 = \sqrt{\frac{2.2gu}{W_0}} \tag{8-36c}$$

式中：$H$——锤头最大行程（m）；

$\quad W_0$——落下部分的实际重力（kN）；

$\quad p_0$——汽缸最大进气压力（kPa）；

$\quad A_0$——汽缸活塞面积（m$^2$）；

$\quad u$——锤头最大打击能量（kJ）。

（2）砧座和基础体系的初速度 $v_{01}$

锤头打击以后砧座和基础体系的初速度 $v_{01}$ 可根据非弹性碰撞的动量守恒原理导出。

$$v_{01} = \frac{(1 + e)W_0 v_0}{W_0 + W} \tag{8-37}$$

式中：$W$——基础、砧座、锤架及基础上回填土等的总重（kN），对正圆锥壳基础应包括壳体内的全部土重，桩基础应包括桩和桩尖土参加振动的当量重力；

$\quad e$——回弹系数。

（3）锻锤基础的固有圆频率 $\omega_{nz}$、振幅 $A_z$ 和振动加速度 $a$

对不隔振的锻锤基础，其固有圆频率、振幅和振动加速度可根据单自由度体系无阻尼自由振动的计算原理分别求得。

$$\omega_{nz} = k_\lambda\sqrt{\frac{K_z g}{W}}, A_z = \frac{v_{01}}{\omega_{nz}} \approx k_A\frac{\psi_e v_0 W_0}{\sqrt{K_z W}}, a = A_z\omega_{nz}^2 \tag{8-38}$$

式中：$k_\lambda$、$k_A$——频率调整系数和振幅调整系数，对除岩石以外的天然地基，可取 $k_\lambda = 1.6$ 及 $k_A = 0.6$；对桩基可取 $k_\lambda = k_A = 1.0$；

$\psi_e$——冲击回弹影响系数,对自由锤可取 $\psi_e = 0.4 \mathrm{s/m}^{1/2}$;对模锻锤,当模锻钢制品时

可取 $\psi_e = 0.5 \mathrm{s/m}^{1/2}$,模锻有色金属制品时可取 $\psi_e = 0.35 \mathrm{s/m}^{1/2}$。

(4)砧座下垫层的总厚度 $d_0$(m)与砧座的竖向振幅 $A_{z1}$(m)

砧座下垫层的总厚度 $d_0$ 可根据垫层的承压强度等由下式确定:

$$d_0 = \frac{\psi_e^2 W_0^2 v_0^2 E_1}{f_c^2 W_h A_1} \tag{8-39}$$

式中:$f_c$——垫层承压动强度设计值(kPa);

$E_1$——垫层的弹性模量(kPa);

$W_h$——对自由锤为砧座重力,对模锻锤为砧座和锤架的总重力(kN);

$A_1$——砧座底面积($\mathrm{m}^2$)。

砧座的竖向振幅 $A_{z1}$ 可由下式确定:

$$A_{z1} = \psi_e W_0 v_0 \sqrt{\frac{d_0}{E_1 W_h A_1}} \tag{8-40}$$

### 四、锻锤基础的构造要求

锻锤基础应满足如下构造要求:

(1)不隔振的锻锤基础通常宜采用台阶形或梯形的整体大块式钢筋混凝土基础(50kN 以下的锻锤亦可采用正圆锥壳基础),基础的高宽比 $h/b \geqslant 1$,边缘的最小高度 $h_1$ 不应小于 200mm,如图 8-7 所示。大块式基础的混凝土强度等级不宜低于 C15。

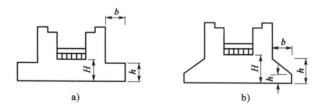

图 8-7　锻锤基础的基础形式

a)台阶形;b)梯形

(2)为使砧座传来的冲击力能较均匀地作用于基础并方便砧座高程和水平的调整,砧座下应设置垫层。垫层通常采用木材或橡胶,其厚度按式(8-39)的强度验算公式确定并应满足表 8-8 规定的最小厚度要求。

**砧座垫层最小厚度和砧座下基础最小厚度**　表 8-8

| 下落部分的重力 | 垫层最小厚度 $d_0$(mm) | | 基础最小厚度 $H$ |
| :---: | :---: | :---: | :---: |
| (kN) | 木垫 | 橡胶垫 | (mm) |
| ≤2.5 | 150 | 10 | 600 |
| 5.0 | 250 | 10 | 800 |
| 7.5 | 300 | 20 | 800 |
| 10.0 | 400 | 20 | 1000 |
| 20.0 | 500 | 30 | 1200 |
| 30.0 | 600 | 40 | 1500(模锻),1750(自由锻) |

续上表

| 下落部分的重力<br>（kN） | 垫层最小厚度 $d_0$（mm） | | 基础最小厚度 $H$<br>（mm） |
|---|---|---|---|
| | 木垫 | 橡胶垫 | |
| 50.0 | 700 | 40 | 2000 |
| 100.0 | 1000 | | 2750 |
| 160.0 | 1200 | | 3500 |

（3）锻锤基础的构造配筋如图 8-8 所示，具体布置如下。

①——砧座垫层下基础顶部水平钢筋网，直径 10～16mm，间距 100～150mm，采用 Ⅱ 级钢。伸过凹坑内壁的长度不小于 50 倍钢筋直径，一般伸至基础外缘。钢筋网的竖向间距宜为 100～200mm（按上密下疏布置），层数可按表 8-9 采用，最上层钢筋网的混凝土保护层厚度宜为 30～35mm。

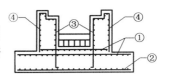

图 8-8 锻锤基础的构造配筋

| 钢筋网层数 | | | | 表 8-9 |
|---|---|---|---|---|
| 下落部分的重力（kN） | ≤10 | 20～30 | 50～100 | 160 |
| 钢筋网层数 | 2 | 3 | 4 | 5 |

②——基础底面水平钢筋网，间距 150～250mm。当锤下落部分的重力小于 50kN 时，钢筋直径宜采用 12～18mm；当锤下落部分的重力大于或等于 50kN 时，钢筋直径宜采用 18～22mm。

③——砧座坑壁四周垂直钢筋网，间距 100～250mm。当锤下落部分的重力小于 50kN 时，钢筋直径宜采用 12～16mm；当锤下落部分的重力大于或等于 50kN 时，钢筋直径宜采用 16～20mm。垂直钢筋宜伸至基础底面。

④——基础和基础台阶顶面及砧座外侧钢筋网，直径 12～16mm，间距 150～250mm。锤下落部分的重力大于或等于 50kN 的锻锤砧座垫层下的基础部分，应沿竖向每隔 800mm 左右配置直径 12～16mm、间距 400mm 左右的水平钢筋网。

**【例 8-1】** 对 5t 蒸汽空气两用自由锻锤基础进行设计验算。基础各部分的尺寸如图 8-9 所示，其余设计资料如下。

（1）锤下落部分的重力 $W_0 = 50kN$，锤下落部分最大行程 $H = 1.73m$；

（2）汽缸直径 $D = 0.635m$，面积 $A_0 = 0.317m^2$；

（3）砧座重力 $W_p = 800kN$，机架重力 $W_q = 600kN$；

（4）砧座底面尺寸 $A_1 = 3.0m \times 2.2m = 6.6m^2$；

（5）汽缸最大进气压力 $p_0 = 900kPa$；

（6）砧座垫层采用木垫，材料为柞木 B—1 级，承压动强度设计值 $f_c = 3100kPa$，弹性模量 $E_1 = 5.0 \times 10^5 kPa$；

（7）持力层地基土为粉质黏土，有效重度 $\gamma' = 8.0kN/m^3$，承载力标准值 $f_k = 200kPa$，孔隙比 $e = 0.7$，液性指数 $I_L = 0.75$，抗压刚度系数 $C_z = 36000kN/m^3$，持力层以上地基土加权有效重度 $\gamma'_0 = 11.5kN/m^3$。

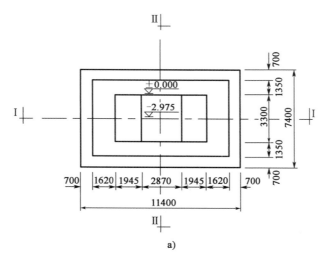

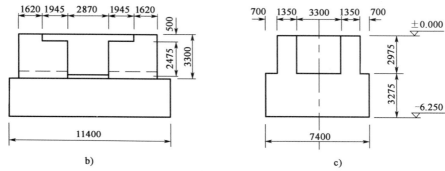

图8-9　自由锻锤基础布置图(尺寸单位:mm;高程单位:m)

a)平面图;b) I — I 剖面图;c) II — II 剖面图

**【解】**　(1)计算锤头的最大打击速度 $v_0$

$$v_0 = 0.65 \sqrt{2gH \frac{p_0 A_0 + W_0}{W_0}}$$

$$= 0.65 \times \sqrt{2 \times 9.8 \times 1.73 \times \frac{900 \times 0.317 + 50}{50}}$$

$$= 9.8 \text{m/s}$$

(2)验算基础振幅

基础重(取基础钢筋混凝土重度24kN/m³):

$$W_g = (11.4 \times 7.4 \times 2.95 + 10.0 \times 6.0 \times 3.3 - 2.87 \times 3.3 \times 2.475 -$$

$$6.76 \times 3.3 \times 0.5 - 4.0 \times 0.7 \times 0.6 \times 3.565) \times 24$$

$$= 9750 \text{kN}$$

填土重(取填土重度18kN/m³):

$$W_s = (11.4 \times 7.4 - 10.0 \times 6.0) \times 3.3 \times 18 = 1450 \text{kN}$$

机架、砧座、基础和填土总重力:

$$W = (600 + 800 + 9750 + 1450) = 12600\text{kN}$$

基础底面积：

$$A = 11.4 \times 7.4 = 84.4\text{m}^2$$

地基刚度：

$$K_z = C_z A = 36000 \times 84.4 = 3.038 \times 10^6 \text{kN/m}$$

基础振幅：

取冲击回弹影响系数 $\psi_e = 0.4$，振幅调整系数 $k_A = 0.6$。

$$A_z = k_A \frac{\psi_e V_0 W_0}{\sqrt{K_z W}} = 0.6 \times \frac{0.4 \times 9.8 \times 50}{\sqrt{3.038 \times 10^6 \times 12600}} = 0.0006\text{m}$$

根据表 8-1，$f_k = 200\text{kPa}$ 的粉质黏土为二类土；查表 8-6，锻锤基础的允许振幅可取为 0.7mm，故计算振幅小于允许振幅。

（3）验算振动加速度

取频率调整系数 $k_\lambda = 1.6$，基础固有圆频率：

$$\omega_{nz} = k_\lambda \sqrt{\frac{K_z g}{W}} = 1.6 \times \sqrt{\frac{3.038 \times 10^6 \times 9.8}{12600}} = 77.8\text{rad/s}$$

基础振动加速度：

$$a = A_z \omega_{nz}^2 = 0.0006 \times 77.8^2 = 3.63\text{m/s}^2$$

查表 8-6，锻锤基础的允许振动加速度可取为 $0.707g = 6.9\text{m/s}^2$，故计算振动加速度小于允许振动加速度。

（4）确定砧座下垫木厚度

$$d_0 = \frac{\psi_e^2 W_0^2 v_0^2 E_1}{f_c^2 W_h A_1} = \frac{0.4^2 \times 50^2 \times 9.8^2 \times 5 \times 10^5}{3100^2 \times 800 \times 6.6} = 0.38\text{m}$$

根据表 8-8 的构造要求，砧座下垫木厚度应采用最小厚度 0.7m。

（5）验算砧座竖向振幅

$$A_{z1} = \psi_e W_0 v_0 \sqrt{\frac{d_0}{E_1 W_h A_1}} = 0.4 \times 50 \times 9.8 \times \sqrt{\frac{0.7}{5 \times 10^5 \times 6.6 \times 800}}$$

$$= 3.2 \times 10^{-3}\text{m} = 3.2\text{mm}$$

查表 8-6，砧座的竖向允许振幅为 4.0mm，故砧座的竖向计算振幅小于砧座的竖向允许振幅。

（6）地基承载力验算

查表 8-2，地基土的动沉陷影响系数 $\beta$ 为 1.3，于是地基承载力的动力折减系数为：

$$\alpha_f = \frac{1}{1 + \beta \frac{a}{g}} = \frac{1}{1 + 1.3 \times \frac{3.63}{9.8}} = 0.68$$

地基承载力标准值 $f_k = 200\text{kPa}$。

根据土性及孔隙比 $e$、液性指数 $I_L$ 的值可查得承载力修正系数 $\eta_b = 0.3$、$\eta_d = 1.6$，则地基承载力设计值为：

$$f = f_k + \eta_b\gamma(b - 3.0) + \eta_d\gamma_0(d - 0.5)$$
$$= 200 + 0.3 \times 8.0 \times (6.0 - 3.0) + 1.6 \times 11.5 \times (6.25 - 0.5)$$
$$= 313\text{kPa}$$

$$\alpha_f f = 0.68 \times 313 = 213\text{kPa}$$

基础底面地基的平均静压力设计值：

$$p = \frac{W}{A} = \frac{12600}{84.4} = 149\text{kPa}$$

满足 $p \leqslant \alpha_f f$ 的要求。

# 第五节　曲柄连杆机器基础设计

曲柄连杆机器为一种主要作往复运动的机械,包括活塞式压缩机、柴油机、破碎机等。这类机械的共同特点是在作往复运动时又包含了旋转运动,而各自的扰力计算与基础设计方法大体相同。本节将以活塞式压缩机为例来说明这类机器基础的设计方法。

活塞式压缩机在其曲柄连杆机构作往复运动时产生的不平衡惯性力是引起机器基础振动的扰力源。计算并控制其振幅与振动速度是活塞式压缩机基础设计的主要内容。

## 一、活塞式压缩机的扰力计算

图 8-10 为一活塞式压缩机机构工作简图。当机器主轴以角速度 $\omega$ 旋转时,其扰力的大小可按下列方法计算。

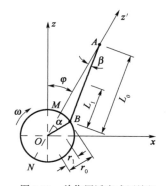

图 8-10　单作用活塞式压缩机
机构工作简图

将活塞和部分连杆质量集中到 $A$ 点($A$ 点集中质量为 $m_A$);而将曲柄与部分连杆质量集中到 $B$ 点($B$ 点集中质量为 $m_B$)。$m_A$ 在 $z'$ 轴上的位移 $z'_A$ 可以用曲柄半径 $r_0$、连杆长度 $L_0$ 及 $B$ 点转角 $\alpha$ 表示。

$$z'_A = r_0 \frac{1 - \cos\alpha + \dfrac{\lambda}{2}\sin^2\alpha}{2 + \dfrac{\lambda^3}{8}\sin^4\alpha + \cdots} \tag{8-41}$$

略去高次项后,上式可近似表示为:

$$z'_A = r_0(1 - \cos\alpha) + \frac{\lambda}{4}(1 - \cos 2\alpha) \tag{8-42}$$

由于 $\alpha = \omega t$,而加速度可由位移的二次微分求得,故 $m_A$ 在 $z'$ 轴上的加速度 $a$ 为:

$$a = r_0\omega^2(\cos\omega t + \lambda\cos 2\omega t) \tag{8-43}$$

根据牛顿第二定律,$m_A$ 在 $z'$ 轴上的惯性力 $P_A$ 为:

$$P_A = m_A a = m_A r_0\omega^2(\cos\omega t + \lambda\cos 2\omega t) \tag{8-44}$$

而在 $z$ 轴与 $x$ 轴方向的分力 $P_{Az}$ 和 $P_{Ax}$ 则可表示为:

$$\begin{cases} P_{Az} = m_A r_0\omega^2(\cos\omega t + \lambda\cos 2\omega t)\cos\varphi \\ P_{Ax} = m_A r_0\omega^2(\cos\omega t + \lambda\cos 2\omega t)\sin\varphi \end{cases} \tag{8-45}$$

式中：$\lambda$——连杆比，$\lambda = r_0/L_0$；

    $\omega$——旋转角速度（圆频率），$\omega = 2\pi n/60$；

    $n$——每分钟转速（r/min）；

    $\varphi$——$z$ 轴正方向至汽缸中心线夹角（rad）。

同样，$B$ 点集中质量产生的不平衡力在 $z$ 轴与 $x$ 轴方向的分力 $P_{Bz}$ 和 $P_{Bx}$ 可用下式表示。

$$\begin{cases} P_{Bz} = m_B r_0 \omega^2 \cos(\omega t + \varphi) \\ P_{Bx} = m_B r_0 \omega^2 \sin(\omega t + \varphi) \end{cases} \tag{8-46}$$

上述不平衡力在 $z$ 轴与 $x$ 轴方向的分力可进一步分解为按频率 $\omega$ 变化的扰力和按频率 $2\omega$ 变化的扰力，分别称为一谐波扰力和二谐波扰力。

一谐波扰力：

$$\begin{cases} P_{z1} = r_0 \omega^2 [m_A \cos\omega t \cos\varphi + m_B \cos(\omega t + \varphi)] \\ P_{x1} = r_0 \omega^2 [m_A \cos\omega t \sin\varphi + m_B \sin(\omega t + \varphi)] \end{cases} \tag{8-47}$$

二谐波扰力：

$$\begin{cases} P_{z2} = r_0 \omega^2 m_A \lambda \cos2\omega t \cos\varphi \\ P_{x2} = r_0 \omega^2 m_A \lambda \cos2\omega t \sin\varphi \end{cases} \tag{8-48}$$

式中：$P_{z1}$、$P_{z2}$——竖向（$z$ 轴）一谐、二谐波扰力（N）；

    $P_{x1}$、$P_{x2}$——水平向（$x$ 轴）一谐、二谐波扰力（N）。

$A$ 点集中质量 $m_A$ 与 $B$ 点集中质量 $m_B$ 可按下列公式计算：

$$m_A = \frac{1}{g}\left(W_2 + \frac{L_1}{L_0}W_3\right) \tag{8-49}$$

$$m_B = \frac{1}{g}\left[\frac{r_1}{r_0}W_1 + \left(1 - \frac{L_1}{L_0}W_3\right)\right] \tag{8-50}$$

式中：$W_1$——曲柄的重力（N）；

    $W_2$——活塞、活塞杆、十字头等的重力（N）；

    $W_3$——连杆的重力（N）；

    $L_1$——连杆质心至曲柄稍中心的距离（m）；

    $r_1$——曲柄质心至主轴的距离（m）。

对于多列曲柄连杆机构的扰力计算，可将单作用机构的计算结果进行矢量迭加得到。计算中应注意各列曲柄连杆的旋转质量、往复运动质量与所选定的第一列曲柄连杆机构的旋转质量、往复运动质量之间存在的相位差。另外，在进行多列曲柄连杆机构的扰力计算时，还需考虑对水平 $x$ 轴的回转扰力矩和对竖向 $z$ 轴的扭转扰力矩。

## 二、活塞式压缩机基础的动力计算

基组在通过其重心的竖向扰力作用下产生竖向振动，其动力响应可按单自由度模型计算。基组的竖向自振圆频率 $\omega_{nz}$（rad/s）和重心处的竖向振幅 $A_z$（m）分别为：

$$\omega_{nz} = \sqrt{\frac{K_z}{m}} \tag{8-51}$$

$$A_z = \frac{P_z}{K_z \sqrt{\left(1 - \dfrac{\omega^2}{\omega_{nz}^2}\right)^2 + \dfrac{4\zeta_z^2 \omega^2}{\omega_{nz}^2}}}$$ (8-52)

式中:$m$——基组总质量(kg);

$\quad P_z$——竖向扰力幅值(N);

$\quad \zeta_z$——地基竖向阻尼比,当$\omega$与$\omega_{nz}$错开25%以上时阻尼项可略去不计。

基组在扭转扰力矩作用下产生绕$z$轴的扭转振动,其自振圆频率和振幅同样可按单自由度模型计算,计算公式与竖向振动相似。

基组在竖向偏心扰力或水平扰力作用下将产生水平摇摆耦合振动,此时基础顶面控制点的竖向与水平向振幅可通过基组的水平摇摆耦合振动第一、第二振型计算分别求出。

基础顶面控制点沿$x$、$y$、$z$轴各向的总振幅$A$和总振动速度$v$可按下列公式计算。

$$\omega' = 0.105n$$ (8-53)

$$\omega'' = 0.210n$$ (8-54)

$$A = \sqrt{\left(\sum_{j=1}^{n} A_j'\right)^2 + \left(\sum_{k=1}^{m} A_k''\right)^2}$$ (8-55)

$$v = \sqrt{\left(\sum_{j=1}^{n} \omega' A_j'\right)^2 + \left(\sum_{k=1}^{m} \omega'' A_k''\right)^2}$$ (8-56)

式中:$A_j'$——第$j$个一谐扰力或扰力矩作用下基础顶面控制点的振幅(m);

$\quad A_k''$——第$k$个二谐扰力或扰力矩作用下基础顶面控制点的振幅(m);

$\quad \omega'$——一谐扰力和扰力矩圆频率(rad/s);

$\quad \omega''$——二谐扰力和扰力矩圆频率(rad/s);

$\quad n$——机器工作转速(r/min)。

基础顶面控制点的总振幅$A$不应大于0.20mm,总振动速度$v$的计算值不应大于6.30mm/s;若不能满足要求,则应改变基础或地基设计并重新验算。

### 三、活塞式压缩机基础的构造要求

活塞式压缩机基础一般宜采用大块式混凝土结构。当机器设置在厂房的二层高程处时,宜采用墙式钢筋混凝土结构,墙式基础构件之间的构造连接应保证其整体刚度。基础的配筋应符合下列规定:

(1)体积在$20 \sim 40\text{m}^3$的大块式基础,应在基础顶面配置直径为10mm、间距200mm的钢筋网。

(2)体积大于$40\text{m}^3$的大块式基础,应沿四周和顶、底面配置直径为$10 \sim 14$mm、间距$200 \sim 300$mm的钢筋网。

(3)基础底板悬臂部分的钢筋配置应按强度计算确定并上下配筋,一般可按直径$12 \sim 18$mm、间距$200 \sim 300$mm配置钢筋。

(4)当基础上的开孔或切口尺寸大于600mm时,应沿孔口或切口周围配置直径不小于12mm、间距不大于200mm的加强钢筋。

(5)墙式基础沿墙面应配置钢筋网,竖向钢筋直径宜为$12 \sim 16$mm,水平钢筋直径宜为$14 \sim 16$mm,钢筋间距一般为$200 \sim 300$mm。基础的顶板与底板应按强度计算配筋。在墙体、顶板及底板的连接处应适当增加构造钢筋,以保证其整体刚度。

# 第六节　旋转式机器基础设计

旋转式机器的种类很多,主要有汽轮发电机组、汽轮压缩机组和汽轮鼓风机、电动发电机、调相机等。旋转式机器在工作时通常是大质量的部件作高速运转,运转中由于旋转中心与质量中心存在偏心距而产生谐和扰力,进而引起机器基础体系的振动。旋转式机器基础的设计主要是对上述扰力进行分析确定后进行体系的动力计算,再通过动力验算和基础强度验算并结合构造要求进行基础截面设计与布置。

## 一、旋转式机器基础的形式和一般构造要求

由于旋转式机器尺寸都比较大,而且都带有较多的辅助设备和工艺管线,要求在主机底下留有足够的空间供布置之用,故其基础大多做成空间框架形式。其通常采用钢筋混凝土框架结构或预应力混凝土结构,只有少数旋转式机器基础做成墙式结构。

框架式基础应符合下列一般构造要求:

(1)基础的顶部四周应留有变形缝(变形缝宽度一般为 3 ~ 5cm),与其他结构隔开;中间平台宜与基础主体结构脱开,当不能脱开时,在两者连接处宜采取隔振措施。

(2)基础底板的形式和厚度应根据地基土条件和柱子断面尺寸综合考虑,对于碎石类土及中、粗砂地基,底板可采用平板式或梁板式;对于比较完整的岩石地基,可采用井字式底板或锚杆柱基、独立柱基;对于中、高压缩性地基,为避免基础过大的不均匀沉降,宜采用桩基、箱基或进行地基处理等。平板式基础底板的厚度或井式、梁板式基础的梁高,可根据地基条件取基础底板长度的 1/20 ~ 1/15,并不应小于柱截面的边长。

(3)基础的顶板应有足够的质量和刚度。顶板各横梁的静挠度宜接近,顶板的外形和受力应力求简单,并宜避免偏心荷载。基础顶板的挑台应做成实腹式,其挑出长度不宜大于1.5m,悬臂支座处的截面高度不应小于挑出长度的 3/4。

(4)在满足强度和稳定性要求的前提下,可适当减少框架柱的数量或减小其断面,以改善整个基础的动力性能,但其长细比不宜大于 14。

(5)旋转式机器基础的顶面为安装机器的支座垫板,通常有二次灌浆层,其厚度可取 20 ~ 50mm,或按工艺要求确定。固定机器设备的锚固螺栓,应根据制造厂提供的资料确定。预埋螺栓的底面到基础顶板底面的距离不应小于 150mm。

## 二、框架式基础的振动计算

框架式基础是一个多自由度的空间框架,其动力计算比较复杂,目前一般采用空间多自由度体系进行计算。

1.空间多自由度体系的力学模型

假设基础为空间多自由度体系,选定计算质点,并将质点间的杆件的质量向两端各集中 1/2(可不考虑转动惯量的影响)。每一质点考虑 6 个自由度,即 3 个线位移和 3 个角位移。每一段杆件应考虑弯曲、剪切、扭转及伸缩等变形,如图 8-11 所示。

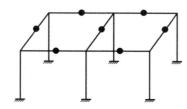

图 8-11　框架式基础的空间力学模型

## 2. 动力计算

自由振动计算可按上述力学模型,在建立静刚度矩阵 $[K]$ 与质量矩阵 $[M]$ 后,求解以下广义特征值问题。

$$[K]\{X\} = \omega^2[M]\{X\} \tag{8-57}$$

由此可计算出 1.4 倍工作转速内的全部特征对,每一特征对包括一个特征值 $\omega_j^2$ 及相应的特征向量 $\{X\}_j$。

对于强迫振动计算,可采用振型分解法计算振幅。一般情况下,只需计算扰力作用点的竖向振幅,振幅值由 1.4 倍工作转速内的全部振型叠加而成。计算中的结构阻尼比可取0.0625。扰力值一般采用机器制造厂提供的抗力值,当无扰力资料时,机器工作转速时的扰力值可按表 8-10 采用;对任意转速的扰力,可按下式计算:

$$P_{oi} = P_{gi}\left(\frac{n_o}{n}\right)^2 \tag{8-58}$$

式中:$P_{oi}$——任意转速的扰力(kN);

$\quad\quad P_{gi}$——机器工作转速为 $n$ 时第 $i$ 点的扰力(kN),查表 8-10;

$\quad\quad n_o$——任意转速(r/min)。

**框架式基础的扰力及允许振幅**　　　　　　　　　　表 8-10

| 机器工作转速(r/min) | | 3000 | 1500 |
|---|---|---|---|
| 计算振幅时,第 $i$ 点的扰力 $P_{gi}$ (kN) | 竖向、横向 | $0.20W_{gi}$ | $0.16W_{gi}$ |
| | 纵向 | $0.10W_{gi}$ | $0.08W_{gi}$ |
| 允许振动振幅(mm) | | 0.02 | 0.04 |

注:表中数值为机器正常运转时的扰力和振幅。

这种规定中的竖向和横向的扰力是按式(8-1)进行计算的,其转子偏心距 $e$ 分别假设为 0.02mm(3000r/min)和 0.064mm(1500r/min)。纵向扰力产生的原因比较复杂,现在规定的数值是比照另外两个方向得到的经验数值。由于旋转式机器各个轴承所产生的扰力的相位组合是随机的,将按各个扰力幅值分别计算得出的基础某点的各个振幅同相相加,显然将得出保守的结果。比较合适的做法是根据概率原理将各个扰力计算得到的振幅值按下式组合:

$$A_i = \sqrt{\sum_{k=1}^{m}(A_{ik})^2} \tag{8-59}$$

式中:$A_i$——质点 $i$ 的振幅(m);

$\quad\quad A_{ik}$——第 $k$ 个扰力对质点 $i$ 产生的振幅(m)。

对框架式基础动力计算中的地基,当机组工作转速等于 3000r/min 时,可按刚性考虑;当工作转速小于 3000r/min 时,则宜按弹性考虑。

当基础为横向框架与纵梁构成的空间框架时,可简化为横向平面框架,采用双自由度体系的计算方法。

对工作转速为 3000r/min,功率为 12.5MW 及以下的汽轮发电机,当基础为由横向框架与纵梁构成的空间框架,且同时满足下列条件时,可不进行动力计算。

(1)中间框架、纵梁:$W_i \geqslant 6W_{gi}$;

(2)边框架:$W_i \geqslant 10W_{gi}$。

其中，$W_i$ 为集中到梁中或柱顶的总重力（kN）；$W_{gi}$ 为作用在基础第 $i$ 点的机器转子重力（kN），一般为集中到梁中或柱顶的转子重力。

近年来的研究表明，由于框架式机器基础的杆件断面较大，节点刚性域影响也比较大，一般的矩阵分析方法其结果除一、二阶自振频率以外，可靠程度并不是很高。近来，通过在基础模型上实测传递函数，再整体拟合构造传递函数总矩阵的方法来分析测定基础的模态特性（各阶自振频率、振型和振型阻尼比等）的试验模态分析方法已被提出来，以替代或补充上述纯计算的分析方法。这种模型可以做成同材质的 1/10 比例，也可以做成变材质的更小的比例。实践证明，试验模态分析结果的稳定性和可靠性高于纯计算分析。

3. 动力验算

框架式基础的振动控制，最初由共振法分析。这种方法主要是计算自振频率，只要各阶自振频率，尤其是一阶自振频率避开机器工作转速一定范围（如 ±25%），即认为振动符合要求，不必具体计算基础可能的振幅。共振法对于一些大型框架式基础结构很难做到比较准确的振动控制，故目前已向振幅法转变，即采用振幅控制设计。振幅法需要确定体系阻尼和扰力，计算基础的自振频率、振型，然后计算基础的强迫振动振幅，并以计算振幅不超过允许值作为设计依据。框架式基础动力验算的允许振幅与机器的工作转速有关，当机器工作转速为 1000 ~ 3000r/min 时，其允许振幅可参见表 8-10。

进行验算时，一般可取工作转速 ±25% 范围内的最大振幅作为验算的计算振幅。对小于 75% 工作转速范围内的计算振幅，则要求小于 1.5 倍的允许振幅。

## 三、框架式基础的强度计算

在进行框架式基础的强度计算时，其荷载主要有永久荷载（包括基础结构自重、机器自重、安装在基础上的其他设备自重、基础上的填土重、汽缸膨胀力、凝汽器真空吸力和温度变化产生的作用力）、可变荷载（包括动力荷载或当量荷载、顶板活荷载）、偶然荷载（短路力矩）以及地震荷载等。主要荷载组合由永久荷载和动力荷载（或当量静荷载）组成，其中动力荷载只考虑单向作用。特殊荷载组合由主要荷载组合与一个特殊荷载组成，其中动力荷载乘以 0.25 的组合系数。

基础构件的动内力可按空间多自由度体系直接计算。计算动内力时的扰力值，可取计算振幅时所取扰力值的 4 倍，并应考虑材料疲劳的影响，对钢筋混凝土构件的疲劳影响系数可取 2.0。多个抗力作用的组合方法与振幅的组合方法相同。为简化动内力的计算，当基础为横向框架与纵梁构成的空间框架时，可采用当量荷载进行构件动内力计算。对竖向当量荷载可按集中荷载考虑，水平向当量荷载可按作用在纵、横梁轴线上的集中荷载考虑。采用当量荷载计算动内力时，应分别按基础的基本振型和高振型进行计算，并取其较大值作为控制值。

按基础的基本振型计算动内力时，其当量荷载可按下列方法计算。

（1）竖直向当量静荷载可按每榀框架分别计算，在横向框架上第 $i$ 点的竖向当量荷载 $N_{zi}$ 可按式（8-60）计算，并不应小于 4 倍转子重力。

$$N_{zi} = 8P_{gi}\left(\frac{\omega_{n1}}{\omega}\right)^2 \eta_{max} \tag{8-60}$$

式中：$\omega_{n1}$——横向框架竖向第一振型固有频率（rad/s）；

$\omega$——基础的基频(rad/s);

$\eta_{max}$——最大动力系数,可采用8.0。

(2)水平向当量荷载可先计算出总当量荷载,而各榀框架的当量荷载由总当量荷载按刚度进行分配。水平向 $x$、$y$ 方向的总当量荷载 $N_x$、$N_y$ 可按下列公式计算,且其值不应小于转子总重力。

$$N_x = \xi_x \frac{\sum W_{gi}}{W_t} \sum K_{fxj} \tag{8-61}$$

$$N_y = \xi_y \frac{\sum W_{gi}}{W_t} \sum K_{fyj} \tag{8-62}$$

式中:$W_t$——基础顶板全部永久荷载(kN),包括顶板自重、设备重和柱子重的一半;

$K_{fxj}$——基础第 $j$ 榀横向框架的水平刚度(kN/m);

$K_{fyj}$——基础第 $j$ 榀纵向框架的水平刚度(kN/m);

$\xi_x$——横向计算系数,当机器工作转速 $n = 3000$r/min 时,取 $\xi_x = 12.8 \times 10^{-4}$ m;当 $n = 1500$r/min 时,取 $\xi_x = 40.0 \times 10^{-4}$ m;

$\xi_y$——纵向计算系数,当机器工作转速 $n = 3000$r/min 时,取 $\xi_y = 6.4 \times 10^{-4}$ m;当 $n = 1500$r/min时,取 $\xi_x = 20.0 \times 10^{-4}$ m。

# 第七节　动力机器基础的减振与隔振

在动力机器基础设计计算中,除了要满足动力机器本身正常使用要求外,还应尽量减少其对邻近建筑物、设备或精密仪表的不利影响。为此,除了要在设计中进行一般的减振控制(选择合适的支承体系,使其在扰力作用下的振动响应在允许值范围内)外,还应对它采取必要的隔振措施。工程中常用的隔振方法一般有两种类型,即所谓"积极隔振"与"消极限振"。对本身是振源的机器,为了减小它对邻近设备及建筑物的影响,在机器底座和支承基础之间设置隔振器,将机器与地基隔离开来,这种隔振方法称为"积极隔振"。而对于要求允许振动很小的精密仪器和设备,为了避免周围振源对它的影响,也须将它与地基隔离开来,此时的隔振方法称为"消极隔振"。积极隔振和消极隔振的原理基本相似,通常是把需要隔离的机器或设备安装在合适的弹性装置(隔振器)上,使大部分振动为隔振器所吸收。

## 一、动力机器基础的减振控制

动力机器基础的减振控制是一种积极隔振措施,其目的是减小动力机器基础对周围环境的振动影响。可采取的途径包括减小振源的振动、改变系统的自振频率和采用减振装置减振等。由于振源一般不易改变,故通常采用后面两种方法。

### 1. 动力机器基础的减振原理

如前所述,动力机器基础体系的振动响应与扰力有较大的关系。在不同性质扰力作用下,影响振动大小的主要动力参数有所差异,所以应针对不同性质的扰力来采取相应的减振措施。

（1）稳态激振型扰力

稳态激振型扰力 $Q_0$，体系振幅 $A$ 可由下式计算：

$$A = \frac{Q_0}{k \sqrt{\left(1 - \frac{\omega^2}{\omega_n^2}\right) + 4\left(\frac{\zeta\omega}{\omega_n}\right)^2}} \tag{8-63}$$

式中，$\omega_n$ 为体系的自振频率，其值由地基刚度 $k$ 和体系的集中质量 $m$ 求得，即 $\omega_n = \sqrt{\frac{k}{m}}$；$\zeta$ 为体系阻尼比。

根据这个振幅表达式可绘出其反应曲线，如图 8-12 所示。从图中可以看出，减小稳态激振体系振动反应的途径主要有：①提高地基刚度 $k$，增大体系自振频率。具体包括加大基底面积或埋深、对地基进行加固处理或采用桩基础等。当 $\omega \leqslant \omega_n$ 时，该措施比较有效。②降低体系自振频率，使 $\omega > \omega_n$。可以用加大基础质量的办法来降低 $\omega_n$。由于地基刚度不能随意降低，这种方法对 $\omega_n$ 的降低不明显，此时可考虑采用后述的机械方法隔振。③当 $\omega$ 与 $\omega_n$ 很接近而又无法调整时，则要靠加大振动体系阻尼比来降低振幅。方法是加大基础底面积和埋深，在基础底面以下铺设橡胶、软木和砂卵石层等阻尼材料，或进一步采取其他机械方法隔振。

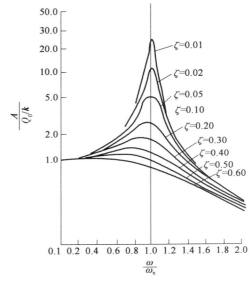

图 8-12　稳态激振型扰力作用下的反应曲线

（2）旋转质量型扰力

旋转式机器的扰力为旋转质量的偏心所引起，扰力幅随转速的平方而变化。体系振幅 $A$ 可由下式计算：

$$A = \frac{m_e \cdot e}{m \sqrt{\left(1 - \frac{\omega^2}{\omega_n^2}\right) + 4\left(\frac{\zeta\omega}{\omega_n}\right)^2}} \tag{8-64}$$

式中：$m_e$——偏心质量（kg）；

$e$——偏心距（m）；

$m$——参振总质量（kg）。

同样，根据这个振幅表达式也可绘出其反应曲线，如图 8-13 所示。根据上述公式和反应曲线，可以得出减小旋转式机器基础振幅的途径主要有：①加大体系参振质量 $m$。尤其当 $\omega$ 较小时，加大体系参振质量 $m$ 对减小基础振动非常有效；若同时增大基础的刚度，将取得更加明显的效果。②当 $\omega \gg \omega_n$ 时，加大刚度 $k$ 作用不明显，此时应以加大参振质量 $m$ 为主，即做成柔性基础。③当 $\omega$ 与 $\omega_n$ 很接近而又无法调整时，除可以加大体系质量外，也可以通过加大振动体系阻尼比来降低振幅，必要时还可以进一步采取其他机械方法隔振。

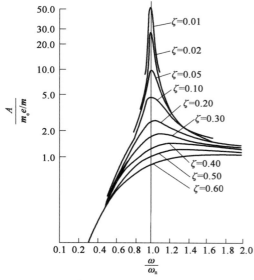

图8-13　旋转质量型扰力作用下的反应曲线

**2. 减振装置**

在机器底座和支承基础之间设置减振器可以吸收机器传来的振动能量,从而减少振动的影响,达到减振的效果。这种减振方法也称机械隔振。其类型可根据振源特性选用,主要有支承式和悬挂式等,如图 8-14 所示。图中前两种类型适用于竖向扰力为主的情况,而后两种类型适用于水平向扰力为主的情况。减振器通常是用刚度很低的弹簧、橡胶块或其他隔振材料制成。它与基础块体组成一个低频振动系统,而后整个系统再支承于较大质量和较大刚度的基础上。隔振弹簧一般采用圆柱形螺旋弹簧。为了弥补这种弹簧阻尼小和侧向稳定性差的缺点,通常的做法是将弹簧和橡胶块组合使用,形成专用的隔振元件。当要求的隔振弹簧刚度极低时,可以使用

囊式空气弹簧,用调节充气压力的办法来调节弹簧刚度和支承能力。弹簧或橡胶垫的规格选择及数量的计算可参考相关资料。

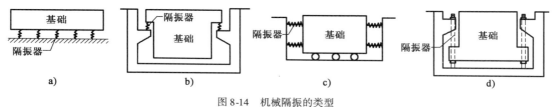

图 8-14　机械隔振的类型
a)直接支承;b)间接支承;c)双向支承;d)悬挂式

## 二、动力机器基础的隔振控制

### 1. 振动在土中的传播规律

根据弹性半空间理论,地基土可看成一种以弹性半空间方式存在的连续介质。当地表或地表附近有振源(如动力机器基础)存在时,其振动将以波动的形式向四周传播并逐渐衰减。通过理论分析,一个设置在弹性半空间表面上的圆形基础竖向振源,其振动能量中的 2/3 将以表面波的形式在地表附近一个波长范围内向四周传播,其余 1/3 则以体波(包括纵波和横波)形式向四周和深处传播。体波是以半球面的形式径向向外传播,体波的振幅以与 $1/r$ 成正比的关系衰减($r$ 为与振源的距离)。表面波是以圆柱面的形式径向向外传播,表面波的振幅与 $\left(\dfrac{1}{r}\right)^{0.5}$ 成正比例关系。由此可见,基础振源波动能量的传递,随着距离的增加,将逐渐以表面波方式为主。由此可见,地表竖向振幅的衰减规律可由下式表示:

$$A_{\mathrm{r}} = A_0 \sqrt{\dfrac{r_0}{r}} \tag{8-65}$$

式中:$r_0$——从振源到某已知振幅点的距离(m);

$r$——从振源到计算点的距离(m);

$A_0$——距振源$r_0$处表面波竖向分量的振幅(m);

$A_r$——距振源$r$处表面波竖向分量的振幅(m)。

由于地基土不是完全弹性的,传播的振动能量还会因土的材料阻尼(内阻尼)而消耗。考虑到土体材料阻尼的影响,表面波竖向振幅的衰减公式可写成如下形式:

$$A_r = A_0\sqrt{\frac{r_0}{r}}\exp[-\alpha(r-r_0)] \qquad (8\text{-}66)$$

式中,$\alpha$为土的能量吸收系数(1/m),其值与土的种类、土的物理状态以及基础尺寸有关。

我国《动力机器基础设计规范》(GB 50040—2020)在综合工程经验的基础上,提出了如下地面振幅衰减的计算式:

$$A_r = A_0\left[\frac{r_0}{r}\xi_0 + \sqrt{\frac{r_0}{r}}(1-\xi_0)\right]\exp[-f_0\alpha_0(r-r_0)] \qquad (8\text{-}67)$$

式中:$A_r$——距振动基础中心$r$处的地表振幅(m);

$A_0$——振动基础的振幅(m);

$f_0$——振源频率(Hz),一般为50Hz以下,对于冲击机器基础可采用基础的固有频率;

$r_0$——圆形基础半径(m),对矩形或方形基础,$r_0 = \mu_1\sqrt{\left(\frac{F}{\pi}\right)}$;

$F$——基底面积($m^2$);

$\mu_1$——动力影响系数,当$F \leq 10m^2$时,$\mu_1 = 1.0$;当$F \geq 20m^2$时,$\mu_1 = 0.8$;中间值内插;

$\xi_0$——无量纲系数,其值与基础当量半径$r_0$和土性有关,可查表8-11;

$\alpha_0$——地基土的能量吸收系数(s/m),可查表8-12。

无量纲系数 $\xi_0$ 表8-11

| 土的名称 | 振动基础的半径或当量半径 $r_0$(m) | | | | | | | |
|---|---|---|---|---|---|---|---|---|
| | 0.5 及以下 | 1.0 | 2.0 | 3.0 | 4.0 | 5.0 | 6.0 | 7.0 及以上 |
| 一般黏性土、粉土、砂土 | 0.70~0.95 | 0.55 | 0.45 | 0.40 | 0.35 | 0.25~0.30 | 0.23~0.30 | 0.15~0.20 |
| 饱和软土 | 0.70~0.95 | 0.5~0.55 | 0.40 | 0.35~0.40 | 0.23~0.30 | 0.22~0.30 | 0.20~0.25 | 0.10~0.20 |
| 岩石 | 0.80~0.95 | 0.70~0.80 | 0.65~0.70 | 0.60~0.65 | 0.55~0.60 | 0.50~0.55 | 0.45~0.50 | 0.25~0.35 |

注:1. 对于饱和软土,当地下水深1m及以下时,$\xi_0$取较小值,1~2.5m时取较大值,大于2.5m时取一般黏性土的$\xi_0$值。

2. 对于岩石覆盖层在2.5m以内时,$\xi_0$取较大值,2.5~6m时取较小值,超过6m时取一般黏性土的$\xi_0$值。

利用上述振动在地基土中随传播距离衰减的规律,可以确定振动的影响范围和影响大小,从而为进行隔振设计提供依据。

**2. 基础的屏障隔振方法**

利用屏障进行隔振是基础隔振的常用方法。它的基本原理即是波的反射、散射和衍射原理。根据波动理论,在具有不同波阻抗 $\rho v$($\rho$ 为介质密度,$v$ 为介质波速)的介质界面上,弹性波能量将出现不同分配比例的透射和反射。在固体和流体的界面上,只有纵波能可以通过;在固体与孔隙的界面上,波能将全部反射。显然,最有效的隔振屏障将是孔隙,如开口沟。另外,板桩墙等与地基土有不同阻抗值的介质也有不同程度的隔振效果。

地基土的能量吸收系数 $\alpha_0$

表 8-12

| 地基土名称及状态 | | $\alpha_0$（s/m） |
|---|---|---|
| 岩石（覆盖层 1.5～2.0m） | 页岩、石灰岩 | $0.385 \times 10^{-3} \sim 0.485 \times 10^{-3}$ |
| | 砂岩 | $0.580 \times 10^{-3} \sim 0.775 \times 10^{-3}$ |
| 硬塑的黏土 | | $0.385 \times 10^{-3} \sim 0.525 \times 10^{-3}$ |
| 中密的块石、卵石 | | $0.850 \times 10^{-3} \sim 1.100 \times 10^{-3}$ |
| 可塑的黏土和中密的粗砂 | | $0.965 \times 10^{-3} \sim 1.200 \times 10^{-3}$ |
| 软塑的黏土、粉土和稍密的中砂、粗砂 | | $1.255 \times 10^{-3} \sim 1.450 \times 10^{-3}$ |
| 淤泥质黏土、粉土和饱和细砂 | | $1.200 \times 10^{-3} \sim 1.300 \times 10^{-3}$ |
| 新近沉积的黏土和非饱和松散砂 | | $1.800 \times 10^{-3} \sim 2.050 \times 10^{-3}$ |

注:1. 同一类地基土上,振动设备大者(如 10t、16t 锻锤),$\alpha_0$ 取偏小值;振动设备小者,$\alpha_0$ 取偏大值。
　　2. 同等情况下,土壤孔隙比大者,$\alpha_0$ 取偏大值;孔隙比小者,$\alpha_0$ 取偏小值。

在积极隔振中,隔振沟的屏蔽范围是以振源为圆心,通过隔振沟两端点的径向射线所夹成的扇形区域。试验表明,若以隔振后振幅降为原来的 25% 以下作为有效屏蔽区域,应将上述扇形区域的圆心角从两边各减去 45°,其半径长度约为 $10L_R$($L_R$ 为瑞利波波长);根据瑞利波能量的分布深度,要求隔振沟的深度 $H$ 大约为 $0.6L_R$。

在消极隔振中,其屏蔽范围一般可认为在以隔振沟长度为直径的半圆内,而 $H$ 可大致取为 $1.33L_R$。

隔振沟的宽度原则上与隔振效果无关,可按开挖和维护要求确定。在设置和维护方面,板桩墙比开口隔振沟方便,但在减小竖向地面运动的振幅方面,前者不如后者有效。一种介于两者之间的做法是用膨润土浆或者玻璃纤维充填隔振沟。还有一种有发展前途的方法是采用单排或多排薄壁衬砌的圆柱形孔来作为屏障。

基础隔振是一项复杂的综合性工作,除了对机器基础进行隔振处理以外,必要时对厂房结构等需要保护的对象,也应做适当加固措施,以加强厂房结构的抗振性能。加强厂房结构抗振性能的措施,主要有加固地基、基础和增加圈梁、支撑系统、构造配筋以及提高砂浆强度等级等。另外,将机器基础与厂房结构脱开,改变厂房结构形式以及调整机器设置位置和方向也可以达到来减少厂房结构振动影响的效果。

# 第八节 地基基础抗震

## 一、地震、地震烈度与地震震害

### (一)地震与地震烈度

地震是由于地球内部运动累积能量突然释放或地壳中空穴顶板塌陷,使岩体断裂、错动,发生剧烈震动,并以地震波的形式向地表传播而引起的地面颠簸和摇晃。这种岩层构造状态变动引起的地震,称为构造地震,简称地震。

地震发生时,在地球内部发生地震波的位置,称为震源。震源到地表的垂直距离称为震源深度。震源深度在 $60\sim70km$ 以内的地震为浅源地震,震源深度超过 $300km$ 的为深源地震。我国发生的绝大部分地震都属于浅源地震,震源深度一般在 $5\sim40km$ 之间。

震源在地表投影点的位置称为震中。在工程地震中,亦指地表上地震灾害最严重的地方。在地震影响范围内,地表某处至震中的距离称为震中距。

衡量一次地震释放能量大小的尺度,称为震级,通常用里氏震级表示。里氏震级是1935年里希特(Richter)首先提出的,即在距震中100km处,用标准地震仪(周期0.8s,阻尼系数0.8,放大2800倍的地震仪)所测定的最大水平地震震动位移振幅(以 $\mu m$ 为单位)的常用对数值。

$$M = \lg A \tag{8-68}$$

式中:$M$——地震震级,亦称里氏震级;

$A$——地震位移曲线图上量得的最大振幅($\mu m$)。

震级与地震释放的能量存在下列关系:

$$\lg E = 1.5M + 11.8 \tag{8-69}$$

式中:$E$——地震释放的能量(erg),$1\,erg = 10^{-7}J$。

由式(8-68)和式(8-69)计算可知,当震级相差一级时,地面位移振幅相差10倍,地震能量相差约32倍。

地震烈度是指地震对地表和工程结构的影响程度。在同一地震中,具有相同地震烈度地点的连线,称为等震线;由不同烈度的等震线构成的图样称为等震图。等震线图的形式有呈同心圆的、同心椭圆的或不规则形状的。等震线图上烈度最高的区域称为极震区,极震区的烈度称为震中烈度。

震中烈度 $I_0$ 与震级 $M$ 的关系可用下式计算:

$$M = 0.58I_0 + 1.5 \tag{8-70}$$

式中:$I_0$——震中烈度(浅源地震)。

**(二)地震震害**

**1. 地表震害**

(1)地裂缝在强烈地震作用下,常常在地面产生裂缝。根据产生的机理不同,其主要分为两种:

①重力地裂缝。在地震作用下,地面运动产生的惯性力超过了土的抗剪强度所引起的地表裂缝,多发生在海边、湖边、河岸、边坡、古河道急饱和深厚软土层上。

②构造裂缝。地震时地壳深部断层错动延伸至地面的裂缝。

(2)液化土喷砂冒水。地震波的强烈震动使地下饱和粉细砂或粉土液化,当地下水压增高,地下水通过裂缝喷出地面,夹带砂土或粉土一起喷出地表,形成喷砂冒水现象。

(3)地面塌陷。有的极震区普遍下沉,有的局部下沉;采空区坍塌引起地面塌陷等。

(4)河岸、陡坡滑坡、塌方。

**2. 工程设施震害**

地震时的强烈震动使各类工程设施如建筑物、构筑物、生命线工程及各种设备等发生破坏,是地震造成人员伤亡、财产损失的直接原因。

(1)由于地震惯性力引起的破坏。结构承载能力不足,或变形能力不足,或结构构件间的连接强度不足,在地震惯性力作用下,结构开裂、破坏,甚至倒塌。

(2)由于地基失效引起的破坏。工程设施位于饱和粉细砂、粉土或淤泥质软土上(或土中)时,由于土的地震液化或淤泥质软土急剧变形,使地基承载力下降,甚至完全丧失,从而导致工程结构破坏、整体倾倒或地下结构上浮、折断等。

**3. 地震的次生灾害**

(1)水坝决口引起的水灾。

(2)生命线系统(电、水、气、通讯和交通等)中断或破坏引起的火灾、爆炸、泄毒及污染等。

(3)近海地震引起的海啸。

**4. 建筑物基础的震害**

(1)沉降、不均匀沉降和倾斜

观测资料表明,一般地基上的建筑物由地震产生的沉降量通常不大;而软土地基则可产生 $10\sim20cm$ 的沉降,也有达 $30cm$ 以上者;如地基的主要受力层为液化土或含有厚度较大的液化土层,强震时则可能产生数十厘米甚至 $1m$ 以上的沉降,造成建筑物的倾斜和倒塌。

(2)水平位移

地震引起基础产生较大水平位移的现象常见于位于边坡或河岸边的建筑物,其原因是土坡失稳和岸边地下液化土层的侧向扩展等。

(3)受拉破坏

地震时,受力矩作用较大的桩基础的外排桩受到过大的拉力时,桩与承台的连接处还可能会产生受拉破坏。杆、塔等高耸结构物的拉锚装置也可能因地震产生的拉力过大而破坏。

## 二、地基基础抗震设计

**1. 地基基础抗震设计基本原则**

地基基础抗震设计应贯彻以防为主的方针,并遵循以下各项基本原则。

(1)选择有利的建筑场地

结合地震烈度区划资料和地质勘测资料,查明建筑场地的土质条件、地质构造和地形地貌特征,尽量避开不利地段,不得在地震高烈度的危险地段进行建设。从建筑物的地震反应考虑,建筑物的自振周期应远离地层的卓越周期,以避免共振。为此,除查明地震烈度外,还需了解地震波的频率特性。

(2)加强基础与上部结构的整体性

加强基础与上部结构的整体作用可采用的措施主要有:①对一般砖混结构的防潮层采用防水砂浆代替油毡;②在内外墙下室内地坪高程处加一道连续的闭合地梁;③上部结构采用组合柱时,柱的下端应与地梁牢固连接;④当地基土质较差时,还宜在基底配置构造钢筋。

(3)加强基础的防震性能

基础在整个建筑物中一般是刚度比较大的组成部分,又因处于建筑物的最低部位,周围还有土层的限制,因而振幅较小,故基础本身受到的震害相对于建筑物其他部分一般总是较轻的。加强基础的防震性能的目的主要是为了减轻上部结构的震害,其措施如下:

①合理加大基础的埋置深度。加大基础埋深可以增加基础侧面土体对振动的抑制作用，从而减小建筑物的振幅，在条件允许时，可结合建造地下室以加深基础。

②正确选择基础类型。软土上的基础以整体性好的筏形基础、箱形基础和十字交叉基础较为理想，因其能减轻震陷引起的不均匀沉降，从而减轻上部结构的损坏。

2. 天然地基基础的抗震验算

天然地基基础抗震验算时，应采用地震作用效应标准组合，且地基抗震承载力应取地基承载力特征值乘以地基抗震承载力调整系数。

（1）天然地基地震作用下的竖向承载力验算

地基土抗震承载力应按式（8-71）计算。

$$f_{aE} = \zeta_a f_a \tag{8-71}$$

式中：$f_{aE}$——地基土抗震承载力；

$\zeta_a$——地基土抗震承载力调整系数，应按表8-13采用；

$f_a$——深宽修正后的地基承载力特征值，应按《建筑地基基础设计规范》（GB 50007—2011）规定采用。

地基土抗震承载力调整系数        表8-13

| 岩 土 名 称 和 性 状 | $\zeta_a$ |
|---|---|
| 岩石，密实的碎石土，密实的砾、粗、中砂，$f_k \geq 300kPa$ 的黏性土和粉土 | 1.5 |
| 中密、稍密的碎石土，中密和稍密的砾、粗、中砂，密实和中密的细、粉砂，$150kPa \leq f_k < 300kPa$ 的黏性土和粉土 | 1.3 |
| 稍密的细、粉砂，$100kPa \leq f_k < 150kPa$ 的黏性土和粉土，新近沉积的黏性土和粉土 | 1.1 |
| 淤泥、淤泥质土、松散的砂、填土、新近堆积的黄土、可塑至流塑的黄土 | 1.0 |

天然地基地震作用下的竖向承载力可按式（8-72）和式（8-73）进行验算，在验算天然地基地震作用下的竖向承载力时，基础底面平均压力和边缘最大压力应符合下列各项要求，且基础底面与地基土之间零应力区面积不应超过基础底面面积的 25%；烟囱基础零应力区宜符合《烟囱设计规范》（GB 50051—2013）的要求。

$$p \leq f_{aE} \tag{8-72}$$
$$p_{max} \leq 1.2 f_{aE} \tag{8-73}$$

式中：$p$——基础底面地震组合的平均压力设计值；

$p_{max}$——基础底面边缘地震组合的最大压力设计值。

根据地震基础震害的大量调查结果，下列建筑可不进行天然地基及基础的抗震承载力验算。

①砌体房屋。

②地基主要受力层范围内不存在软弱黏性土层（软弱黏性土层是指地震烈度为 7 度、8 度和 9 度时，地基土静承载力特征值分别小于 80kPa、100kPa 和 120kPa 的土层）的下列建筑：一般单层厂房、单层空旷房屋；不超过 8 层且高度在 25m 以下的民用框架房屋及与其基础荷载相当的多层框架厂房。

③抗震规范规定可不进行上部结构抗震验算的建筑。

（2）天然地基水平抗滑的抗震验算

由于地基土与基础之间的摩擦系数通常在 0.2～0.4 之间，一般情况下所具有的摩擦力可以抵抗水平地震力,无需进行验算。当需要验算天然地基的水平抗滑时,可以考虑基础底面与地基土之间的摩擦力及基础前方土的水平抗力(基础前方土的水平抗力一般取被动土压力的1/3)。另外,在基础与其四周的刚性地坪有可靠接触及传力条件时,刚性地坪将产生一定的水平抗力作用(可按基础与地坪接触面的地坪抗压强度计算),并在刚性地坪与土抗力(1/3的被动土压力与基底摩擦力之和)二者中取大者作为抵抗水平地震力的抗力,进行验算。

3. 地震力作用下的抗倾覆验算

对孤立的高耸结构,如塔楼、石碑、烟囱、水塔等,宜进行地震力作用下的抗倾覆验算,其验算方法与水泥土墙的抗倾覆验算方法相同(见第六章)。

如地基为软土,则倾覆时的旋转中心有向基础中部转移的倾向,与抗倾覆验算的计算简图不符并偏于不安全,此时宜适当提高安全储备或设法增大抵抗力矩的力臂。

4. 液化土中地下结构的抗浮验算及抗侧向土压力验算

土一旦发生液化,就与悬浮液类似,埋于土中轻的物体就会上浮,而埋于土中重的物体就会下沉。这是作用于物体上的土压力的变化规律服从于阿基米德原理,压力值只取决于深度,而与方向无关。这就使埋于液化土中结构底面所受的上浮力与侧向土压力比液化前大为增加。

如图8-15所示液化前后土的侧压力与基底处向上的水压力的变化。

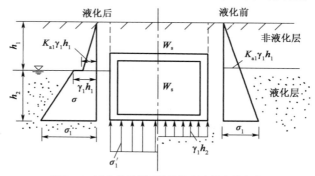

图8-15 液化前后地下结构物受力状态的变化

由图可见,液化层顶面处的侧压力在液化前为 $K_{a1}\gamma_1 h_1$,液化后为 $\gamma_1 h_1$(等于该处的总竖向压力)。在结构底面处,液化前的侧压力为:

$$\sigma_1 = K_{a1}\gamma_1 h_1 + K_{a2}(\gamma_2 - \gamma_w)h_2 + h_2\gamma_w \tag{8-74}$$

液化后的侧压力为:

$$\sigma'_1 = \gamma_1 h_1 + \gamma_2 h_2 \tag{8-75}$$

基础底面承受的向上浮力在液化前为静水压力 $\gamma_w h_2$,液化后为 $\sigma'_1$。

其中,$\gamma_1$、$h_1$ 及 $K_{a1}$ 分别为非液化土的重度、厚度和主动土压力系数;$\gamma_2$、$h_2$ 及 $K_{a2}$ 分别为液化层的重度、厚度和主动土压力系数。

抗浮验算应符合式(8-76)的要求,即:

$$W_s + W_c \geqslant \sigma'_1 A \tag{8-76}$$

式中:$A$——基础面积;

$W_s$、$W_c$——地下结构的土重及结构自重。

对于地下结构的外墙及底板,应验算液化后结构的抗剪与抗弯能力。

**5.液化侧扩时土推力的验算**

地震基础震害的调查表明,地震液化引起的地面水平大位移可对结构造成破坏,并且是液化区桥梁、房屋、地下结构等震害的主要形式之一,所以还应对地震液化侧扩时的土推力进行验算。

(1)非液化上覆层中的侧压力按被动土压力计算。

(2)液化层中的侧压力按竖向总压力(不扣浮力)的1/3计算。

(3)按建筑物的离岸距离,(1)与(2)的土压力按以下情况有所折减:距岸 0~50m 时,不折减;距岸 >100m 时,侧推力折减为 0,即假定侧扩的水平位移为 0;距岸 50~100m 时,按内插法折减。

(4)如为桩基,则假定为理想墩基计算,基础宽度取决于外排桩边缘间的宽度。

**6.地基基础抗震措施**

**(1)地基为软弱黏性土**

软黏土的承载力较低,地震引起的附加荷载往往超过了地基承载力的安全储备。此外,软黏土的特点是:在反复荷载作用下,沉降量将持续增加;当基底压力达到临塑荷载后,急速增加的荷载将引起严重下沉和倾斜。地震对土的作用,正是快速而频繁的加荷过程,因而非常不利。因此,对软黏土地基,要合理选择地基承载力值,基底压力不宜过大,以保证留有足够的安全储备;若地基的主要受力层范围内有软弱黏性土层,可采用各种地基处理方法或桩基,也可扩大基础底面积或加设地基梁、加深基础埋深、减轻荷载、增大结构整体性和均衡对称性等。

**(2)地基不均匀**

不均匀地基包括土质明显不均匀、有古河道或暗浜通过及半挖半填地带等,在地震时可能出现滑坡及地裂等震害现象。鉴于大部分地裂来源于地层错动,单靠加强基础或上部结构难以奏效时,考虑到地裂发生的关键是场地四周是否存在临空面,要尽量填平不必要的残存沟渠,在明渠两侧适当设置支挡,同时也要尽量避免在建筑物四周开沟挖坑。

**(3)可液化地基**

对可液化地基采取的抗液化措施,应根据建筑物的重要性、地基的液化等级,选择全部或部分消除液化沉陷,或对基础和上部结构采取减轻液化影响的处理措施等。

全部消除地基液化沉陷的措施有采用底端深入液化深度以下稳定土层的桩基或深基础,或采用振冲、振动加密、砂桩挤密、强夯等地基加固方法处理至液化深度以下,以及挖除全部液化土层等。

全部消除地基液化沉陷的措施,应使处理后的地基液化指数减小到规范规定的范围内,当判别深度为15m时,地基液化指数不宜大于4;当判别深度为20m时,地基液化指数不宜大于5;对于独立基础或条形基础,处理深度尚应不小于基础底面下液化土特征深度与基础宽度的较大值。

减轻液化影响的基础和上部结构处理措施,可以综合考虑加深基础埋深、扩大基底面积、减小基础偏心、加强基础的整体性和刚度,以及减轻荷载、增强上部结构刚度和均匀对称性、合理设置沉降缝等。

### 三、边坡抗震稳定

1.边坡抗震稳定验算(图 8-16)

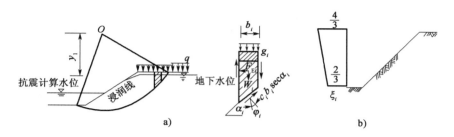

图 8-16　土坡地震稳定计算
a)计算简图;b)$\xi_i$ 的变化

(1)边坡抗震稳定验算的基本原则。一般采用拟静力法进行计算,且只考虑水平地震作用的影响。通常将地震力作为静力荷载,采用圆弧滑动面法进行计算,每个土条除自重引起的竖向力外,还在土条重心处作用水平地震力,按滑动面抗力与各土条在地震作用下引起的总滑动力之比值,判断土坡的抗震稳定程度。由于计算中不考虑各土条间的相互作用,因此,该计算是偏于安全的。

(2)土条的水平地震作用,可按下式计算:

$$F_{Hi} = CK_H\xi_i(W_i + q_ib_i)\tag{8-77}$$

式中:$F_{Hi}$——第 $i$ 土条的水平地震作用(kN/m),作用点位于土条重心处;

　　$C$——综合影响系数,可采用 0.25;

　　$K_H$——水平地震系数,7 度、8 度和 9 度时分别取 0.1、0.2 和 0.4;

　　$W_i$——第 $i$ 土条的自重(kN/m),在水下采用饱和重度;

　　$\xi_i$——地震作用分布系数,坡顶取 4/3,坡脚取 2/3,并沿高度按直线分布;计算整坡稳定时,取 1.0;计算局部稳定时,可取该局部高度的平均值;

　　$q_i$——第 $i$ 土条的地面荷载(kN/m²);

　　$b_i$——第 $i$ 土条的宽度(m)。

(3)边坡的抗震稳定安全系数,可按下式计算:

$$K = \frac{\sum[c_ib_i\sec\alpha_k + (W_i + q_ib_i)\cos\alpha_i\tan\phi_i]}{\sum[(W_i + q_ib_i)\sin\alpha_i + F_{Hi}y_i/R] + \sum M/R}\tag{8-78}$$

式中:$c_i$、$\phi_i$——第 $i$ 土条滑动面上的抗剪强度指标(kPa);

　　$\alpha_i$——第 $i$ 土条弧线中点切线与水平线的夹角(°);

　　$W_i$——第 $i$ 土条的自重(kN/m),水下用浮重度;

　　$y_i$——第 $i$ 土条重心至滑弧圆心的竖向距离(m);

　　$R$——滑弧半径(m);

　　$\sum M$——由其他因素产生的滑动力矩(kN·m/m)。

2.边坡稳定性的抗震措施

(1)削坡压脚,放缓边坡,设置有较宽平台的阶梯式边坡;

（2）合理排水，坡面种草植树；

（3）对临空面采取护岸措施，防止坡脚的浸蚀；

（4）在构筑物与其上方陡坡之间修建宽而深的沟或挡墙，以拦截小的滑体或滚石；

（5）边坡中存在软弱土时，宜采取适当的加固措施；

（6）坡脚或坡体有液化土层时，采取全部或部分消除液化措施，以减少滑动危险性和缩小滑动范围。

# 习　题

【8-1】　试验算 4kN 自由锻锤大块式基础的竖向振幅、竖向振动加速度和地基承载力。已知设计资料如下：锤下落部分实际重力 $W_0 = 4.4\text{kN}$，最大锤击速度 $v = 8\text{m/s}$，砧座重力 $W_p = 48\text{kN}$，机架重力 $W_q = 90\text{kN}$，地基持力层为粉质黏土，天然重度 $\gamma = 18.5\text{kN/m}^3$，承载力标准值 $f_k = 150\text{kPa}$，抗压刚度系数 $C_z = 28000\text{kN/m}^3$，基底面积 $A = 4.6\text{m} \times 2.0\text{m}$，基础埋深 $D = 2.6\text{m}$，基础重力 $W_g = 572\text{kN}$，地下水位在基底处，基底以上地基土平均重度为 $\gamma_0 = 19.0\text{kN/m}^3$。

【8-2】　试验算图 8-17 所示自由锻锤基础的振幅、振动加速度和承载力。设计资料如下：①锤下落部分重力 $W_0 = 50\text{kN}$，锤下落部分最大行程 $H = 1.73\text{m}$；②汽缸直径 $D = 0.635\text{m}$，面积 $A_0 = 0.317\text{m}^2$；③砧座重力 $W_p = 680\text{kN}$，机架重力 $W_q = 850\text{kN}$；④砧座底面尺寸 $A_1 = 1.98\text{m} \times 2.75\text{m} = 5.45\text{m}^2$；⑤汽缸最大进气压力 $p_0 = 700\text{kPa}$；⑥垫层采用橡胶垫，承压动强度设计值 $f_c = 2500\text{kPa}$，弹性模量 $E_1 = 3.8 \times 10^4 \text{kPa}$；⑦基底地基土为粉质黏土，承载力标准值 $f_k = 100\text{kPa}$，桩尖土当量抗压刚度系数 $C_{zh} = 1.1 \times 10^6 \text{kN/m}^3$，桩周土当量抗剪刚度系数 $C_{\tau h} = 1.1 \times 10^4 \text{kN/m}^3$，桩尖土承载力标准值 $q_p = 1150\text{kPa}$，桩周土侧摩阻力标准值 $q_s = 20\text{kPa}$，地下水位 $-4.0\text{m}$；⑧桩基采用钢筋混凝土预制桩，桩身截面 $400\text{mm} \times 400\text{mm}$，桩长（承台以下）$l_h = 18.5\text{m}$，桩间距 $1.8\text{m}$，桩数 $n = 30$ 根，桩尖入土深度 $23\text{m}$。

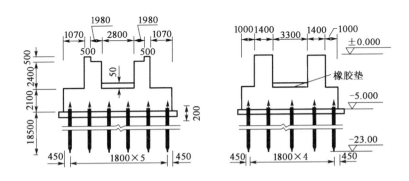

图 8-17　习题 8-2 图（尺寸单位：mm；高程单位：m）

# 思 考 题

【8-1】 简述动力机器基础设计的目的和要求。

【8-2】 集总参数体系中的参数主要有哪些? 它们是如何确定的?

【8-3】 扰力性质对动力机器基础的振动响应的影响主要有哪些?

【8-4】 机械隔振的目标是什么? 基础隔振的主要手段有哪些?

【8-5】 什么是地震与震级?

【8-6】 何谓地震烈度和震中烈度? 震中烈度与震级之间有什么关系?

【8-7】 简述地震可能引起的震害。

【8-8】 简述地基基础抗震设计基本原则与方法。

【8-9】 地基基础抗震措施主要有哪些?

【8-10】 简述边坡抗震稳定验算的基本原则。

# 参 考 文 献

[1] 袁聚云,李镜培,楼晓明,等.基础工程设计原理[M].上海:同济大学出版社,2001.

[2] 高大钊.土力学与基础工程[M].北京:中国建筑工业出版社,1998.

[3] 华南理工大学,等.地基及基础[M].北京:中国建筑工业出版社,1998.

[4] 蔡伟铭,胡中雄.土力学与基础工程[M].北京:中国建筑工业出版社,1991.

[5] 钱家欢,殷宗泽.土工原理与计算[M].北京:中国建筑工业出版社,1996.

[6] 陈仲颐,叶书麟.基础工程学[M].北京:中国建筑工业出版社,1990.

[7] 凌治平,易经武.基础工程[M].北京:人民交通出版社,1997.

[8] 董建国,赵锡宏.高层建筑地基基础[M].上海:同济大学出版社,1997.

[9] 宰金珉,宰金璋.高层建筑基础分析与设计[M].北京:中国建筑工业出版社,1993.

[10] 叶书麟,叶观宝.地基处理[M].北京:中国建筑工业出版社,2004.

[11] 中华人民共和国国家标准.建筑地基基础设计规范:GB 50007—2011[S].北京:中国建筑工业出版社,2011.

[12] 中华人民共和国国家标准.混凝土结构设计规范:GB 50010—2010[S].北京:中国建筑工业出版社,2010

[13] 中华人民共和国行业标准.建筑桩基技术规范:JGJ 94—2008[S].北京:中国建筑工业出版社,2008.

[14] 中华人民共和国行业标准.公路桥涵地基与基础设计规范:JTG 3363—2019[S].北京:人民交通出版社股份有限公司,2019.

[15] 中华人民共和国行业标准.水运工程地基设计规范:JTS 147—2017[S].北京:人民交通出版社股份有限公司,2017.

[16] 中华人民共和国行业标准.建筑基坑支护技术规程:JGJ 120—2012[S].北京:中国建筑工业出版社,2012.

[17] 中华人民共和国行业标准.建筑地基处理技术规范:JGJ 79—2012[S].北京:中国建筑工业出版社,2012.

[18] 中华人民共和国国家标准.湿陷性黄土地区建筑规范:GB 50025—2018[S].北京:中国建筑工业出版社,2018.

[19] 中华人民共和国国家标准.膨胀土地区建筑技术规范:GB 50112—2013[S].北京:中国计划出版社,2013.

[20] 中华人民共和国行业标准.公路路基设计规范:JTG D30—2015[S].北京:人民交通出版社股份有限公司,2015.

[21] 中华人民共和国国家标准.地基动力特性测试规范:GB/T 50269—2015[S].北京:中国计划出版社,2015.

[22] 中华人民共和国国家标准.动力机器基础设计规范:GB 50040—2020[S].北京:中国计划出版社,2020.